Konstruktionsbücher

Herausgegeben von Professor Dr.-Ing. G. Pahl

Band 32

Franz G. Kollmann

Welle-Nabe-Verbindungen

Gestaltung, Auslegung, Auswahl

Springer-Verlag Berlin Heidelberg GmbH 1984

Dr.-Ing. Franz Gustav Kollmann

Professor, Fachgebiet Maschinenelemente und Getriebe
der Technischen Hochschule Darmstadt

Dr.-Ing. Gerhard Pahl

Professor, Fachgebiet Maschinenelemente und Konstruktionslehre ·
der Technischen Hochschule Darmstadt

CIP-Kurztitelaufnahme der Deutschen Bibliothek

Kollmann, Franz G.:
Welle-Nabe-Verbindungen: Gestaltung, Auslegung,
Ausw./F. G. Kollmann. — Berlin; Heidelberg;
New York: Springer, 1984
   (Konstruktionsbücher; Bd. 32)
NE: GT

ISBN 978-3-540-12215-9   ISBN 978-3-642-61727-0 (eBook)
DOI 10.1007/978-3-642-61727-0

Dem Andenken meines Doktorvaters
Professor Dr.-Ing. habil., Dr. rer.nat. e.h., LL.D.h.c. E. Schmidt
gewidmet.

Vorwort

Welle-Nabe-Verbindungen gehören in der technischen Praxis zu den am häufigsten eingesetzten Maschinenelementen. Obwohl die Grundformen dieser Elemente seit vielen Jahrzehnten bekannt sind, wurde in den letzten 20 Jahren das technische Wissen über ihre Auslegung und ihre Einsatzmöglichkeit außerordentlich erweitert. Entscheidend hierfür ist vor allem, daß durch die Entwicklung der elektronischen Datenverarbeitung Probleme in Angriff genommen werden konnten, welche mit konventionellen Rechenverfahren nur schwer oder gar nicht lösbar waren. Dieser Zuwachs an Wissen hat jedoch nicht in vollem Maße Eingang in die praktische Konstruktionsarbeit gefunden. Dies liegt vor allem daran, daß für die Auslegung von Welle-Nabe-Verbindungen wichtige wissenschaftliche Erkenntnisse in zum Teil schwer zugänglichen Veröffentlichungen niedergelegt sind, die dem Konstrukteur nicht zur Verfügung stehen. Das vorliegende Buch soll einen Beitrag dazu leisten, diese neuen Erkenntnisse dem Konstrukteur zu vermitteln.

Bei der Niederschrift dieses Buches habe ich daher zwei wesentliche, nicht leicht zu vereinbarende Ziele verfolgt. Einmal sollen dem Konstrukteur die für die Auslegung von Welle-Nabe-Verbindungen wichtigen Ergebnisse in einer Form angeboten werden, welche eine Umsetzung in die tägliche konstruktive Arbeit ermöglicht. Dabei ist zu berücksichtigen, daß der unter dem Druck des Tagesgeschäftes stehende Konstrukteur keine Zeit finden kann, den gesamten wissenschaftlichen Hintergrund des Fachschrifttums aufzunehmen. Andererseits soll das Buch auch den Berechnungs- und Forschungs-Ingenieur ansprechen. Dieser Personenkreis soll über die wissenschaftlichen Grundlagen der vorgestellten Berechnungsverfahren und Dimensionierungsregeln so unterrichtet werden, daß er deren Vorzüge und Schwächen selbständig beurteilen kann. Um dieses Ziel zu erreichen, war an vielen Stellen des Buches ein verhältnismäßig umfassendes Eingehen auf das wissenschaftliche Schrifttum unerläßlich. Dem an den Anwendungen interessierten Konstrukteur werden für die Durchführung der vorgestellten Berechnungsverfahren detaillierte Flußdiagramme angeboten, welche auch als Grundlage für die Erstellung von Rechenprogrammen für technisch-wissenschaftliche Taschen- oder Tischrechner dienen können. Außerdem sind zusammenfassende Gestaltungsrichtlinien für die besprochenen Elemente angegeben. Besonders seit der an den Anwendungen interessierte Leser auch auf Abschnitt 6 des Buches hingewiesen, das sich mit der Auswahl von Welle-Nabe-Verbindungen befaßt.

Keimzelle des vorliegenden Buches sind die Arbeiten des Autors über elastisch-plastisch beanspruchte Preßverbände. Erstmals wird hier ein neues Berechnungsverfahren für elastisch-plastische Preßverbände veröffentlicht, das mein Mitarbeiter Önöz und ich angeregt durch die Dissertation Önöz entwickelt haben. Es bietet gegenüber den Vorarbeiten von Lundberg und mir eine noch bessere Übereinstimmung mit den experimentellen Ergebnissen und läßt sich wie mein älterer Berechnungsgang mittels eines Taschenrechners einfach auswerten. Mein besonderer Dank gilt dem Springer-Verlag, der den Druck des Buches unterbrach, um mir die erforderlichen und umfangreichen Änderungen zu ermöglichen.

Das sonst vorhandene umfangreiche Schrifttum über Welle-Nabe-Verbindungen wurde kritisch gesichtet und an der einen oder anderen Stelle dem neuesten Erkenntnisstand sowie den Vorstellungen des Autors angepaßt. Insbesondere wurde darauf geachtet, mathematische Formeln möglichst kompakt und einfach zu schreiben. Die verwendeten Symbole werden aus Gründen der Platzersparnis nicht jeweils im Text erläutert. Dafür findet sich ein Verzeichnis der wichtigen, häufig gebrauchten Symbole am Anfang des Buches. Durchmesser werden einheitlich mit dem Buchstaben D bezeichnet. Um diese Einheitlichkeit zu erreichen, wurden gelegentlich Abweichungen von einzelnen DIN-Normen in Kauf genommen. Trotz erheblicher Bedenken insbesondere mit Rücksicht auf das internationale Schrifttum auf dem Gebiet der Plastizitätstheorie werden in diesem Buch die im Zugversuch ermittelten statischen Festigkeitswerte mit den Bezeichnungen nach DIN 50145 verwendet. An denjenigen Stellen, an denen diese neuen Bezeichnungen erstmals in den Text eingeführt werden, wird durch Fußnoten hierauf hingewiesen und der Anschluß an die im älteren Fachschrifttum üblichen Symbole hergestellt.

Das Schrifttum wird für jeden Abschnitt des Buches in folgender Gliederung angegeben: Normen und Richtlinien, Bücher und Aufsätze sowie Firmendruckschriften. Normen und Richtlinien, die für mehrere Abschnitte angewendet werden können, werden nur einmal und zwar im Abschnitt mit der niedrigsten Ordnungsnummer aufgeführt. Aus Platzgründen wurde kein Autorenverzeichnis vorgesehen. Um dem interessierten Leser die Übersicht über das verwendete Schrifttum zu erleichtern, wurden zu jedem Abschnitt des Buches die Autoren alphabetisch angeordnet.

Der Autor eines Buches ist einer Vielzahl von Persönlichkeiten und Institutionen zu Dank verpflichtet. An erster Stelle erwähne ich meinen Kollegen Herrn Professor Pahl (TH Darmstadt), der mich als Herausgeber der Buchreihe „Konstruktionsbücher" angeregt hat, diesen Band zu schreiben. Er hat sein Entstehen mit wertvollen Ratschlägen begleitet. Meinen Kollegen Professor Beitz (TU Berlin), Professor Dietz (TH Clausthal), Professor Müller (TH Darmstadt) und Professor Peeken (RWTH Aachen) danke ich dafür, daß sie mir umfangreiches, zum Teil noch nicht veröffentlichtes Material zur Verfügung gestellt haben. Herrn Professor Roth (TU Braunschweig) verdanke ich den Hinweis, die Vielfalt der Welle-Nabe-Verbindungen mit der Hilfe von Konstruktionskatalogen zu ordnen. Die Herren Professor Fredriksson (Linköping), Dr. Giese (Braunschweig), Dr. Häusler (Oststeinbek), König (Hattingen) und Dr. Schütz (Ottobrunn) haben wertvolles Informationsmaterial aus eigenen und fremden Arbeiten zur Verfügung gestellt. Zahlreiche Firmen, welche kommerziell erhältliche Welle-Nabe-Verbindungen herstellen, haben mir bereitwillig ihre technischen Unterlagen überlassen. Aus Platzgründen ist es leider nicht möglich, alle diese Firmen im Vorwort aufzuführen. Alle verwendeten Unterlagen sind im Literaturverzeichnis aufgeführt.

Das vorliegende Buch entstand aus meiner wissenschaftlichen Arbeit am Institut für Maschinenelemente und Fördertechnik der Technischen Universität Braunschweig. Infolge meines Wechsels an die Technische Hochschule Darmstadt fiel die Vollendung des Manuskriptes im wesentlichen mit einer wichtigen Zäsur in meinem Leben zusammen. Ich werde dankbar und gerne an meine Tätigkeit als Hochschullehrer in Braunschweig denken. An dieser traditionsreichen Hochschule herrscht nach wie vor ein gutes und kollegiales Klima, das die Forschung ermöglicht.

Mein besonderer Dank gilt Frau Irmgard Geburzky und Frau Waltraut Ewald, die mit nie ermüdender Geduld die Reinschrift des Manuskriptes trotz mancher erforderlicher Änderungen in einer mustergültigen Form besorgten. Frau Hella Schulz und Herrn Friedrich Weber habe ich für die sehr sorgfältige Anfertigung der Reinzeichnungen zu danken. Herr Dipl.-Ing. H. J. Beyer hat mich bei den umfangreichen numerischen Rechnungen zu Abschnitt 6 unterstützt. Schließlich danke ich dem Springer-Verlag für die bewiesene Geduld bei den aufgetretenen Verzögerungen und die ausgezeichnete Zusammenarbeit.

Das vorliegende Buch ist dem Andenken meines verehrten Doktorvaters Herrn Professor Dr.-Ing. habil., Dr. rer.nat. e.h., LL.D.h.c. E. Schmidt gewidmet. Er hat mich nicht nur in der Methodik des wissenschaftlichen Arbeitens unterwiesen. Vielmehr hat er entscheidenden Einfluß auf meine gesamte Tätigkeit als Autor von technisch-wissenschaftlichen Veröffentlichungen ausgeübt. Ich hoffe, daß das vorliegende Buch den Maßstäben an Klarheit und Genauigkeit gerecht wird, die er gesetzt hat.

Zuletzt, aber nicht an letzter Stelle, danke ich meiner Familie und besonders meiner Frau Barbara. Ihr dauerndes Verständnis und ihr ständiger Einsatz, mit dem sie mich von vielen häuslichen Pflichten entlastet hat, haben mir es überhaupt erst ermöglicht, dieses Buch zu schreiben.

Darmstadt im März 1983   F. G. Kollmann

Inhaltsverzeichnis

Häufig verwendete Formelzeichen

Kleine lateinische Buchstaben

a = Abstand
a = Aufschub bei Kegelpreßverband
a = Schweißnahtdicke
b = Breite
c = Federsteifigkeit
e = Exzentrizität
$f(\sigma_{ij})$ = Fließfunktion
h_a = Zahnkopfhöhe bei Evolventenverzahnungen
h_f = Zahnfußhöhe bei Evolventenverzahnungen
j = Ist-Sicherheit
k = Konstante, für Preßverband vgl. (2.107), für Klebeverbindung vgl. (4.1)
k = Größeneinflußfaktor nach TGL 19340
l = Länge
m = Modul bei Evolventenverzahnungen nach DIN 5480
n_χ = dynamische Stützziffer, vgl. (5.14)
o_{FK} = Oberflächeneinflußfaktor nach TGL 19340
p = Fugendruck
p = Flächenpressung
r = Radius
s = Schlupf
s = Spaltweite bei Klebeverbindung
t = Kerbtiefe
u = Radialverschiebung
$\bar{w}_i$ = bezogene, ideelle Zahnkraft bei Evolventenverzahnungen
z = axiale Koordinate
z = Zähnezahl

Große lateinische Buchstaben

A = Fläche
A = Bruchdehnung
C = Kegelverhältnis
D = Durchmesser
E = Elastizitätsmodul
G = Glättung, vgl. (2.5)
G = Schubmodul
H = Hilfsgröße, vgl. (2.53)
K = Abkürzung, vgl. (2.83)
K_k = Gestaltfestigkeit des gekerbten Bauteils
M_b = Biegemoment

XIV

P_Ω = dimensionsloser Fugendruck, vgl. (2.80)
Q = Durchmesserverhältnis, vgl. Fußnote 2, S. 9
R_e = Streckgrenze, vgl. Fußnote 6, S. 14
R_m = Bruchfestigkeit, vgl. Fußnote 6, S. 14
$R_{p0,2}$ = 0,2%-Dehngrenze, vgl. Fußnote 6, S. 14
R_z = gemittelte Rauhtiefe nach DIN 4761
S = Soll-Sicherheit
S = Spiel
T = Drehmoment
U = Übermaß
V = Verhältniszahlen, vgl. (2.79)
V = Volumen
W = Widerstandsmoment
Z = Haftmaß vgl. (2.4)
Z = Brucheinschnürung, vgl. Fußnote 5, S. 12

Kleine griechische Buchstaben

α = Konuswinkel
α = linearer Wärmeausdehnungskoeffizient
α_k = Formzahl
α_0 = Anstrengungsverhältnis, vgl. (5.7)
β = Kerbwirkungszahl
β = halber Kegelwinkel
γ = Gleitung
γ = Einstellwinkelabweichung bei Kegelpreßverband, vgl. (2.131)
γ = Gesamteinflußfaktor nach TGL 19340
δ = dimensionslose Spaltweite bei Klebeverbindungen
ε = Dehnung
ε_{ij} = Komponente des Verzerrungstensors
ζ = dimensionsloser Plastizitätsdurchmesser, vgl. (2.38)
η_g = Gütefaktor, vgl. (2.111)
η_T = Volumen-Nutzwert, vgl. (6.4) u. (6.5)
ϑ = Temperatur
λ = Parameter im plastischen Stoffgesetz
λ = Kennziffer Preßverband, vgl. (2.112)
μ = Reibbeiwert
ν = Querdehnungszahl
ν = Haftbeiwert, vgl. (2.127)
ξ = dimensionsloses Haftmaß
ϱ = Dichte
ϱ = Kerbradius
ϱ = Reibungswinkel
σ = Normalspannung
σ_{bW} = Biegewechselfestigkeit
σ_{ij} = Komponente des Spannungstensors
σ_v = Vergleichsspannung
τ = Schubspannung
τ_{tSch} = Torsionsschwellfestigkeit
φ = Verdrehwinkel
φ = Traganteil bei mehreren Paßfedern

χ = bezogenes Spannungsgefälle, vgl. (5.13)
ω = Winkelgeschwindigkeit

Große griechische Buchstaben

Ω = dimensionslose Winkelgeschwindigkeit, vgl. (2.81)

Indizes

a = außen
ax = axial
b = Biegung
e = Einpressen
g = Gleiten
h = Haften
i = innen
l = Längsrichtung
n = Nennspannung

1 Einleitung

Das vorliegende Buch soll dem Anwender von Welle-Nabe-Verbindungen die folgenden Informationen bereitstellen. Ausgehend von den zu erfüllenden konstruktiven Funktionen werden für die unterschiedlichen Verbindungen die physikalischen Effekte dargestellt, welche zur Realisierung der geforderten Funktionen eingesetzt werden. Aus den physikalischen Effekten ergeben sich die Berechnungsverfahren für die beanspruchungsgerechte Konstruktion der Welle-Nabe-Verbindungen. Ferner folgen aus dem vertieften Verständnis der physikalischen Effekte und den Festigkeitsberechnungen Regeln für die beanspruchungsgerechte Konstruktion der Welle-Nabe-Verbindungen. Schließlich soll das Buch dem Anwender Hinweise zur Auswahl von Welle-Nabe-Verbindungen liefern.

Die Funktion technischer Gebilde nimmt in der modernen Konstruktionslehre[1] eine grundlegende Stellung ein. Das für den Erfolg der konstruktiven Arbeit unabdingbare Denken in Funktionen ist nur möglich, wenn für die Funktionsträger klare und eindeutige Begriffsbestimmungen vorliegen. Daher werden die folgenden wichtigen Definitionen vorangestellt.

Ein Maschinenelement umfaßt eine Klasse von Bauteilen (Beispiel: Lager), welche zur Erfüllung eindeutig festgelegter konstruktiver Funktionen dient. Die ein Maschinenelement bildende Klasse kann in Unterklassen gegliedert werden. Die Unterklassen werden durch verfeinerte Festlegung der Funktionen (Beispiel: Radial- oder Axiallager) und/oder der für die Erfüllung der Funktionen herangezogenen physikalischen Effekte (Beispiel: hydrostatisches oder hydrodynamisches Lager) gewonnen.

Wellen sind Leiter für Drehmomente und Drehbewegungen, die aus axial in Reihe angeordneten Rotationskörpern mit gemeinsamer Rotationsachse bestehen und deren gesamte axiale Länge im allgemeinen wesentlich größer ist als ihr größter Durchmesser. Sie übertragen das eingeleitete Drehmoment und damit die Drehbewegung zwangsläufig. Naben sind Teile von Maschinenelementen (z. B. Zahnräder). Sie bestehen aus rotationssymmetrischen Hohlkörpern, deren innere Oberfläche zylindrisch oder konisch ist. Die Nabe dient zur Übertragung des Drehmoments und/oder der Drehbewegung von einer Welle an das Maschinenelement (dessen Teil sie ist) oder in umgekehrte Richtung. Welle-Nabe-Verbindungen leiten Drehmoment und/ oder Drehbewegung von einer Welle auf eine Nabe oder in umgekehrter Richtung. Sie verhindern Relativbewegungen zwischen Welle und Nabe in radialer und Umfangsrichtung. Axiale Relativbewegungen werden je nach Ausbildung der Welle-Nabe-Verbindung verhindert oder ermöglicht. Bei verhinderter Axialbewegung können Welle-Nabe-Verbindungen außer Drehmoment auch Axialkraft übertragen.

---

1 Von dem umfangreichen Schrifttum zur Konstruktionslehre wird hier nur auf [1.2] und [1.3] verwiesen.

Entsprechend der stofflich-geometrischen Ausbildung der Verbindung erfolgt die Übertragung des Drehmoments zwischen Welle und Nabe ohne weitere oder mit der Hilfe von zusätzlich angeordneten Bauteilen. Obwohl im ersteren Fall keine Bauteile zusätzlich zu Welle und Nabe zur Erfüllung der Funktionen angeordnet werden, hat es sich eingebürgert, beide Arten von Verbindungen als Maschinenelement Welle-Nabe-Verbindungen zusammenzufassen.

Die Welle-Nabe-Verbindungen gehören mit den Wellen und Rädern zu den historisch ältesten Maschinenelementen. Daher wurde im Lauf der technischen Entwicklung eine außerordentlich große Anzahl unterschiedlicher Bauformen gefunden. Um für eine bestimmte technische Aufgabenstellung das am besten geeignete Objekt aus der großen Mannigfaltigkeit der Welle-Nabe-Verbindungen auswählen zu können, muß deren Vielfalt systematisch geordnet werden. Ein sehr wertvolles Hilfsmittel hierfür sind Konstruktionskataloge [1.4]. Ein vollständiger Konstruktionskatalog besteht grundsätzlich aus drei Teilen. Im Hauptteil sind die Objekte aufgeführt, über die der Katalog dem Anwender Informationen zur Verfügung stellt. Dem Hauptteil vorangestellt ist ein Gliederungsteil. In diesem werden Merkmale angegeben, die eine systematische Ordnung der im Hauptteil erfaßten Objekte ermöglichen. Dem Hauptteil nachgeschaltet ist der Zugriffsteil. In diesem sind zusätzliche, für den Anwender bedeutungsvolle Informationen über die Objekte gespeichert. Die Ordnung der Welle-Nabe-Verbindungen erfolgt in diesem Buch mit Hilfe von Konstruktionskatalogen, die aus Gliederungs- und Hauptteil bestehen. In Abschnitt 6 wird ein umfangreicher Konstruktionskatalog mit Zugriffsteil dem Anwender für die Auswahl von Welle-Nabe-Verbindungen zur Verfügung gestellt.

Das wichtigste Merkmal im Gliederungsteil eines Konstruktionskataloges für Welle-Nabe-Verbindungen ist die Art des Kraftschlusses in dem oder den Wirkflächenpaaren. Bei Welle-Nabe-Verbindungen werden in den Wirkflächenpaaren Umfangskräfte (aus Drehmoment) und/oder Axialkräften (z. B. aus Biegemoment) übertragen. Reibschlüssige Welle-Nabe-Verbindungen übertragen die äußeren Kräfte mittels Reibungskräften, die in Tagentialebenen zu den zylindrischen oder konischen Wirkflächen angreifen. Bei formschlüssigen Verbindungen werden Wirkflächenpaare vorgesehen, in denen die äußeren Lasten durch Normalkräfte übertragen werden. Ferner können Reib- und Formschluß kombiniert werden. Bei Stoffschluß wird (meistens mittels Zusatzwerkstoff) eine unlösbare materielle Verbindung zwischen Welle und Nabe hergestellt.

Welle-Nabe-Verbindungen werden in aller Regel „dynamisch"[2] beansprucht. Den äußeren, zeitlich veränderlichen Lasten können (z. B. aus Vorspannung herrührende) statische Beanspruchungen überlagert sein. Dynamisch beanspruchte Maschinenelemente müssen auf ausreichende Gestaltfestigkeit bemessen werden. Dauerfestigkeitswerte werden experimentell an geometrisch einfachen Werkstoffproben genormter Abmessungen und definierter Oberflächenqualität bestimmt. Gestaltfestigkeit ist diejenige dynamische Beanspruchung (z. B. wechselnde Biegespannung), die ein Bauteil beliebiger geometrischer Gestalt, Abmessungen und Oberflächenqualität über eine unbegrenzte Anzahl von Lastwechseln ohne Bruch ertragen kann.

In dynamisch beanspruchten Welle-Nabe-Verbindungen ist fast immer die Welle das hinsichtlich Gestaltfestigkeit kritische Bauteil. Die Gestaltfestigkeit einer Welle ist im Bereich jeder Welle-Nabe-Verbindung sorgfältig zu untersuchen, da diese

---

2 In der Mechanik werden solche Vorgänge als dynamisch bezeichnet, bei deren mathematischen Beschreibung die Massenträgheitskräfte berücksichtigt werden müssen. In der Lehre der Maschinenelemente heißen alle zeitlich veränderlichen Beanspruchungen dynamisch. In diesem Buch wird das Wort „dynamisch" im letzteren Sinn gebraucht.

immer eine Kerbwirkung auf die Welle ausübt. Die Kerbwirkung hängt stark von der konstruktiven Ausbildung der Welle-Nabe-Verbindung und der Art des Kraftschlusses ab. Häufig ist die Größe der auf,die Welle ausgeübten Kerbwirkung das für die Auswahl einer Welle-Nabe-Verbindung maßgebliche Merkmal. Da der grundsätzliche Rechengang für den Gestaltfestigkeitsnachweis unabhängig von der speziellen Form der Welle-Nabe-Verbindung ist, wird er zusammenfassend in Abschnitt 5 vorgestellt.

Bei den vorgespannten, reibschlüssigen Welle-Nabe-Verbindungen ist für die einzelnen Bauteile ein Nachweis gegen die statischen Versagenskriterien der unzulässigen Verformungen oder des Gewaltbruchs zu führen. Dabei kann (insbesondere bei Hohlwellen) nicht ohne weiteres entschieden werden, welches der Bauteile kritisch ist. Rechengänge für den statischen Festigkeitsnachweis werden bei der Behandlung der einzelnen Welle-Nabe-Verbindungen angegeben.

Bei der Konstruktion eines Bauteils sind gewöhnlich zwei Rechengänge durchzuführen. In der Auslegungsrechnung werden ausgehend von den äußeren Lasten, den Soll-Sicherheiten[3] und den Festigkeitskennwerten des Werkstoffs die wesentlichen Abmessungen bestimmt. Nach der konstruktiven Gestaltung muß die Ist-Sicherheit gegen die maßgebenden Versagenskriterien nachgewiesen werden. Wichtige Eingangsdaten für diese Nachweisrechnung sind ebenfalls die äußeren Lasten, die Festigkeitskennwerte und die im Konstruktionsprozeß ermittelten geometrischen Abmessungen.

Die physikalischen Vorgänge bei der mechanischen Beanspruchung technischer Bauteile sind fast immer äußerst vielschichtig, und sie hängen von einer Vielzahl von Einflußgrößen ab. Es ist weder aus physikalischen noch aus wirtschaftlichen Gründen (Berechnungszeit und Kosten) möglich, alle Einflußgrößen in einer Festigkeitsrechnung zu erfassen. Daher muß das komplexe Geschehen bei der Beanspruchung eines Bauteils auf ein physikalisches Modell zurückgeführt werden, das die wesentlichen Einflußgrößen erfaßt und eine mathematische Behandlung mit angemessenem Aufwand gestattet. Die Aussagekraft einer Festigkeitsrechnung hängt von der Güte des gewählten Modell und der Zuverlässigkeit der Eingangsdaten ab. Vertiefte physikalische Einsichten und die außerordentlich erweiterten Möglichkeiten der numerischen Rechentechnik durch den Einsatz elektronischer Datenverarbeitungsanlagen haben in den letzten 30 Jahren in allen Gebieten der Technik zu wesentlich verfeinerten Berechnungsmodellen geführt. Der Erkenntnisstand über die Beanspruchung von Welle-Nabe-Verbindungen wurde hierdurch erheblich ausgeweitet.

Weit weniger befriedigend ist die Zuverlässigkeit der Eingangsdaten für die Festigkeitsberechnungen zu beurteilen. Die Festigkeitskennwerte der Werkstoffe streuen bereits im Laborversuch nicht unerheblich. Technische Bauteile unterliegen anderen Umgebungsbedingungen (z. B. Temperatur, Angriff korrosiver oder abrasiver Medien) als die Laborproben. Die Übertragung der unter Laborbedingungen gemessenen Festigkeitskennwerte auf das geometrisch anders geartete Bauteil ist schwierig und mit Unsicherheiten behaftet. Besonders problematisch ist es häufig,

---

3 Grundsätzlich wird zwischen Soll- und Ist-Sicherheiten nach folgenden Definitionen unterschieden

$$\text{Soll-Sicherheit } (S) = \frac{\text{Grenzbeanspruchung}}{\text{Zulässige Beanspruchung}}$$

$$\text{Ist-Sicherheit } (j) = \frac{\text{Grenzbeanspruchung}}{\text{Vorhandene Beanspruchung}}$$

Die Grenzbeanspruchung ist diejenige Beanspruchung, bei der ein Werkstoff nach einem definierten Versagenskriterium versagt.

die auf ein Bauteil einwirkenden äußeren Lasten mit ausreichender Genauigkeit zu ermitteln. Eine Welle-Nabe-Verbindung ist oft nur eines von vielen Bauteilen einer Maschine. Aus der Umgebung der Verbindung wie der gesamten Maschine können eine Vielzahl von statischen und dynamischen Kräften einwirken. Diese Kräfte können von zahlreichen, teilweise durch Berechnung nicht oder nur ungenau erfaßbaren Einflußgrößen (z. B. Schwingungen, Steifigkeiten von Gehäusen) abhängen. Gelegentlich lassen sie sich nur durch Messungen am ausgeführten Objekt ermitteln und müssen daher in der Konstruktionsphase geschätzt werden.

Die Güte der Modellbildung und die Zuverlässigkeit der Eingangsdaten müssen in der Festigkeitsberechnung durch die vom verantwortlichen Ingenieur festzulegende Soll-Sicherheit berücksichtigt werden. Außer den genannten Unsicherheiten sind besonders die Folgen eines Versagens (Schaden an Menschen, Umwelt, Sachen) sowie die anerkannten Regeln der Technik in Form von Normen (z. B. DIN 15018), Richtlinien (z. B. VDI 2226) und Fachschrifttum (z. B. [1.1]) zu berücksichtigen.

Soweit Festigkeitsberechnungen von der besonderen Gestalt abhängen, werden sie für die betreffenden Welle-Nabe-Verbindungen in den entsprechenden Abschnitten dargestellt. Umfangreichere Rechengänge werden in der Form von ausführlichen Flußdiagrammen angegeben. Diese Flußdiagramme dienen nicht nur als Grundlage für die konventionelle Durchführung der betreffenden Berechnung sondern auch zur Erstellung von Programmen für programmierbare Taschen- und Tischrechner.

1.1 Schrifttum

Bücher und Aufsätze

1.1 Niemann, G.: Maschinenelemente, Bd. I. 2. Aufl. Berlin, Heidelberg, New York: Springer 1981.
1.2 Pahl, G.; Beitz, W.: Konstruktionslehre. Berlin, Heidelberg, New York: Springer, 1976.
1.3 Rodenacker, W.: Methodisches Konstruieren. 2. Aufl. Berlin, Heidelberg, New York: Springer, 1976.
1.4 Roth, K.: Konstruieren mit Konstruktionskatalogen. Berlin, Heidelberg, New York: Springer, 1982.

2 Reibschlüssige Welle-Nabe-Verbindungen

In den reibschlüssigen Welle-Nabe-Verbindungen treten in einem oder mehreren Wirkflächenpaaren Reibkräfte auf, die den zu übertragenden Kräften Gleichgewicht halten. Damit in einer Wirkfläche Reibkräfte entstehen können, müssen senkrecht zu ihr Druckvorspannkräfte wirken. Diese Vorspannkräfte werden durch Zufuhr äußerer Energie erzeugt. Die zugeführte Energie wird dabei in der Regel als elastische Formänderungsarbeit innerhalb der im Kraftschluß liegenden Bauteile gespeichert. Unter Umständen kann ein Teil der zugeführten Energie in nicht wiedergewinnbare, plastische Formänderungsarbeit gewandelt werden. Da auch in diesem Fall ein erheblicher Anteil der gesamten zugeführten Energie in elastische Formänderungsenergie umgesetzt wird, soll im folgenden vereinfachend von Energiespeicherung gesprochen werden.

Es gibt eine Vielfalt von Bauformen der reibschlüssigen Welle-Nabe-Verbindungen. Neben dem Merkmal ,,Reibschluß'' ist allen gemeinsam, daß die radialen Vorspannkräfte zwangsweise durch Verformungen hervorgerufen werden, die den Teilen der Verbindung beim Zusammenbau aufgeprägt werden. Die Zwangsverformungen der Teile führen zu entsprechenden inneren Reaktionen der Werkstoffe in Form von Spannungen (darunter den erwünschten Druckspannungen in den Wirkflächen). Da die Welle-Nabe-Verbindung nach dem Zusammenbau frei von äußeren Kräften ist, sind die aufgezwungenen Spannungen Eigenspannungen.

Eine systematische Ordnung der reibschlüssigen Welle-Nabe-Verbindungen gibt Tabelle 2.1. Bei unmittelbarer Kraftübertragung greifen die Reibkräfte in nur einem Wirkflächenpaar an, das von der Außenkontur der Welle und der inneren Oberfläche der Nabe gebildet wird. Bei mittelbarer Kraftübertragung sind zwischen Welle und Nabe noch zusätzliche Bauteile angeordnet. Derartige Verbindungen weisen daher mindestens zwei Wirkflächenpaare auf. Bei interner Erzeugung der Vorspannkraft wird die zur Erzeugung der Vorspannung zugeführte Energie ausschließlich von den im Fluß der zu übertragenden äußeren Kräfte liegenden Bauteile aufgenommen. Bei äußerer Erzeugung der Vorspannkraft sind zusätzlich innerhalb der Welle-Nabe-Verbindung eigene Elemente angeordnet, mit deren Hilfe die erforderliche Energie eingeleitet wird. Die Bauformen der reibschlüssigen Welle-Nabe-Verbindungen mit äußerer Erzeugung der Vorspannkraft entstehen durch Variation der hierfür ausgenutzten physikalischen Effekte sowie der Geometrie der Wirkflächen. Im wesentlichen werden verschiedene Keileffekte (Ebener, Ring- und Schraubkeil) angewendet. Als Wirkflächen werden ausschließlich Kreiszylinder und Kreiskegel herangezogen.

2.1 Zylindrische Preßverbände

Zylindrische Preßverbände weisen nur ein einziges, zylindrisches Wirkflächenpaar für den Kraftschluß auf, das dem allgemeinen technischen Sprachgebrauch folgend

Tabelle 2.1. Einteilung der reibschlüssigen Welle-Nabe-Verbindungen

Art des Reibschlusses	Erzeugung der Vorspannkraft	Geometrie der Wirkflächen	Anzahl der Wirkflächenpaare	Bezeichnung	Skizze
Unmittelbar	Intern	Zylindrisch	1	Preßverband	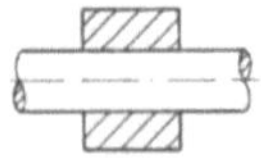
	Intern	Konisch	1	Kegel-preßverband	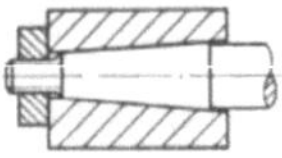
	Intern	Zylindrisch	2	Well-spannhülse	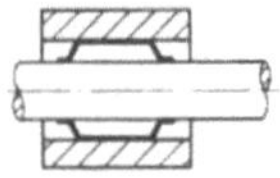
	Extern	Zylindrisch	1	Keil-verbindung	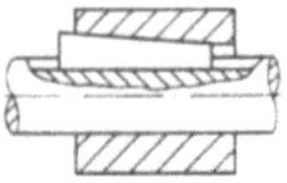
	Extern	Zylindrisch	1	Klemm-verbindung	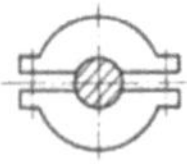
	Intern	Zylindrisch u. konisch	1/2	Doppelkegel-spannsatz	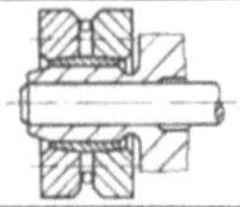
Mittelbar	Extern	Zylindrisch u. konisch	2/1	Kegel-spannring	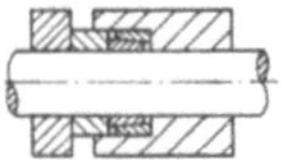
	Intern	Zylindrisch u. konisch	3/1	Kegel-spannsatz	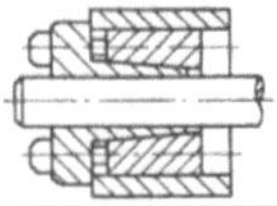
	Intern	Zylindrisch u. konisch	3/2	Konischer-Spannsatz	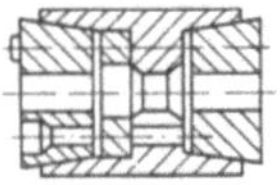
	Intern	Zylindrisch u. konisch	2/4	Vierfachkegel-spannsatz	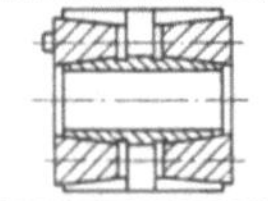
	Extern	Zylindrisch	2	Sternscheibe	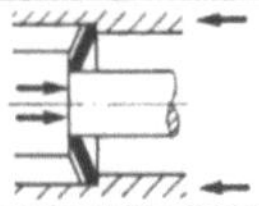
	Intern	Zylindrisch	2	Wellspannsatz	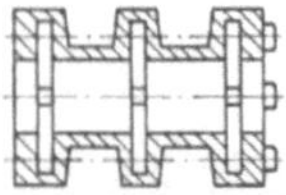
	Intern	Zylindrisch	2	Hydr. Hohl-mantelspann-buchse	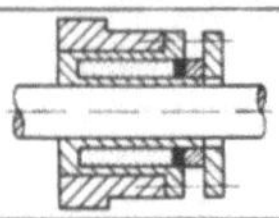

als Fügefläche bezeichnet wird. Der Außendurchmesser der Fügefläche des Innenteils — in Anlehnung an DIN 7190 heißt die Welle Innen- und die Nabe Außenteil — wird vor dem Fügen geringfügig größer ausgeführt als der Innendurchmesser der zugeordneten Fläche des Außenteils. Je nachdem ob die Zwangsverformungen beim Fügen rein elastisch oder elastisch-plastisch sind, wird die Auslegung als elastisch oder elastisch-plastisch bezeichnet. Das Fügen erfolgt entweder thermisch (Erwärmen des Außenteils und/oder Abkühlen des Innenteils) oder durch axiales Einpressen des Innen- in das Außenteil. Entsprechend liegt ein Quer- oder Längspreßverband vor.

Über die Fügefläche hinweg können entweder Umfangs- und/oder Axialkräfte übertragen werden. Der Zusammenhang zwischen dem statisch übertragbaren Drehmoment und dem erforderlichen Druck in der Fügefläche ergibt sich aus der Bedingung des Momentengleichgewichts am Innen- bzw. Außenteil zu [1]

$$T = \frac{\pi}{2} D_F^2 l \nu_{ru} \frac{p}{S_R} \,.$$ (2.1)

Für die statisch übertragbare Axialkraft gilt entsprechend

$$F_{ax} = \pi D_F l \nu_{rl} \frac{p}{S_R} \,.$$ (2.2)

Der Durchmesser D_F der Fügefläche wird in der Zeichnung als Nennmaß der Passung angegeben. Abweichend von DIN 7150 wird im folgenden dem Übermaß ein positives Vorzeichen zugewiesen. Aus Bild 2.1 folgt

$$U = D_{Ia} - D_{Ai} \,.$$ (2.3)

Infolge der unvermeidlichen Glättung durch plastisches Einebnen der Rauhigkeitsspitzen beim Fügen wird jedoch das theoretische Übermaß U nicht voll in Verfor-

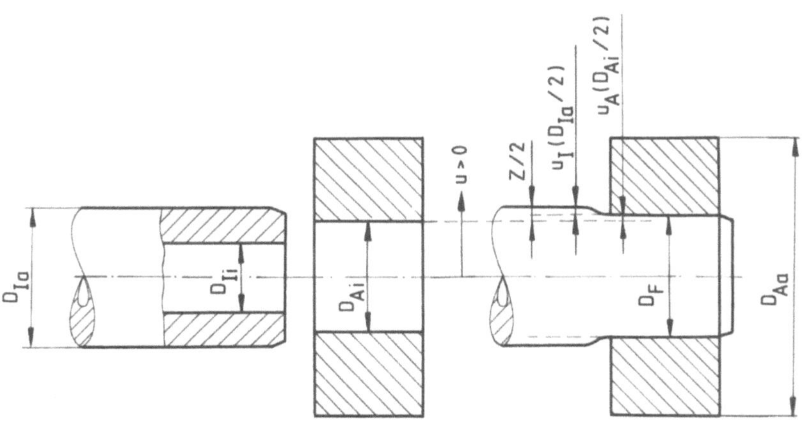

Bild 2.1. Kinematik des Preßverbandes

---

1 Die Wahl der Soll-Sicherheit S_R gegen Durchrutschen richtet sich nach dem verwendeten Haftbeiwert (vgl. Abschnitt 2.1.7).

mungen der gefügten Teile umgesetzt. Maßgebend ist das um die plastische Glättung G verminderte Übermaß, das als Haftmaß bezeichnet wird

$$Z = U - G \,. \tag{2.4}$$

Eine genaue Bestimmung der Glättung G ist wegen der komplexen Einflüsse äußerst schwierig. Sie hängt ab von den Rauhigkeiten der zu fügenden Flächen, den Werkstoffeigenschaften der Teile und der Größe des zu überbrückenden Übermaßes. In der Praxis erfolgt daher die Berechnung überschlägig nach DIN 7190.

$$G = 2(0{,}4R_{zI} + 0{,}4R_{zA}) \,. \tag{2.5}$$

In (2.5) haben R_z und damit auch G die Einheit µm. Dies ist bei der Auswertung von (2.4) zu beachten. Für die Rauhtiefen R_z sind in (2.5) die in der Zeichnung vorzuschreibenden Größtwerte einzusetzen.

Beim Fügen erleiden die Teilchen auf den zu verbindenen Flächen des Innenbzw. Außenteils radiale Verschiebungen. Aus Bild 2.1 folgt

$$u_A\left(\frac{D_{Ai}}{2}\right) - u_I\left(\frac{D_{Ia}}{2}\right) = \frac{Z}{2} \,. \tag{2.6}$$

Dabei weisen nach außen gerichtete Radialverschiebungen positives Vorzeichen auf.

2.1.1 Rein elastische Auslegung einfacher Preßverbände

Viele der in der Praxis angewendeten einfachen Preßverbände lassen sich auf ein Berechnungsmodell zurückführen, bei dem zwei Hohlzylinder gleicher axialer Länge gefügt werden. Das Innenteil kann auch ein Vollzylinder sein. Für das Weitere wird vorausgesetzt, daß beide Teile aus rein elastischen, homogenen und isotropen Werkstoffen bestehen, bei denen der Zusammenhang zwischen den Spannungen und Verzerrungen mit Hilfe des Hookeschen Gesetzes beschrieben werden kann. Dabei können die Elastizitätskonstanten E und v beider Teile verschieden sein. Auf die gefügten Teile sollen keine Volumenkräfte (z. B. Fliehkraft) einwirken. Schließlich wird angenommen, daß beide Teile im gefügten Zustand die gleiche homogene Temperatur aufweisen. Ferner wird vorausgesetzt, daß die Verzerrungen klein sind und daher nach der infinitesimalen Theorie aus den Komponenten des Verschiebungsvektor berechnet werden können.

In der technischen Praxis hat es sich eingebürgert, Preßverbände nach der Theorie des ebenen Spannungszustandes zu berechnen. Dies ist für Querpreßverbände, deren konstante axiale Dicke kleiner ist als der Durchmesser der Fügefläche, ein brauchbares Modell. Problematisch wird seine Anwendung auf Längspreßverbände, bei denen beim axialen Einpressen in der Fügefläche Reibkräfte auftreten. Diese führen zumindest in der Nähe der Fügefläche im Inneren der zu fügenden Teile zu Axial- und Schubspannungen, welche durch das Modell des ebenen Spannungszustandes nicht erfaßt werden. Da jedoch eine exakte Berechnung dieser durch das Fügen hervorgerufenen Spannungen sehr schwierig ist, wird allgemein mit dem Modell des ebenen Spannungszustandes gerechnet.

Die Berechnungen der Spannungen, Dehnungen und Verschiebungen werden auf den aus der Mechanik bekannten Fall einer unter Außen- und Innendruck stehenden dickwandigen Kreisscheibe gemäß Bild 2.2 zurückgeführt. Infolge der rotations-

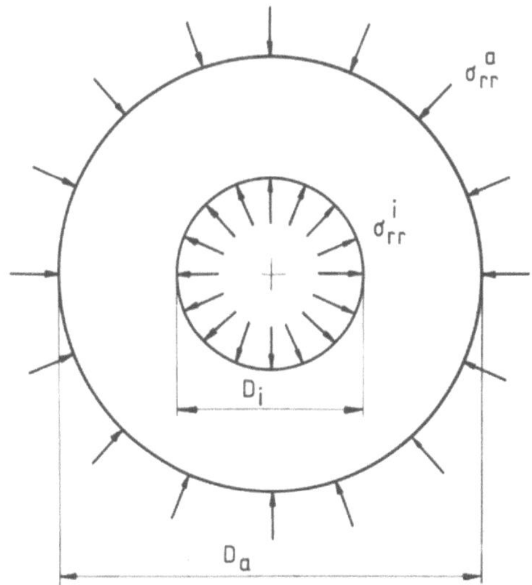

Bild 2.2. Dickwandige Kreisscheibe unter Außen- und Innendruck

symmetrischen Geometrie und Belastung sind die Radial- und Tangentialspannung Hauptnormalspannungen. Im allgemeinen Belastungsfall gilt [2.62][2]

$$\sigma_{rr} = \frac{1}{1-Q^2} \cdot \left[\sigma_{rr}^{a} - \left(\frac{r_i}{r_a}\right)^2 \sigma_{rr}^{i} + (\sigma_{rr}^{i} - \sigma_{rr}^{a}) \cdot \left(\frac{r_i}{r}\right)^2 \right],$$

$$\sigma_{\varphi\varphi} = \frac{1}{1-Q^2} \cdot \left[\sigma_{rr}^{a} - \left(\frac{r_i}{r_a}\right)^2 \sigma_{rr}^{i} - (\sigma_{rr}^{i} - \sigma_{rr}^{a}) \cdot \left(\frac{r_i}{r}\right)^2 \right].$$

$$(2.7)$$

Nach (2.6) läßt sich das Haftmaß aus den Radialverschiebungen der zu fügenden Flächen berechnen. Der Zusammenhang mit den Spannungen wird über das Hookesche Gesetz hergestellt. Wegen der Rotationssymmetrie treten keine Gleitungen in der Scheibenebene auf und es ist

$$\varepsilon_{rr} = \frac{1}{E}(\sigma_{rr} - v\sigma_{\varphi\varphi}),$$

$$\varepsilon_{\varphi\varphi} = \frac{1}{E}(\sigma_{\varphi\varphi} - v\sigma_{rr}).$$

$$(2.8)$$

Die in (2.8) auftretenden Dehnungen lassen sich aus der Radialverschiebung u berechnen. Für den Zusammenhang zwischen den Dehnungen und den Verzerrungen [2.62] gilt

$$\varepsilon_{rr} = \frac{du}{dr},$$

$$\varepsilon_{\varphi\varphi} = \frac{u}{r}.$$

$$(2.9)$$

---

2 Q ist nach DIN 7190 das Durchmesserverhältnis, also für das Innenteil $Q_I = D_{Ii}/D_F$ und für das Außenteil $Q_A = D_F/D_{Aa}$.

Nach $(2.9)_2$ läßt sich die Radialverschiebung ausschließlich aus der Tangential-dehnung berechnen.

Die für den rotationssymmetrischen ebenen Spannungszustand geltenden Gleichungen sind auf den Preßverband anzuwenden. Dazu wird zunächst die Verformungsgleichung (2.6) betrachtet. In ihr werden — wie es der linearen Theorie erster Ordnung entspricht — die Verschiebungen des Innen- und Außenteils ausgehend von deren unverformten Geometrien berechnet. In der technischen Praxis schreibt jedoch der Konstrukteur primär nicht die Durchmesser D_{Ai} und D_{Ia} sondern als Nennmaß der Passung den Fügedurchmesser D_F im gefügten (und damit verformten) Zustand vor. Die Durchmesser D_{Ai} und D_{Ia} ergeben sich aus den Toleranzen. Das Rechnen mit den Durchmessern D_{Ai} und D_{Ia} im unverformten Zustand führt insbesondere dann auf eine Erschwernis, wenn für einen vorgeschriebenen Druck p das beim Fügen erforderliche Haftmaß Z ermittelt werden muß. Daher ist es allgemein üblich, die kleinen Unterschiede der Durchmesser D_{Ai} und D_{Ia} zu vernachlässigen und mit den Durchmesser D_F im gefügten Zustand zu rechnen. Damit vereinfacht sich (2.6) zu

$$u_A\left(\frac{D_F}{2}\right) - u_I\left(\frac{D_F}{2}\right) = \frac{Z}{2}\,. \qquad (2.10)$$

Entsprechend müssen auch die Randbedingungen für die Berechnung der Spannungen in Innen- und Außenteil auf den Durchmesser D_F bezogen werden. Unter welchen Voraussetzungen diese Vereinfachung berechtigt ist, wird weiter unten erläutert. Die Randbedingungen für das Innenteil lauten

$$r = \frac{D_{Ii}}{2}:\ \sigma_{rr} = 0\,, \qquad r = \frac{D_F}{2}:\ \sigma_{rr} = -p \qquad p > 0\,.$$

Die Größe des Fugendrucks p wird in Übereinstimmung mit der Vorzeichenvereinbarung für das Übermaß U positiv angesetzt. In (2.7) geht die zugehörige Radialspannung dann selbstverständlich mit negativen Vorzeichen ein. Durch Einsetzen in (2.7) ergibt sich

$$\sigma_{rr} = -\,\frac{1 - \left(\dfrac{D_{Ii}}{2r}\right)^2}{1 - Q_I^2}\,p\,,$$

$$\sigma_{\varphi\varphi} = -\,\frac{1 + \left(\dfrac{D_{Ii}}{2r}\right)^2}{1 - Q_I^2}\,p\,. \qquad (2.11)$$

Mit $r = D_F/2$ folgt aus $(2.8)_2$, $(2.9)_2$ und (2.11)

$$u_I\left(\frac{D_F}{2}\right) = -\left(\frac{1 + Q_I^2}{1 - Q_I^2} - \nu_I\right)\frac{p}{E_I}\frac{D_F}{2}\,. \qquad (2.12)$$

Für das Außenteil gelten die Randbedingungen

$$r = \frac{D_F}{2}:\ \sigma_{rr} = -p\,, \qquad r = \frac{D_{Aa}}{2}:\ \sigma_{rr} = 0\,.$$

(2.8) ergibt für die Spannungen[3]

$$\sigma_{rr} = -\frac{Q_A^2}{1 - Q_A^2}\left[\left(\frac{D_{Aa}}{2r}\right)^2 - 1\right]p,$$

$$\sigma_{\varphi\varphi} = \frac{Q_A^2}{1 - Q_A^2}\left[\left(\frac{D_{Aa}}{2r}\right)^2 + 1\right]p.$$

(2.13)

Die Verschiebung der zu fügenden Fläche wird

$$u_A\left(\frac{D_F}{2}\right) = \left(\frac{1 + Q_A^2}{1 - Q_A^2} + v_A\right)\frac{p}{E_A}\frac{D_F}{2}.$$

(2.14)

Schließlich liefert Einsetzen von (2.12) und (2.14) in (2.10) für das bezogene Haftmaß $\xi = Z/D_F$

$$\xi = \left[\frac{E_A}{E_I}\left(\frac{1 + Q_I^2}{1 - Q_I^2} - v_I\right) + \frac{1 + Q_A^2}{1 - Q_A^2} + v_A\right]\frac{p}{E_A}.$$

(2.15)

Dies ist die gewünschte Auslegungsgleichung, welche den Zusammenhang zwischen dem Fugendruck p und dem Haftmaß ξ vermittelt. Für den Fall eines vollen Innenteils ($Q_I = 0$) vereinfacht sie sich zu

$$\xi = \left[\frac{E_A}{E_I}(1 - v_I) + \frac{1 + Q_A^2}{1 - Q_A^2} + v_A\right]\frac{p}{E_A}.$$

(2.16)

Bestehen Innen- und Außenteil aus Werkstoffen mit gleichen elastischen Konstanten E und v, so gilt

$$\xi = \left(\frac{1 + Q_I^2}{1 - Q_I^2} + \frac{1 + Q_A^2}{1 - Q_A^2}\right)\frac{p}{E}.$$

(2.17)

Für den praktisch besonders wichtigen Fall, daß die elastischen Konstanten eines vollen Innenteils mit denen des Außenteils übereinstimmen, wird aus (2.16)

$$\xi = \frac{2}{1 - Q_A^2}\frac{p}{E}.$$

(2.18)

Es muß noch erörtert werden, unter welchen Voraussetzungen die Unterschiede zwischen den Durchmessern D_{Ai} bzw. D_{Ia} im unverformten und dem Durchmesser D_F im verformten Zustand vernachlässigt werden dürfen. Aufbauend auf Überlegungen von Biezeno und Grammel [2.2] sowie des Autors [2.27] kann gezeigt werden, daß die Vereinfachung zulässig ist, solange die Ungleichung gilt

$$p \ll \frac{(1 - Q_I^2)^2 \, E_I}{|1 - v_I - (4 - v_I) \, Q_I^2 - Q_I^4|}.$$

(2.19)

---

3 Der Verlauf der mittels der Streckgrenze R_{eA} des Außenteils dimensionslos gemachten Spannungen über dem ebenfalls dimensionslosen Radius r/r_F des Außenteils ist in Bild 2.11 für $p/R_{eA} = 0{,}433$ dargestellt. Die weiteren Graphen gelten für elastisch-plastisch und vollplastisch beanspruchte Außenteile.

Die rechte Seite dieser Ungleichung kann als Grenzdruck p_{krit} gedeutet werden, der stets wesentlich größer als der Fugendruck p sein muß. Für $Q_I = 1$ wird dieser Grenzdruck Null. Jedoch entspricht $Q_I = 1$ dem technisch nicht realisierbaren Fall eines Innenteils der Wandstärke Null. Für Innenteile mit $Q_I \leq 0,9$ läßt sich Ungleichung (2.19) auswerten. Die Ergebnisse für den ungünstigsten Fall $Q_I = 0,9$ finden sich in Tabelle 2.2. Da der Fugendruck p höchstens 115 % der Streckgrenze des Werkstoffs annehmen kann — dies gilt im Fall der vollplastischen Auslegung (vgl. Abschnitt 2.1.2) — ist die Bedingung (2.19) unter der Voraussetzung $Q_I \leq 0,9$ stets erfüllt.

Tabelle 2.2. Kritischer Fugendruck nach Gl. (2.19) für $Q_I = 0,9$

Werkstoff	E N/mm²	p_{krit} N/mm²	R_{eH} bzw. $R_{p0,2}$ N/mm²
St50-2	210 000	2260	285
AlMg3	70 000	750	80
MgMn2 F20	45 000	480	200
Ti 99,8	120 000	1290	180

(2.15) mit (2.18) können in zweifacher Hinsicht ausgewertet werden. Einmal läßt sich das erforderliche Haftmaß für den Fall berechnen, daß der für die Übertragung des Drehmoments und oder der Axialkraft notwendige Fugendruck bekannt ist (1. Hauptaufgabe). Außerdem kann die umgekehrte Aufgabe gelöst werden, daß zu vorgegebenem Haftmaß der sich einstellende Fugendruck zu berechnen ist (2. Hauptaufgabe). Beide Hauptaufgaben müssen bei der technischen Auslegung von Preßverbänden behandelt werden. Üblicherweise wird mittels des erforderlichen Fugendrucks nach (2.1) bzw. (2.2) in der 1. Hauptaufgabe das zugehörige Haftmaß bestimmt. Mit Hilfe von (2.4) und (2.5) wird daraus das erforderliche kleinste Übermaß U_{min} berechnet. Sodann wird eine Passung ausgewählt, bei der das betragsmäßig kleinste Übermaß mindestens gleich dem errechneten Übermaß U_{min} ist. Für das sich aus der Passung ergebende betragsmäßig größte Übermaß U_{max} ergibt sich durch Lösen der 2. Hauptaufgabe der größtmögliche Fugendruck.

Die bisher abgeleiteten Gleichungen geben keinen Aufschluß darüber, ob die Beanspruchungen von Innen- und Außenteil wie vorausgesetzt im rein elastischen Bereich liegen. Dies muß durch Berechnen der nach einer geeigneten Festigkeitshypothese gebildeten Vergleichsspannung nachgeprüft werden. Bei der Wahl der Festigkeitshypothese für statisch beanspruchte Bauteile wird vom Verformungsverhalten des Werkstoffs ausgegangen. Grundsätzlich werden für beide Teile von Preßverbänden nur solche metallischen Werkstoffe eingesetzt, die im einachsigen Zugversuch duktiles Verhalten aufweisen. Ob duktiles Verhalten[4] vorliegt, kann näherungsweise mit folgenden Bedingungen[5] beurteilt werden.

$$A \geq 10\% \qquad Z \geq 30\% \,. \qquad\qquad (2.20)$$

---

4 Bauteile aus im einachsigen Zugversuch sich duktil verhaltenden Werkstoffen können bei mehrachsiger Beanspruchung zum Sprödbruch neigen. Dies gilt insbesondere, wenn alle Hauptnormalspannungen Zugspannungen etwa gleicher Größe sind (Kerben!).
5 Nach DIN 50145 ist A = Bruchdehnung (früher δ), Z = Brucheinschnürung (früher ψ).

Bei duktilen Werkstoffen haben sich die Schubspannungs(SH)-, die modifizierte Schubspannungs(MSH)- (vgl. Abschnitt 2.1.2) und die Gestaltänderungsenergiehypothese (GEH) bewährt). Die GEH gibt im allgemeinen das experimentell beobachtete Spannungs-Dehnungs-Verhalten zäher metallischer Werkstoffe etwas genauer wieder als die SH. Die SH liegt gegenüber der GEH auf der sicheren Seite, wobei die maximale Abweichung 15,5 % betragen kann. Bei idealplastischen Werkstoffen liegt die MSH gegenüber der GEH im ungünstigsten Fall um 15,5 % auf der unsicheren Seite. Da jedoch die Rechnungen im Fall der elastisch-plastischen Auslegung (vgl. Abschnitt 2.1.2) unter Verwendung der MSH wesentlich einfacher werden und für die meist verwendeten, verfestigenden Werkstoffe besser mit den experimentellen Ergebnissen übereinstimmen als die nach der GEH ermittelten, wird empfohlen, mit der MSH zu rechnen.

Im lastfreien, gefügten Zustand werden Innen- und Außenteil eines Preßverbandes ausschließlich durch die sich aus (2.8) ergebenden Radial- und Tangentialspannungen beansprucht, die gleichzeitig Hauptnormalspannungen sind. Für den ebenen Spannungszustand berechnet sich die Vergleichsspannung σ_v nach der SH und der MSH zu

$$\sigma_v = \max \begin{cases} |\sigma_{\varphi\varphi} - \sigma_{rr}| \, , \\ |\sigma_{\varphi\varphi}| \, , \\ |\sigma_{rr}| \, . \end{cases}$$

Für das Außenteil folgt aus (2.13)

$$\sigma_{rr} < 0 \, , \qquad \sigma_{\varphi\varphi} > 0 \, , \qquad |\sigma_{rr}| < \sigma_{\varphi\varphi} \, .$$

Daher ist die Vergleichsspannung σ_v gemäß der Vorschrift

$$\sigma_v = \sigma_{\varphi\varphi} - \sigma_{rr}$$

zu berechnen. Für den Fall, daß ein äußeres Lastmoment über die Fügefläche hinweg übertragen werden muß, bilden sich in dieser Schubspannungen aus. Näherungsweise kann $\tau_{r\varphi} \leqq v_{ru} p$ gesetzt werden. Allgemein gilt für die Vergleichsspannung bei zusätzlicher Schubspannung nach der MSH

$$\sigma_v = \sqrt{(\sigma_{\varphi\varphi} - \sigma_{rr})^2 + 4\tau_{r\varphi}^2} \, . \tag{2.21}$$

An der Bohrung des Außenteils folgt aus (2.13)

$$\sigma_v = 2 \sqrt{\left(\frac{1}{1 - Q_A^2}\right)^2 + v_{ru}^2 p} \, . \tag{2.22}$$

Der größte Haftbeiwert beträgt nach Tabelle 2.19 bzw. 2.20 für technische Oberflächen etwa 0,15. Daher kann in (2.22) der von den Schubspannungen herrührende Anteil gegenüber den Normalspannungen vernachlässigt werden und es wird

$$\sigma_v = \frac{2}{1 - Q_A^2} p \, . \tag{2.23}$$

Dies gilt auch dann, wenn das äußere Drehmoment einen dynamischen Charakter (z. B. schwellend oder wechselnd) aufweist. Das Außenteil wird ausschließlich auf die statischen, durch das Fügen entstehenden Spannungen nachgerechnet.

Besonders einfach läßt sich die Vergleichsspannung des Außenteils aus dem bezogenen Haftmaß berechnen, sofern das Innenteil voll ist und die elastischen Konstanten beider Teile übereinstimmen. Aus (2.18) und (2.23) folgt unmittelbar

$$\sigma_v = \xi E \,. \tag{2.24}$$

Die Vergleichsspannung hängt in diesem Fall nicht vom Durchmesserverhältnis Q_A des Außenteils sondern nur vom bezogenen Haftmaß ξ ab.

Die Festigkeitsbedingung lautet nach der MSH

$$\sigma_v \leqq \frac{2R_{eA}}{\sqrt{3}S_F} \,. \tag{2.25}$$

Unter Berücksichtigung von (2.23) ergibt sich für den Fugendruck die Bedingung

$$p \leqq \frac{1 - Q_A^2}{\sqrt{3}S_F} R_{eA} \,. \tag{2.26}$$

In (2.26) und im folgenden ist stets der untere Wert R_{eL} der Streckgrenze[6] einzusetzen. Da keine Verwechslungen möglich sind, wird der Index L weggelassen. Die Soll-Sicherheit S_F gegen plastische Verformungen soll nach VDI-Richtlinie 2226 der Bedingung $S_F \geqq 1{,}2$ genügen.

Für ein hohles Innenteil ($Q_I \neq 0$) folgt durch entsprechende Betrachtungen die statische Festigkeitsbedingung zu

$$p \leqq \frac{1 - Q_I^2}{\sqrt{3}\,S_F} R_{eI} \,. \tag{2.27}$$

Bei einem vollen Innenteil ($Q_I = 0$) sind gesonderte Überlegungen anzustellen. In ihm wirken in jedem Punkt die Spannungen

$$\sigma_{\varphi\varphi} = \sigma_{rr} = -p \,. \tag{2.28}$$

Nach (2.21) wird $\sigma_v = p$. Daher lautet für das volle Innenteil die Festigkeitsbedingung

$$p \leqq \frac{2R_{eI}}{\sqrt{3}\,S_F} \,. \tag{2.29}$$

Anders als beim Außenteil kann bei einem dynamisch wirkenden Drehmoment für das Innenteil die Festigkeit nicht ausschließlich statisch nachgewiesen werden. Da ein Preßverband auf das Innenteil eine erhebliche Kerbwirkung ausübt, muß ein Gestaltfestigkeitsnachweis gemäß Abschnitt 5 geführt werden.

Die Kerbwirkung für das Innenteil wird im wesentlichen verursacht durch Abweichungen des Fugendrucks vom ebenen Spannungszustand, Einflüsse des übertragenen Dreh- und Biegemoments auf die Spannungsverteilung sowie durch Mikrogleiten in der Fügefläche. Die Auswirkungen dieser Einflüsse auf die Verteilung der Spannungen in Innen- und Außenteil lassen sich mit verfeinerten mathematischen und numerischen Berechnungsmethoden erfassen, worauf in Abschnitt 2.1.4 eingegangen wird. Jedoch erfordert dies einen großen Aufwand. Daher werden

---

6 Es werden die Bezeichnungen nach DIN 50145 verwendet, die wie folgt mit den konventionellen Festigkeitskennwerten übereinstimmen:
$R_e = \sigma_S$, $R_{p0{,}2} = \sigma_{0{,}2}$, $R_m = \sigma_B$.

diese Einflüsse im allgemeinen in der maschinenbaulichen Praxis vernachlässigt und es wird mit den in diesem und in Abschnitt 5 vorgestellten einfachen Verfahren gerechnet. Die sich dadurch ergebenden Unsicherheiten müssen durch entsprechende Wahl der Soll-Sicherheit berücksichtigt werden.

Bei der praktischen Auslegung hat der maximale Fugendruck entweder der Bedingung (2.26) oder (2.27) bzw. (2.29) zu genügen, je nachdem welche rechte Seite den kleineren Wert liefert. Schließlich ist es möglich, durch Einsetzen in (2.15) Bedingungen abzuleiten, denen das bezogene Haftmaß genügen muß. Für den Fall, daß ein volles Innenteil und das Außenteil aus Werkstoffen mit gleichen elastischen Konstanten E und v bestehen, folgt aus (2.24) die besonders einfache Bedingung

$$\xi \leqq \frac{2R_{eA}}{\sqrt{3}\,ES_F} \,. \tag{2.30}$$

Der praktische Rechengang für die rein elastische Auslegung von Querpreßverbänden ist in Bild 2.3 in Form eines Flußdiagramms dargestellt. Bei der Anwendung der angegegenen Berechnungsgleichungen ist darauf zu achten, daß alle Berechnungsgrößen dimensionsrichtig eingesetzt werden. Dies gilt insbesondere für die Umrechnung des absoluten in das bezogene Übermaß. Das absolute Übermaß wird aus den Passungstabellen in der Einheit µm entnommen. Um das bezogene Haftmaß ξ zu erhalten, wird durch den Fugendurchmesser D_F dividiert, der üblicherweise in mm angegeben wird.

Abhilfemaßnahmen bei unzureichender Festigkeit

a) Das Außenteil wird unzulässig beansprucht. Die Bedingung (2.26) wird verletzt. Eine Möglichkeit besteht darin, die Länge l der Fügefläche zu vergrößern. Dadurch verringert sich der für das Übertragen des Drehmoments erforderliche kleinste Fugendruck p_{min}. Dies führt bei sonst unveränderten Abmessungen aller Teile des Preßverbandes zu einem kleineren erforderlichen Übermaß U_{min} und damit bei gleicher Qualität der Passung zu einem kleineren größten Übermaß U_{max}, was weiter einen kleineren maximalen Fugendruck p_{max} zur Folge hat.

Als nächstes kann versucht werden, das Durchmesserverhältnis Q_A zu verkleinern. Dies wird erreicht entweder durch Vergrößerung des Außendurchmessers D_{Aa} oder Verkleinerung des Fugendurchmessers D_F. Letzteres ist bei einem dynamisch beanspruchten Innenteil bedenklich, weil dadurch die Nennspannungen aus Biegung und Torsion entsprechend der Verminderung des Widerstandsmoments anwachsen und damit die Ist-Sicherheit des Innenteils gegen Dauerbruch herabgesetzt wird. Eine Verkleinerung des Durchmesserverhältnisses Q_A führt bei festgehaltenem erforderlichen Fugendruck zu einem kleineren erforderlichen kleinsten Übermaß U_{min}. Bei gleicher Qualität der Passung ergibt sich wieder ein kleineres maximales Übermaß U_{max}. Ferner nimmt gemäß (2.26) der zulässige Fugendruck zu.

Falls geometrische Änderungen am Außenteil allein nicht zum Ziel führen, kann bei einem hohlen Innenteil dessen Innendurchmesser verkleinert werden. Dadurch werden Q_I und für vorgegebenen Fugendruck das erforderliche kleinste Übermaß U_{min} kleiner (kleineres U_{max} bei unveränderter Passungsqualität).

Sollten die angeführten geometrischen Änderungen nicht ausreichen, so besteht lediglich die Möglichkeit, einen Werkstoff mit höherer Festigkeit zu wählen.

b) Das Innenteil erfüllt die statischen Festigkeitsbedingungen (2.27) bzw. (2.29) nicht. Bei einem hohlen Innenteil ($Q_I \neq 0$) kann das Durchmesserverhältnis Q_I im allgemeinen ohne konstruktive Probleme durch eine Verminderung des Innendurchmessers D_{Ii} verkleinert werden. Eine Vergrößerung des Fugendurchmessers D_F

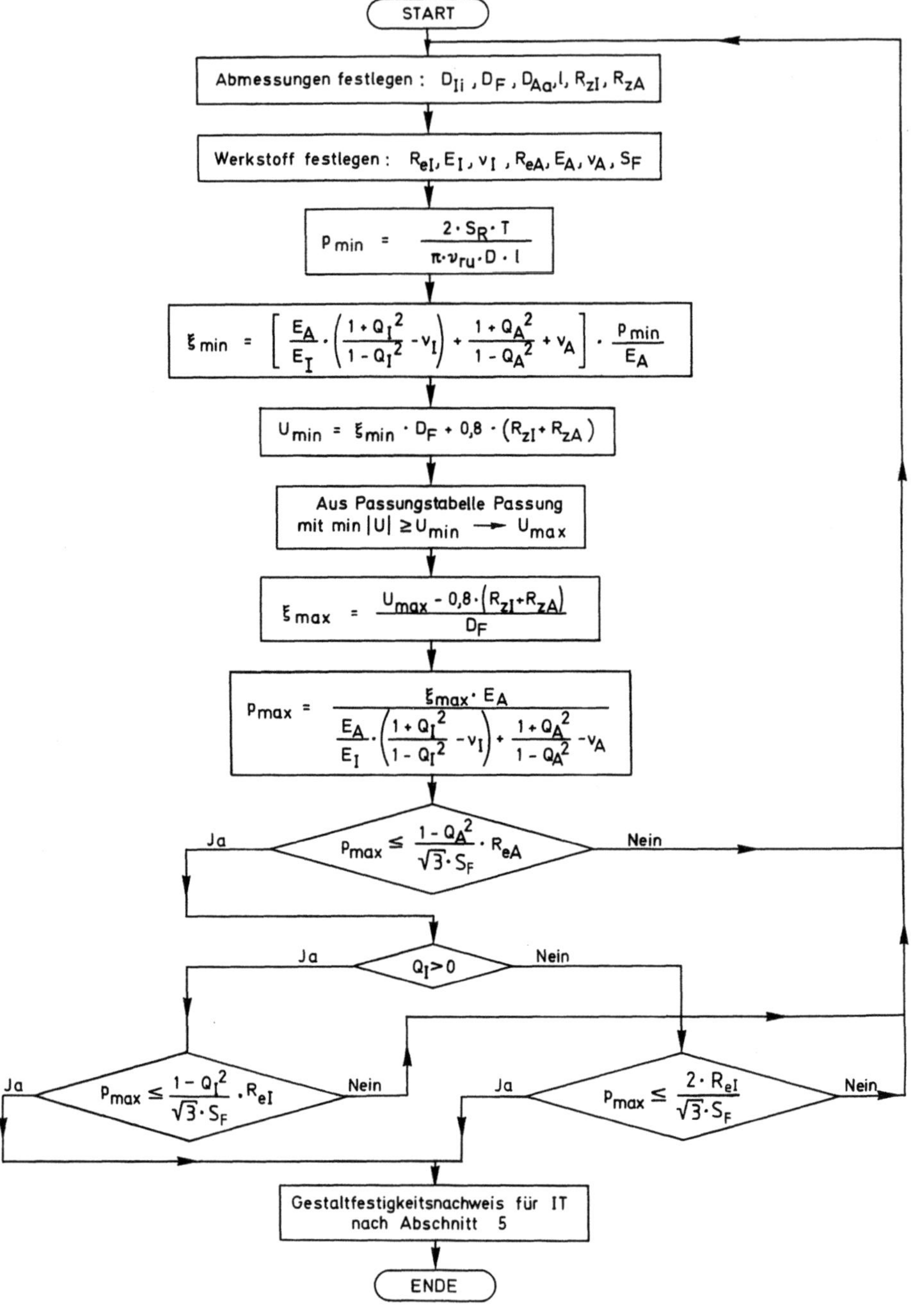

Bild 2.3. Flußdiagramm für rein elastische Auslegung von Preßverbänden

führt zum gleichen Ergebnis. Sie ist jedoch häufig mit Rücksicht auf die Abmessungen der Anschlußteile (z. B. Lager) und auch der Festigkeit des Außenteils (Q_A wird größer) nicht ohne weiteres möglich. Die Auswirkungen einer Verminderung des Durchmesserverhältnisses Q_I sind die gleichen, wie die für Q_A unter Absatz a) besprochenen.

Ferner besteht die Möglichkeit, durch Verminderung von Q_A das erforderliche maximale Übermaß U_{max} zu verkleinern. Schließlich kann ein Werkstoff mit höherer Festigkeit vorgesehen werden. Dies stellt insbesondere bei vollen Innenteilen ($Q_I = 0$) oft die einzige Abhilfe dar.

c) Das Innenteil weist ungenügende Ist-Sicherheit gegen Dauerbruch auf. Da im allgemeinen die äußeren Belastungen nicht verkleinert werden können, sind die Nennspannungen des Innenteils durch Vergrößerung des Fugendurchmessers zu vermindern. Die Wahl eines Werkstoffs mit größerer statischer Festigkeit stellt eine vollkommen ungeeignete Maßnahme dar, da — wenn überhaupt — die Gestaltfestigkeit nur unwesentlich ansteigt. Falls die Verformungsfähigkeit abnimmt, ist die Wahl eines Werkstoffs mit größerer statischer Festigkeit (R_e bzw. R_m) sogar schädlich, da dann die dynamische Stützwirkung ab- und die Kerbwirkungszahl zunimmt (vgl. Abschnitt 5).

2.1.2 Elastisch-plastische Auslegung von Preßverbänden

Grundlagen:
Bei einer rein elastischen Auslegung eines Preßverbandes sind der Fugendruck und damit die übertragbaren Umfangs- bzw. Axialkräfte erheblich eingeschränkt. Dies sei an einem Beispiel erläutert. Dazu wird angenommen, daß das Durchmesserverhältnis des Außenteils $Q_A = 0,5$ ist. Die Festigkeitsbedingung (2.26) liefert bei einer Sicherheit gegen plastische Verformungen von $S_F = 1,2$ den zulässigen Fugendruck $p = 0,36 \cdot R_{eA}$. Der zulässige Fugendruck steht also in einem ungünstigen Verhältnis zur Streckgrenze.

Um die Festigkeit des Werkstoffs besser auszunützen, können unter bestimmten Voraussetzungen elastisch-plastische Beanspruchungen des Außen- und/oder Innenteils zugelassen werden. Vor allem müssen sich die Werkstoffe dieser beiden Teile im einachsigen Zugversuch bei über den rein elastischen Bereich hinausgehenden Verformungen duktil verhalten. Kriterien für die Beurteilung des Werkstoffverhaltens geben (2.20). Außerdem sollen die Teile während ihrer gesamten Lebensdauer im gefügten Zustand bleiben. Eine Demontage führt in Anbetracht der großen erforderlichen Auspreßkräfte unweigerlich zu schweren Beschädigungen der Fügeflächen durch Riefenbildung, sofern nicht das bei zylindrischen Fügeflächen nur schwierig zu handhabende Druckölverfahren (vgl. Abschnitt 2.2.2) angewendet wird. Daher wird für die folgenden Betrachtungen angenommen, daß die durch den Preßsitz zu fügenden Teile während ihrer gesamten Lebensdauer im gefügten Zustand verbleiben.

Bei einer elastisch-plastischen Auslegung sind die kontinuumsmechanischen Grundlagen komplizierter als bei einer rein elastischen und damit wachsen auch die zu überwindenden mathematischen Schwierigkeiten. Um geschlossen lösbare Differentialgleichungen aufstellen zu können, müssen Annahmen über die Art des Spannungszustandes und das zu verwendende Materialgesetz getroffen werden.

Zunächst sei auf das Materialgesetz eingegangen. Von grundlegender Bedeutung ist, ob im plastischen Bereich eine Verfestigung des Werkstoffs berücksichtigt werden soll. Werkstoffe, die im plastischen Bereich entfestigen, scheiden für elastischplastisch beanspruchte Preßverbände aus.

Das Spannungs-Dehnungs-Verhalten eines elastisch-idealplastischen sowie eines verfestigenden Werkstoffes im einachsigen Zugversuch zeigt Bild 2.4. Im elastischen Bereich ist das Verhalten beider Werkstoffe gleich. Solange die Spannung kleiner ist als die Streckgrenze R_e des Werkstoffes, nimmt sie proportional zur Dehnung nach dem Hookeschen Gesetz zu. Sobald die Spannung beim idealplastischen Werkstoff die Streckgrenze erreicht, treten im einachsigen Zugversuch uneingeschränkte Dehnungen auf, die schließlich zum Bruch führen. Für Baustähle niedriger Festigkeit bis zu etwa St50 und manche unlegierte Vergütungsstähle (z. B. C35) wird das wirkliche Verhalten in dem für Preßverbände üblichen Beanspruchungsbereich durch das Modell des elastisch-idealplastischen Körpers gut angenähert. Baustähle höherer Festigkeit und legierte Vergütungsstähle zeigen im plastischen Bereich ausgeprägte Verfestigung. In einem Übergangsbereich ist der Zusammenhang zwischen Dehnung und Spannung nichtlinear (nichtlineare Verfestigung). Ihm schließt sich der Bereich der linearen Verfestigung an. In Bild 2.4 ist auch noch die nach Entlastung zurückbleibende plastische Dehnung $\bar{\varepsilon}^{\mathrm{p}}$ eingezeichnet.

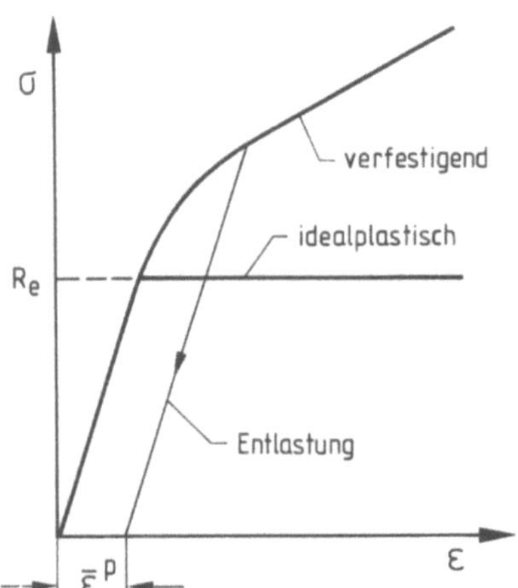

Bild 2.4. Elastisch-idealplastisches Verhalten im einachsigen Zugversuch

Als nächstes muß die Fließbedingung festgelegt werden. Der Einfachheit halber wird sie nur für idealplastisches Verhalten erörtert. Sie liefert eine Information darüber, bei welchen Spannungszuständen plastische Deformationen des beanspruchten Körpers möglich sind. Werden die Komponenten des Spannungstensors mit σ_{ij} bezeichnet, wobei die Indizes i und j von 1 bis 3 laufen, so lautet die Fließbedingung für einen elastisch-idealplastischen Werkstoff

$$f(\sigma_{ij}) \leqq 0 \, . \tag{2.31}$$

Die Funktion $f(\sigma_{ij})$ heißt Fließfunktion. Sie muß nicht notwendigerweise überall glatt (im Sinne der Mathematik) sein, sondern kann aus stückweise glatten Funktionen mit stetigen Übergängen zusammengesetzt werden. Zunächst wird nur eine einzige, überall glatte Fließfunktion vorausgesetzt. Nimmt diese Fließfunktion einen negativen Wert an, so liegt ein rein elastischer Spannungszustand vor und plastische Deformationen sind nicht möglich. Wird die Fließfunktion Null, so können plastische Verzerrungen auftreten. Spannungszustände, bei denen die Fließfunktion positiv wird, sind bei einem idealplastischen Werkstoff nicht möglich.

In der Theorie des elastisch-idealplastischen Körpers werden heute im wesentlichen zwei Fließbedingungen verwendet. Am einfachsten lassen sie sich in den Hauptnormalspannungen σ_1, σ_2, σ_3 angeben. Die Fließbedingung nach v. Mises lautet

$$(\sigma_1 - \sigma_2)^2 + (\sigma_2 - \sigma_3)^2 + (\sigma_3 - \sigma_1)^2 - 2R_e^2 = 0 \,. \qquad (2.32)$$

Diese Fließfunktion hängt nichtlinear von den Hauptnormalspannungen ab. Mathematisch einfacher ist die Fließbedingung nach Tresca

$$\max |\sigma_i - \sigma_j| - R_e = 0 \,,$$
$$i \neq j \quad \text{von} \quad 1 \text{ bis } 3 \,. \qquad (2.33)$$

Die Trescasche Fließbedingung setzt sich also stückweise aus Fließfunktionen zusammen, die in den Hauptnormalspannungen linear sind. Diesem mathematischen Vorteil steht gegenüber, daß die Fließbedingung nach v. Mises das im Experiment ermittelte Verhalten duktiler metallischer Werkstoffe etwas genauer beschreibt. Die maximalen, auf die Streckgrenze R_e bezogenen Abweichungen können dabei $2/\sqrt{3} = 1,155$ betragen, wobei die Trescasche Fließbedingung auf der sicheren Seite liegt. Zur besseren Anpassung an die experimentellen Befunde wird auch die modifizierte Trescasche Fließbedingung angewendet. Dazu wird in (2.33) die Streckgrenze R_e durch $2R_e/\sqrt{3}$ ersetzt. Die Trescasche Fließbedingung ist allerdings nur dann einfacher als die nach v. Mises, wenn die Richtungen der Hauptnormalspannungen aufgrund von Symmetriebetrachtungen oder aus sonstigen Überlegungen von vornherein bekannt sind. Kann die Trescasche Fließbedingung nicht in Hauptnormalspannungen formuliert werden, so verliert sie den mathematisch einfachen Aufbau nach (2.33).

Die Auswahl einer Fließbedingung stellt einen Vorgang dar, der unter anderem Namen dem Konstrukteur wohl bekannt ist. In der Festigkeitsrechnung muß für mehrachsig beanspruchte Bauteile eine Vergleichsspannung berechnet werden. Dafür ist eine geeignete Festigkeitshypothese festzulegen. Über die anzuwendende Festigkeitshypothese wird in der Plastizitätstheorie durch Auswahl der Fließbedingung verfügt. Der Fließbedingung nach v. Mises entspricht die GEH, der nach Tresca die SH bzw. die MSH.

Die Fließbedingung liefert lediglich eine Information darüber, ob bei einem bestimmten Beanspruchungszustand plastische Verformungen möglich sind. Zusätzlich muß noch ein plastisches Materialgesetz aufgestellt werden, das den Zusammenhang zwischen den Komponenten des Spannungstensors und denen des Tensors der plastischen Verzerrungsgeschwindigkeiten herstellt. Auch hier beschränkt sich die Darstellung auf idealplastisches Verhalten. In der älteren Plastizitätstheorie wurde angenommen, daß das Materialgesetz unabhängig von der Wahl der Fließbedingung festgelegt werden kann. Am bekanntesten von den so entwickelten plastischen Stoffgesetzen ist die Deformationstheorie nach Hencky [2.24]. In der modernen Plastizitätstheorie [2.38] wird nachgewiesen, daß durch die Wahl der Fließbedingung bereits eindeutig über das plastische Stoffgesetz verfügt wird.

Um das Stoffgesetz aufzustellen, wird der Tensor der Gesamtverzerrungen in seinen elastischen und plastischen Anteil aufgespalten.

$$\varepsilon_{ij} = \varepsilon_{ij}^E + \varepsilon_{ij}^P \,. \qquad (2.34)$$

Durch Differenzieren nach der Zeit folgen die Verzerrungsgeschwindigkeiten, wobei Differentation nach der Zeit durch einen Punkt gekennzeichnet wird.

Wird die Fließbedingung (2.31) durch n glatte Funktion $f^{(k)}$, $k = 1, 2, \dots, n$ dargestellt, so gilt für die plastischen Verzerrungsgeschwindigkeiten [2.38]

$$\dot{\varepsilon}_{ij}^{P} = \sum_{k=1}^{n} \lambda_k \cdot \frac{\partial f(k)}{\partial \sigma_{ij}} \tag{2.35}$$

Darin sind die Parameter λ_k zunächst noch unbestimmt. Sie genügen den Bedingungen

$$\lambda_k = 0 \tag{2.36}$$

für $f^{(k)} \neq 0$ oder für $f^{(k)} = 0$ und $\dot{\sigma}_{ij} \cdot \partial f^{(k)}/\partial \sigma_{ij} < 0$ bzw.

$$\lambda_k \geqq 0 \tag{2.37}$$

für $f^{(k)} = 0$ und $\dot{\sigma}_{ij} \cdot \partial f^{(k)}/\partial \sigma_{ij} = 0$.

Da eine allgemeine Lösung für einen dreiachsigen Beanspruchungszustand im Bereich plastischer Verformungen auf noch wesentlich größere mathematische Schwierigkeiten als im rein elastischen Fall stößt, gehen alle bisher bekannt gewordenen Arbeiten über elastisch-plastisch beanspruchte Preßverbände entweder von der Voraussetzung des ebenen Spannungs- oder des ebenen Verzerrungszustandes aus. Eine sinnvolle Festlegung wird am besten aufgrund des gewählten Fügeverfahrens getroffen.

Wie bereits in Abschnitt 2.1.1 ausgeführt wurde, kann bei den durch axiales Pressen gefügten Längspreßverbänden wegen der infolge der Reibungskräfte in der Umgebung der Fügefläche auftretenden Verformungsbehinderungen vom ebenen Verzerrungszustand ausgegangen werden. Für den rotationssymmetrischen, ebenen Verzerrungszustand findet sich bei Prager und Hodge [2.54] eine analytische Lösung für idealplastisches Verhalten, welche auf den Voraussetzungen inkompressiblen Werkstoffverhaltens, der Fließbedingung nach v. Mises und der zugeordneten Fließregel (Gleichung von Prandtl-Reuss) beruht. Bühler, Lippmann und Burgholte [2.5] haben diese Lösung auf Längspreßsitze angewendet.

In einer neueren Arbeit ging Haase [2.19] von den gleichen Voraussetzungen und Lösungen aus. Er ermittelte in theoretisch einwandfreier Weise die in (2.6) eingehenden Verschiebungen des Innen- und Außenteils für die entsprechenden Bezugsradien der unverformten Teile. Dadurch wurde er auf ein Berechnungsverfahren geführt, das sich nur mit Hilfe einer EDV-Anlage auswerten läßt. Er entwickelte deshalb ein Näherungsverfahren, bei dem er die benötigten Verschiebungen auf den Innendurchmesser D_{Ai} des Außenteils bezieht.

Weitere Arbeiten über elastisch-idealplastisch beanspruchte Querpreßverbände gehen von der Theorie des ebenen Spannungszustandes aus. In der historisch ältesten Arbeit hat Lundberg [2.37] auf einen inkompressiblen Werkstoff die Deformationstheorie von Hencky angewendet. Ferner benutzt er die Fließbedingung nach v. Mises. Infolge der Verwendung des Stoffgesetzes nach Hencky stellt die von Lundberg entwickelte Theorie lediglich eine Näherungslösung dar. Die nichtlineare Fließbedingung nach v. Mises führte außerdem zu mathematisch recht komplizierten Lösungsgleichungen, die sich nur schwierig auswerten lassen. Insbesondere können die Verschiebungen der im Preßsitz zu fügenden Flächen nicht explizit berechnet werden. Daher hat Lundberg hierfür ein Diagramm entwickelt.

Für die Neufassung von DIN 7190 wurde die Theorie von Lundberg verwendet. Aufgrund des bereits erwähnten komplizierten Aufbaus der Lundbergschen Gleichungen wurden diese in DIN 7190 nicht aufgenommen, sondern insgesamt 12 Nomogramme entwickelt, die dem Konstrukteur die Berechnung erleichtern sollen. Jedoch hat es sich herausgestellt, daß die praktische Handhabung der in

DIN 7190 angegebenen Nomogramme nicht besonders einfach ist. Ferner kann nach DIN 7190 nur die erste Hauptaufgabe (Ermittlung des Haftmaßes für vorgegebenen Fugendruck) gelöst werden. Eine Behandlung der zweiten Hauptaufgabe ist unmöglich, weil eine Anleitung dafür fehlt, wie das vorgegebene Haftmaß sich auf Innen- und Außenteil aufteilt. Daher kann nicht entschieden werden, welche Beanspruchungszustände (rein elastisch, elastisch-plastisch oder vollplastisch) in beiden Teilen vorliegen.

Um die besprochenen Nachteile der bisher bekanntgewordenen Berechnungsverfahren zu vermeiden, hat der Autor [2.28] ein neues Berechnungsverfahren für elastisch-plastisch beanspruchte Querpreßverbände entwickelt, das mit der allgemeinen Plastizitätstheorie voll vereinbar ist und zu besonders einfach aufgebauten Berechnungsgleichungen führt. Es werden wie bei Lundberg ein ebener Spannungszustand, infinitesimale Verzerrungen und homogene, isotrope Werkstoffe mit elastisch-idealplastischem Verhalten vorausgesetzt. Anders als bei Lundberg und Haase wird jedoch die mit der physikalischen Wirklichkeit nicht übereinstimmende Annahme fallen gelassen, daß die Gesamtverzerrungen im plastischen Bereich inkompressibel sind. Anstelle der nichtlinearen Fließbedingung nach v. Mises wird die mathematisch einfachere nach Tresca verwendet. Schließlich wird wie im rein elastischen Fall vorausgesetzt, daß die Verschiebungen mit Hilfe des Durchmessers D_F der verformten Teile berechnet werden können und damit (2.10) auch im plastischen Bereich gültig bleibt. Dies ist insofern berechtigt, als bei technisch anwendbaren Preßverbänden beide Teile nicht vollplastisch werden dürfen. Bei elastisch-plastischer Auslegung übt der elastische auf den plastischen Bereich eine Stützwirkung aus. Daher weisen die Verschiebungen im plastischen Bereich die gleiche Größenordnung wie im elastischen auf, womit die getroffene Vereinfachung plausibel ist. Die Berechtigung der getroffenen Annahmen wird ferner durch numerische Untersuchungen von Haase [2.19] erhärtet, der durch Vergleich seines genauen Berechnungsganges mit einem auf (2.10) beruhendem Näherungsverfahren Abweichungen des Fugendrucks sowie des Haftmaßes von maximal 6 % fand.

In [2.28] werden von den Grundgleichungen der Plastizitätstheorie ausgehend die theoretischen Grundlagen des Berechnungsverfahrens entwickelt und die Lösung der ersten Hauptaufgabe angegeben. In einer weiteren Veröffentlichung [2.29] wird das Verfahren auf die Lösung der zweiten Hauptaufgabe angewendet und erstmals hierfür ein expliziter Rechengang aufgestellt. Die Berechnungsgänge eignen sich besonders gut für die Auswertung mittels elektronischer Rechenanlagen. Dabei müssen keine Großrechner eingesetzt werden. Vielmehr ist das allgemeine Verfahren auf Tischrechnern implementiert. Ein in seiner Anwendungsbreite jedoch nicht in der Genauigkeit eingeschränkter Rechengang läuft auf einem programmierbaren technisch-wissenschaftlichen Taschenrechner ab.

Die neue Theorie gestattet es, weitere für die Praxis wichtige Fragen rechnerisch zu behandeln. So wurden die Eigenspannungen [2.30] berechnet, die sich in den Teilen eines im gefügten Zustand elastisch-plastisch beanspruchten Preßverbandes nach der Entlastung infolge einer Demontage einstellen. Die so gewonnenen Informationen sind wichtig für die Beurteilung der Wiederverwendbarkeit derartiger Teile. Ferner gelang es [2.31], die Verminderung des Fugendrucks infolge der Fliehkraft in rotierenden elastisch-plastisch beanspruchten Preßverbänden zu bestimmen.

Erst in jüngster Zeit sind Arbeiten bekannt geworden, in denen der Einfluß der Verfestigung auf die Auslegung von Preßverbänden erfaßt wird. Gamer und Lance ([2.16] und [2.17]) gehen von den gleichen Voraussetzungen wie der Autor [2.28] aus. Jedoch legen sie einen Werkstoff zugrunde, der im plastischen Bereich lineare Verfestigung aufweist. Der nichtlineare Übergangsbereich wird in den Untersuchungen von Gamer und Lance nicht erfaßt. Sie entwickeln eine vollständige Theorie einschließlich der Berechnung der Eigenspannungen, die sich nach dem Lösen eines elastisch-plastisch beanspruchten Preßverbandes einstellen.

Eine besonders umfangreiche Untersuchung über den Einfluß der Verfestigung auf die Auslegung elastisch-plastisch beanspruchter Preßverbände stammt von Önöz [2.50]. Ausgehend von den Voraussetzungen des Autors gelingt es ihm, ein weitgehend analytisches Berechnungsverfahren zu entwickeln, mit dessen Hilfe sowohl lineare als nichtlineare Verfestigung erfaßt werden kann. Dabei kann wahlweise nach der Trescaschen (SH) oder der modifizierten Trescaschen (MSH) Fließbedingung gerechnet werden. Außerdem entwickelt er ein Programm nach der Methode der finiten Elemente [2.68], mit dem auch Rechnungen unter Verwendung der Fließbedingung nach v. Mises durchgeführt werden können. Schließlich führt Önöz mit einer größeren Anzahl verschiedenartiger Werkstoffe und Proben unterschiedlicher Geometrien sehr umfangreiche experimentelle Untersuchungen durch. Dabei ergibt sich eine ausgezeichnete Übereinstimmung zwischen den Rechen- und Versuchsergebnissen.

Angeregt durch die Ergebnisse aus [2.50] haben Önöz und der Autor ein neues Auslegungsverfahren für elastisch-plastisch beanspruchte Preßverbände ausgearbeitet, das an dieser Stelle erstmals veröffentlicht wird. Umfangreiche Vergleichsrechnungen zeigen, daß mit diesem Verfahren sowohl das Verhalten verfestigender wie auch idealplastischer Werkstoffe gut wiedergegeben werden kann, wenn die vom Autor ([2.28] und [2.29]) für die SH entwickelten Berechnungsgleichungen auf die MSH umgestellt werden. Damit wird bei wesentlich verbesserter Genauigkeit der Vorteil einfach auswertbarer Berechnungsgleichungen beibehalten. Ferner werden

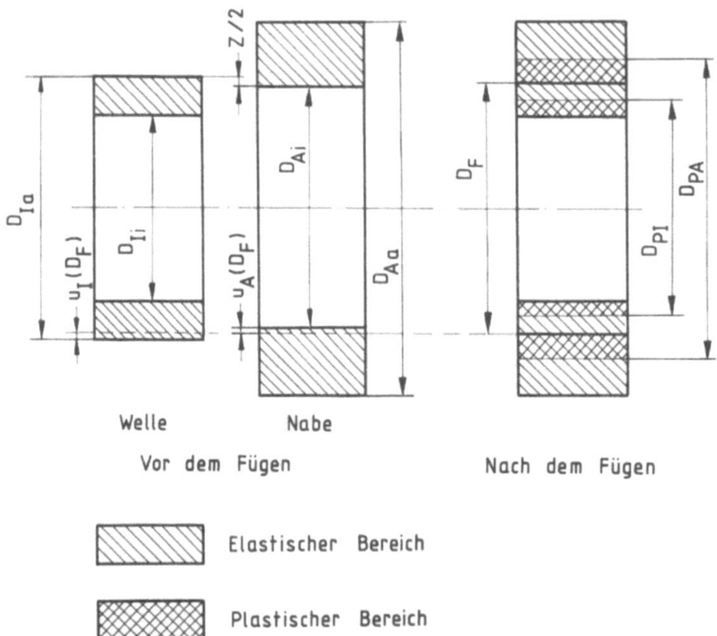

Bild 2.5. Kinematische Beziehungen am elastisch-plastischen Preßverband

Gleichungen aufgestellt, mit denen die maximale plastische Vergleichsdehnung an hohlen Innen- und Außenteilen ermittelt werden kann.

Wegen der geschilderten Vorteile werden im folgenden die Grundlagen und Ergebnisse des neuen, als MSH-Theorie bezeichneten Berechnungsverfahrens dargestellt. Für die Ableitung der Berechnungsgleichungen sind Grundkenntnisse in der allgemeinen Plastizitätstheorie erforderlich, wie sie selbst bei gut ausgebildeten Berechnungs-Ingenieuren nicht vorausgesetzt werden können. Eine knappe Darstellung der benötigten Theorie des elastisch-idealplastischen Körpers würde Inhalt und Umfang eines für den Anwender geschriebenen Buches sprengen. Daher wird für die Ableitungen auf das oben angegebene Schrifttum und [2.33] verwiesen. Im folgenden werden nur die wesentlichen Ergebnisse der Theorie sowie ihre Anwendung auf das praktische Auslegen von Preßverbänden dargestellt.

Auslegung elastisch-plastisch beanspruchter Preßverbände

Bild 2.5 zeigt einen elastisch-plastisch beanspruchten Preßverband vor und nach dem Fügen. Es wird vorausgesetzt, daß das Übermaß, die geometrischen Abmessungen der Teile und deren Festigkeit so gewählt werden, daß beide Ringe im gefügten Zustand elastisch-plastisch beansprucht sind. Aufgrund der Rotationssymmetrie bilden sich sowohl im Innen- als auch im Außenteil je eine ringförmige plastische und rein elastische Zone aus. Es läßt sich zeigen, daß mit zunehmendem Fugendruck die plastischen Bereiche für das Innen- und das Außenteil stets von deren Bohrungen ausgehen und in radialer Richtung stetig zunehmen. Die plastisch beanspruchten Zonen weisen gegenüber den rein elastischen als Grenzen Zylinderflächen mit den Durchmessern D_{PI} bzw. D_{PA} auf. Für die weiteren Rechnungen ist es zweckmäßig, dimensionslose Plastizitätsdurchmesser einzuführen.

$$\zeta_{\mathrm{I}} = \frac{D_{\mathrm{PI}}}{D_{\mathrm{F}}}, \qquad \zeta_{\mathrm{A}} = \frac{D_{\mathrm{PA}}}{D_{\mathrm{F}}}. \tag{2.38}$$

Die modifizierte Trescasche Fließbedingung für den rotationssymmetrischen ebenen Spannungszustand lautet

$$|\sigma_{\mathrm{rr}} - \sigma_{\varphi\varphi}| - 2R_{\mathrm{e}}/\sqrt{3} = 0\,, \quad |\sigma_{\mathrm{rr}}| - 2R_{\mathrm{e}}/\sqrt{3} = 0\,, \quad |\sigma_{\varphi\varphi}| - 2R_{\mathrm{e}}/\sqrt{3} = 0\,. \tag{2.39}$$

Gemäß Bild 2.6 läßt sie sich in der Spannungsebene durch ein unregelmäßiges Sechseck darstellen. Zum Vergleich sind die Fließbedingungen nach v. Mises und Tresca (unmodifiziert) angegeben. Die Fließbedingung nach v. Mises wird durch eine Ellipse wiedergegeben. welche das Trescasche Sechseck (unmodifiziert) umschreibt und in seinen sechs Eckpunkten berührt. Die Seiten des modifizierten Trescaschen Sechsecks tangieren die Ellipse nach v. Mises. Spannungszustände im Inneren der Grenzkurve führen zu rein elastischen Verformungen des beanspruchten Körpers. Nur solche Spannungszustände, die auf der Grenzkurve liegen, können plastische Verzerrungen bewirken. Spannungszustände außerhalb der Grenzkurve sind beim idealplastischen Werkstoffverhalten nicht möglich. Aus Bild 2.6 ist zu erkennen, daß die Fließbedingung nach Tresca gegenüber der nach v. Mises auf der sicheren Seite liegt, worauf bereits hingewiesen wurde. Die modifizierte Trescasche Fließbedingung weist dagegen im allgemeinen höhere Fließspannungszustände aus, wodurch der Verfestigung Rechnung getragen werden kann.

Um die Beanspruchungen des Innenteils zu klären, wird gedanklich der Fugendruck p vom Wert Null ausgehend kontinuierlich gesteigert. Bei kleinen Werten des Fugendrucks bildet sich im gesamten Innenteil ein rein elastischer Spannungszustand

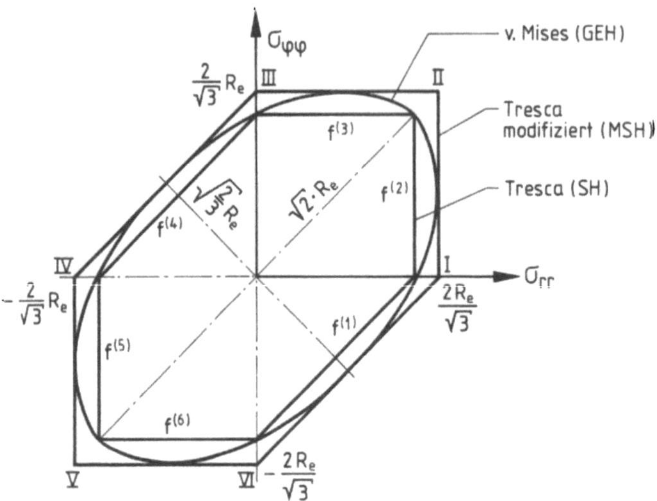

Bild 2.6. Fließbedingungen für den ebenen Spannungszustand

aus, der durch (2.11) beschrieben wird. Aus ihnen folgt, daß die Tangentialspannung betragsmäßig im gesamten Innenteil größer als die Radialspannung ist. Es läßt sich zeigen, daß plastische Verformungen des Innenteils zunächst an seiner Bohrung einsetzen, an der die Radialspannung immer den Wert Null aufweist. Der Wert p_{FI}, bei dem die plastischen Verformungen des Innenteils beginnen, errechnet sich zu

$$p_{\text{FI}} = \frac{1}{\sqrt{3}} (1 - Q_{\text{I}}^2) \, R_{\text{eI}} . \tag{2.40}$$

Die plastische Beanspruchung an der Bohrung setzt ein auf dem Punkt VI des modifizierten Sechsecks (vgl. Bild 2.6). Als mögliche Fließfunktionen für das Innenteil kommen daher $f^{(5)}$ oder $f^{(6)}$ in Betracht. Für den Beginn der plastischen Beanspruchung gemäß (2.40) nimmt der dimensionslose Plastizitätsdurchmesser den Wert $\zeta_{\text{I}} = Q_{\text{I}}$ an. Wird der Fugendruck über den durch (2.40) angegebenen Wert gesteigert, so vergrößert sich der dimensionslose Plastizitätsdurchmesser ζ_{I}. An der durch den Plastizitätsdurchmesser bezeichneten Stelle muß der plastische Spannungszustand stetig in den elastischen übergehen. Da beim elastischen Spannungszustand im Innenteil die Tangentialspannung stets betragsmäßig größer als die Radialspannung ist, kommt als maßgebende Fließfunktion nur $f^{(6)}$ in Betracht.

Für

$$p_{\text{PI}} = \frac{2}{\sqrt{3}} (1 - Q_{\text{I}}) \, R_{\text{eI}} \tag{2.41}$$

ist der gesamte Querschnitt des Innenteils plastisch beansprucht. Der dimensionslose Plastizitätsradius nimmt den Wert $\zeta_{\text{I}} = 1$ an. Im gesamten Querschnitt treten plastische Verformungen auf und es existiert kein elastisches Restgebiet. Daher wird dieser Beanspruchungszustand als vollplastisch bezeichnet. Eine Steigerung des Fugendrucks über den durch (2.41) angegebenen Wert hinaus ist beim idealplastischen Werkstoff nicht möglich, da dieser weiteren Beanspruchungen durch uneingeschränktes Fließen in axialer Richtung ausweicht. Dies ist mit der Gefahr des Bruchs durch unzulässig große Verformungen verbunden. Bei praktisch ausgeführten Konstruktionen wird allerdings diese Gefahr durch die an das Innenteil in axialer Richtung angrenzenden Teile (z. B. einer Welle) eingeschränkt, sofern diese elastisch oder elastisch-plastisch beansprucht sind. Der an das Innenteil angrenzende Werkstoff übt dann nämlich auf dieses eine Stützwirkung aus. Dennoch sind wegen der rechnerisch nicht erfaßbaren Stützwirkung und der Gefahr unzulässiger Verformungen vollplastische Auslegungen zu vermeiden. Der Bereich der elastisch-plastischen Auslegung wird gekennzeichnet durch die Ungleichung

$$\frac{R_{eI}}{\sqrt{3}}(1 - Q_I^2) < p < \frac{2}{\sqrt{3}} R_{eI}(1 - Q_I) \; . \tag{2.42}$$

Für den dimensionslosen Plastizitätsdurchmesser gilt

$$\zeta_I = \frac{1}{Q_I} \left[1 - \frac{\sqrt{3}p}{2R_{eI}} - \sqrt{\left(1 - \frac{\sqrt{3}p}{2R_{eI}}\right)^2 - Q_I^2} \; \right] . \tag{2.43}$$

Sofern das Innenteil keine Bohrung hat ($Q_I = 0$), stellt sich in ihm der durch (2.28) beschriebene Spannungszustand ein. Wenn $p < 2R_{eI}/\sqrt{3}$ gilt, ist die Beanspruchung des vollen Innenteils rein elastisch. Für $p = 2R_{eI}/\sqrt{3}$ wird sie vollplastisch. Ein elastisch-plastischer Beanspruchungszustand existiert beim vollen Innenteil nicht.

An der Bohrung des Außenteils wird der Werkstoff plastisch beansprucht, wenn der Fugendruck den Wert annimmt

$$p_{FA} = \frac{1}{\sqrt{3}}(1 - Q_A^2) \, R_{eA} \; . \tag{2.44}$$

Mit Hilfe von Überlegungen, die denen für das Innenteil oben erörterten entsprechen, folgt, daß für die plastische Beanspruchung des Außenteils die Fließfunktion $f^{(4)}$ anzuwenden ist. Der dimensionslose Plastizitätsdurchmesser muß für das Außenteil aus der transzendenten Gleichung

$$2 \ln \zeta_A - (Q_A \zeta_A)^2 + 1 - \sqrt{3} \, \frac{p}{R_{eA}} = 0 \tag{2.45}$$

berechnet werden. Nur bei im folgenden als „dünnwandig" bezeichneten Außenteilen für die

$$Q_A \geqq \exp(-1) = 0,368 \tag{2.46}$$

gilt, kann der gesamte Querschnitt mit $D_{FA} = D_{Aa}$ bzw. $\zeta_A = 1/Q_A$ plastisch beansprucht werden. Der vollplastische Zustand tritt ein, wenn der Fugendruck den Wert

$$p_{PA} = -\frac{2}{\sqrt{3}} R_{eA} \ln Q_A \tag{2.47}$$

annimmt. Bei einem „dickwandigen" Außenteil mit

$$Q_A < \exp(-1) = 0,368 \tag{2.48}$$

ist der größte erreichbare Fugendruck gleich der Streckgrenze und es gilt

$$p_{PA} = \frac{2}{\sqrt{3}} R_{eA} \; . \tag{2.49}$$

Der dimensionslose Plastizitätsdurchmesser ermittelt sich in diesem Fall durch Einsetzen von p_{PA} nach (2.49) in (2.45). Bei einem dickwandigen Außenteil ist also kein vollplastischer Beanspruchungszustand möglich. Eine außenliegende Ringzone bleibt auch bei dem maximal erreichbaren Fugendruck elastisch.

Beim dünnwandigen Außenteil und vollplastischer Beanspruchung kann der Werkstoff grundsätzlich in radialer Richtung uneingeschränkt fließen. Zwar kommt nach Aufprägen des Übermaßes infolge des Fügevorganges das Fließen zum Stillstand. Jedoch können zusätzliche Beanspruchungen infolge der äußeren Belastung zu weiteren unkontrollierten Dehnungen und damit im Extremfall zur Gefahr des Bruchs führen. Beim dickwandigen Außenteil entzieht sich der Werkstoff den infolge eines zu großen Übermaßes aufgeprägten Beanspruchungen durch uneingeschränktes Fließen in axialer Richtung. Ein größerer Fugendruck als nach Gl. (2.47) bzw. (2.49) kann daher nicht aufgebracht werden. Auch hier besteht die Gefahr, daß bei der Betriebsbeanspruchung unzulässig große Dehnungen auftreten. Beide Beanspruchungszustände werden daher im folgenden vereinfachend als vollplastisch bezeichnet. Sie sind noch gefährlicher als beim Innenteil, da durch die Anschlußteile im allgemeinen keine Fließbehinderung und die mit dieser verbundenen Stützwirkung ausgeübt wird.

Bei einem verfestigenden Werkstoff kann der Fugendruck über die Werte nach (2.47) bzw. (2.49) hinaus gesteigert werden (vgl. [2.50]). Önöz schlägt daher vor, die im einachsigen Zugversuch zu bestimmende, zulässige plastische Dehnung zur Beurteilung der Tragfähigkeit heranzuziehen. Dazu berechnet er nach der Hypothese der maximalen Scherung — dem kinematischen Analogon der Schubspannungshypothese — die plastische Vergleichsdehnung. Die Tragfähigkeit des Verbandes wird durch die Forderung begrenzt, daß die plastische Vergleichsdehnung höchstens gleich der zulässigen plastischen Dehnung werden darf.

Zur Auswertung der von Önöz abgeleiteten Gleichungen ist ein elektronischer Rechner erforderlich. Die hier vorgestellte MSH-Theorie kann dagegen mittels eines Taschenrechners ausgewertet werden. Sie ist wegen des vorausgesetzten idealplastischen Werkstoffverhaltens für verfestigende Werkstoffe konservativ. Bei idealplastischen Werkstoffen stimmt sie im Bereich der praktischen Anwendungen gut mit der Theorie von Lundberg überein.

Erste Hauptaufgabe (p gegeben, Z gesucht)
Zunächst wird der allgemeine Fall des hohlen Innenteils ($Q_{\mathrm{I}} > 0$) behandelt und geprüft, ob der vorgegebene Fugendruck im zulässigen Bereich liegt.

$$p \leqq p_{\mathrm{zul}} \tag{2.50}$$

mit

$$p_{\mathrm{zul}} = \begin{cases} p_{\mathrm{PA}}/S_{\mathrm{F}} & \text{für} \quad p_{\mathrm{PA}} < p_{\mathrm{I}}\,, \\ p_{\mathrm{PI}}/S_{\mathrm{F}} & \text{für} \quad p_{\mathrm{PI}} < p_{\mathrm{PA}}\,. \end{cases} \tag{2.51}$$

In (2.51) sind p_{PI} nach (2.41) und p_{PA} entsprechend dem Wert von Q_{A} nach (2.47) bzw. (2.49) einzusetzen. Die Soll-Sicherheit S_{F} gegen uneingeschränktes Fließen ist unter Berücksichtigung der Folgen des Versagens und der Verformungsfähigkeit des Werkstoffs festzulegen. Als Anhaltswert gilt nach VDI-Richtlinie 2230

$$S_{\mathrm{F}} = 2 - \sqrt{A/50} \geqq 1{,}25\,. \tag{2.52}$$

Im nächsten Schritt werden die Beanspruchungszustände von Innen- und Außenteil ermittelt. Nach Tabelle 2.3 ergeben sich vier praktisch mögliche Kombinationen.

Tabelle 2.3. Beanspruchungen von Außen- und Innenteil bei gegebenem Fugendruck

Fall Nr.	Innenteil	Außenteil	Bereich des Fugendrucks
1	elastisch	elastisch	$p \leqq (R_{eI}/\sqrt{3})\,(1 - Q_I^2)$ $p \leqq (R_{eA}/\sqrt{3})\,(1 - Q_A^2)$
2	elastisch	elastisch-plastisch	$p \leqq (R_{eI}/\sqrt{3})\,(1 - Q_I^2)$ $(R_{eA}/\sqrt{3})\,(1 - Q_A^2) < p <$ $< \begin{cases} 2R_{eA}/\sqrt{3} & Q_A \leqq 0{,}368 \\ -(2R_{eA}/\sqrt{3}) \ln Q_A & Q_A > 0{,}368 \end{cases}$
3	elastisch-plastisch	elastisch	$(R_{eI}/\sqrt{3})\,(1 - Q_I^2) < p < (2R_{eI}/\sqrt{3})\,(1 - Q_I)$ $p \leqq (R_{eA}/\sqrt{3})\,(1 - Q_A^2)$
4	elastisch-plastisch	elastisch-plastisch	$(R_{eI}/\sqrt{3})\,(1 - Q_I^2) < p < (2R_{eI}/\sqrt{3})\,(1 - Q_I)$ $(R_{eA}/\sqrt{3})\,(1 - Q_A^2) < p <$ $< \begin{cases} 2R_{eA}/\sqrt{3} & Q_A \leqq 0{,}368 \\ -(2R_{eA}/\sqrt{3}) \ln Q_A & Q_A > 0{,}368 \end{cases}$

Tabelle 2.4. Berechnung des bezogenen Haftmaßes bei gegebenem Fugendruck

Fall Nr.	Maßgebende Berechnungsgleichungen
1	$\xi = p \left(\dfrac{H_I - \nu_I}{E_I} + \dfrac{H_A + \nu_A}{E_A} \right);$　　H nach Gl. (2.53)
2	$\xi = \dfrac{p}{E_I}\,(H_I - \nu_I) + \dfrac{2R_{eA}}{\sqrt{3}\,E_A} \left[\zeta_A^2 - (1 - \nu_A)\,\dfrac{\sqrt{3}\,p}{2R_{eA}} \right]$ ζ_A aus Gl. (2.45)
3	$\xi = \dfrac{2R_{eI}}{\sqrt{3}\,E_I} \left[\left(\dfrac{1 - \zeta_I^2}{1 + \zeta_I^2} - \nu_I \right) \dfrac{\sqrt{3}\,p}{2R_{eI}} + \dfrac{2\zeta_I^2}{1 + \zeta_I^2} \right] + \dfrac{p}{E_A}\,(H_A + \nu_A)$ ζ_I aus Gl. (2.43)
4	$\xi = \dfrac{2R_{eI}}{\sqrt{3}\,E_I} \left[\left(\dfrac{1 - \zeta_I^2}{1 + \zeta_I^2} - \nu_I \right) \dfrac{\sqrt{3}\,p}{2R_{eI}} + \dfrac{2\zeta_I^2}{1 + \zeta_I^2} \right] + \dfrac{2R_{eA}}{\sqrt{3}\,E_A} \left[\zeta_A^2 - (1 - \nu_A)\,\dfrac{\sqrt{3}\,p}{2R_{eA}} \right]$ ζ_I aus Gl. (2.43), ζ_A aus Gl. (2.45)

Rein theoretisch sind noch weitere Fälle denkbar, in denen ein oder beide Teile vollplastisch beansprucht sind. Jedoch sind gemäß den obigen Ausführungen derartige Auslegungen zu vermeiden.

Nachdem anhand von Tabelle 2.3 der zutreffende Beanspruchungsfall festgestellt wurde, läßt sich das erforderliche bezogene Haftmaß durch Anwendung der in [2.28] abgeleiteten Beziehungen berechnen, die in Tabelle 2.4 zusammengestellt sind. Dabei wird zur Abkürzung der Schreibweise die nur vom Durchmesserverhältnis Q abhängende Hilfsgröße H eingeführt.

$$H = \frac{1 + Q^2}{1 - Q^2}.$$

(2.53)

In der ersten Zeile von Tabelle 2.4 ist der Vollständigkeit halber die auf die Schreibweise gemäß (2.53) angepaßte Gleichung (2.15) für den Fall rein elastischer Beanspruchung von Innen- und Außenteil angegeben.

Zusätzlich wird die nach der Hypothese der maximalen Scherung ermittelte plastische Vergleichsdehnung zur Beurteilung der Tragfähigkeit herangezogen. Bei hohlen Innen- und Außenteilen tritt die größte plastische Vergleichsdehnung $\bar{\varepsilon}_0^P$ grundsätzlich an der Bohrung auf. Für das Außenteil gilt

$$\bar{\varepsilon}_{0A}^P = \frac{2}{\sqrt{3}} \frac{R_{eA}}{E_A} (\zeta_A^2 - 1)$$

(2.54)

und für das Innenteil

$$\bar{\varepsilon}_{0I}^P = \frac{2}{\sqrt{3}} \frac{R_{eI}}{E_I} \ln\left(\frac{\zeta_I}{Q_I}\right)$$

(2.55)

Ein weiteres wichtiges Kriterium für die Beanspruchung eines elastisch-plastisch beanspruchten Ringes ist der Anteil $q = A_{plast}/A$ der plastischen Ringzone (Fläche A_{plast}) am gesamten Querschnitt des betreffenden Teils. Für das Außenteil gilt

$$q_A = \frac{(\zeta_A^2 - 1)\, Q_A^2}{1 - Q_A^2}$$

(2.56)

und für das Innenteil

$$q_I = \frac{\zeta_I^2 - Q_I^2}{1 - Q_I^2}.$$

(2.57)

Die Gleichungen in Tabelle 2.4 lassen sich sehr einfach mit einem technisch-wissenschaftlichen Taschenrechner numerisch auswerten. Am aufwendigsten ist die iterative Suche der Lösung von (2.45) für den dimensionslosen Plastizitätsdurchmesser ζ_A des Außenteils. Für praktische Auslegungen reicht es, auf drei Stellen genau zu rechnen. Um die Wahl des Schätzwertes von ζ_A für den ersten Iterationsschritt zu vereinfachen, werden in Tabelle 2.5 Werte von ζ_A in Abhängigkeit vom Durchmesserverhältnis Q_A und dem auf die Streckgrenze des Außenteils bezogenen Fugendruck mitgeteilt. Außerdem ist in der zweiten Zeile der ebenfalls auf die Streckgrenze bezogene Grenzwert des Fugendrucks p_{PA} aufgenommen, bei dem das Außenteil vollplastisch wird.

Bei einem vollen Innenteil gilt $Q_I = 0$ und damit gemäß (2.53) $H_I = 1$. Da das Innnenteil nur rein elastisch oder vollplastisch beansprucht werden kann, sind nur die Fälle 1 und 2 nach Tabelle 2.3 bzw. 2.4 möglich. Die Kriterien für die Unterscheidung der beiden Fälle sind in Tabelle 2.6 angegeben. Die Berechnung des bezogenen Haftmaßes ζ erfolgt nach Tabelle 2.4.

Tabelle 2.5. Plastizitätsdurchmesser des Außenteils

Q_A	0,1	0,2	0,3	0,4	0,5	0,6	0,7	0,8	0,9
p_{FA}/R_{eA}	0,572	0,554	0,525	0,485	0,433	0,370	0,294	0,208	0,110
p_{PA}/R_{eA}	1,155	1,155	1,155	1,058	0,800	0,590	0,412	0,258	0,122
p/R_{eA}	—	—	—	—	—	—	—	—	—
0,120									1,069
0,250		Elastischer Bereich						1,150	
0,300							1,010		
0,400						1,043	1,286		
0,500				1,016	1,083	1,225			
0,600	1,025	1,042	1,074	1,129	1,233				
0,700	1,119	1,141	1,185	1,264	1,442				
0,800	1,222	1,251	1,310	1,427	2,000		Vollplastischer Bereich		
0,900	1,334	1,373	1,454	1,640					
1,000	1,457	1,509	1,624	1,962					
1,100	1,593	1,662	1,827						
1,155	1,672	1,754	1,961						

Tabelle 2.6. Beanspruchungen des Außenteils bei vollem Innenteil und gegebenem Fugendruck

Fall Nr.	Außenteil	Bereich des Fugendrucks
1	elastisch	$p \leqq (R_{eA}/\sqrt{3})\,(1 - Q_A^2)$ $p < 2R_{el}/\sqrt{3}$
2	elastisch-plastisch	$(R_{eA}/\sqrt{3})\,(1 - Q_A^2) < p < \begin{cases} 2R_{eA}/\sqrt{3} & Q_A \leqq 0{,}368 \\ -(2R_{eA}/\sqrt{3})\ln Q_A & Q_A > 0{,}368 \end{cases}$ $p < 2R_{el}/\sqrt{3}$

Zweite Hauptaufgabe (Z gegeben, p gesucht)

Die Lösung der zweiten Hauptaufgabe ist schwieriger als die der ersten. Sie muß in zwei Schritten erfolgen. Zuerst ist anhand des vorgegebenen Haftmaßes ξ_0 zu klären, welcher Art die Beanspruchung von Innen- und Außenteil sind. Zweitens sind die Gleichungen in Tabelle 2.4 so umzustellen, daß sie sich nach dem Fugendruck p auflösen lassen.

Die Schwierigkeit bei der Lösung der zweiten Hauptaufgabe liegt darin, daß zunächst nicht bekannt ist, wie sich das vorgegebene Haftmaß ξ_0 auf beide Teile verteilt. Daher ist auch die Art der Beanspruchung (elastisch, elastisch-plastisch, vollplastisch) von Innen- und Außenteil unbekannt. Es ist jedoch möglich, Ungleichungen anzugeben, in denen Grenzhaftmaße auftreten, bei denen das Innen bzw. Außenteil aus einem Beanspruchungszustand in einen anderen übergeht. Zur eindeutigen Kennzeichnung dieser Grenzhaftmaße wird eine doppelte Indizierung eingeführt. Obere Indizes sind dem Außen-, untere dem Innenteil zugeordnet. Den Übergang von einem (z. B. rein elastischen) in einen anderen Beanspruchungszustand (z. B. elastisch-plastisch) gibt ein Schrägstrich zwischen den Indizes an. Im einzelnen bedeuten:

E   rein elastischer Beanspruchungszustand,
EP   elastisch-plastischer Beanspruchungszustand,
P   vollplastischer Beanspruchungszustand.

Die Bedeutung der Indizes geht aus den folgenden Beispielen hervor:

$\zeta_{E/EP}^{E}$ Grenzhaftmaß für den Übergang des Innenteils aus dem elastischen in den elastisch-plastischen Beanspruchungszustand bei rein elastisch beanspruchtem Außenteil,

$\zeta_{EP}^{EP/P}$ Grenzhaftmaß für den Übergang des Außenteils aus dem elastisch-plastischen in den vollplastischen Beanspruchungszustand bei elastisch-plastischem Innenteil.

Um die Grenzhaftmaße zu berechnen, wird der Fugendruck p in einem allgemeinen Preßverband mit hohlem Innenteil gedanklich langsam vom Wert Null aus gesteigert. Bei hinreichend kleinen Werten von p sind Innen- und Außenteil rein elastisch beansprucht. Erreicht der Fugendruck einen der in Tabelle 2.3 angegebenen Werte, bei denen entweder das Innen- oder das Außenteil in den elastisch-plastischen Zustand übergeht, so treten plastische Verformungen an der Bohrung des entsprechenden Teils auf. Um den Rechnungsgang zu verdeutlichen, wird für das weitere angenommen, daß das Innenteil bei einem kleineren Fugendruck als das Außenteil aus dem rein elastischen in den elastisch-plastischen Beanspruchungszustand übergeführt wird. Notwendige Bedingung für diesen als „schwächeres Innenteil" bezeichneten Fall ist

$$p_{FI} < p_{FA} \tag{2.58}$$

mit p_{FI} bzw. p_{FA} nach (2.40) bzw. (2.44). Erreicht der Fugendruck p den Wert p_{FI}, so wird nach Tabelle 2.4 Fall 1 das Grenzhaftmaß $\zeta_{E/EP}^{E}$ berechnet.

$$\zeta_{E/EP}^{E} = \left[\frac{E_A}{E_I} (H_I - \nu_I) + H_A + \nu_A \right] \frac{p_{FI}}{E_A} . \tag{2.59}$$

Gilt für das gegebene Haftmaß ζ_0 die Ungleichung

$$\zeta_0 \leqq \zeta_{E/EP}^{E} , \tag{2.60}$$

so sind Innen- und Außenteil rein elastisch beansprucht. Ist $\zeta_0 > \zeta_{E/EP}^{E}$, so wird nur das Innenteil elastisch-plastisch beansprucht, falls ζ_0 nicht allzu sehr von $\zeta_{E/EP}^{E}$ abweicht. Dies wird im folgenden genauer untersucht. Dazu werde der Fugendruck p über den Wert p_{FI} nach (2.40) gesteigert. Erreicht schließlich der Fugendruck den Wert p_{PI} nach (2.41), so ist das Innenteil vollplastisch beansprucht und damit seine Tragfähigkeit erschöpft.

In gleicher Weise wird das Verhalten des Außenteils geklärt. Es hängt davon ab, ob $p_{PI} \lessgtr p_{FA}$ ist. Zunächst werde vorausgesetzt, daß

$$p_{PI} < p_{FA} \tag{2.61}$$

gilt. Dann bleibt das Außenteil bei zunehmendem Fugendruck p rein elastisch und das Grenzhaftmaß $\zeta_{EP/P}^{E}$ läßt sich berechnen, bei dem das Innenteil in den vollplastischen Zustand übergeht. Mit $p = p_{PI}$ und $\zeta_I = 1$ wird beim vollplastischen Innenteil (Tabelle 2.4, Fall 3)

$$\zeta_{EP/P}^E = \frac{2R_{eI}}{\sqrt{3}E_I}\left(1 - v_I\frac{2p_{PI}}{\sqrt{3}R_{eI}}\right) + \frac{p_{PI}}{E_A}(H_A + v_A)\,. \tag{2.62}$$

Gelten die Ungleichungen (2.61) und

$$\zeta_{E/EP}^E < \zeta_0 < \zeta_{EP/P}^E\,, \tag{2.63}$$

wobei $\zeta_{E/EP}^E$ nach (2.59) und $\zeta_{EP/P}^E$ nach (2.62) einzusetzen sind, so wird das Innenteil elastisch-plastisch und das Außenteil rein elastisch beansprucht. Ein größeres Haftmaß als $\zeta_{EP/P}^E$ führt im Innenteil zum vollplastischen Beanspruchungszustand und ist daher wegen der bereits erwähnten Gefahr des uneingeschränkten Fließens zu vermeiden.

Als nächstes wird der Fall untersucht, daß die Ungleichung

$$p_{PI} > p_{FA} \tag{2.64}$$

gilt. Dann werden Innen- und Außenteil elastisch-plastisch beansprucht, sobald der Fugendruck den Wert $p = p_{FA}$ nach (2.44) erreicht. Das zugehörige Grenzhaftmaß $\zeta_{EP}^{E/EP}$ ergibt sich (Tabelle 2.4, Fall 3) zu

$$\zeta_{EP}^{E/EP} = \frac{2R_{eI}}{\sqrt{3}E_I}\left[\left(\frac{1-\zeta_I^2}{1+\zeta_I^2} - v_I\right)\frac{\sqrt{3}p_{FA}}{2R_{eI}} + \frac{2\zeta_I^2}{1+\zeta_I^2}\right] + \frac{p_{FA}}{E_A}(H_A + v_A)\,. \tag{2.65}$$

Der dimensionslose Plastizitätsdurchmesser ζ_I ist nach (2.43) mit $p = p_{FA}$ nach (2.44) zu berechnen.

Bei weiterer Steigerung des Fugendrucks ist zu untersuchen, ob zuerst das Innen- oder das Außenteil vollplastisch bensprucht wird. Dabei ist ferner zu unterscheiden, ob das Außenteil dünn- oder dickwandig ist. Zunächst werde das dünnwandige Außenteil mit $Q_A \geq 0,368$ behandelt. Es wird vollplastisch, wenn der Fugendruck den durch (2.47) angegebenen Wert erreicht. Ist

$$p_{PI} < p_{PA}\,, \tag{2.66}$$

so wird das Innen- vor dem Außenteil vollplastisch und es gilt bei elastisch-plastischer Beanspruchung von Innen- und Außenteil die Ungleichung

$$\zeta_{EP}^{E/EP} < \zeta_0 < \zeta_{EP/P}^{EP}\,. \tag{2.67}$$

Das Grenzhaftmaß $\zeta_{EP/P}^{EP}$ folgt (Tabelle 2.4, Fall 4) mit $p = p_{PI}$ nach (2.41) und $\zeta_I = 1$ zu

$$\zeta_{EP/P}^{EP} = \frac{2R_{eI}}{\sqrt{3}E_I}\left(1 - v_I\frac{\sqrt{3}p_{PI}}{2R_{eI}}\right) + \frac{2R_{eA}}{\sqrt{3}E_A}\left[\zeta_A^2 - (1 - v_A)\frac{\sqrt{3}p_{PI}}{2R_{eA}}\right]\,. \tag{2.68}$$

Der dimensionslose Plastizitätsdurchmesser ζ_A wird mit $p = p_{PI}$ nach (2.41) aus (2.45) berechnet. Erreicht oder übersteigt das bezogene Haftmaß den Wert nach (2.68), so ist die Tragfähigkeit des Preßverbands erschöpft, weil das Innenteil vollplastisch wird. Ist dagegen

$$p_{PI} > p_{PA}\,, \tag{2.69}$$

Tabelle 2.7. Beanspruchungen für den Fall „schwächeres Innenteil" bei gegebenem Haftmaß

Gültigkeitsbedingung: $(R_{el}/\sqrt{3})\,(1 - Q_I^2) < (R_{eA}/\sqrt{3})\,(1 - Q_A^2)$

Fall Nr.	Innenteil	Außenteil	Haftmaßbedingung	Zusatzbedingung
1	elastisch	elastisch	$\xi_0 \leqq \xi_{E/EP}^{E}$	$(R_{el}/\sqrt{3})\,(1 - Q_I^2) < (R_{eA}/\sqrt{3})\,(1 - Q_A^2)$
3.1	elastisch-plastisch	elastisch	$\xi_{E/EP}^{E} < \xi_0 < \xi_{EP/P}^{E}$	$(2R_{el}/\sqrt{3})\,(1 - Q_I) < (R_{eA}/\sqrt{3})\,(1 - Q_A^2)$
3.2	elastisch-plastisch	elastisch	$\xi_{E/EP}^{E} < \xi_0 < \xi_{EP}^{E/EP}$	$(2R_{el}/\sqrt{3})\,(1 - Q_I) > (R_{eA}/\sqrt{3})\,(1 - Q_A^2)$
4.1	elastisch-plastisch	elastisch-plastisch	$\zeta_{EP}^{E/EP} < \xi_0 < \zeta_{EP/P}^{EP}$	$(R_{eA}/\sqrt{3})\,(1 - Q_A^2) < (2R_{el}/\sqrt{3})\,(1 - Q_I) <$ $< \begin{cases} 2R_{eA}/\sqrt{3} & Q_A \leqq 0{,}368 \\ -(2R_{eA}/\sqrt{3})\ln Q_A & Q_A > 0{,}368 \end{cases}$
4.2	elastisch-plastisch	elastisch-plastisch	$\xi_{EP}^{E/EP} < \xi_0 < \xi_{EP}^{EP/P}$	$(2R_{el}/\sqrt{3})\,(1 - Q_I) > \begin{cases} 2R_{eA}/\sqrt{3} & Q_A \leqq 0{,}368 \\ -(2R_{eA}/\sqrt{3})\ln Q_A & Q_A > 0{,}368 \end{cases}$

so wird das Außenteil vor dem Innenteil vollplastisch. Der elastisch-plastische Beanspruchungsbereich beider Teile des Verbands wird festgelegt mit der Ungleichung

$$\zeta_{EP}^{E/EP} < \zeta_0 < \zeta_{EP}^{EP/P}, \tag{2.70}$$

wobei sich $\zeta_{EP}^{EP/P}$ (Tabelle 2.4, Fall 4) mit $p = p_{PA}$ nach (2.47) und $\zeta_A = 1/Q_A$ ergibt.

$$\zeta_{EP}^{EP/P} = \frac{2R_{eI}}{\sqrt{3}E_I}\left[\left(\frac{1-\zeta_I^2}{1+\zeta_I^2} - v_I\right)\frac{\sqrt{3}p_{PA}}{2R_{eI}} + \frac{2\zeta_I^2}{1+\zeta_I^2}\right] + \frac{2R_{eA}}{\sqrt{3}E_A}\left[\frac{1}{Q_A^2} + (1-v_A)\ln Q_A\right]. \tag{2.71}$$

ζ_I ist nach (2.43) zu berechnen.

Die für die Ermittlung der Beanspruchungsverhältnisse in den Teilen des Preßverbands maßgebenden Ungleichungen sind für den Fall „schwächeres Innenteil" in Tabelle 2.7 zusammengestellt. Die Zusatzbedingung erfaßt das Verhältnis der Beanspruchbarkeit beider zu fügender Teile. Tabelle 2.8 gibt Vorschriften für die Berechnung der in Tabelle 2.7 aufgeführten Grenzhaftmaße an. Dabei wird auf die in Tabelle 2.4 angegebenen Fälle verwiesen. In allen Fällen, die durch die gleiche erste Stelle der in der ersten Spalte von Tabelle 2.7 angegebenen kennzeichnenden Nummer angesprochen werden, sind jeweils die gleichen Berechnungsvorschriften für die Ermittlung der Grenzhaftmaße anzuwenden. Dies ist wichtig bei der Entwicklung von Programmen für EDV-Anlagen, da durch geeignete Unterprogramme auf die in Tabelle 2.4 angegebenen Berechnungsalgorithmen zurückgegriffen werden kann.

Die Untersuchungen für den Fall „schwächeres Außenteil" werden auf die gleiche Weise durchgeführt. Die Ergebnisse sind in den Tabellen 2.9 und 2.10 zusammengefaßt. Von den in den ersten Spalten der Tabellen 2.7 und 2.10 angegebenen Nummern sind für die weiteren Berechnungen nur die ersten Ziffern maßgebend. Aus Gründen der Vereinfachung wurden daher in den Tabellen 2.7 und 2.8 einerseits und den Tabellen 2.9 und 2.10 andererseits die einzelnen Fälle durchnumeriert.

Mit Hilfe der Tabellen 2.7 bis 2.10 läßt sich für jedes beliebige, vorgegebene bezogene Haftmaß die Art der Beanspruchung von Innen- und Außenteil eindeutig klären. Damit ist der erste Schritt für die Lösung der zweiten Hauptaufgabe ab-

Tabelle 2.8. Berechnung der Grenzhaftmaße für den Fall „schwächeres Innenteil"

Grenzhaftmaß	Fugendruck	Fall Nr. nach Tabelle 2.4
$\zeta_{EP}^{E/EP}$	$p_{FI} = (R_{eI}/\sqrt{3})(1-Q_I^2)$	1
$\zeta_{EP/P}^{E}$	$p_{PI} = (2R_{eI}/\sqrt{3})(1-Q_I)$	3 mit $\zeta_I = 1$
$\zeta_{EP}^{E/EP}$	$p_{FA} = (R_{eA}/\sqrt{3})(1-Q_A^2)$	3
$\zeta_{E/EP}^{E}$	$p_{PI} = (2R_{eI}/\sqrt{3})(1-Q_I)$	4
$\zeta_{EP}^{EP/P}$	$p_{PA} = \begin{cases} 2R_{eA}/\sqrt{3} & Q_A \leqq 0{,}368 \\ -(2R_{eA}/\sqrt{3})\ln Q_A & Q_A > 0{,}368 \end{cases}$	4 mit $\zeta_A = \begin{cases} \text{aus Gl. (2.45)} \\ 1/Q_A \end{cases}$

Tabelle 2.9. Beanspruchungen für den Fall „schwächeres Außenteil" bei gegebenem Haftmaß

Gültigkeitsbedingung: $(R_{eA}/\sqrt{3})\,(1 - Q_A^2) < (R_{el}/\sqrt{3})\,(1 - Q_I^2)$

Fall Nr.	Innenteil	Außenteil	Haftmaßbedingung	Zusatzbedingung	
1	elastisch	elastisch	$\xi_0 \leqq \xi_E^{E/EP}$	—	
2.1	elastisch	elastisch-plastisch	$\xi_E^{E/EP} < \xi_0 < \xi_E^{EP/P}$	$(R_{el}/\sqrt{3})\,(1 - Q_I^2) > \begin{cases} 2R_{eA}/\sqrt{3} & Q_A \leqq 0{,}368 \\ -(2R_{eA}/\sqrt{3})\ln Q_A & Q_A > 0{,}368 \end{cases}$	
2.2	elastisch	elastisch-plastisch	$\xi_E^{E/EP} < \xi_0 < \xi_{E/EP}^{EP}$	$(R_{el}/\sqrt{3})\,(1 - Q_I^2) < \begin{cases} 2R_{eA}/\sqrt{3} & Q_A \leqq 0{,}368 \\ -(2R_{eA}/\sqrt{3})\ln Q_A & Q_A > 0{,}368 \end{cases}$	
4.1	elastisch-plastisch	elastisch-plastisch	$\xi_{E/EP}^{EP} < \xi_0 < \xi_{EP}^{EP/P}$	$(R_{el}/\sqrt{3})\,(1 - Q_I^2) < \begin{cases} 2R_{eA}/\sqrt{3} & Q_A \leqq 0{,}368 \\ -(2R_{eA}/\sqrt{3})\ln Q_A & Q_A > 0{,}368 \end{cases}$	$< R_{el}(1 - Q_I)$
4.2	elastisch-plastisch	elastisch-plastisch	$\xi_{E/EP}^{EP} < \xi_0 < \xi_{EP/P}^{EP}$	$(2R_{el}/\sqrt{3})\,(1 - Q_I) < \begin{cases} 2R_{eA}/\sqrt{3} & Q_A \leqq 0{,}368 \\ -(2R_{eA}/\sqrt{3})\ln Q_A & Q_A > 0{,}368 \end{cases}$	

Tabelle 2.10. Berechnung der Grenzhaftmaße für den Fall „schwächeres Außenteil"

Grenzhaftmaß	Fugendruck	Fall Nr. nach Tabelle 2.4
$\zeta_E^{E/EP}$	$p_{FA} = (R_{eA}/\sqrt{3})\,(1 - Q_A^2)$	1
$\zeta_E^{EP/P}$	$p_{PA} = \begin{cases} 2R_{eA}/\sqrt{3} & Q_A \leqq 0{,}368 \\ -(2R_{eA}/\sqrt{3})\ln Q_A & Q_A > 0{,}368 \end{cases}$	2 mit $\zeta_A = \begin{cases} \text{aus Gl. (2.45)} \\ 1/Q_A \end{cases}$
$\zeta_{E/EP}^{EP}$	$p_{FI} = (R_{eI}/\sqrt{3})\,(1 - Q_I^2)$	2
$\zeta_{EP}^{EP/P}$	$p_{PA} = \begin{cases} 2R_{eA}/\sqrt{3} & Q_A \leqq 0{,}368 \\ -(2R_{eA}/\sqrt{3})\ln Q_A & Q_A > 0{,}368 \end{cases}$	4 mit $\zeta_A = \begin{cases} \text{aus Gl. (2.45)} \\ 1/Q_A \end{cases}$
$\zeta_{EP/EP}^{EP}$	$p_{PI} = (2R_{eI}/\sqrt{3})\,(1 - Q_I)$	4 mit $\zeta_I = 1$

Tabelle 2.11. Berechnung des Fugendrucks bei gegebenem Haftmaß

Fall Nr.	Berechnungsgleichungen
1	$p = \dfrac{\xi_0 E_A}{(E_A/E_I)\,(H_I - \nu_I) + H_A + \nu_A}$
2	$A = (1/2)\,[(E_A/E_I)\,(H_I - \nu_I) - 1 + \nu_A]$ $(1 - Q_A^2 A)\,\zeta_A^2 + 2A \ln \zeta_A = \sqrt{3}\,E_A\xi_0/(2R_{eA}) - A \qquad \to \zeta_A$ $p = (R_{eA}/\sqrt{3})\,[2\ln \zeta_A - (Q_A\zeta_A)^2 + 1]$
3	$B = (E_I/E_A)\,(H_A + \nu_A) - \nu_I$ $C = (1/Q_I)\,[(B + 1) - \sqrt{3}\,E_I\xi_0/(2R_{eI})]$ $\zeta_I = (\sqrt{C^2 + 1 - B^2} - C)/(1 - B)$ $p = (2R_{eI}/\sqrt{3})\,[1 - (Q_I/2)\,(1 + \zeta_I^2)/\zeta_I]$
4	$F(\zeta_A) = (1/Q_I)\,\{1 - (R_{eA}/R_{eI})\,[\ln \zeta_A + (1/2)\,(1 - (Q_A\zeta_A)^2)]\}$ $G(\zeta_A) = [2R_{eA}/(\sqrt{3}\,E_A)]\,\{\zeta_A^2 - (1 - \nu_A)\,[\ln \zeta_A - (1/2)\,(Q_A\zeta_A)^2]\}$ $G(\zeta_A) + [2R_{eI}Q_I/(\sqrt{3}\,E_I)]\,[\nu_I F(\zeta_A) - \sqrt{F^2(\zeta_A) - 1}] =$ $\xi_0 - 2(1 - \nu_I)\,R_{eI}/(\sqrt{3}\,E_I) + (1 - \nu_A)\,R_{eA}/(\sqrt{3}\,E_A) \qquad \to \zeta_A$ $\zeta_I = F(\zeta_A) - \sqrt{F^2(\zeta_A) - 1}$ $p = (R_{eA}/\sqrt{3})\,[2\ln \zeta_A - (Q_A\zeta_A)^2 + 1]$

geschlossen. Im zweiten Schritt sind die Gleichungen der Tabelle 2.4 für die vier verschiedenen Beanspruchungsfälle nach dem Fugendruck p aufzulösen. Es handelt sich hierbei um verhältnismäßig einfache, rein algebraische Berechnungen, für deren Durchführung auf die Arbeit [2.29] verwiesen wird. Die Ergebnisse sind in Tabelle 2.11 zusammengefaßt.

Bei der Auswertung von Tabelle 2.11 ist zu beachten, daß in den Fällen 2 und 4 das Außenteil elastisch-plastisch beansprucht wird. Der dimensionslose Plastizitätsdurchmesser ζ_A ergibt sich beide Male durch Auflösen von transzendenten Bestimmungsgleichungen, die in Tabelle 2.11 durch das Symbol $\rightarrow \zeta_A$ gekennzeichnet sind. Im Fall 4 sind die Größen $F(\zeta_A)$ und $G(\zeta_A)$ Funktionen des gesuchten dimensionslosen Plastizitätsdurchmessers ζ_A. Bei der iterativen Bestimmung von ζ_A ist stets die Ungleichung

$$1 < \zeta_A < \frac{1}{Q_A} \tag{2.72}$$

zu berücksichtigen. Im Fall 3 (Tabelle 2.11) wird ζ_I für $B = 1$ unbestimmt. Durch eine Grenzwertbildung folgt

$$\lim_{B \to 1} \zeta_I = \frac{Q_I}{2 - \sqrt{3E_I\xi_0/(2R_{eI})}} . \tag{2.73}$$

Bei einem vollen Innenteil ($Q_I = 0$) können nur die Beanspruchungsfälle 1 und 2 nach den Tabellen 2.7 bis 2.10 auftreten. Es wird in diesem Zusammenhang noch einmal daran erinnert, daß sich das Innenteil nur im rein elastischen oder im vollplastischen Zustand befinden kann. Der Fugendruck für den vollplastischen Zustand des Innenteils ergibt sich aus (2.41) zu $p_{PI} = 2R_{eI}/\sqrt{3}$. Die Vorschriften für die Berechnung der in Tabelle 2.12 angegebenen Grenzhaftmaße sind aus Tabelle 2.13 zu entnehmen. Die Berechnungsgleichungen für den Fugendruck folgen wieder aus Tabelle 2.11.

Tabelle 2.12. Beanspruchungen des Außenteils bei vollem Innenteil und gegebenem Haftmaß

Fall Nr.	Außenteil	Haftmaßbedingung	Zusatzbedingung
1.1	elastisch	$\xi_0 < \xi_{E/P}^{E}$	$R_{eI} < (R_{eA}/\sqrt{3})\,(1 - Q_A^2)$
1.2	elastisch	$\xi_0 \leqq \xi_{E}^{E/EP}$	$R_{eI} > (R_{eA}/\sqrt{3})\,(1 - Q_A^2)$
2.1	elastisch-plastisch	$\xi_{E}^{E/EP} < \xi_0 < \xi_{E/P}^{EP}$	$(R_{eA}/\sqrt{3})\,(1 - Q_A^2) < R_{eI} <$ $< \begin{cases} 2R_{eA}/\sqrt{3} & Q_A \leqq 0{,}368 \\ -(2R_{eA}/\sqrt{3})\ln Q_A & Q_A > 0{,}368 \end{cases}$
2.2	elastisch-plastisch	$\xi_{E}^{E/EP} < \xi_0 < \xi_{E}^{EP/P}$	$R_{eI} > \begin{cases} 2R_{eA}/\sqrt{3} & Q_A \leqq 0{,}368 \\ -(2R_{eA}/\sqrt{3})\ln Q_A & Q_A > 0{,}368 \end{cases}$

Tabelle 2.13. Berechnung der Grenzhaftmaße bei vollem Innenteil

Grenzhaftmaß	Fugendruck	Fall Nr. nach Tabelle 2.4
$\zeta_{E/P}^{E}$	$p_{PI} = 2R_{eI}/\sqrt{3}$	1
$\zeta_{E}^{E/EP}$	$p_{FA} = (R_{eA}/\sqrt{3})\,(1 - Q_A^2)$	1
$\zeta_{E/P}^{EP}$	$p_{PI} = 2R_{eI}/\sqrt{3}$	2
$\zeta_{E}^{EP/P}$	$p_{PA} = \begin{cases} 2R_{eA}/\sqrt{3} & Q_A \leqq 0{,}368 \\ -(2R_{eA}/\sqrt{3})\ln Q_A & Q_A > 0{,}368 \end{cases}$	2 mit $\zeta_A = \begin{cases} \text{aus Gl. (2.45)} \\ 1/Q_A \end{cases}$

Abschließend wird der wichtige Sonderfall besprochen, daß ein volles Innen- und das Außenteil aus Werkstoffen mit gleichen elastischen Eigenschaften bestehen. Es gilt also $E_I = E_A = E$ und $v_I = v_A = v$. Gleiche Streckgrenzen von Innen- und Außenteil werden dagegen nicht vorausgesetzt. Aus Tabelle 2.11, Fall 2, folgt $A = 0$. Damit vereinfacht sich die Gleichung für die Berechnung des dimensionslosen Plastizitätsdurchmessers zu

$$\zeta_A = \sqrt{\frac{\sqrt{3}E_A}{2R_{eA}}}\,\xi_0\,. \tag{2.74}$$

Der dimensionslose Plastizitätsdurchmesser muß also in diesem Sonderfall nicht iterativ ermittelt werden. Der Fugendruck wird mit der in Tabelle 2.11, Fall 2, angegebenen Gleichung berechnet.

Bild 2.7 zeigt ein Flußdiagramm für die Auslegung elastisch-plastisch beanspruchter Preßverbände. Das Flußdiagramm gibt den gesamten Ablaufplan eines Programms wieder, das auf einem Tischrechner implementiert ist. Es eignet sich auch für die manuelle Auslegung. Das Diagramm zerfällt in zwei Teile. Der erste stellt die Programmsteuerung sowie den Lösungsgang für die erste Hauptaufgabe dar. Zunächst werden die geometrischen und Werkstoffdaten eingelesen. Sodann ist die Entscheidung zu treffen, ob die erste oder zweite Hauptaufgabe zu lösen ist. Die Abfragen nach der Art der Beanspruchung des Innen- und Außenteils erfolgt mittels der in Tabelle 2.3 angegebenen Kriterien. Bei der Berechnung mit Hilfe des Tischrechners hat es sich als zweckmäßig erwiesen, die Anteile des Haftmaßes für Innen- und Außenteil getrennt zu berechnen. Dazu sind die in Tabelle 2.4 angegebenen Berechnungsgleichungen entsprechend dem jeweils vorliegenden Beanspruchungsfall auf Innen- und Außenteil aufzugliedern, was ohne jede Schwierigkeit möglich ist. Für den Fall, daß das Innen- oder Außenteil vollplastisch beansprucht wird, fordert das Programm automatisch vom Konstrukteur neue Eingabedaten (Fugendruck und/oder Streckgrenze) an. Nach Beendigung dieser Eingabe wird die Berechnung erneut gestartet.

Der zweite Teil des Flußdiagramms zeigt den Lösungsgang für die zweite Hauptaufgabe. Die bei den einzelnen logischen Entscheidungen angegebenen Grenzhaftmaße sind nach den in den Tabellen 2.6 bis 2.13 aufgeführten Berechnungsgleichungen zu ermitteln. Die Marken ITP bzw. ATP bedeuten, daß das Innen- bzw.

Außenteil vollplastisch wird. Auch hier ist wie bei der Lösung der ersten Hauptaufgabe vom Programm aus vorgesehen, daß der Konstrukteur durch Einlesen neuer
Auslegungsdaten (Streckgrenze und Übermaß) den Berechnungsgang korrigieren
kann. Die Lösungsgleichungen für die Ermittlung des Fugendrucks sind Tabelle 2.11
zu entnehmen. Im Programm werden sie in Form von Unterprogrammen aufgerufen.

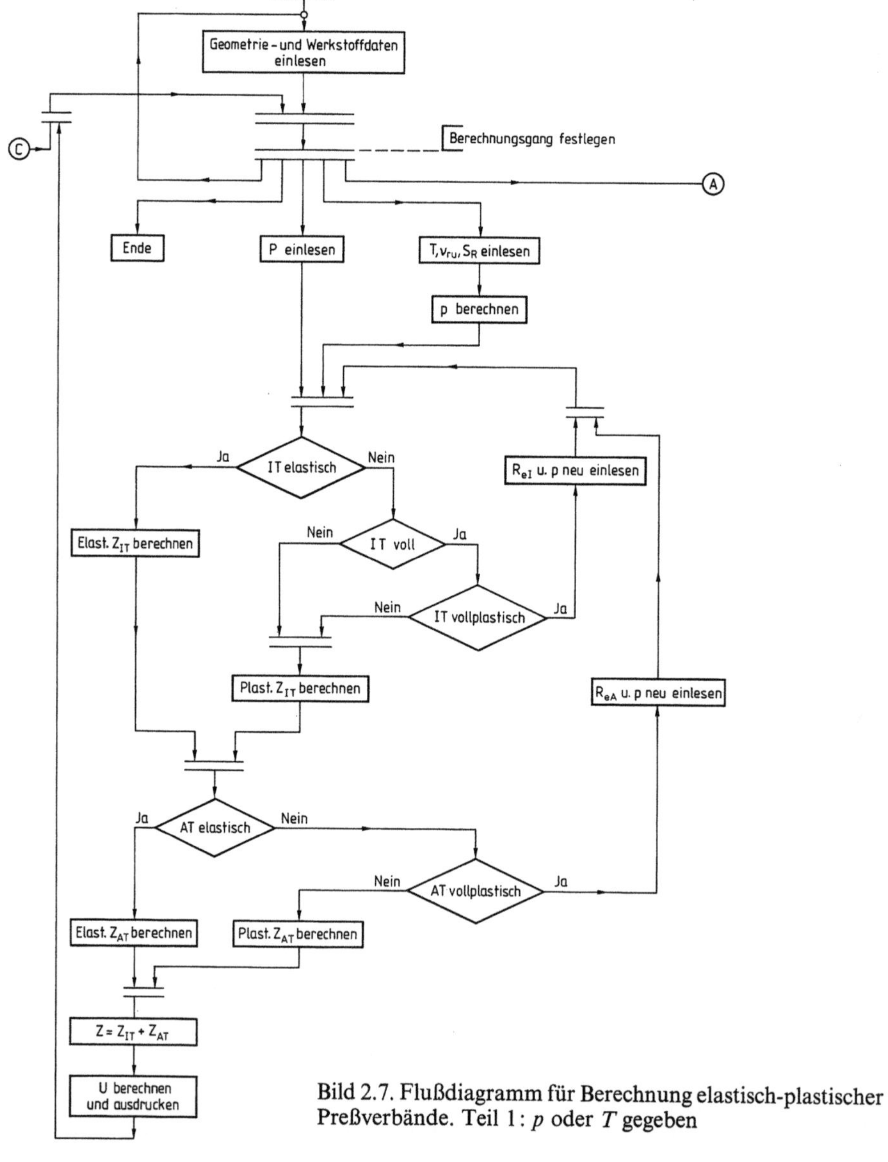

Bild 2.7. Flußdiagramm für Berechnung elastisch-plastischer
Preßverbände. Teil 1: p oder T gegeben

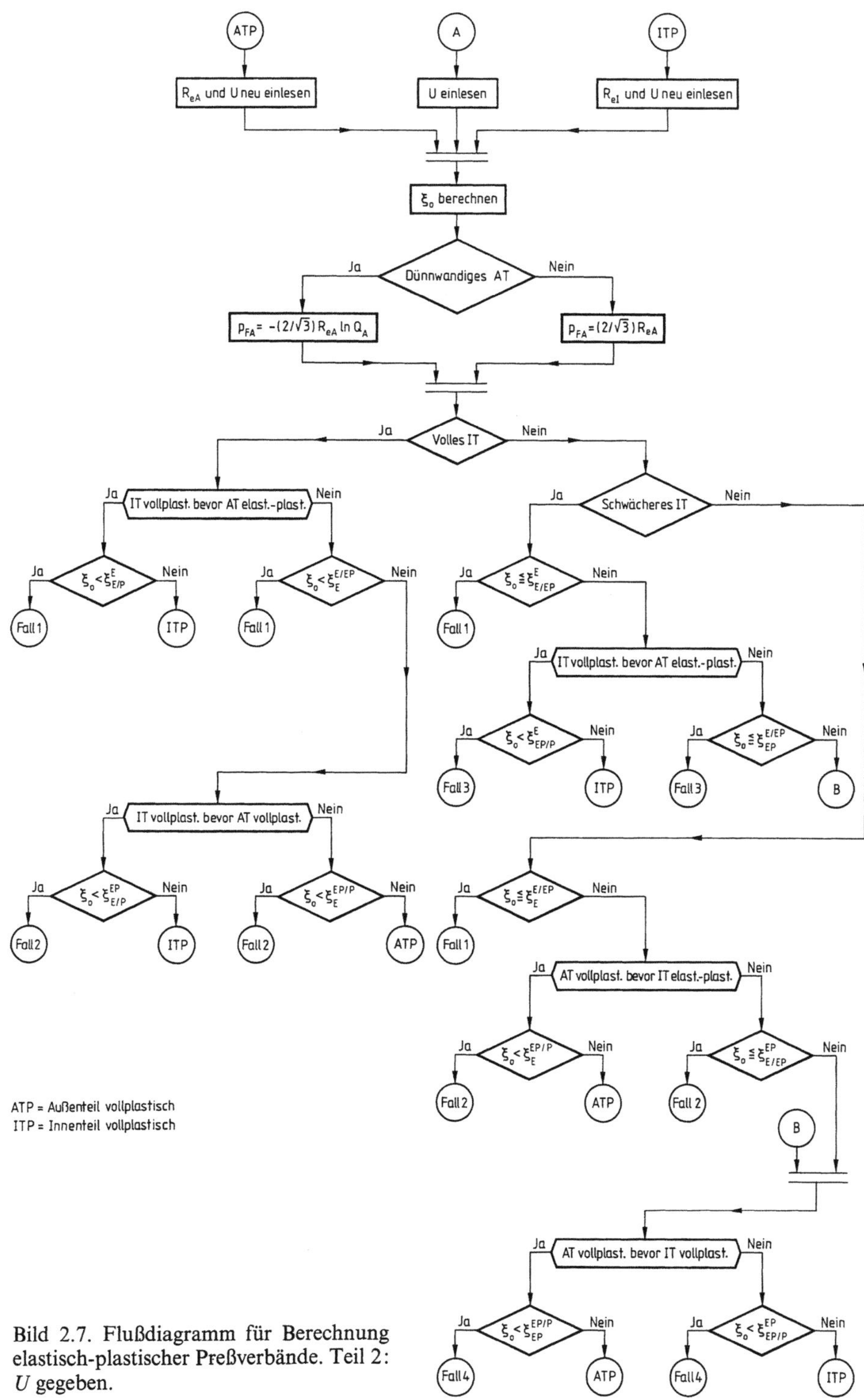

Bild 2.7. Flußdiagramm für Berechnung elastisch-plastischer Preßverbände. Teil 2: *U* gegeben.

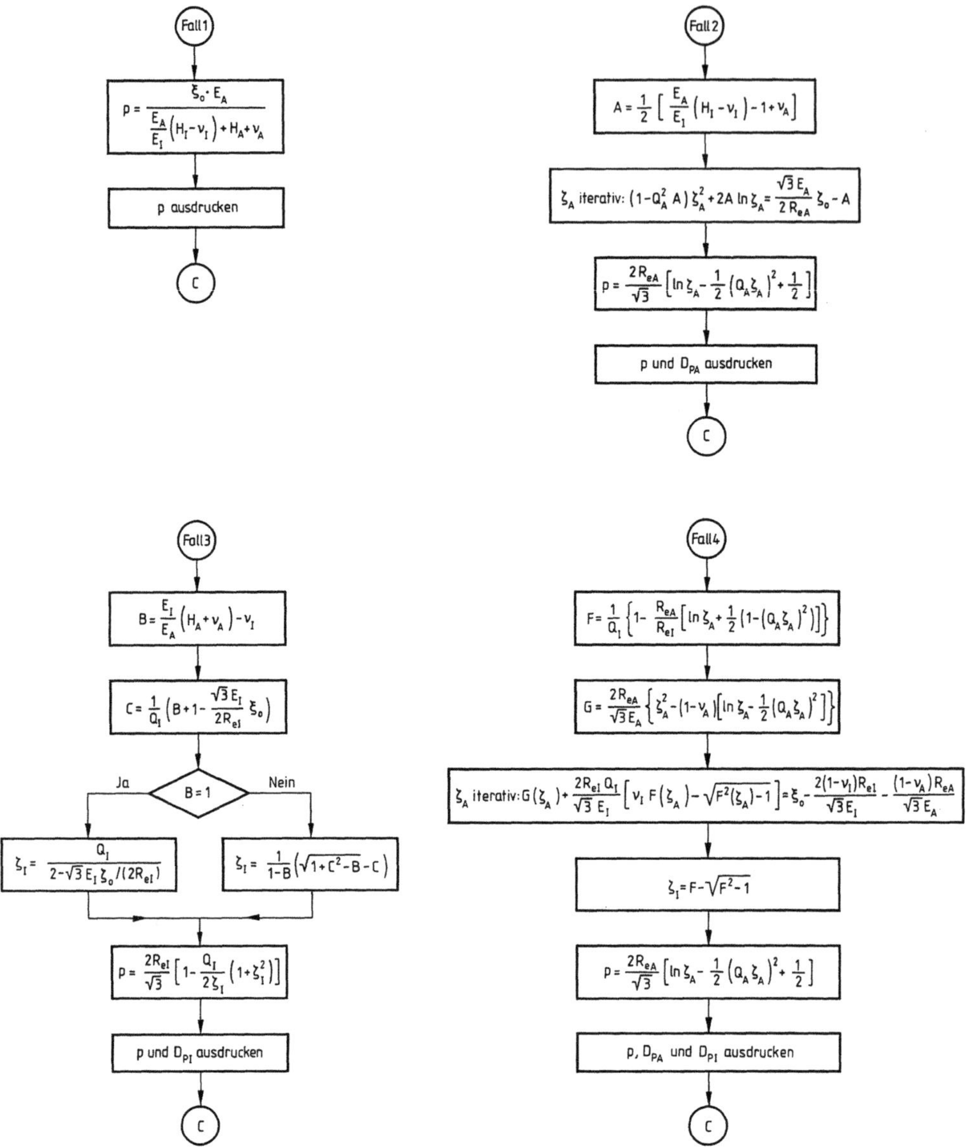

Bild 2.7. Flußdiagramm für Berechnung elastisch-plastischer Preßverbände. Teil 3: Berechnungsgleichungen für vorgegebenes U

Ergebnisse

Für die Beurteilung des vorgeschlagenen Rechenverfahrens wichtig ist ein Vergleich mit Versuchsergebnissen. Von besonderem Interesse ist es, die Beziehung zwischen Fugendruck einerseits und Haftmaß andererseits zu überprüfen. Trotz des umfangreichen Schrifttums über Preßverbände haben zu dieser Frage lediglich Biederstedt [2.1] und Önöz [2.50] Meßergebnisse mitgeteilt. Dies liegt daran, daß es an ausgeführten Preßverbänden unmöglich ist, den Fugendruck sowie das Haftmaß zu messen, das sich aus einem auf das Innen- und einem auf das Außenteil entfallenden Anteil zusammensetzt. Biederstedt und Önöz haben daher hydraulische Belastungsvorrichtungen gebaut, mit deren Hilfe sie die innere Zylinderfläche eines Außenteils mit einem hydrostatischen Druck beaufschlagen konnten. Dabei haben sie für verschiedene Werte des aufgebrachten Drucks die Vergrößerung des Durchmessers des Außenteils bzw. die Tangentialdehnung gemessen. Außerdem haben sie in gleichartige Proben einen konischen, vollen Dorn eingepreßt. Dabei wurde so lange eingepreßt, bis sich die gleiche Vergrößerung des Außendurchmessers bzw. Tangentialdehnung einstellte, wie sie sich bei Belastung mit Hydraulikdruck ergab. Durch Messen des axialen Einpreßweges des konischen Dorns konnte die radiale Aufweitung der Bohrung des Außenteils bestimmt werden, wobei die elastische Stauchung des Dorns durch Rechnung berücksichtigt wurde.

Biederstedt hat seine Messungen für folgende Werkstoffe durchgeführt: St 37-1, St 60-1, AlMgSiF28, GBz10, GAlSi12(Cu). In fünf Diagrammen hat er den Fugendruck p über der Aufweitung der Bohrung des Außenteils aufgetragen. Gleichzeitig hat er für die entsprechenden Werkstoffe die nach Lundberg [2.37] berechneten Kurven angegeben. Önöz untersuchte Innen- und Außenteile aus RSt 37-2, St 60-1, 42CrMo4, C35, Rg7 und 16MnCr5 (einsatzgehärtet). Bei seinen Auswertungen hat er zusätzlich zu den Ergebnissen von Lundberg die von ihm selbst unter Berücksichtigung der Verfestigung berechneten Werte dargestellt.

Es erweist sich als zweckmäßig, für den Vergleich der von Biederstedt und Önöz angegebenen Meßergebnisse mit den berechneten Werten eine dimensionslose Darstellung zu wählen. Der Fugendruck wird dazu durch die Streckgrenze R_{eA} des Außenteils geteilt. Ferner wird eine dimensionslose Verschiebung der Bohrung des Außenteils gemäß

$$\xi_A = \frac{2u_A(D_F/2)}{D_F} \tag{2.75}$$

eingeführt. Im elastischen Bereich folgt aus (2.15)

$$\xi_A = \left(\frac{1 + Q_A^2}{1 - Q_A^2} + v_A\right) \frac{p}{R_{eA}} \frac{R_{eA}}{E_A} . \tag{2.76}$$

Sofern das Außenteil elastisch-plastisch beansprucht wird, gilt nach [2.28] unter Berücksichtigung der MSH

$$\xi_A = \frac{2}{\sqrt{3}} \zeta_A^2 - (1 - v_A) \frac{p}{E_A} . \tag{2.77}$$

Dabei ist der dimensionslose Plastizitätsdurchmesser ζ_A nach (2.45) zu berechnen. Wird die dimensionslose Verschiebung ξ_A mit dem Quotienten E_A/R_{eA} multipliziert, so hängt gemäß (2.76) und (2.77) die entstehende Größe sowohl im elastischen wie im elastisch-plastischen Bereich nur von der Geometrie und der auf die Streckgrenze R_{eA} bezogenen Belastung des Außenteils sowie seiner Querdehnungszahl ab. Für metallische Werkstoffe ist $v_A = 0{,}3$ und in die Größe $\xi_A \cdot E_A/R_{eA}$ gehen lediglich die bezogene Belastung sowie die Geometrie ein. Dies gilt auch für die Lundbergsche Theorie.

Biederstedt hat seine Messungen an Außenteilen mit dem Durchmesserverhältnis $Q_A = 0{,}45$ durchgeführt. In Bild 2.8 sind seine wie oben beschrieben dimensionslos gemachten Meßergebnisse für die Werkstoffe St37-1, St60-1 und GBz10 aufgetragen.

Im Rahmen der Auswertegenauigkeit der von Biederstedt mitgeteilten Meßergebnisse ergibt sich in der dimensionslosen Darstellung der gleiche, ausgezogene
Kurvenverlauf für alle drei Versuche. Die Rechenergebnisse von Önöz [2.50] für
St60-1 fallen mit der experimentellen Kurve von Biederstedt nahezu vollständig
zusammen. Zum Vergleich sind gestrichelt die mittels der modifizierten Trescaschen
Fließbedingung und strichpunktiert die nach Lundberg für idealplastisches Verhalten
berechneten Werte eingetragen. Beide Theorien liefern Fugendrücke, die unter den
experimentell gemessenen Werten liegen. Dabei stimmen die nach der modifizierten
Trescaschen Fließbedingung berechneten Werte besser mit den experimentellen
überein als die nach Lundberg ermittelten. Die Abweichungen der nach beiden
Theorien berechneten Fugendrücke von den Meßergebnissen sind darauf zurück-
zuführen, daß die wirklichen Werkstoffe im Versuch Verfestigung zeigen, die bei
den theoretischen Untersuchungen durch das zugrunde gelegte Modell des elastisch-
idealplastischen Körpers nicht erfaßt wird.

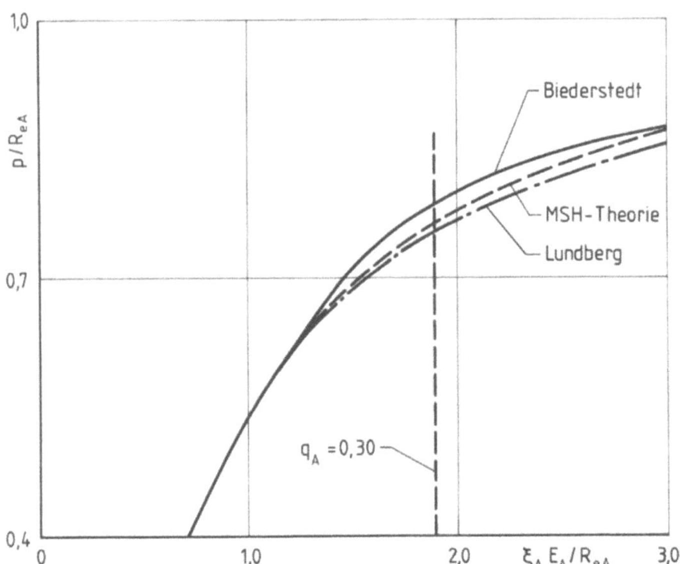

Bild 2.8. Vergleich von Meßwerten nach Biederstedt mit berechneten Werten ($Q_\mathrm{A} = 0{,}45$)

In Bild 2.8 ist die nach der MSH-Theorie berechnete Gerade $q_\mathrm{A} = 0{,}30$ [vgl.
(2.56)] eingetragen. Nach den Erfahrungen des Autors soll bei ausgeführten Preßverbänden ein plastischer Anteil von 30 % am Gesamtquerschnitt eines elastisch-
plastisch beanspruchten Preßverbandes nicht überschritten werden. Im praktisch
nutzbaren Bereich sind die Unterschiede zur Lundbergschen Theorie vernachlässigbar.
Umfangreiche, noch zu veröffentlichende Vergleichsrechnungen [2.33] für Innen-
und Außenteile unterschiedlicher Geometrien zeigen ein gleiches Verhalten.
   Zusammenfassend kann daher folgendes festgestellt werden. Die von Önöz und
vom Autor entwickelte MSH-Theorie stimmt für verfestigende Werkstoffe besser
mit dem wirklichen Verhalten überein als der Rechengang von Lundberg. Sie ist
wie die Lundbergsche Theorie konservativ. Bei idealplastischem Verhalten, wie es
z. B. für Baustähle geringer Festigkeit und manche unlegierte Vergütungsstähle

(z. B. C35) vorliegt, liefert bei gleichem Haftmaß die MSH-Theorie einen größeren Fugendruck als Lundberg. Jedoch betragen im Bereich der praktischen Anwendungen die Unterschiede des Fugendrucks bei vorgegebenem Haftmaß (2. Hauptaufgabe) maximal 5% und des Haftmaßes bei vorgegebenem Fugendruck (1. Hauptaufgabe) maximal 10%. Das für vorgegebenes Haftmaß berechnete übertragbare Drehmoment liegt bei der MSH-Theorie gegenüber Lundberg maximal um 5% auf der unsicheren Seite. Hinsichtlich der elastisch-plastischen Beanspruchung des Werkstoffes ist sie dagegen konservativ. In Anbetracht der Unsicherheiten und Streuungen vor allem der Haftbeiwerte (vgl. Abschnitt 2.1.7) wie aber auch der Streckgrenze sind auch im idealplastischen Fall die Unterschiede zwischen der MSH- und der Lundbergschen Theorie praktisch vernachlässigbar.

Bild 2.9 zeigt die auf die Streckgrenze bezogenen Grenzdrücke für die Übergänge aus dem rein elastischen in den elastisch-plastischen sowie aus diesen in den vollplastischen Beanspruchungszustand für Innen- und Außenteil in Abhängigkeit vom dimensionslosen Parameter Q. Außerdem sind mit der Streckgrenze als Parameter Kurven konstanter plastischer Vergleichsdehnung angegeben. Beim Innenteil wurde ein Wert von $5\%_{00}$ und beim Außenteil von 1% zugrunde gelegt. Diese Unterschiede erklären sich dadurch, daß das Innenteil bei gleichem Durchmesserverhältnis eine geringere Tragfähigkeit als das Außenteil aufweist.

Bild 2.10 gibt für Innen- und Außenteil diejenige maximale plastische Vergleichsdehnung $\bar{\varepsilon}_0^P$ an, bei der das betreffende Teil in den vollplastischen Zustand übergeht. Auch hier dient wieder die Streckgrenze als Parameter. Auf jeden Fall wurde $\bar{\varepsilon}_0^P$ mit 1% begrenzt, obwohl bei Bau- und Vergütungsstählen die plastische Bruchdehnung erheblich über diesem Wert liegt. Jedoch treffen bei größeren Vergleichsdehnungen die Voraussetzungen der geometrisch linearen Plastizitätstheorie (kleine Verzerrungen) nicht mehr zu. Es zeigt sich deutlich, daß bei gleichem Durchmesserverhältnis

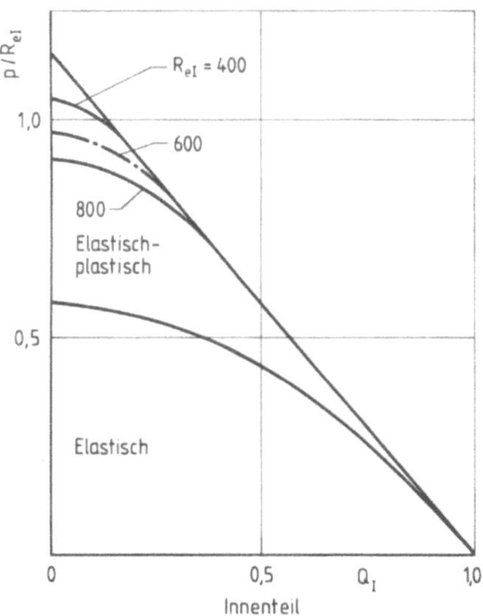

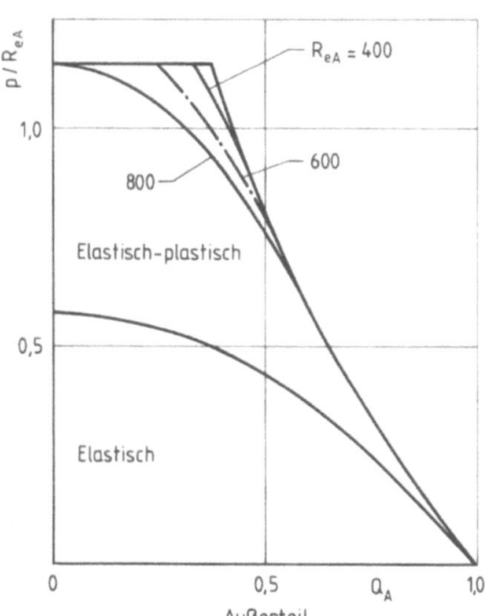

Bild 2.9. Grenzdrücke für elastisch-plastische Außenteile

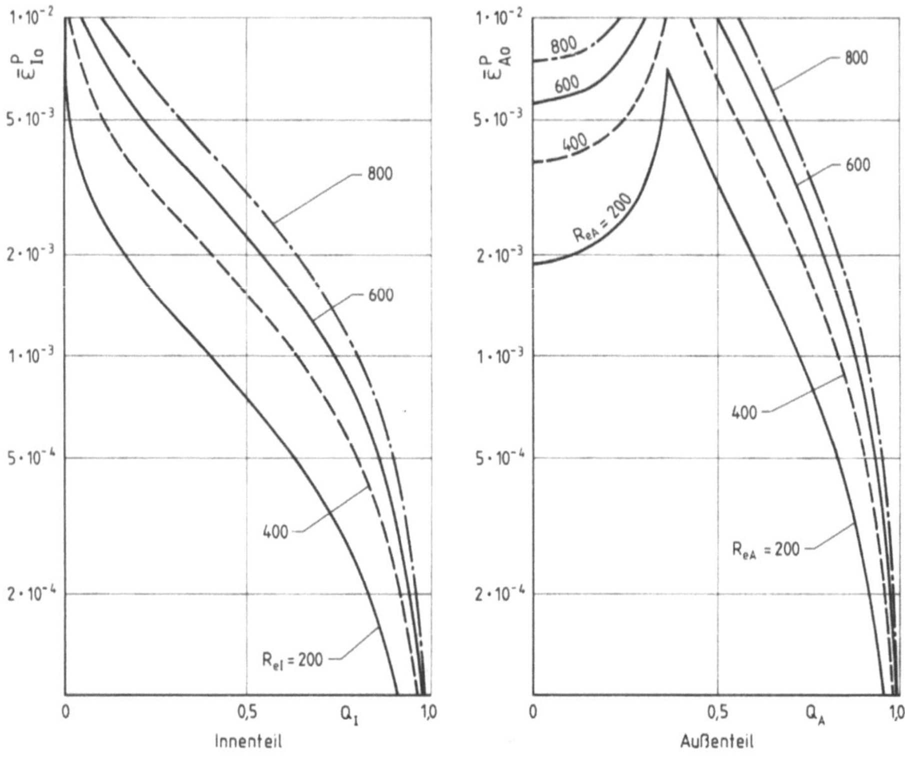

Bild 2.10. Plastische Grenz-Vergleichsdehnung bei Erreichen des vollplastischen Zustands

($Q_I = Q_A$) und gleicher Streckgrenze ($R_{eI} = R_{eA}$) das Außenteil wesentlich tragfähiger als das Innenteil ist. So beträgt z. B. bei $Q = 0,5$ und $R_e = 400 \, \text{N/mm}^2$ die vollplastische Vergleichsdehnung des Innenteils nur 2‰ und die des Außenteils 8‰. Aus Bild 2.10 folgt ferner, daß die plastische Vergleichsdehnung von Innen- und Außenteil durch das Verformungsverhalten des Bauteils (ausreichende Sicherheit gegen uneingeschränktes Fließen bei vollplastischer Beanspruchung) und nicht durch das Verformungsvermögen des Werkstoffes (plastische Bruchdehnung) begrenzt wird.

Bild 2.11 zeigt die auf die Streckgrenze bezogenen Spannungen in einem Außenteil mit $Q_A = 0,5$, in Abhängigkeit vom dimensionslosen Radius r/r_F mit dem ebenfalls auf die Streckgrenze bezogenen Fugendruck als Parameter. Der Grenzdruck für den Übergang vom rein elastischen in den elastisch-plastischen Beanspruchungszustand nach (2.44) beträgt $p_{FA}/R_{eA} = 0,443$. Für ihn ergeben sich die aus der Elastizitätstheorie bekannten Spannungsverläufe (Tangentialspannung: Zug, Radialspannung: Druck). Der Betrag beider Spannungen fällt von der Bohrung ausgehend monoton mit dem Radius ab. Da das Durchmesserverhältnis Q_A Ungleichung (2.46) erfüllt, kann der gesamte Querschnitt des Außenteils vollplastisch werden. Für den Grenzdruck nach (2.47) ergibt sich $p_{PA}/R_{eA} = 0,800$.

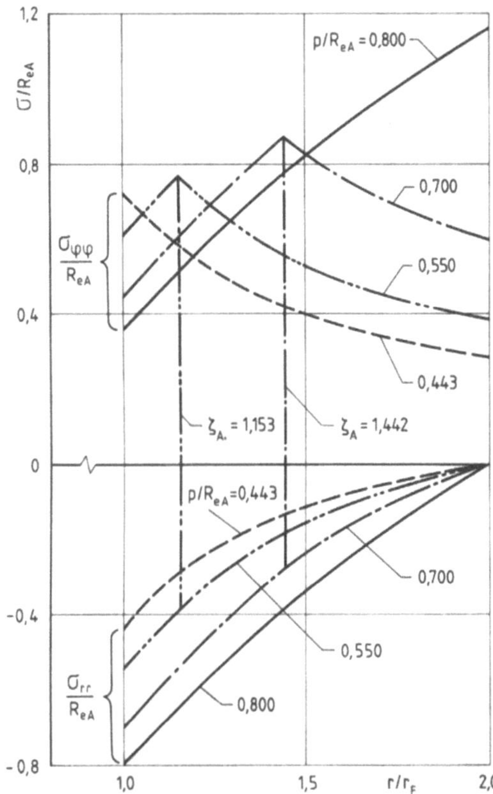

Bild 2.11. Elastisch-plastische Spannungsverläufe im Außenteil ($Q_A = 0{,}5$)

Es sind zwei elastisch-plastische Spannungsverläufe für $p/R_{eA} = 0{,}55$ bzw. 0,7 aufgetragen. Für beide Spannungsverläufe sind die nach (2.45) berechneten dimensionslosen Plastizitätsdurchmesser ζ_A angegeben. Bei den Radialspannungen ist qualitativ kein Unterschied gegenüber dem rein elastischen Spannungsverlauf zu erkennen. Die Tangentialspannungen dagegen steigen im plastischen Bereich monoton mit dem Radius an und erreichen den größten Wert an der elastisch-plastischen Grenze. Im elastischen Bereich fallen sie zum Rand hin ab. Die Steigung der Tangentialspannung ändert sich an der elastisch-plastischen Grenze unstetig. Bei der voll ausgezogenen vollplastischen Spannungsverteilung steigt die Tangentialspannung stetig mit dem Radius an. Am Außenrand der Scheibe wird sie gleich der Streckgrenze R_{eA}. Die Radialspannung nimmt betragsmäßig monoton mit dem Radius ab. Ein größerer als der angegebene Grenzfugendruck von $0{,}800 \cdot R_{eA}$ kann vom Außenteil wegen Erreichens des vollplastischen Zustandes nicht aufgenommen werden.

In Bild 2.12 ist der Gewinn an Fugendruck dargestellt, der durch eine elastisch-plastische Auslegung des Außenteils gegenüber einer rein elastischen erzielt werden kann. Dazu wird der maximal erzielbare Fugendruck p_{max} auf den elastischen Grenzfugendruck p_{FA} nach (2.44) bezogen. Für dickwandige Außenteile ist $p_{max} = 2R_{eA}/\sqrt{3}$. Für dünnwandige Außenteile wird p_{max} nach (2.47) berechnet. Der Gewinn an Fugendruck für das dickwandige Außenteil steigt zunächst mit zunehmendem Durchmesserverhältnis Q_A (fallender Außendurchmesser). Dies folgt aus der Tat-

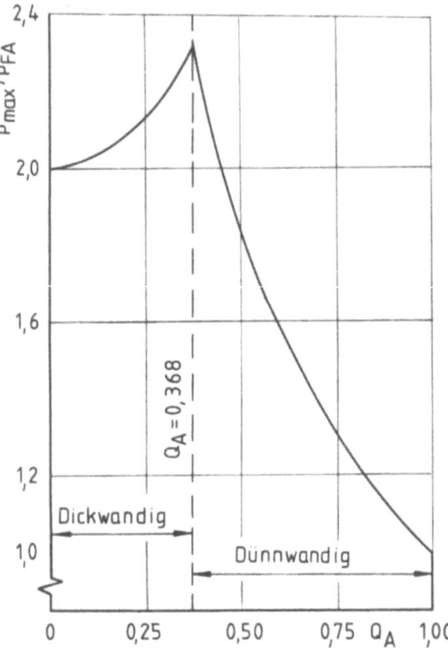

Bild 2.12. Gewinn an Fugendruck durch elastisch-plastische Auslegung des Außenteils

sache, daß nach Bild 2.9 der Grenzdruck p_{FA} mit Q_A abnimmt, während der maximal zulässige Fugendruck für das dickwandige Außenteil konstant gleich $2R_{eA}/\sqrt{3}$ bleibt. Der maximale Gewinn an Fugendruck wird für den Übergang vom dick- zum dünnwandigen Außenteil bei $Q_A = 0{,}368$ mit $p_{max} = 2{,}31 p_{FA}$ erreicht. Mit abnehmender Wandstärke des Außenteils fällt der Gewinn an Fugendruck ab, was sich ebenfalls aus Bild 2.10 unmittelbar anschaulich deuten läßt. Aus Bild 2.12 folgt, daß bei elastisch-plastischer Auslegung der Gewinn an Fugendruck gegenüber der rein elastischen Auslegung am größten im Bereich $0{,}3 \leqq Q_A \leqq 0{,}4$ ist, der daher für eine optimale Ausnutzung der Festigkeit des Werkstoffes anzustreben ist. Der gleiche Sachverhalt ergibt sich auch aus Bild 2.10. Abschließend sei noch darauf hingewiesen, daß der dargestellte Gewinn an Fugendruck bei praktischen Auslegungen selbstverständlich nicht realisiert werden kann, da sich bei dem angegebenen maximalen Fugendruck der vollplastische Zustand des Außenteils einstellt. Für die praktische Auslegung müssen die Werte nach Bild 2.12 durch die Soll-Sicherheit S_F geteilt werden.

In Tabelle 2.14 ist der Einfluß der Passung auf die Auslegung eines Preßverbandes dargestellt. Die Auslegungsdaten sind der Tabelle zu entnehmen. Das Haftmaß Z wird nach (2.4) berechnet, wobei die Glättung G nach (2.5) ermittelt wird. In der letzten Zeile von Tabelle 2.14 ist als Größe q_{max} der auf den gesamten Querschnitt bezogene plastische Querschnitt A_{plast} bei maximalem Haftmaß Z_{max} angegeben. Dabei wird q_{max} nach (2.56) berechnet. Insbesondere bei dem kleinsten Haftmaß ergibt sich ein erheblicher Gewinn an übertragbarem Drehmoment durch die elastisch-plastische Auslegung. Bei der Passung H7/t6 ist auch bei maximalem Übermaß das Außenteil rein elastisch beansprucht. Bei allen anderen angegebenen Passungen wird bei maximalem Übermaß das Außenteil elastisch-plastisch beansprucht. Jedoch geht selbst bei maximalem Übermaß der sehr strengen Passung

Tabelle 2.14. Einfluß der Passung auf die Auslegung eines Preßverbandes
Daten: $D_{Ii} = 0$; $D_F = 50$ mm; $D_{Aa} = 100$ mm: $l = 40$ mm; $R_z \leqq 6$ µm;
Werkstoff: St 60-1; $R_{eI} = R_{eA} = 330$ N/mm²; $E = 215\,000$ N/mm²; $v_{ru} = 0,12$

Passung	H7/t6	H7/u6	H7/x6	H7/z6
Z_{min} µm	22	38	65	104
Z_{max} µm	63	79	106	145
T_{min} Nm	669	1155	1975	3113
T_{max} Nm	1915	2400	3161	3891
q_{max}	0	0	0,066	0,212

H7/z6 nur 21 % des gesamten Querschnitts in den plastischen Beanspruchungszustand über. Die Ist-Sicherheit gegen vollplastische Beanspruchung beträgt 1,28
und liegt damit geringfügig über der in VDI 2226 empfohlenen kleinsten Soll-Sicherheit gegen unzulässige Verformung von 1,25. Da sie bei dem größtmöglichen Übermaß ermittelt wurde, kann sie als ausreichend angesehen werden.

Die Grenze für die Steigerung des Fugendrucks durch elastisch-plastische Auslegung stellt außer bei sehr dünnwandigen Teilen nicht das Kriterium der vollplastischen Beanspruchung, sondern das Problem der Fügbarkeit dar. Dies ist insbesondere bei thermisch gefügten Preßverbänden zu beachten, bei denen das Außenteil für das Fügen erwärmt werden muß. Überschreitet das Außenteil beim Fügen
eine vom Werkstoff abhängige Grenztemperatur, so ist ein deutlicher Abfall seiner
Streckgrenze zu erwarten. Dadurch ändert sich der beim Fügen im Außenteil entstehende Spannungszustand gegenüber der Auslegung. Die Folgen eines temperatur-
bedingten Abfalls der Streckgrenze sind noch unzureichend erforscht. Die ersten
Untersuchungen von Kerth [2.24] und Peiter [2.50] zeigen, daß durch den temperatur-
bedingten Abfall der Streckgrenze der Fugendruck und damit die Übertragungsfähigkeit eines Querpreßverbandes vermindert werden. Eine quantitative Aussage
hierzu ist jedoch heute noch nicht möglich. Im übrigen wird für das Problem des
Fügens von Preßverbänden auf Abschnitt 2.1.6 verwiesen.

2.1.3 Rotierende Preßverbände

Infolge der allgemein im Maschinenbau zu beobachtenden Tendenz, Maschinen
in Leichtbauweise auszuführen, ist eine Zunahme der maximalen Umfangsgeschwindigkeiten von rotierenden Maschinenbauteilen festzustellen. Zunehmende Umfangs-
geschwindigkeit führt zu erhöhten Beanspruchungen der rotierenden Bauteile durch
die Zentrifugalkraft. Bei rotierenden Preßverbänden bewirkt die Zentrifugalbeschleunigung eine radiale Aufweitung von Innen- und Außenteil. Diese radiale Aufweitung ist im allgemeinen an der Fügefläche für das Außenteil größer als für das
Innenteil. Dadurch sind in einem rotierenden Preßverband der Fugendruck und damit
das übertragbare Drehmoment gegenüber dem Zustand bei Stillstand kleiner. Für
das Betriebsverhalten eines rotierenden Preßverbandes ist es daher wichtig, die
Abnahme des Fugendrucks infolge der Zentrifugalbeschleunigung zu ermitteln.

Im folgenden soll lediglich auf rein elastisch beanspruchte Preßverbände eingegangen werden, da für den elastisch-plastischen Beanspruchungsfall eine allgemeine

Lösung noch nicht aufgestellt wurde. Rotierende, elastische Preßverbände wurden erstmals von Biezeno und Grammel [2.2] untersucht. Sie setzten ein volles Innenteil voraus, dessen Werkstoff mit dem des Außenteils übereinstimmt. Außerdem nahmen sie gleiche, konstante Dicke von Innen- und Außenteil an. Der Autor [2.27] erweiterte diese Theorie auf hohle Innenteile und ungleiche Werkstoffe. Ferner gab er einen Rechengang für Außenteile mit veränderlicher Wandstärke an. Seine diesbezüglichen Ausführungen sind insofern veraltet, als er die Spannungen im Außenteil nach dem Näherungsverfahren von Biezeno und Grammel [2.2] ermittelte. Heute würde man dieses Problem mittels finiter Elemente lösen. Jedoch sind hierzu noch keine Lösungen veröffentlicht worden. Ferner hat sich Findeisen [2.9] eingehend mit rotierenden Preßverbänden beschäftigt. Er behandelt ein hohles Innen- und ein Außenteil gleicher, konstanter axialer Dicke und setzt gleiche Werkstoffe voraus. Ein Hauptziel seiner Arbeit ist es, die verwickelten Vorgänge in rotierenden Preßverbänden durch ein in Analogie zur Schraubenverbindung entworfenes Verspannungsschaubild zu veranschaulichen. Jedoch gibt er keinen expliziten Rechengang für die Drehzahlen an, bei denen Innen- bzw. Außenteil in den elastisch-plastischen Beanspruchungszustand übergehen. Dieses Problem hat der Autor [2.32] behandelt. Seine wesentlichen Ergebnisse sollen im folgenden ohne Ableitungen mitgeteilt werden.

Es gelten die Voraussetzungen nach Abschnitt 2.1.1. Da jedoch keine experimentellen Untersuchungen für rotierende Preßverbände vorliegen, wird das Einsetzen des plastischen Zustandes mit der unmodifizierten Trescaschen Fließbedingung (SH) bestimmt. Es gilt also abweichend von (2.25) z. B. für das Außenteil

$$\sigma_{\varphi\varphi} - \sigma_{rr} = R_{eA} \, .$$

Die so erhaltenen Ergebnisse sind sowohl gegenüber einer GEH- als einer MSH-Theorie konservativ. Der Spannungszustand, der sich im ruhenden Preßverband infolge des beim Fügen überbrückten Übermaßes ausbildet, heißt Anfangsspannungszustand. Von ihm wird der Betriebszustand unterschieden, der sich bei der Betriebsdrehzahl n einstellt. Sollen beide Teile des Preßverbandes im Betriebszustand nur elastisch beansprucht werden, so muß der Anfangszustand ebenfalls rein elastisch sein. Jedoch kann ein rein elastischer Anfangsspannungszustand unter Umständen zu einem elastisch-plastischen Betriebszustand führen.

Damit ein Preßverband seine Funktion (Übertragen von Umfangs- und/oder Axialkräften) erfüllt und das Außenteil auf dem Innenteil zentriert bleibt — was hinsichtlich der Güte des Wuchtzustandes bei hochtourig laufenden Maschinen von entscheidender Bedeutung für die Betriebssicherheit ist — darf der Fugendruck nicht Null werden. Daher gibt die Gleichung

$$p(n_{ab}) = 0 \tag{2.78}$$

eine Bedingung an, aus der die äußerste Grenze der Betriebsdrehzahl für einen funktionsfähigen Preßverband ermittelt werden kann. Die Drehzahl n_{ab} heißt Abhebedrehzahl. In der Praxis ist ein ausreichender Sicherheitsabstand zur Abhebedrehzahl einzuhalten. Meist ergibt sich dieser dadurch, daß bei maximaler Betriebsdrehzahl ein Drehmoment mit der Soll-Sicherheit S_R gegen Durchrutschen übertragen werden muß. Der im Betriebszustand erforderliche Fugendruck läßt sich nach (2.1) berechnen.

Für die weiteren Rechnungen werden dimensionslose Verhältniszahlen für die das Werkstoffverhalten kennzeichnenden Größen eingeführt.

$$V_E = \frac{E_A}{E_I}, \qquad V_\varrho = \frac{\varrho_A}{\varrho_I}, \qquad V_R = \frac{R_{eA}}{R_{eI}} \, . \tag{2.79}$$

Der Fugendruck p_ω, der sich bei der Winkelgeschwindigkeit ω einstellt, wird auf die Streckgrenze R_{eA} des Außenteils bezogen.

$$P_\Omega = \frac{p_\omega}{R_{eA}} \cdot \qquad (2.80)$$

Schließlich wird eine dimensionslose Winkelgeschwindigkeit benötigt.

$$\Omega = \frac{D_F}{2}\, \omega\, \sqrt{\frac{\varrho_A}{R_{eA}}} \qquad (2.81)$$

Die Größe Ω^2 ist gleich dem Verhältnis der sich in einem dünnwandigen Ring vom Durchmesser D_F, der mit der Winkelgeschwindigkeit ω rotiert, ausbildenden Tagentialspannung zu seiner Streckgrenze R_{eA}.

Damit sich im rotierenden Zustand der Fugendruck p einstellt, muß der Preßverband das Haftmaß

$$\xi = \frac{R_{eA}}{E_A}\left\{\left[V_E\left(\frac{1+Q_I^2}{1-Q_I^2} - v_I\right) + \frac{1+Q_A^2}{1-Q_A^2} + v_A\right]P_\Omega + \frac{K\Omega^2}{4Q_A^2}\right\} \qquad (2.82)$$

aufweisen. Dabei wird zur Abkürzung gesetzt

$$K = 3 + v_A + (1 - v_A)\,Q_A^2 - \frac{V_E}{V_\varrho}\,Q_A^2[1 - v_I + (3 + v_I)\,Q_I^2]. \qquad (2.83)$$

Für $\Omega = 0$ wird (2.15) des ruhenden Preßverbandes wiedergewonnen.
Für die dimensionslose Abhebewinkelgeschwindigkeit gilt

$$\Omega_{ab} = 2Q_A\, \sqrt{\frac{E_A \xi}{K R_{eA}}} \cdot \qquad (2.84)$$

Bezeichnet P_0 den dimensionslosen Fugendruck im ruhenden Verband, so gilt bei der dimensionslosen Winkelgeschwindigkeit Ω

$$P_\Omega = \left[1 - \left(\frac{\Omega}{\Omega_{ab}}\right)^2\right]P_0\,. \qquad (2.85)$$

Für den Festigkeitsnachweis wird wieder die Fließbedingung nach Tresca (vgl. Abschnitt 2.1.2) verwendet. Es läßt sich zeigen, daß sowohl beim hohlen Innen- wie beim Außenteil plastische Beanspruchungen zuerst an der Bohrung einsetzen. Unter der Voraussetzung, daß die Abhebewinkelgeschwindigkeit nach (2.84) rein elastische Beanspruchungen verursacht, gilt für die Plastizier-Winkelgeschwindigkeit des hohlen Innenteils

$$\Omega_{FI} = 2Q_A\, \sqrt{\frac{V_\varrho}{V_R}\, \frac{1 - Q_I^2 + 2V_R P_0}{(1 - Q_I^2)\,Q_A^2[3 + v_I + (1 - v_I)\,Q_I^2] + 2V_\varrho\,\dfrac{K P_0 R_{eA}}{E_A \xi}}} \qquad (2.86)$$

Sofern die Ungleichung

$$\xi \leqq \frac{K V_\varrho}{Q_A^2[3 + v_I + (1 - v_I)\,Q_I^2]}\, \frac{R_{eI}}{E_A} \qquad (2.87)$$

erfüllt ist, wird das Innenteil bis zum Erreichen der Abhebewinkelgeschwindigkeit rein elastisch beansprucht.

Für eine Vollscheibe darf in (2.86) und (2.87) nicht einfach $Q_I = 0$ gesetzt werden. Dadurch würde nämlich der Grenzübergang zu einem rotierenden Innenteil vollzogen werden, das in seinem Zentrum ein Loch mit sehr kleinem Durchmesser aufweist. Bereits Bienzo und Grammel haben darauf hingewiesen, daß sich in diesem Fall eine doppelt so große Tangentialspannung wie in der undurchbohrten Scheibe einstellt. Für das volle Innenteil gelten daher die Beziehungen

$$\Omega_{FI} = 2Q_A \sqrt{2 \frac{V_\varrho}{V_R} \frac{1 + V_R P_0}{(3 + v_I) Q_A^2 + 2V_\varrho \dfrac{KP_0 R_{eA}}{E_A \zeta}}} , \qquad (2.88)$$

$$\zeta \leqq \frac{2KV_\varrho}{(3 + v_I) Q_A^2} \frac{R_{eI}}{E_A} . \qquad (2.89)$$

Beim Außenteil ergibt sich die Abhebewinkelgeschwindigkeit zu

$$\Omega_{FA} = 2Q_A \sqrt{\frac{1 - Q_A^2 - 2P_0}{(1 - Q_A^2)\left[3 + v_A + (1 - v_A) Q_A^2\right] - \dfrac{2KP_0 R_{eA}}{E_A \zeta}}} . \qquad (2.90)$$

Die Abhebewinkelgeschwindigkeit ist nur dann reell, wenn Zähler und Nenner positiv sind. Damit der Zähler positiv ist, muß der Fugendruck im ruhenden Verband kleiner als der Grenzdruck nach (2.44) sein, bei dem elastisch-plastische Beanspruchung einsetzt. Eine entsprechende Deutung für die Bedingung des positiven Nenners in (2.90) kann nicht angegeben werden. Damit das Außenteil rein elastisch abhebt, muß das dimensionslose Haftmaß die Bedingung erfüllen

$$\zeta \leqq \frac{K}{3 + v_A + (1 - v_A) Q_A^2} \frac{R_{eA}}{E_A} . \qquad (2.91)$$

In [2.32] ist ein Flußdiagramm für die Auslegung rotierender Preßverbände bei rein elastischer Beanspruchung angegeben. Abschließend sei noch darauf hingewiesen, daß der Autor [2.31] in einer ersten Untersuchung die Abhängigkeit des Fugendrucks von der Winkelgeschwindigkeit bei rotierenden, elastisch-plastisch beanspruchten Preßverbänden berechnet hat. Aufgrund der sehr verwickelten Verhältnisse bei der Rotation hat er sich auf ein volles Innenteil beschränkt und gleiche elastische Konstanten sowie Dichte von Innen- und Außenteil vorausgesetzt. Ferner setzt er voraus, daß das Innenteil bei allen Winkelgeschwindigkeiten rein elastisch beansprucht wird. Dies ist eine für die technische Praxis im allgemeinen zutreffende Annahme.

2.1.4 Betriebsverhalten von Preßverbänden

Die bisher angegebenen Berechnungsgleichungen sowohl für den rein elastischen wie auch für den elastisch-plastischen Fall beruhen auf der wesentlichen Voraussetzung des ebenen, rotationssymmetrischen Spannungszustandes. Dies gilt für das Außen- und des Innenteil. Jedoch unterscheiden sich die wirklichen Beanspruchungen zum Teil erheblich von den Spannungen, die mit Hilfe der einfachen Berechnungsgleichungen ermittelt werden. Dies gilt ganz besonders dann, wenn der Preßverband durch wechselnde oder schwellende Torsions- und/oder Biegemomente beansprucht wird.

Kantenpressung infolge des Fügens

Bereits in einem unbelasteten Preßverband treten Abweichungen vom ebenen Spannungszustand auf. Bei diesem ist der Fugendruck über der gesamten Länge der Fügefläche konstant und läßt sich im elastischen Fall aus (2.15) berechnen. In Wirklichkeit treten jedoch in der Nähe der Stirnflächen des Außenteils erhebliche Spannungsspitzen sowohl im Innen- wie im Außenteil auf. Alle bisher bekanntgewordenen Untersuchungen dieses Problems beschränken sich auf den rein elastischen Fall. Im allgemeinen wird ein Berechnungsmodell nach Bild 2.13 zugrunde gelegt, wobei vorausgesetzt wird, daß die Länge l_I des Innenteils wesentlich größer ist als die Länge l_A des Außenteils.

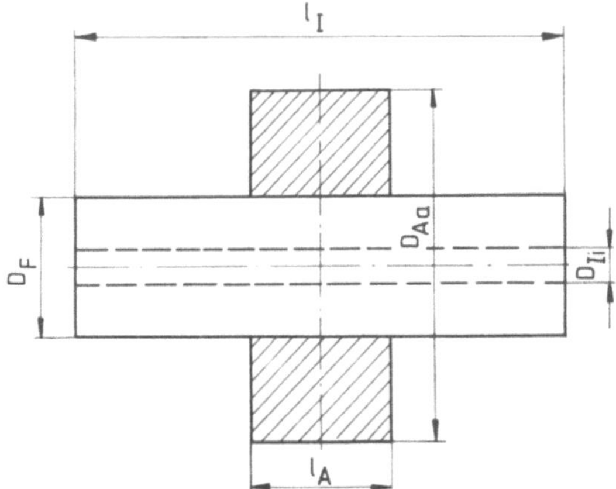

Bild 2.13. Berechnungsmodell für Kantenpressung

Bevor die im Fachschrifttum vorliegenden Lösungen des Problems der endlichen Nabenlänge besprochen werden, soll auf einige der auftretenden großen Schwierigkeiten kurz hingewiesen werden. Der sich im Innen- wie im Außenteil ausbildende Spannungszustand muß bei Fehlen äußerer Belastung rotationssymmetrisch sein. Jedoch hängt dieser Spannungszustand nicht nur von der Geometrie, den Werkstoffeigenschaften der zu fügenden Teile und vom Übermaß ab. Vielmehr übt der Fügevorgang einen wesentlichen Einfluß aus.

Sofern der Fügevorgang überhaupt berücksichtigt wird, gelten die vorliegenden Lösungen ausschließlich für Querpreßverbände. Um die auftretenden Probleme zu erkennen, werde gedanklich ein erwärmtes Außenteil mit einem auf Raumtemperatur befindlichen Innenteil gefügt. Nach Überbrücken des Fügespiels berührt das Außenteil das Innenteil längs der gesamten oder eines Teils der zylindrischen Fügefläche, wenn von den Rauhigkeiten beider Teile abgesehen wird. Die Berührverhältnisse hängen von den thermischen Fügebedingungen ab. Infolge der Abkühlung schrumpft das Außenteil nicht nur in radialer sondern auch in axialer Richtung. Dieses thermische Schrumpfen würde bei Reibungsfreiheit zu entsprechendem Schlupf in der Kontaktfläche zwischen Innen- und Außenteil führen, wobei nur in der Symmetrieebene (vgl. Bild 2.13) keine Relativbewegung erfolgen kann. In Wirklichkeit treten in der Kontaktfläche in allen Punkten, in denen metallische Berührung zwischen dem Innen- und Außenteil vorliegt, Reibkräfte auf, welche in den Berührflächen zu axial gerichteten Schubspannungen führen.

Wesentliche Schwierigkeiten bereiten die Randbedingungen. Auf den Stirn- und der äußeren Umfangsfläche des Außenteils müssen beim Fehlen äußerer Lasten die Normal- und Schubspannungen verschwinden. In der Berührfläche stellt sich der Fugendruck ein, dessen Größe sich mit der axialen Koordinate ändert. Schließlich müssen bei einer exakten Lösung in der Berührfläche noch die Schubspannungen infolge Reibung zwischen Innen- und Außenteil berücksichtigt werden. Dabei sind die Druck- und Schubspannungen in der Kontaktfläche zunächst unbekannt.

Grundsätzlich lassen sich zwei Gruppen von Arbeiten zum Problem der Kantenpressung unterscheiden. Einmal wird versucht, ausgehend von den Grundgleichungen der dreidimensionalen Elastizitätstheorie analytische Lösungen abzuleiten. Als Beispiele seien die Arbeiten [2.47, 2.49, 2.61] erwähnt. Die abgeleiteten Lösungen weisen jedoch den Nachteil auf, daß die Radialspannung in der Berührfläche bei Annäherung an die Stirnflächen des Außenteils gegen Unendlich wächst. Nach Steven [2.61] tritt dies bei allen elastizitätstheoretischen Lösungen für Preßverbände auf, bei denen an den Stirnflächen des Außenteils ein nicht verschwindendes Übermaß vorgegeben ist. Aus den elastizitätstheoretischen Lösungen lassen sich daher für den Fugendruck keine den Einfluß der Kantenpressung berücksichtigenden Formzahlen ableiten.

In der zweiten Gruppe von Arbeiten werden die Spannungen in Preßverbänden mittels numerischer Verfahren ermittelt. Mather und Baines [2.39] berechnen alle Spannungen aus zwei Spannungsfunktionen. Die Differentialgleichungen für diese Spannungsfunktionen wandeln sie in Differenzengleichungen um. Sie vergleichen insgesamt zwölf verschiedene in der Praxis anzutreffende Ausführungsformen von Preßverbänden. In Bild 2.14 sind hieraus vier Formen ausgewählt. Das dimensionslose Haftmaß beträgt für alle Preßverbände $\xi = 0,002$. In Bild 2.15 ist der dimensionslose Fugendruck p_z/p über dem dimensionslosen Abstand z/l von den Stirnflächen aufge-

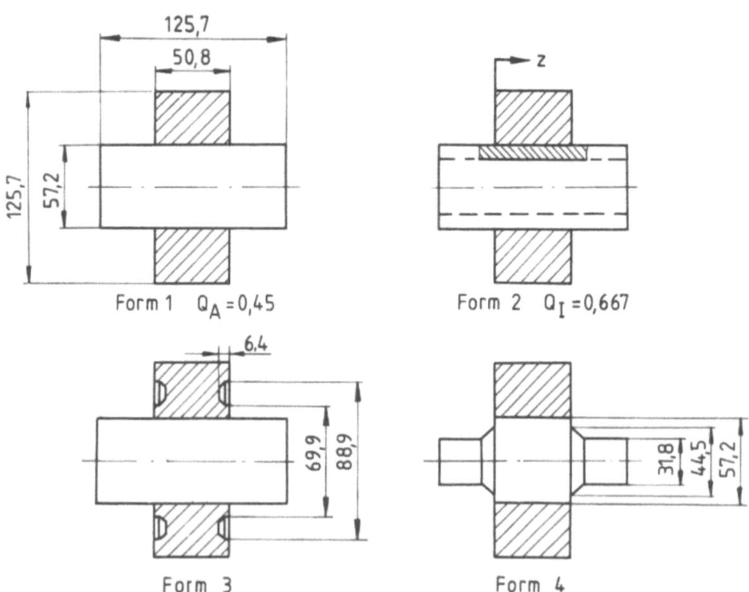

Bild 2.14. Preßverbände (nach Mather und Baines)

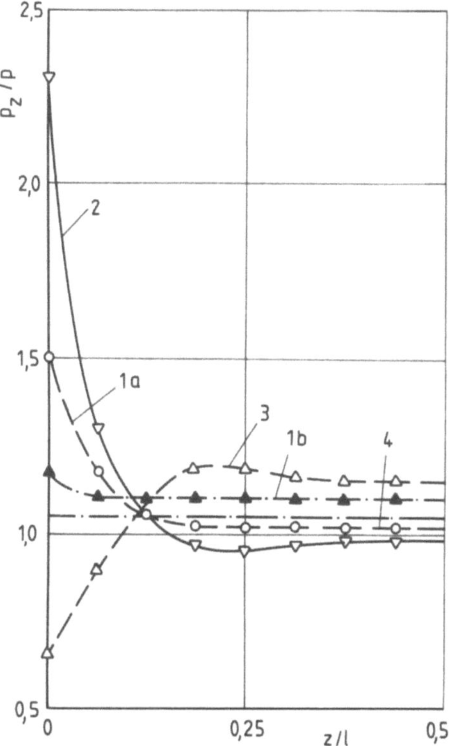

Bild 2.15. Fugendruck für Preßverbände
(nach Mather und Baines)

tragen. Dabei ist p der für den ebenen Spannungszustand nach (2.15) berechnete gleichmäßige Fugendruck. Die Kurven 1a und 1b gelten für den einfachen Preßverband Form 1 nach Bild 2.14. Bei der Ermittlung der Fugendruckverteilung nach Kurve 1a setzten Mather und Baines voraus, daß beim Fügen kein Schlupf in axialer Richtung in der Fügefläche auftritt. Im Fall 1b wurde axiales Gleiten mit einem Reibbeiwert von 0,25 angenommen.

Zunächst fällt auf, daß sich im Gegensatz zu den Aussagen der dreidimensionalen Elastizitätstheorie in allen Fällen an den Stirnflächen des Außenteils endliche Werte des Fugendrucks ergeben. Dies liegt daran, daß das verwendete numerische Näherungsverfahren an Stellen, an denen sehr große Spannungsgradienten vorliegen (was hinsichtlich des Fugendrucks an den Stirnflächen des Außenteils zutrifft), die exakten Werte nicht liefern kann. Die aus Bild 2.15 zu entnehmende Erhöhung des Fugendrucks gegenüber dem Berechnungsmodell des ebenen Spannungszustandes hat daher nur qualitativen Charakter. Es sind jedoch folgende für die Praxis wichtige Schlußfolgerungen zu ziehen:

a) Nur in einem Bereich von $z/l \leq 0,1$ treten größere Abweichungen des Fugendrucks von dem nach dem Modell des ebenen Spannungszustandes berechneten Wert auf. In den mittleren Partien der Fügefläche stimmt bei den Formen 1, 2 und 4, bei denen das Außenteil keine Eindrehungen aufweist, der Fugendruck recht gut mit dem Wert nach (2.15) überein.

b) Die Spannungskonzentration an den Kanten wird bei der Form 2, die ein relativ dünnwandiges Innenteil aufweist, deutlich größer als bei der Form 1 mit vollem Innenteil. Mather und Baines [2.39] erklären dies mit Hilfe einer von ihnen durchgeführten Berechnung der Radialverschiebung des Innenteils. Infolge der verhältnismäßig geringfügigen axialen Länge des hohlen Innenteils zeigt dessen Außenfläche im verformten Zustand ein deutlich konkaves Aussehen. Dadurch ergibt sich für den Fugendruck eine zusätzliche Spannungserhöhung an den Kanten. Nach Mather und Baines ist dieser Effekt dann besonders gefährlich, wenn dem aus dem Fügen resultierenden Spannungszustand ein aus den äußeren Belastungen resultierender Biegespannungszustand überlagert wird.

c) In der Praxis werden häufig Naben mit Ausnehmungen gemäß Form 3 ausgeführt. Im Bereich dieser Ausnehmungen liegt der Fugendruck unter dem Wert des ebenen Spannungszustandes. Dies ist damit zu erklären, daß das Außenteil im Bereich der Kanten geringere Steifigkeit auweist, was zu einer Vergleichsmäßigung der Lastverteilung führt. Der etwa zwanzigprozentige Anstieg des Fugendrucks im inneren Bereich des Außenteils ist gegenüber dem Abfall an den Kanten von untergeordneter Bedeutung. Bei Preßverbänden, die schwellende oder wechselnde Torsions- und/oder wechselnde Biegemomente übertragen müssen, ist diese Konstruktion nachteilig (vgl. S. 79 ff.), da sie das Auftreten von Mikroschlupf und damit von Reibkorrosion begünstigt.

d) Bei der Form 4 ist der Durchmesser des Innenteils im Bereich des Preßbandes vergrößert. Auch diese Ausführung findet sich in der Praxis. Innerhalb der Fügefläche ergibt sich ein vollkommen konstanter Verlauf des Fugendrucks der nur 5 % größer ist als der nach (2.15) berechnete Wert. Bei der Festigkeitsberechnung für die Welle (Innenteil) muß allerdings die Kerbwirkung des Absatzes berücksichtigt werden. Schließlich ist noch darauf hinzuweisen, daß das Verhältnis des ungestörten Wellendurchmessers zum Durchmesser der Fügefläche von Mather und Baines mit dem Wert 1,8 recht groß gewählt wurde. Hieraus können sich insbesondere dann Schwierigkeiten ergeben, wenn von der Welle nennenswerte Biegemomente aufgenommen werden müssen. Hänchen und Decker [2.20] geben die in

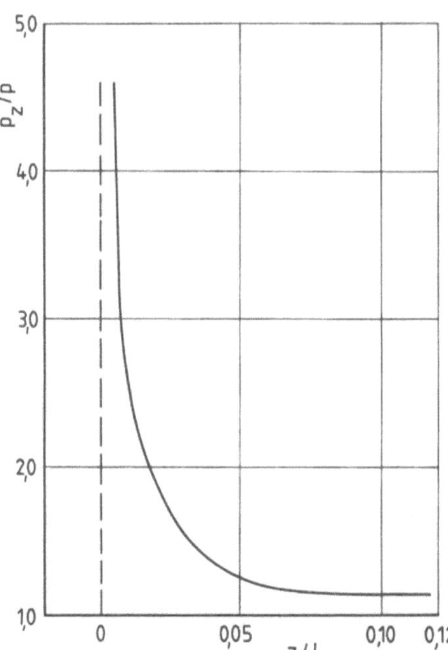

Bild 2.16. Fugendruck ($Q_A = 0{,}4$, $l/D_A = 1$) im reibungsfreien Fall (nach White und Humpherson)

der Praxis bewährte Empfehlung, daß das Durchmesserverhältnis mindestens 1,25 betragen soll. Häusler [2.22] empfiehlt für eine optimale Gestaltfestigkeit der Welle $D_F/D_W \approx 1,1$ [vgl. (2.119)].

Sehr interessante und für die Konstruktionspraxis unmittelbar anwendbare Untersuchungen von Preßverbänden wurden von White und Humpherson [2.67] mit Hilfe der Methode der finiten Elemente [2.68] durchgeführt. Für den einfachen Preßver-

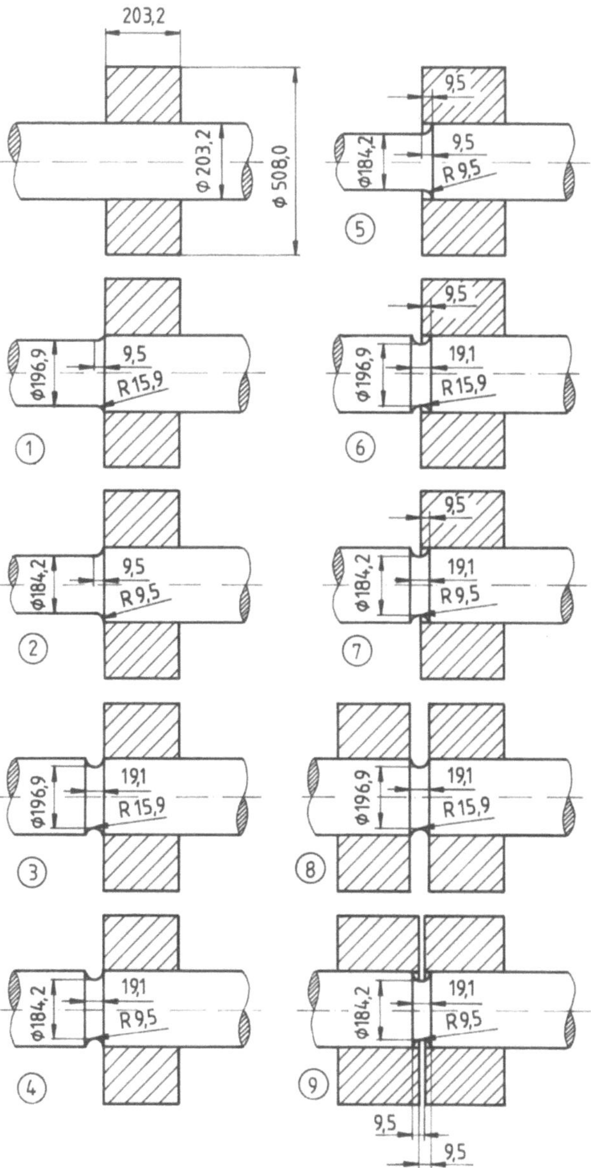

Bild 2.17. Preßverbände (nach White und Humpherson)

band ist der von White und Humpherson berechnete Verlauf des Fugendrucks in Bild 2.16 angegeben. In Übereinstimmung mit den Aussagen der dreidimensionalen Elastizitätstheorie tritt an der Kante eine Spannungssingularität auf. Daher erscheinen die von diesen Autoren mitgeteilten Ergebnisse als besonders zuverlässig.

In Bild 2.17 sind weitere von White und Humpherson untersuchte Ausführungsformen von Preßverbänden zusammengestellt. In Tabelle 2.15 sind die auf den Fugendruck p nach (2.15) bezogenen Formzahlen für den Fugendruck innerhalb der Fügefläche sowie die maximale Zugspannung innerhalb der Welle angegeben. Alle Ergebnisse wurden unter der Voraussetzung berechnet, daß in der Fügefläche keine Reibkräfte wirken. Vergleichsrechnungen für einige der in Bild 2.17 aufgeführten Bauformen unter Berücksichtigung von Reibungskräften zeigen, daß die reibungs-

Tabelle 2.15. Formzahlen für Preßverbände nach White und Humpherson

Form	$\alpha_{kp} = p_{max}/p$	σ_z/p
1	1,34	0.39
2	1,79	0,36
3	1,43	0,55
4	1,88	0,63
5	4,83	0,36
6	3,75	0,59
7	4,83	0,61
8	1,61	0
9	4,83	0,09

Tabelle 2.16. Thermische Längenausdehnungskoeffizienten (nach DIN 7190)

Werkstoff	Längenausdehnungskoeffizient 10^{-6} K^{-1}	
	Erwärmen	Unterkühlen
Grauguß Temperguß Sphäroguß	10	− 8
C-Stähle niedrig legiert Ni-Stähle	11	− 8,5
Bronze	16	−14
Rotguß	17	−15
CuZn40Pb3 CuZn37	18	−16
MgAl8Zn AlMgSi AlCuMg	23	−18

freie Rechnung größere Spannungen liefert und damit auf der sicheren Seite liegt. Aus Tabelle 2.15 können für den Konstrukteur folgende wichtige Schlüsse gezogen werden:

- Bei einem einfachen Preßverband, bei dem nur eine Nabe auf der Welle angeordnet ist, verursacht ein Wellenabsatz stets kleinere Kerbwirkung als eine Entlastungskerbe.
- Eine sehr ungünstige Kerbbeanspruchung für den Fugendruck ergibt sich bei allen Bauformen, bei denen die Nabe axial über den Wellenabsatz oder eine Entlastungskerbe vorsteht. Dies gilt jedoch nur für den Fugendruck. Wird die Welle durch wechselnde oder umlaufende Biegung beansprucht, so wirkt sich eine axial überkragende Nabe günstig auf die Gestaltfestigkeit der Welle aus (vgl. S. 82).
- Müssen zwei Naben in geringem Abstand mittels Preßsitz auf einer Welle befestigt werden, so erreicht man eine relativ günstige Beanspruchung durch eine zwischen den beiden Naben liegende Entlastungskerbe (Form 8).

Schließlich sei noch auf zwei Veröffentlichungen von Fredriksson [2.10, 2.11] hingewiesen. Er untersucht mit Hilfe finiter Elemente einen Preßverband mit vollem Innenteil. Das Durchmesserverhältnis des Außenteils beträgt $Q_A = 0{,}667$. In Bild 2.18 ist der Einfluß ballig geschliffener Innenteile auf die Verteilung des Fugendrucks dargestellt. Verglichen werden ein glatter, ein parabolisch geschliffener und ein an seinen Enden angefaster Sitz. Nähere Ausführungen zu der Geometrie der beiden Schliff-Formen finden sich in [2.11]. Die in Bild 2.18 angegebenen Fugendrücke

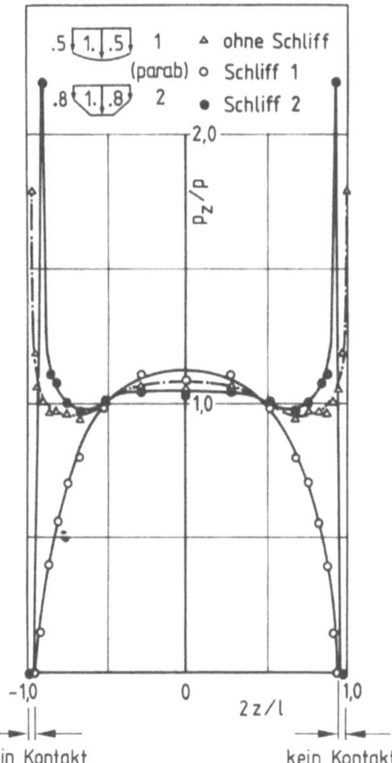

Bild 2.18. Einfluß eines ballig geschliffenen Innenteils auf den Fugendruck (nach Fredrikson)

besitzen in der Nähe der Kanten wieder nur qualitativen Charakter, weil die Methode der finiten Elemente die nach der dreidimensionalen Elastizitätstheorie zu erwartende Spannungssingularität an der Kante nicht liefert. Jedoch ist ein qualitativer Vergleich der Auswirkung der verschiedenen Fertigungsmaßnahmen möglich. Durch den parabolischen Schliff wird eine wesentliche Entlastung der Fuge erreicht, wobei auffällt, daß unmittelbar an den Enden der Fügefläche der Fugendruck Null wird. Die Anfasung des Sitzes, welche fertigungstechnisch leichter zu realisieren ist als ein parabolischer Schliff, führt zu noch höherem maximalen Fugendruck als ein glatter Sitz. Diese Maßnahme soll daher nicht angewendet werden.

Berücksichtigung der Kantenpressung in der Festigkeitsrechnung

Die mit Hilfe analytischer oder numerischer Berechnungsverfahren aufgrund der Elastizitätstheorie berechneten Lösungen zeigen, daß der Fugendruck an den Kanten von Preßverbänden Werte annimmt, welche erheblich größer sind als die nach der Theorie des ebenen Spannungszustandes berechneten. Eine genaue quantitative Voraussage ist im Rahmen der linearen Elastizitätstheorie nicht möglich. Dies ist jedoch insofern für die praktische Auslegung nicht allzu schwerwiegend, als bei duktilen Werkstoffen die im Kantenbereich auftretenden Spannungsspitzen durch plastische Verformungen begrenzt werden. Da diese plastischen Verformungen nur in der unmittelbaren Nachbarschaft der Kanten zu erwarten sind, wirken sie sich insgesamt auf das Tragverhalten des Verbandes nicht nachteilig aus, da Stützwirkung eintritt. Quantitative Untersuchungen über den Einfluß plastischer Deformationen liegen zur Zeit nicht vor.

Bei der praktischen Auslegung wird beim Außenteil die ungleichförmige Verteilung des Fugendrucks vernachlässigt und der statische Festigkeitsnachweis mit den in Abschnitt 2.1.1 angegebenen Gleichungen geführt. Anders liegen die Verhältnisse beim Innenteil, das z. B. als Welle in aller Regel dynamisch beansprucht wird. Hierbei muß der Einfluß der statischen Vorspannung (infolge des Fügens) auf die Dauerfestigkeit berücksichtigt werden. Da jedoch aus den oben dargelegten Gründen quantitative Aussagen über die Größe des maximalen Fugendrucks nicht möglich sind, wird der durch die Kantenpressung hervorgerufene Einfluß in Form von Kerbwirkungszahlen für die dynamischen Beanspruchungen aus Torsion bzw. Biegung (vgl. Abschnitt 5) erfaßt.

Preßverbände unter Drehmoment

Am häufigsten werden Preßverbände eingesetzt, um Drehmomente von einer Welle an eine Nabe oder umgekehrt zu übertragen. Das zu übertragende Drehmoment bewirkt in Welle und Nabe zusätzliche Spannungen, die sich dem Spannungszustand infolge des Fügens überlagern. Eine genaue Kenntnis der Spannungen, die sich in einem torsionsbeanspruchten Preßverband ausbilden, ist insbesondere für die dauerfestigkeitsgerechte Auslegung der Welle sehr wichtig.

Trotz der praktischen Bedeutung des Torsionsproblems sind hierzu bisher verhältnismäßig wenige Veröffentlichungen erschienen. Oda [2.48] gibt eine Lösung aufgrund der dreidimensionalen Elastizitätstheorie an. Er setzt jedoch voraus, daß das Drehmoment in der Welle durch den Preßverband hindurchgeleitet wird, was in der maschinenbaulichen Praxis kaum zutrifft. Fredriksson [2.10, 2.11] berechnet mit Hilfe der Methode der finiten Elemente die Verteilung des Drehmoments sowie der Schubspannungen in der Fügefläche, wobei er annimmt, daß das Torsionsmoment am äußeren Umfang der Nabe in einem der beiden Stirnschnitte abgestützt wird. Er untersucht die beiden Fälle, daß je eines der beiden Wellenenden eingespannt ist. Er zeigt, daß in der Fügefläche Zonen auftreten, in denen die Welle relativ zur Nabe gleitet. Fernlund [2.8] betrachtet den Preßverband als homogenen Körper. Aufgrund elastizitätstheoretischer Betrachtungen findet er am Eintritt der Welle in die Nabe unendlich große Schubspannungen. Demgemäß tritt bei der Übertragung von Drehmoment immer Gleiten in der Fuge auf. Da die wirklichen Reibungsverhältnisse nicht berücksichtigt werden, sind die Rechnungen für die Praxis nicht aussagefähig. Die historisch älteste Arbeit stammt von Müller [2.40, 2.41]. Ihre wesentlichen Ergebnisse werden durch neuere Rechnungen nach der Methode der finiten Elemente von Lindgren [2.36] bestätigt. Da Müller mit verhältnismäßig einfachen mathematischen Methoden seine sehr wichtigen Erkenntnisse gewinnen konnte, sollen diese im folgenden dargestellt werden.

Das von Müller angewendete Berechnungsmodell zeigt Bild 2.19. Eine Nabe ist mittels eines Preßverbandes auf dem rechten Ende einer Vollwelle befestigt. Am linken Ende dieser Vollwelle wird ein Torsionsmoment T eingeleitet, das gleichmäßig am äußeren Umfang der Nabe abgestützt wird. Es wird ein Zylinderkoordinatensystem eingeführt, dessen Ursprung 0 auf der Wellenachse im linken Stirnschnitt der Nabe liegt. Die Länge L der Welle außerhalb des Preßverbandes sei so groß, daß die in der Nähe der Nabe auftretenden Störspannungen am freien Wellenende $z = -L$ nach dem Prinzip von de Saint Venant abgeklungen sind. Im ungestörten Teil der freien Welle bildet sich im hinreichenden Abstand vom Preßverband eine Nenntorsionsspannung τ_{tn} aus.

$$\tau_{\mathrm{tn}} = \frac{16T}{\pi D_{\mathrm{F}}^3} \tag{2.92}$$

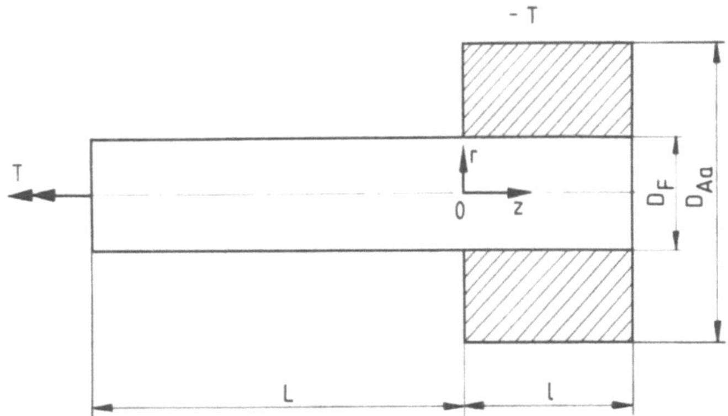

Bild 2.19. Berechnungsmodell für Schubspannungen (nach Müller)

Durchrutschender Preßverband

In Bild 2.20 ist ein Element der Welle (innerhalb des Preßverbandes) mit den an seinen Oberflächen angreifenden Schubspannungen dargestellt. Müller geht davon aus, daß in der Fügefläche $r = D_{\mathrm{F}}/2$ beim Durchrutschen von jedem Flächenelement die konstante Schubspannung τ_{R} übertragen werden kann. Bei Verwendung des Coulombschen Reibungsgesetzes gilt für den Zusammenhang zwischen der Schubspannung τ_{R} und dem Fugendruck p

$$\tau_{\mathrm{R}} = v_{\mathrm{ru}} p \, . \tag{2.93}$$

Müller nimmt also an, daß beim Durchrutschen der Fugendruck konstant ist. Er vernachlässigt damit die Kantenpressung. Gemäß Bild 2.15 weicht der Fugendruck nur in der unmittelbaren Nähe der Stirnflächen der Nabe vom Wert des ebenen Spannungszustandes ab. Da er dort größer ist, liegen die Rechnungen von Müller auf der sicheren Seite. Für das bei Durchrutschen der Welle im Preßverband übertragbare Drehmoment gilt

$$T_R = \frac{\pi}{2} D_F^2 l \tau_R \tag{2.94}$$

Durch Vergleich von (2.92) und (2.94) folgt

$$\frac{\tau_R}{\tau_{tn}} = \frac{D_F}{8l} \tag{2.95}$$

Für die Torsionsspannung $\tau_{\varphi z}$ der Welle im Bereich des Preßverbandes findet Müller

$$\tau_{\varphi z} = -\frac{2r}{D_F}\left(1 - \frac{z}{l}\right)\tau_{tn}. \tag{2.96}$$

Die Torsionsspannung und damit das in der Welle wirkende Drehmoment nehmen also im Preßverband linear ab.

Infolge des Abfalls der Torsionsspannung $\tau_{\varphi z}$ in der durchrutschenden Welle müssen aus Gründen des Kräftegleichgewichts zusätzliche Schubspannungen $\tau_{r\varphi}$ auftreten (vgl. Bild 2.20). Für sie gilt

$$\tau_{r\varphi} = \left(\frac{2r}{D_F}\right)^2 \tau_R. \tag{2.97}$$

Sie sind unabhängig von der z-Koordinate. Die Schubspannungen $\tau_{r\varphi}$ bewirken eine Gleitung

$$\gamma_{r\varphi} = \left(\frac{2r}{D_F}\right)^2 \frac{\tau_R}{2G_I}. \tag{2.98}$$

In der Welle können sich die Schubspannung $\tau_{r\varphi}$ und die Gleitung $\gamma_{r\varphi}$ am Eintritt in die Nabe ($z = 0$) nicht sprunghaft von Null auf die Werte nach (2.97) und (2.98) ändern. Um einen stetigen Übergang der Schubspannungen und der zuge-

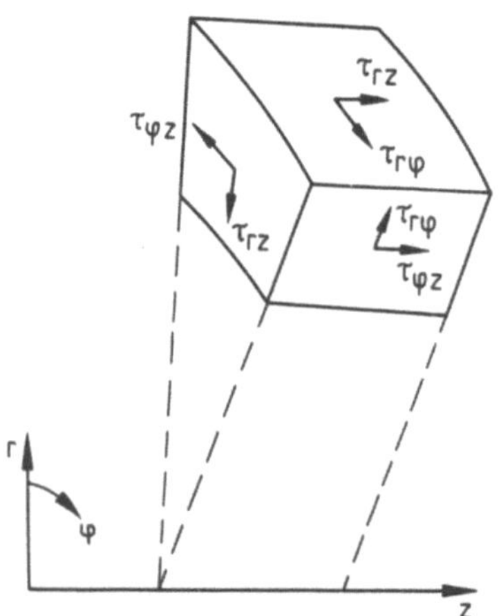

Bild 2.20. Volumenelement der Welle mit angreifenden Schubspannungen

ordneten Gleitungen zu erreichen, berechnet Müller einen zusätzlichen Schubspannungszustand. Dieser verursacht am Eintritt der Welle in die Nabe ($z = 0$) ein Maximum der Torsionsspannung, für das gilt

$$\tau_{t\,max} = \left(1 + \frac{0{,}088}{l/D_F}\right) \tau_{tn} \,. \tag{2.99}$$

Daraus folgt für die Formzahl α_{kt} der durchrutschenden Welle

$$\alpha_{kt} = \frac{\tau_{t\,max}}{\tau_{tn}} = 1 + \frac{0{,}088}{l/D_F} \,. \tag{2.100}$$

Sie ist in Bild 2.21 graphisch dargestellt. Eine nennenswerte Spannungsüberhöhung ergibt sich nur, wenn die axiale Länge des Preßverbandes wesentlich kleiner als sein Durchmesser ist. In diesem Fall muß nach (2.95) eine sehr große Schubspannung τ_R in der Fügefläche wirken, damit das vorgegebene Drehmoment übertragen werden kann. Sie ist damit verantwortlich für die Kerbwirkung des Preßverbandes. Wird die axiale Länge gleich dem halben Durchmesser des Preßverbandes — was für praktisch ausgeführte Preßverbände wohl eher an der unteren Grenze liegt —, so nimmt die Formzahl den Wert 1,18 an. Dies ist ein Hinweis darauf, daß die bekannte Dauerbruchgefahr von Preßverbänden bei schwellender oder wechselnder Torsionsbeanspruchung im wesentlichen nicht durch die Kerbwirkung sondern durch andere Effekte verursacht wird. Als nächstes berechnet Müller den Verdrehungswinkel der Nabe

$$\varphi_A = -\left[1 - \left(\frac{D_F}{2r}\right)^2\right] \frac{\tau_R}{2G_A} \,. \tag{2.101}$$

Es hängt nur vom Radius, nicht jedoch von der axialen Koordinate z ab. Die Nabe wird daher nicht verdrillt. Für den Verdrehungswinkel φ_I der Welle gilt

$$\varphi_I = \frac{\tau_{tn}l}{G_I D_F}\left(1 - \frac{z}{l}\right)^2 = \frac{8\tau_R}{G_I}\left(\frac{l}{D_F}\right)^2\left(1 - \frac{z}{l}\right)^2 , \tag{2.102}$$

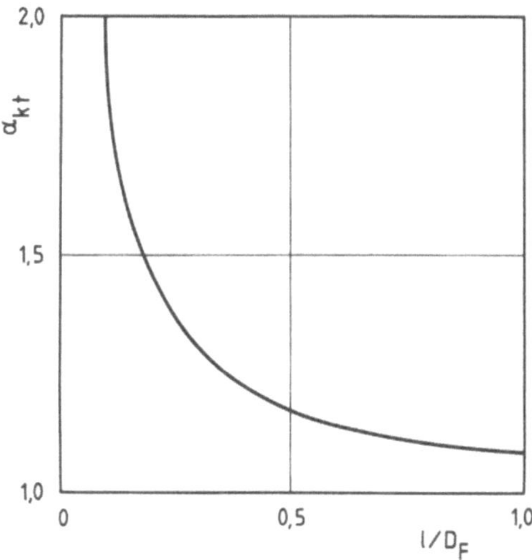

Bild 2.21. Formzahl α_{kt} bei durchrutschender Welle

wobei der zweite Ausdruck unter Berücksichtigung von (2.95) folgt. Im Gegensatz zur Nabe wird die Welle innerhalb des Preßverbandes verdrillt. Ist φ_0 die Verdrillung einer freien Welle der gleichen Länge l, so folgt für die maximale Verdrillung der Welle innerhalb des Preßverbandes

$$\varphi_{\max} = \frac{1}{2}\,\varphi_0 \,. \tag{2.103}$$

In Bild 2.22 sind die Verhältnisse für Welle und Nabe dargestellt. Das freie (nicht gezeichnete) Ende der Welle sei in größerer Entfernung vom Eintritt in die Nabe eingespannt. Das Drehmoment werde über die äußere Mantelfläche der Nabe in die Verbindung eingeleitet und an der Einspannung der Welle abgestützt. Die Gerade $a_0 = b_0$ stellt eine im unbelasteten Zustand gemeinsame, achsparallele Mantellinie von Welle und Nabe innerhalb der Fügefläche dar. Die Nabe stützt sich an der Fügefläche ab und wird durch das in ihrem äußeren Umfang angreifende Drehmoment gleichmäßig im negativen Sinn verdreht (Gerade b). Die Welle wird dagegen verdrillt, so daß sich eine ursprünglich im unbelasteten Zustand gradlinige Mantellinie zur Kurve a verformt. Die Verdrillung erfolgt im Sinne des an der Welle angreifenden Torsionsmoments. Unmittelbar vor dem Durchrutschen haben Nabe und Welle nur noch einen Punkt der sich im unbelasteten Zustand deckenden Mantellinien im Schnitt $z = l$ gemeinsam. Die Welle weist also durch die Torsionsbelastung gegenüber der Nabe innerhalb des Preßverbandes einen Schlupf s auf.

$$s = \frac{\tau_{\mathrm{tn}}l}{2G_{\mathrm{I}}}\left(1 - \frac{z}{l}\right)^2 \,. \tag{2.104}$$

Diese Überlegung zeigt, daß ein üblicher Preßverband nicht ohne örtliches Gleiten bis in die Nähe des Rutschmoments belastet werden kann. Bei großen wechselnden Torsionsmomenten muß daher in der Fügefläche ein dauerndes, wechselndes Mikrogleiten auftreten.

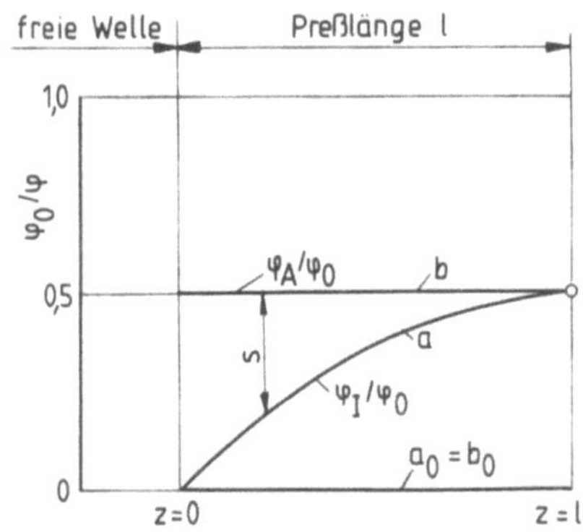

Bild 2.22. Verdrehung von Welle und Nabe in der Fügefläche eines durchrutschenden Preßverbandes (nach Müller)

Schlupflose Übertragung des Drehmomentes

Damit innerhalb der Fügefläche kein Gleiten zwischen Welle und Nabe auftritt, muß die kinematische Bedingung

$$\frac{\mathrm{d}\varphi_{\mathrm{I}}}{\mathrm{d}z} = \frac{\mathrm{d}\varphi_{\mathrm{A}}}{\mathrm{d}z} \tag{2.105}$$

erfüllt werden. In diesem Fall erfolgt also anders als beim durchrutschenden Preßverband auch eine Verdrillung der Nabe. Um den Verdrehungswinkel φ_A der Nabe zur berechnen. nimmt Müller an, daß in ihr keine Schubspannungen $\tau_{\varphi z}$ auftreten, was durch spätere Berechnungen mit Hilfe finiter Elemente [2.22] als brauchbare Näherung bestätigt wurde. Aus (2.105) gewinnt Müller eine Differentialgleichung für den Verlauf des Torsionsmoments in der Welle innerhalb des Preßverbandes, deren Lösung lautet

$$T(z) = T\left[\cosh\left(k\,\frac{z}{D_F}\right) - \coth\left(k\,\frac{l}{D_F}\right)\sinh\left(k\,\frac{z}{D_F}\right)\right] \qquad (2.106)$$

mit

$$k = \sqrt{\frac{32}{1 - Q_A^2}\,\frac{G_A}{G_I}}\,. \qquad (2.107)$$

Für die in der Fügefläche wirkende Schubspannung τ_0 gilt

$$\tau_0 = \frac{2kT}{\pi D_F^3}\left[\coth\left(k\,\frac{l}{D_F}\right)\cosh\left(k\,\frac{z}{D_F}\right) - \sinh\left(k\,\frac{z}{D_F}\right)\right]. \qquad (2.108)$$

Die maximale Schubspannung wirkt am Eintritt der Welle in den Preßverband ($z = 0$).

$$\tau_{0\,max} = \frac{k}{8}\coth\left(k\,\frac{l}{D_F}\right)\tau_{tn}\,. \qquad (2.109)$$

In Bild 2.23 ist die mit Hilfe der Nenntorsionsspannung τ_{tn} dimensionslos gemachte maximale Schubspannung[8] in der Fügefläche in Abhängigkeit vom Verhältnis $1/D_F$ für $Q_A = 0{,}4$ mit G_I/G_A als Parameter aufgetragen. Für sehr kurze, in der

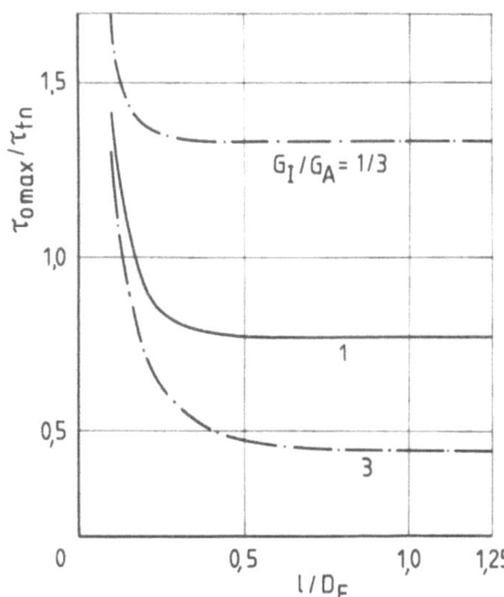

Bild 2.23. Maximale Schubspannung in der Fügefläche eines schlupflosen Preßverbandes ($Q_A = 0{,}4$) (nach Müller)

---

8 Die Nennschubspannung τ_{tn} wirkt als Schubspannung $\tau_{\varphi z}$ in der Welle an der Stelle $r = D_F/2$. Die Schubspannung $\tau_{0\,max}$ wirkt als Komponente $\tau_{r\varphi}$ in der Fügefläche (vgl. Bild 2.20).

Praxis allerdings kaum anzutreffende Naben nimmt die maximale Schubspannung große Werte an, so daß eine ausgeprägte Kerbwirkung vorliegt. Die maximalen Schubspannungen werden um so kleiner, je größer der Schubmodul der Welle im Verhältnis zum Schubmodul der Nabe ist. Eine prinzipiell gleiche Abhängigkeit ergibt sich bei festgehaltenem G_I/G_A vom Parameter Q_A. Jedoch übt das Durchmesserverhältnis der Nabe keinen sehr entscheidenden Einfluß auf die Größe der maximalen Schubspannung aus.

Die Grenze der schlupflosen Drehmomentübertragung wird erreicht, wenn die maximale Schubspannung nach (2.109) gleich der Schubspannung τ_R des durchrutschenden Preßverbandes nach (2.93) wird.

$$\tau_{0\,max} = \tau_R$$

Aus (2.108) und (2.109) folgt für das Grenzdrehmoment T_{grenz}, bis zu dem eine schlupflose Übertragung des Drehmoments im Preßverband möglich ist,

$$T_{grenz} = \frac{\pi}{2}\, D_F^3 \tau_R\; \frac{\tanh\left(k\,\dfrac{l}{D_F}\right)}{k}\;. \tag{2.110}$$

Die schlupflose Übertragung des Drehmoments läßt sich durch zwei Kennziffern anschaulich deuten. Müller [2.41] bezieht das schlupflose Grenzdrehmoment T_{grenz} auf das Rutschmoment T_R des Preßverbandes und erhält so einen Gütefaktor η_g (von ihm als „elastischer Gütefaktor η_E" bezeichnet), für den aus (2.94) und (2.110) folgt

$$\eta_g = \frac{T_{grenz}}{T_R} = \frac{\tanh\left(k\,\dfrac{l}{D_F}\right)}{k\,\dfrac{l}{D_F}}\;. \tag{2.111}$$

Dieser Gütefaktor η_g gibt an, welcher Anteil des Rutschmoments T_R von einem Preßverband schlupflos übertragen werden kann.

Der in (2.110) vor der Hyperbelfunktion stehende Ausdruck läßt sich deuten als Rutschmoment $\bar{T}_R$ eines Preßverbandes, dessen axiale Länge gleich dem Durchmesser der Fügefläche ist. Das auf $\bar{T}_R$ bezogene schlupflose Grenzdrehmoment ergibt die Kennziffer

$$\lambda = \frac{T_{grenz}}{\bar{T}_R} = \frac{1}{k}\, \tanh\left(k\,\frac{l}{D_F}\right)\;. \tag{2.112}$$

In Bild 2.24 ist die Kennziffer λ in Abhängigkeit vom Verhältnis l/D_F mit k als Parameter dargestellt. Für eine starre Welle wird $k = 0$ und es kann vor dem völligen Durchrutschen kein Schlupf in der Fügefläche auftreten, da die Welle sich nicht verdrillen läßt. Das schlupflos übertragbare Drehmoment wird in diesem Grenzfall gleich dem Rutschmoment, das linear mit der Länge des Preßverbandes ansteigt. Entsprechend gilt für die Kennziffer $\lambda = l/D_F$. Die Verdrehsteifigkeit der Nabe ist in diesem Fall ohne Einfluß auf das schlupflos übertragbare Drehmoment. Je größer k wird, desto geringer ist entweder der Schubmodul der Welle im Vergleich zu dem der Nabe oder desto dünnwandiger ist diese. In beiden Fällen sinkt die Verdrehsteifigkeit eines der Teile des Verbandes und damit nimmt das schlupflos übertragbare Drehmoment bzw. die Kennziffer λ ab. Für große Werte von l/D_F strebt λ

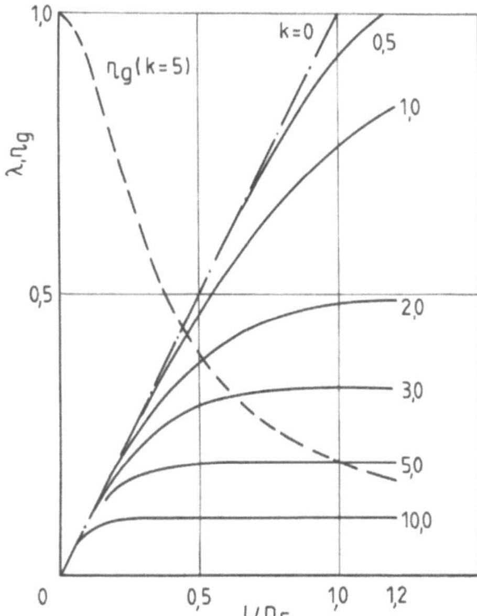

Bild 2.24. Kennziffer λ und Gütegrad η_g für schlupflose Preßverbände

dem Grenzwert[9] $1/k$ zu. Schließlich ist zu erkennen, daß es für jeden Wert von k einen Wert von $1/D_F$ gibt, ab dem eine Verlängerung des Preßverbandes keinen Gewinn an schlupflos übertragbarem Drehmoment bringt. Dies erklärt sich daraus, daß das schlupflos übertragbare Drehmoment gemäß (2.106) mit zunehmender Entfernung z vom Eintritt in den Preßverband rasch abnimmt. Ferner ist in Bild 2.24 noch der Gütegrad η_g nach Müller für $k = 5$ aufgetragen. Bei sehr kurzen Preßverbänden kann nahezu das gesamte Rutschmoment schlupffrei übertragen werden.

Eine schlupflose Übertragung schwellender bzw. wechselnder Drehmomente ist für die Praxis insofern von großer Bedeutung, als nur dann keinerlei Relativbewegungen in der Fügefläche auftreten. Damit kommt es auch nicht zu Reibkorrosion, welche die Dauerfestigkeit eines Preßverbandes stark herabsetzt. Um schlupflose Übertragung des Drehmoments zu erreichen, können folgende Maßnahmen getroffen werden:

- Sofern Welle und Nabe gleiche Elastizitätskonstanten aufweisen, was in der Praxis meistens vorliegt, sollte das Durchmesserverhältnis Q_A der Nabe den Wert 0,5 nicht wesentlich überschreiten. Damit ergibt sich $k = 6,53$ und der größte Wert der Kennziffer λ beträgt 0,153. Es können also bestenfalls 15,3 % des Rutschmoment eines Preßverbandes mit $l = D_F$ schlupflos übertragen werden. Eine dünnwandigere Nabe vermindert diesen Wert weiter.
- Falls Werkstoffe mit verschiedenen Elastizitätskonstanten gewählt werden, muß die Welle unbedingt den größeren Schubmodul aufweisen. Konstruktionen, bei denen die Welle einen kleineren Schubmodul als die Nabe hat, sind zu vermeiden.

---

9 Bei einem Innenteil aus Stahl und einem Außenteil aus Aluminium wird k im günstigsten Fall etwa 3,0. Bei aus metallischen Werkstoffen hergestellten Preßverbänden kann daher maximal $^1/_3$ des Rutschmoments $\bar{T}_R$ schlupflos übertragen werden.

• Um die absolute Größe des schlupflos zu übertragenden Drehmoments zu stei-
  gern, ist es bei vorgegebenen Abmessungen des Preßverbandes nach (2.110)
  günstig, eine große Rutsch-Schubspannung τ_R zu wählen. Gemäß (2.93) wird dies
  durch einen großen Fugendruck p erreicht.

Schlupfbehaftete Übertragung des Drehmoments

In Bild 2.25 sind die prinzipiellen Verläufe von Drehmoment und Schubspannung in
der Fügefläche eines Preßverbandes angegeben. Wird das zu übertragende Drehmoment T von Null aus gesteigert, so tritt in der Fügefläche kein Mikrogleiten auf,
solange $T \leqq T_{grenz}$ gilt. Die zugehörigen Verläufe des Drehmoments und der Schubspannung für den Fall $T = T_{grenz}$ sind als untere Grenzkurve dargestellt. An der
Stelle $z = 0$ (Eintritt der Welle in den Preßverband) erreicht die Schubspannung
gerade den Wert des durchrutschenden Preßverbandes. Wird $T = T_R$, so ist die

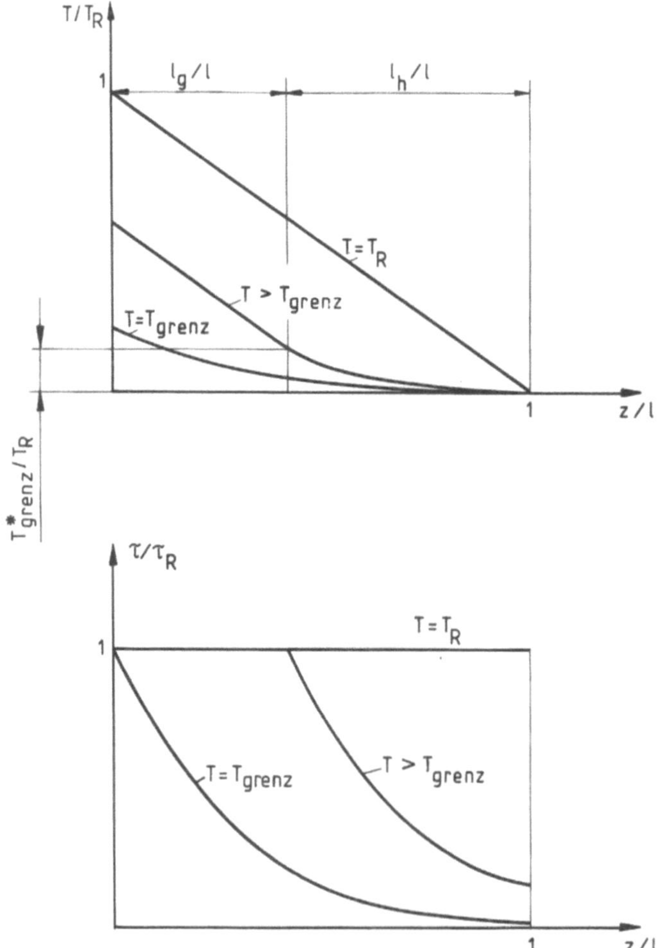

Bild 2.25. Drehmoment und Schubspannungen in der Fügefläche eines Preßverbandes (nach
Müller)

Schubspannung in der Fügefläche konstant gleich dem Wert nach (2.93). Das Drehmoment fällt dann linear über die Länge des Preßverbandes auf den Wert Null ab. Die zugehörigen Verläufe sind die oberen, mit T_R gekennzeichneten Grenzkurven.

Ist das Drehmoment größer als das Grenzdrehmoment des schlupflosen Zustandes aber kleiner als das Rutschmoment, so bilden sich in der Fügefläche ein Gleit- und ein Haftgebiet aus. Im Gleitgebiet $z \leq l_g$ ist die Schubspannung konstant gleich der Schubspannung des durchrutschenden Preßverbandes. Das Drehmoment fällt hier linear auf einen Wert T^*_{grenz} ab. T^*_{grenz} ist das schlupflose Grenzdrehmoment eines gedachten Preßverbandes, dessen Länge gleich der Länge l_h des Haftgebietes ist. Die Schubspannung im Haftgebiet ($l_g < z \leq l$) nimmt einen Verlauf nach (2.108) an. Die Länge l_h des Haftgebietes bei vorgegebenem Drehmoment T ergibt sich iterativ aus

$$\frac{l_h}{l} - \frac{D_F}{lk} \tanh\left(k\,\frac{l_h}{D_F}\right) = 1 - \frac{T}{T_R}. \qquad (2.113)$$

Damit kann T^*_{grenz} nach (2.110) berechnet werden, wobei $l = l_h$ zu setzen ist.

Schwellende und wechselnde Torsionsmomente

Solange die Amplitude eines wechselnden Drehmoments kleiner als das Grenzdrehmoment [vgl. (2.110)] des schlupflosen Zustandes ist, findet kein Gleiten in der Fügefläche statt. Sobald das Wechseldrehmoment größer als das Grenzdrehmoment ist, ergibt sich bei der ersten Belastung Mikrogleiten in der Fügefläche. Die anschließende Belastungsumkehr kann als ein Entlasten und darauf folgendes Belasten mit der negativen Amplitude des Drehmoments betrachtet werden. Müller zeigt, daß bei einer Entlastung bis zum doppelten Betrag des schlupflosen Grenzdrehmoments kein erneutes Gleiten in der Fügefläche auftritt. Da aber voraussetzungsgemäß das Lastmoment größer ist als das Grenzdrehmoment des schlupflosen Zustandes, stellt sich bei jedem Lastspiel in der Fügefläche erneut Gleiten ein. Dieses dauernde Mikrogleiten in wechselnder Richtung kann zu Reibkorrosion in der Fügefläche führen.

In der Praxis werden Preßverbände häufig durch schwellende Torsionsmomente belastet. Solange der Betrag der schwellenden Torsionsmomente höchstens gleich dem doppelten Grenzmoment des schlupflosen Preßverbandes ist, tritt Mikrogleiten in der Fügefläche lediglich bei der ersten Belastung auf. Alle nachfolgenden Be- und Entlastungen erfolgen schlupflos. Übersteigt das schwellende Torsionsmoment das doppelte Grenzmoment, so tritt Mikrogleiten ein. Auf neue experimentelle Untersuchungen von Galle [2.15] an durch wechselnde Torsions- und umlaufende Biegemomente belastete Querpreßverbände wird in Abschnitt 2.1.7 eingegangen.

Preßverbände unter Biegemoment

In der Praxis wird von einem Preßverband außer dem gewollten Torsionsmoment häufig ein Biegemoment übertragen. Ebenso wie Torsionsmomente führen Biegemomente zu zusätzlichen Beanspruchungen insbesondere in der Welle. Ferner können wechselnde oder schwellende Biegemomente hin- und hergehende Gleitbewegungen in der Fügefläche verursachen, welche die Welle infolge von Reibkorrosion auf Dauerbruch gefährden. Ein vertieftes Verständnis ist daher für die beanspruchungsgerechte Konstruktion von Preßverbindungen sehr wichtig.

Bei der Biegung eines Preßverbandes handelt es sich selbst für den einfachsten Fall, daß eine zylindrische Nabe mit einer vollen Welle gepaart ist, wegen des Fortfalls der Rotationssymmetrie um eine echt dreidimensionale Beanspruchung. Es überrascht daher nicht, daß bisher keine analytische, auf der dreidimensionalen

Elastizitätstheorie aufgebaute Lösung bekannt geworden ist, welche alle Randbedingungen sowie die Reibungskräfte in der Fügefläche berücksichtigt. Eine die möglichen Verhältnisse sehr weitgehend erfassende Untersuchung mit Hilfe finiter Elemente hat Häusler [2.22, 2.23] vorgelegt.

Er führt ein Zylinderkoordinatensystem ein, dessen Ursprung im Stirnschnitt der Nabe auf der Rotationsachse der Welle liegt. Um die Winkelabhängigkeit der Spannungen zu erfassen, entwickelt er diese nach einer Fourier-Reihe

$$\sigma_{rr} = \sum_{n=0}^{\infty} (\hat{\sigma}'_{rrn} \cos n\varphi + \hat{\sigma}''_{rrn} \sin n\varphi),$$

$$\sigma_{\varphi\varphi} = \sum_{n=0}^{\infty} (\hat{\sigma}'_{\varphi\varphi n} \cos n\varphi + \hat{\sigma}''_{\varphi\varphi n} \sin n\varphi),$$

$$\sigma_{zz} = \sum_{n=0}^{\infty} (\hat{\sigma}'_{zzn} \cos n\varphi + \hat{\sigma}''_{zzn} \sin n\varphi),$$

$$\tau_{r\varphi} = \sum_{n=0}^{\infty} (\hat{\tau}'_{r\varphi n} \cos n\varphi + \hat{\tau}''_{r\varphi n} \sin n\varphi), \qquad (2.114)$$

$$\tau_{\varphi z} = \sum_{n=0}^{\infty} (\hat{\tau}'_{\varphi zn} \cos n\varphi + \hat{\tau}''_{\varphi zn} \sin n\varphi),$$

$$\tau_{zr} = \sum_{n=0}^{\infty} (\hat{\tau}'_{zrn} \cos n\varphi + \hat{\tau}''_{zrn} \sin n\varphi).$$

Die Fourier-Koeffizienten sind ihrerseits Funktionen der Koordinaten r und z. Fällt die Biegeebene mit der Ebene $\varphi = 0$ zusammen, so verschwinden in (2.114) entweder die einfach oder die zweifach gestrichenen Fourier-Koeffizienten. Grundsätzlich führt Häusler seine Berechnungen lediglich bis zur Ordnung $n = 1$ aus. Bei dem untersuchten Preßverband ist die Welle voll. Die Nabe ist durch die Parameter $Q_A = 0{,}5$ und $1/D_F = 1$ gekennzeichnet. Er setzt ferner gleiche Elastizitätskonstanten von Wellen und Nabe voraus.

Schlupflose Übertragung des Biegemomentes

Ähnlich wie im Falle des Torsionsmoments kann ein Preßverband ein äußeres Biegemoment so lange ohne Mikrogleiten übertragen, als in allen Punkten der Fügefläche die Bedingung erfüllt ist

$$\tau_{zr} \leqq v_{rl}\sigma_{rr}. \qquad (2.115)$$

Bild 2.26 zeigt den Verlauf der ersten Fourier-Koeffizienten innerhalb der Welle. Sie sind bezogen auf die Biegenennspannung

$$\sigma_{bn} = \frac{32 M_{bn}}{\pi D_F^3}. \qquad (2.116)$$

Alle Spannungen klingen zum Inneren der Welle hin rasch ab. Die größte Spannung ist erwartungsgemäß die Biegespannung, die am Eintritt der Welle in die Nabe singulär wird. Wie beim Kanteneinfluß auf den Fugendruck läßt sich die Größe der Formzahl mit Hilfe der Methode der finiten Elemente nicht genau bestimmen. Aus berechneten und gemessenen axialen Dehnungen der Wellenoberfläche schließt Häusler auf eine Formzahl gegen Biegung der Welle von $\alpha_{kb} = 3$.

In Bild 2.27 ist der Anteil der einzelnen Spannungskomponenten an der Übertragung des Biegemoments von der Welle auf die Nabe dargestellt. Das Biege-

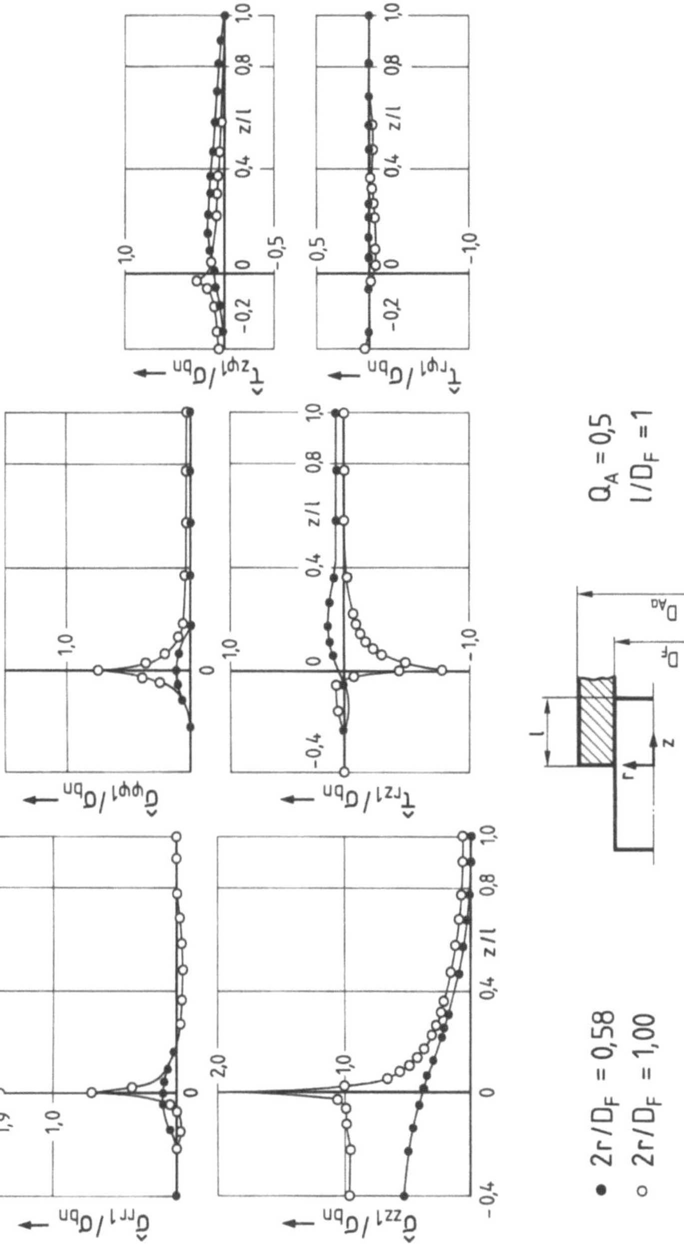

Bild 2.26. Biegespannungen in einem schlupflosen Preßverband (nach Häusler)

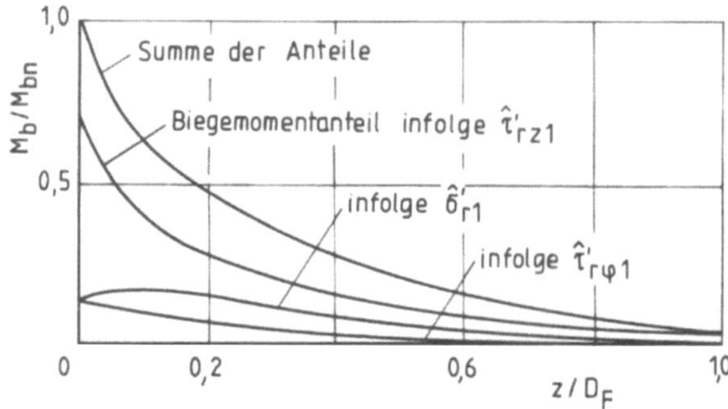

Bild 2.27. Anteil der einzelnen Spannungskomponenten an der Übertragung des Biegemomentes (nach Häusler)

moment wird hauptsächlich durch die Schubspannung τ_{zr} von der Welle auf die Nabe übertragen. Ferner wird mehr als die Hälfte des gesamten Biegemoments im ersten Viertel des Sitzes übergeleitet.

Durch Auswerten der Rechenergebnisse von Häusler gewinnt Müller [2.42] eine Näherungsgleichung für die Berechnung des Grenzbiegemomentes, bis zu dem kein Schlupf erfolgt

$$M_{b\,grenz} = \frac{1{,}2\,v_{rl}}{0{,}4 + v_{rl}}\ \frac{\pi D_F^3}{32}\,p\,. \tag{2.117}$$

Voraussetzungen für die Anwendung dieser Näherungsgleichung sind allerdings, daß der Preßverband dem von Häusler untersuchten (vgl. Bild 2.26) in etwa geometrisch ähnlich ist, sowie daß Welle und Nabe gleiche elastische Konstanten aufweisen.

Schlupfbehaftete Übertragung des Biegemoments

Sofern Bedingung (2.115) nicht mehr in allen Punkten der Fügefläche erfüllt ist, tritt lokales axiales Gleiten zwischen Welle und Nabe auf. Hierbei ist wie bei der Übertragung von Drehmoment zwischen einem Gleit- und Haftgebiet zu unterscheiden. Im Extremfall stellt sich axiales Gleiten in der gesamten Sitzlänge ein, und die Welle wandert aus der Nabe heraus. Bevor diese von Häusler als Lösen bezeichnete Grenzbeanspruchung auftritt, erfolgt Klaffen zwischen den Oberflächen von Welle und Nabe im Sitzbereich. Hierunter sind Beanspruchungszustände zu verstehen, bei denen die Welle die Nabe nicht mehr im gesamten Bereich des Sitzes berührt. Bei seinen rechnerischen Untersuchungen beschränkt sich Häusler auf Biegemomente, die zwischen der Grenzbelastung des schlupflosen Zustandes und dem Klaffen liegen.

In Bild 2.28 sind die Spannungen an der Fügefläche für Welle und Nabe beim 3,87-fachen des schlupflosen Grenzbiegemoments dargestellt. Bei diesem Biegemoment beginnt der untersuchte Preßverband zu klaffen. Die größten Spannungen sind wieder die Biegespannung $\hat{\sigma}'_{zz1}$ sowie die Schubspannung $\hat{\sigma}'_{rz1}$. Die Spannungen für die Nabe beginnen an der Stelle $z = 0$. Infolge der Reibvorgänge müssen innerhalb der Gleitzone für Welle und Nabe die Spannungen $\hat{\sigma}'_{zz1}$, $\hat{\sigma}'_{\varphi\varphi1}$ und $\hat{\tau}'_{\varphi z1}$ theoretisch ungleich, die Spannungen $\hat{\sigma}'_{rr1}$, $\hat{\tau}'_{zr1}$ und $\hat{\tau}'_{r\varphi1}$ dagegen gleich sein. Im Rahmen der Genauigkeit, die sich bei Berechnungen mit Hilfe finiter Elemente ergibt, ist dieser Sachverhalt erfüllt.

Die Bilder 2.29 und 2.30 zeigen die Abhängigkeit des Gleitweges an der Nabenkante vom Biegemoment bzw. vom Haftbeiwert v_{rl}, wobei einmal die Sitzlänge und zum anderen Maß die Belastung als Parameter aufgenommen sind. M_{bg} ist das Biege-

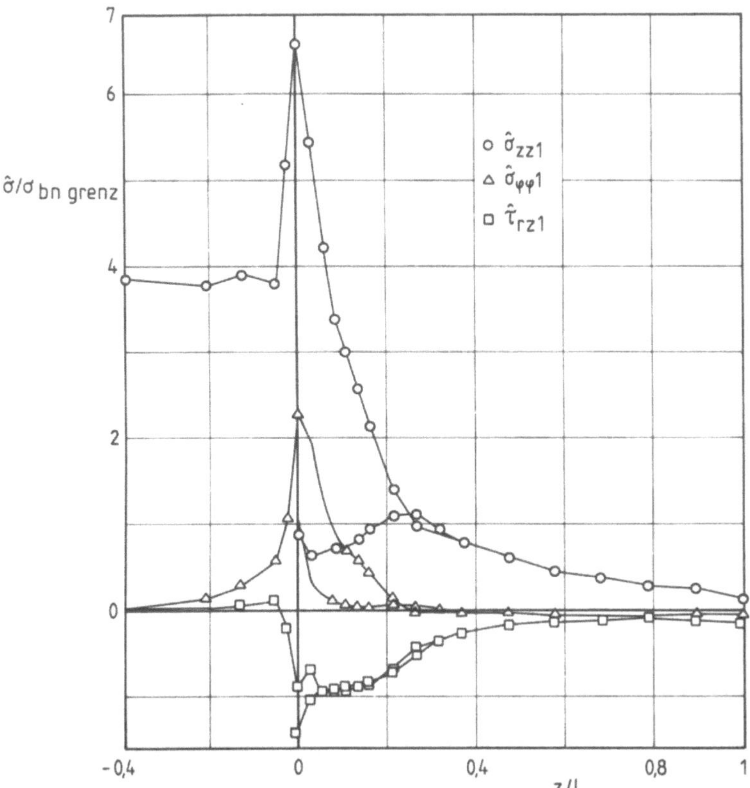

Bild 2.28. Bezogene Spannungsamplituden erster Ordnung in den Fügeflächen von Welle und Nabe eines auf Biegung belasteten Preßverbandes bei Schlupf (nach Häusler)

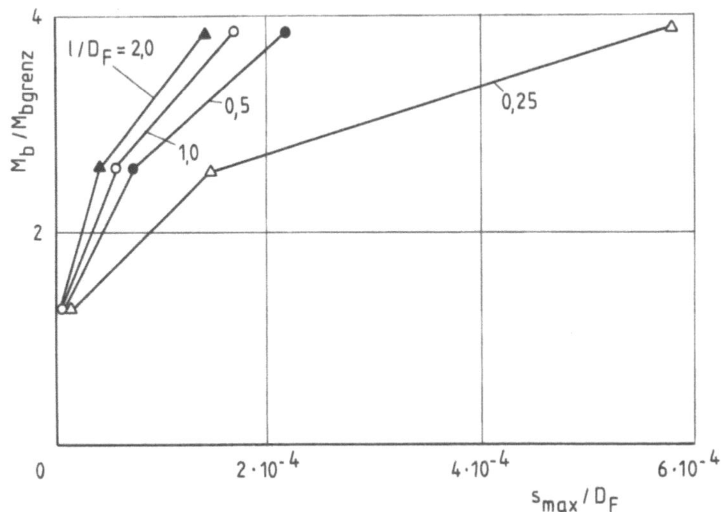

Bild 2.29. Gleitweg an der Nabenkante in Abhängigkeit vom Biegemoment (nach Häusler)

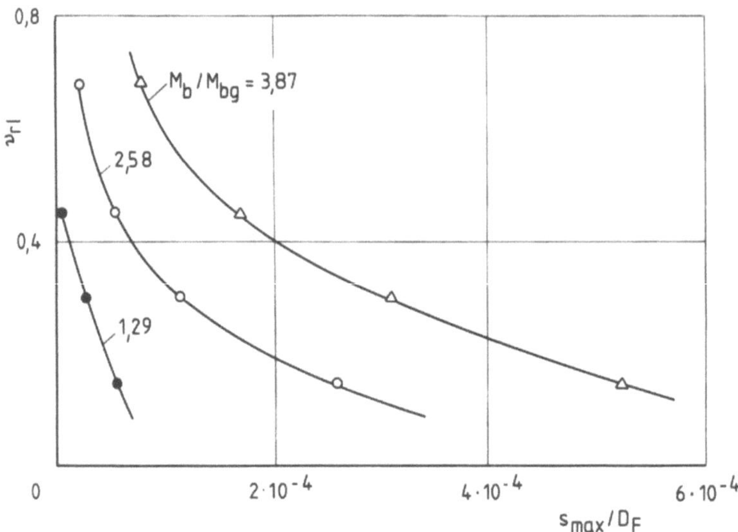

Bild 2.30. Gleitweg an der Nabenkante in Abhängigkeit vom Haftbeiwert (nach Häusler)

moment, bei dem Schlupf in der Fügefläche einsetzt. Infolge der Reibkräfte ergeben sich nichtlineare Abhängigkeiten. Sowohl bei kurzen Sitzen als bei kleinen Haftbeiwerten nehmen die Schlupfwege stark zu. Häusler schließt aus seinen Diagrammen, daß bei Zusammentreffen dieser beiden Konstruktionsparameter mit einem allmählichen Lösen der Teile bei wechselnder oder umlaufender Biegung zu rechnen ist. Abschließend sei noch darauf hingewiesen, daß von Häusler durchgeführte Versuche in guter Annäherung auf die von ihm berechneten Gleitwege führten.

Wechselnde und umlaufende Biegemomente

Durch sinngemäße Übertragung der von Müller [2.41] für wechselnde Torsion gefundene Erkenntnisse zeigt Häusler folgendes:
- Solange die Amplitude des dynamischen Biegemoments kleiner ist als das Biegegrenzmoment des schlupflosen Zustandes [vgl. auch (2.117)], tritt kein Mikrogleiten innerhalb der Fügefläche bei Biegebeanspruchung auf.
- Ist bei wechselnder Biegung das Biegemoment größer als das Grenzmoment des schlupflosen Zustandes, so stellen sich gleiche Gleitwege und Längen des Gleitgebietes ein wie im statischen Fall. Diese Beträge sind unabhängig von Vorbelastungen und treten beim ersten Lastwechsel auf.
- Bei umlaufender Biegung entsteht in der um 90° gegenüber der Biegeebene versetzten Ebene ein zusätzliches Biegereaktionsmoment. Dadurch erhält man geringfügig größere Gleitwege und -längen des Gleitgebietes als bei wechselnder Beanspruchung.

Gleichzeitige Übertragung von Dreh- und Biegemomenten

Werden wechselnde Dreh- und Biegemoemente überlagert, ergeben sich nach Müller [2.41] für jede der beiden Belastungen größere Gleitwege (am Eintritt der Welle in den Preßverband) und längere -gebiete als wenn jede Beanspruchung für sich allein übertragen würde. Im Gleitgebiet tritt eine schraubenförmige Bewegung auf. Die in der Fügefläche wirkenden Schubspannungen überlagern sich zu einer resultierenden

Schubspannung τ_{res}, welche gleich der übertragbaren Schubspannung gemäß (2.93) ist. Daher werden die schlupflosen Grenzmomente für Torsion bzw. Biegung durch das andere, gleichzeitig wirkende Moment erniedrigt auf T'_{grenz} bzw. $M'_{b\,grenz}$. Nach Müller [2.42] gilt

$$T'_{grenz} = T_{grenz}\,\sqrt{1-\left(\frac{M_b}{M_{b\,grenz}}\right)^2},$$

$$M'_{b\,grenz} = M_{b\,grenz}\,\sqrt{1-\left(\frac{T}{T_{grenz}}\right)^2}.$$

$$(2.118)$$

Entsprechende Untersuchungen für die Verminderung der Rutschmomente liegen nicht vor.

2.1.5 Gestaltungsrichtlinien für Preßverbände

Bei der konstruktiven Ausbildung von Preßverbänden ist besonders darauf zu achten, daß die im allgemeinen dynamisch beanspruchte Welle ausreichende Gestalfestigkeit aufweist. Hierzu liegt eine sehr große Anzahl von empirisch entwickelten Gestaltungs-richtlinien vor. Diese Ergebnisse wurden durch die Auswertung von Gestalt-festigkeitsuntersuchungen gewonnen, wofür beispielhaft die Veröffentlichungen [2.20], [2.44] und [2.63] angeführt werden. Systematisch mit der Erfassung spannungs-mechanischer Einflußgrößen haben sich sowohl Mather und Baines [2.39], als auch White und Humpherson [2.67] befaßt. Diese Autoren haben allerdings lediglich den Einfluß konstruktiver Maßnahmen auf die ungleichmäßige Verteilung des Fugen-drucks in der Fügefläche erfaßt (vgl. Abschnitt 2.1.4). Umfassende und systematische Untersuchungen, in denen erstmals auch der Einfluß des axialen Mikrogleitens bei der Übertragung von Biegemomenten berücksichtigt wird, stammen von Häusler [2.22].

Aufgrund der in Abschnitt 2.1.4 dargestellten Erkenntnisse schließt Häusler, daß die Gestaltfestigkeit von Preßverbände tragenden Wellen besonders durch den Effekt der Reibkorrosion bestimmt wird. Dies wird durch die Ergebnisse zahlreicher Umlaufbiegeversuche an Preßverbindungen bestätigt. Der Bruch der Welle erfolgt im allgemeinen kurz hinter dem Einlauf in die Nabe. In der Bruchumgebung finden sich in größerer Zahl Anrisse mit einer Länge von etwa 5 bis 100 µm und einigen Zehntel Millimeter Tiefe, die senkrecht zur Richtung der Biegespannung auf-treten. Die Anrisse verlaufen zunächst schräg zur Oberfläche, um sich dann im Innern senkrecht zur Wellenachse fortzupflanzen. In der eigentlichen Bruchfläche zeigt sich wieder der schräge Anriß als „Nase". Nach Kreitner [2.35] ist dieses Bruchaussehen typisch für einen Reibdauerbruch.

Waterhouse [2.65] weist nach, daß folgende Parameter die Entstehung und das Fortschreiten der bei Reibkorrosion auftretenden Risse beeinflussen: Fugendruck, wechselndes Gleiten in der Kontaktfläche, Wechseldehnungen in den sich berühren-den Oberflächen (verursacht durch wechselnde Spannungen parallel zur Oberfläche), Frequenz und Richtung der Wechselgleitungen, Reibeffekte infolge Abrieb, atmosphä-rische Einflüsse, unterschiedliche Werkstoffe der Reibpartner, unterschiedliche Härte und/oder Wärmebehandlung der Reibpartner, Schmiermittel. Nach Häusler sind bei Preßverbänden Fugendruck und Schlupf für das Entstehen der Risse ent-scheidend. Der Rißfortschritt wird vor allem durch wechselnde oder schwellende Normalspannungen parallel zu den reibbeanspruchten Oberflächen beeinflußt.

Bild 2.31 zeigt den Einfluß des Fugendrucks auf die Reibdauerhaltbarkeit von Ck35 (vergütet auf $R_\mathrm{m} = 650$ N/mm^2) bei konstantem Gleitweg s. Sie fällt bei sehr kleinem Fugendruck stark ab, um oberhalb von etwa 70 N/mm^2 nahezu konstant zu bleiben. Da bei ausgeführten Preßverbänden der Fugendruck in der Gleitzone infolge der Kantenpressung im allgemeinen den Wert 70 N/mm^2 übersteigt, übt seine Größe nur indirekt einen Einfluß auf die Gestaltfestigkeit aus. Von entscheidender Bedeutung ist dagegen die Größe der wechselnden Gleitwege, wie Bild 2.32 zeigt (gleicher Werkstoff wie in Bild 2.31). Schon kleine Gleitwege vermindern die Gestaltfestigkeit sehr stark. Da für die Übertragung des Drehmomentes ein großer Fugendruck erwünscht ist, sind konstruktive Maßnahmen zu treffen, durch welche die Gleitwege klein gehalten werden.

Nishioka und Komatsu [2.45] fanden, daß kleinere Biegewechselamplituden als 40 N/mm^2 kleinen Einfluß auf die Reibdauerhaltbarkeit ausüben. Da durch Einstiche oder Entlastungskerben in der Welle an der Sitzkante der Kraftfluß in das Innere gedrängt wird, erklärt sich der positive Einfluß dieser Maßnahmen auf die

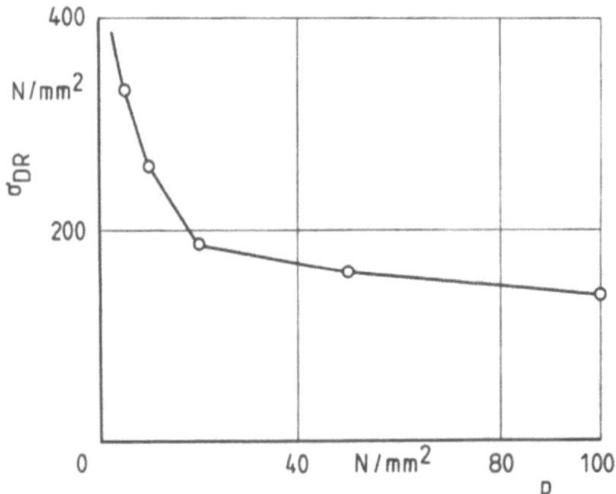

Bild 2.31. Einfluß der Flächenpressung auf die Reibdauerhaltbarkeit σ_{DR} bei einem Gleitweg von 10 μm (nach Funk)

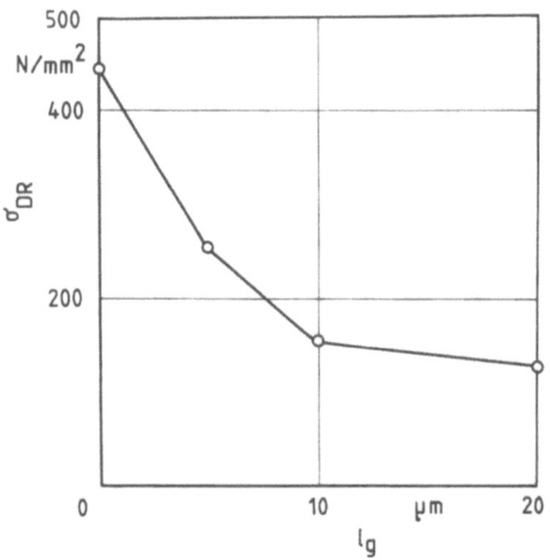

Bild 2.32. Einfluß des Gleitwegs auf die Reibdauerhaltbarkeit σ_{DR} bei $p = 50$ N/mm^2 (nach Funk)

Gestaltfestigkeit von Preßverbänden. Nach Häusler ist zu erwarten, daß Mikroanrisse nicht weiterwachsen.

Durch Auswerten veröffentlichter Versuchsergebnisse über die Dauerhaltbarkeit von Preßverbänden gewinnt Häusler Bild 2.33. Aufgetragen ist die Abhängigkeit der Kerbwirkungszahl β_{kb} der Welle vom dimensionslos gemachten Krümmungsradius des Wellenabsatzes. Häusler schließt aus Bild 2.33, daß sich die kleinste Kerbwirkungszahl bei folgenden Parametern ergibt

$$D_F/D_W \approx 1,1\,, \qquad \varrho/(D_F - D_W) \approx 2 \tag{2.119}$$

Um den Einfluß der verschiedenen, in der Literatur vorgeschlagenen Gestaltungsmaßnahmen auf die Dauerhaltbarkeit von Preßverbänden besser beurteilen zu können, führt Häusler systematische Rechnungen durch. Dazu geht er von einem als „Standardverbindung" bezeichneten Preßverband mit glatter Vollwelle und einer einfachen zylindrischen Nabe ($Q_A = 0,5$; $l/D_F = 1$) aus. Bei den Vergleichsverbänden wurde die Gestaltung der Welle und/oder der Nabe variiert. Um vergleichbare Ergebnisse zu erhalten, legt Häusler für alle Verbände das gleiche bezogene Übermaß $\xi = 1,56 \cdot 10^{-3}$ und das gleiche äußere Biegemoment (2,58faches des schlupflosen Grenzbiegemoments der Standardverbindung) zugrunde. Diesen Daten entsprechen für den Fall des ebenen Spannungszustandes ein Fugendruck von 120 N/mm^2 und eine Biegenennspannung von 200 N/mm^2. Für alle untersuchten Verbindungen berechnet Häusler den Verlauf des Fugendrucks, den axialen Gleitweg am Eintritt der Welle in den Verband sowie die Länge des Gleitgebietes. Bei der Ermittlung des Fugendrucks nimmt er Reibungsfreiheit in der Fügefläche an, da vorhergehende Rechnungen zeigen, daß bei Aufbringen des Biegemoments die durch Reibkräfte beim Fügen aufgetretenen Verformungsbehinderungen aufgehoben werden. Bei der Biegebelastung wird dagegen ein Haftbeiwert von $v_{rl} = 0,45$ vorausgesetzt, wobei Häusler keinen Unterschied zwischen Haft- und Gleitreibung macht.

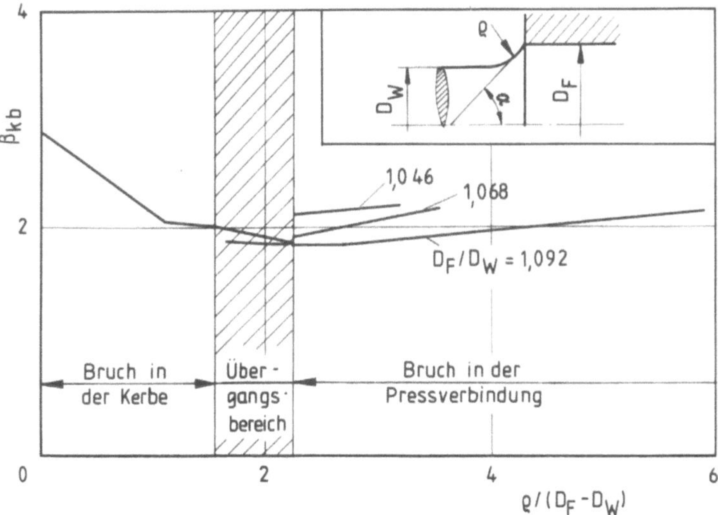

Bild 2.33. Abhängigkeit der Kerbwirkungszahl β_{kb} eines Preßverbandes von der Gestaltung des Wellenabsatzes (nach Häusler)

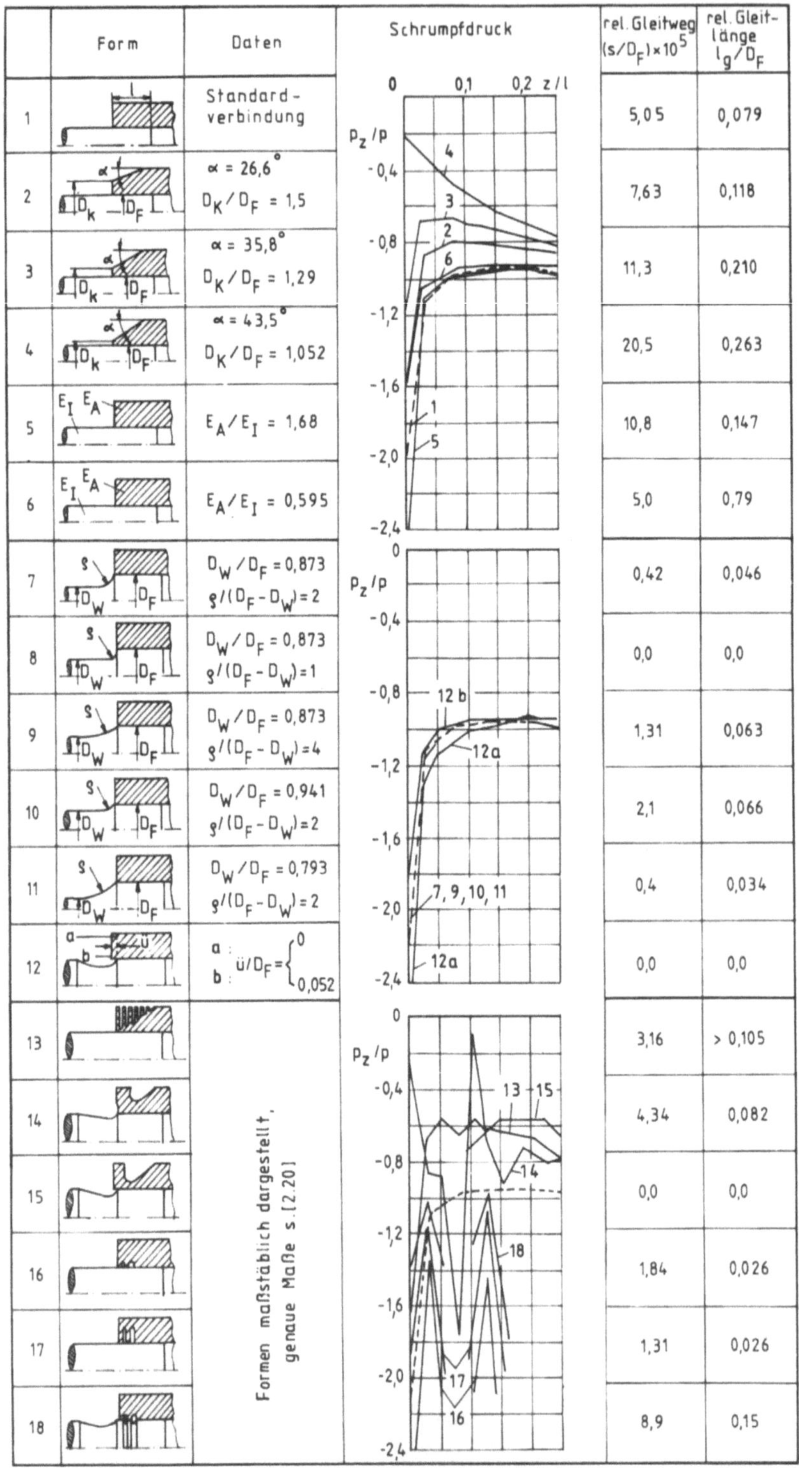

Nr	Form	Daten	Schrumpfdruck	rel. Gleitweg $(s/D_F)\times10^5$	rel. Gleitlänge l_g/D_F
1		Standard-verbindung		5,05	0,079
2		$\alpha = 26,6°$; $D_K/D_F = 1,5$		7,63	0,118
3		$\alpha = 35,8°$; $D_K/D_F = 1,29$		11,3	0,210
4		$\alpha = 43,5°$; $D_K/D_F = 1,052$		20,5	0,263
5		$E_A/E_I = 1,68$		10,8	0,147
6		$E_A/E_I = 0,595$		5,0	0,79
7		$D_W/D_F = 0,873$; $\varsigma/(D_F-D_W)=2$		0,42	0,046
8		$D_W/D_F = 0,873$; $\varsigma/(D_F-D_W)=1$		0,0	0,0
9		$D_W/D_F = 0,873$; $\varsigma/(D_F-D_W)=4$		1,31	0,063
10		$D_W/D_F = 0,941$; $\varsigma/(D_F-D_W)=2$		2,1	0,066
11		$D_W/D_F = 0,793$; $\varsigma/(D_F-D_W)=2$		0,4	0,034
12		a : , b : $\ddot{u}/D_F=\begin{cases}0\\0,052\end{cases}$		0,0	0,0
13				3,16	> 0,105
14				4,34	0,082
15				0,0	0,0
16				1,84	0,026
17				1,31	0,026
18				8,9	0,15

In Bild 2.34 sind die Ergebnisse der von Häusler durchgeführten Berechnungen zusammengefaßt. Zu den einzelnen Gestaltungsmaßnahmen läßt sich folgendes aussagen:

a) *Dünnwandige auslaufende Nabe*

Zu vergleichen sind die Formen 1 bis 4. Mit zunehmendem Konuswinkel α treten zwei gegenläufige Effekte auf. Zwar wachsen Gleitweg und -länge an (Verminderung der Reibdauerhaltbarkeit gemäß Bild 2.32). Andererseits nimmt aber der Fugendruck an der Kante ab (positive Auswirkung gemäß Bild 2.31). Da der positive Einfluß dünnwandiger Naben auf die Gestaltfestigkeit von Preßverbänden u. a. durch die experimentellen Untersuchungen von Thum [2.63] seit langem bekannt ist, kann geschlossen werden, daß hierfür die Abnahme des Fugendrucks verantwortlich ist. Eine merkliche Verringerung des Fugendruckes ist nur festzustellen, wenn der Konuswinkel $\alpha \geq 35°$ beträgt.

Allerdings ist eine konisch abgeschrägte Nabe dann nicht unbedenklich, wenn außer wechselnden oder umlaufenden Biegemomenten auch noch ein größeres schwellendes oder wechselndes Torsionsmoment übertragen werden muß. In diesem Fall verringert sich das schlupflos übertragbare Grenzdrehmoment nach (2.110). Der damit zu erwartende zusätzliche Anstieg der Gleitwege kompensiert den Abfall des Fugendrucks und wirkt sich insgesamt negativ auf die Gestaltfestigkeit des Preßverbandes aus.

b) *Einfluß des Elastizitätsmoduls*

Vergleich der Formen 1, 5 und 6 zeigt, daß die Nabe keinesfalls einen größeren Elastizitätsmodul als die Welle aufweisen soll. Bei einer „härteren" Nabe steigen sowohl der Fugendruck im Kantenbereich als auch der Gleitweg an. Beide Einflüsse wirken sich negativ auf die Gestaltfestigkeit der Welle aus.

c) *Wellenabsatz*

Zu vergleichen sind die Formen 1 mit 7 bis 12. Die Formen 7, 10 und 11 zeigen nahezu gleichen maximalen Fugendruck. Hinsichtlich des Gleitweges sind 7 und 11 gleichwertig. Da die Form 7 axial kompakter baut, ist sie vorzuziehen. Ein noch kleinerer Gleitweg ergibt sich bei den Formen 8 und 12. Jedoch wurde für die Form 8 im Übergangsradius eine hohe, die Gestaltfestigkeit beeinträchtigende Kerbspannung festgestellt. Sie wird daher für praktische Anwendungen nicht empfohlen. Bei der Entlastungskerbe nach Form 12 hat Häusler eine bündige und eine überkragende Nabe verglichen. Die in der Literatur vorliegenden Ergebnisse für überkragende Naben lassen keine eindeutigen Schlüsse zu. Der Fugendruck im Kantenbereich einer überkragenden Nabe wird wesentlich größer als bei bündigem Abschluß (günstiger Einfluß). Entsprechend stellen Nishioka und Komatsu [2.45] einen positiven Einfluß der überkragenden Nabe auf die Gestaltfestigkeit der Welle fest. Diese hängt stark von der Geometrie des Wellenabsatzes und vor allem von der Kraglänge ab. Kragt die Nabe zu stark über, so wird die Gestaltfestigkeit kleiner als bei bündiger Nabe. Daher sollte der Einfluß des Überkragens bei jeder einzelnen Konstruktion durch Dauerschwingversuche erfaßt werden.

Bei gleichem Fugendurchmesser D_F bewirken ein Wellenabsatz und ein in Form einer Entlastungskerbe angebrachter Welleneinstich die gleiche Verminderung des

◄ Bild 2.34. Einfluß der Gestaltung auf Fugendruck und Gleitweg bei Preßverbänden (nach Häusler)

axialen Gleitens. Beim Wellenabsatz ist ein Korbbogen günstiger als der einfache Übergang mit konstantem Radius.

d) Außenscheiben

Die Formen 13 bis 15 sollen eine gegen Biegung nachgiebige Nabe mit trotzdem großem Fugendruck im Kantenbereich gewährleisten. Bei der Form 13 liegt das schlupflose Grenzbiegemoment etwas höher als bei der glatten Nabe (Form 1). Sobald aber die Nabenkante axial zu gleiten beginnt, erstreckt sich die Gleitzone tief in das Innere der Sitzfläche. Dadurch kommen bei hohem Fugendruck an der Kante große Gleitwege zustande, welche beide die Gestaltfestigkeit ungünstig beeinflussen. In der Form 15 steht nur eine Scheibe über die Nabenkante. Dadurch sinkt der Fugendruck im nachfolgenden Sitzbereich so stark ab, daß Gleiten bei $z/l \approx 0,1 \dots 0,15$ eintritt. Das schlupffrei übertragbare Biegemoment ist etwa doppelt so groß wie bei Form 1 aber 13 % kleiner als bei Form 12a. Wegen des größeren fertigungstechnischen Aufwandes kann diese Ausführung nicht empfohlen werden. Ausgesprochen ungünstig wirkt sich ein axialer Einstich gemäß Form 14 aus. Trotz der Entlastungskerbe in der Welle tritt ein großer Gleitweg an der Nabenkante auf.

e) Innere Einstiche

Bei Naben mit inneren Einstichen (Form 16 bis 18) entsteht ein hoher Fugendruck nicht nur an der Naben- sondern auch an den Scheibenkanten. Bei der Einleitung des Biegemoments wird jeweils eine Scheibenkante be- und die axial gegenüberliegende entlastet. Bei wechselnder bzw. umlaufender Biegung gleiten daher beide Scheibenkanten. Besonders ungünstig sind zusätzliche Entlastungskerben in der Welle (Form 18). Infolge der Verminderung des Wellenquerschnitts treten größere

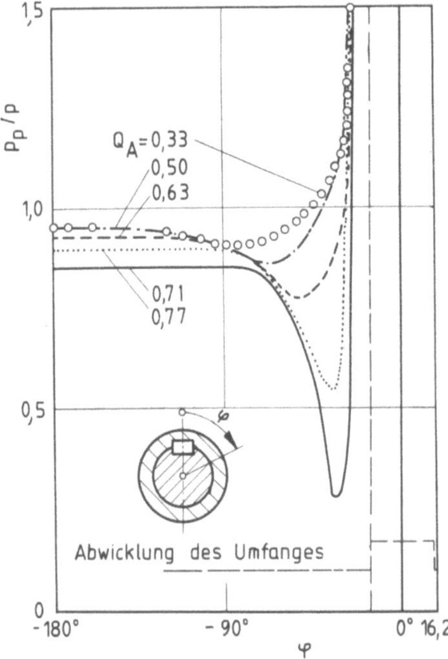

Bild 2.35. Verteilung des bezogenen Fugendrucks p_p/p eines Preßverbandes mit Paßfeder (nach Müller)

Durchbiegungen und damit große Gleitwege mit ihren negativen Auswirkungen auf die Reibdauerfestigkeit auf.

Zu warnen ist vor allen Konstruktionen — wie sie immer wieder in der Praxis ausgeführt werden —, bei denen in einem Preßverband zusätzlich eine Paßfeder angeordnet wird. Bild 2.35 zeigt den Verlauf des Fugendrucks in einem Preßverband mit zusätzlicher Paßfeder über dem abgewickelten Umfang der Fügefläche im Verhältnis zur paßfederfreien Verbindung (gleiche Abmessungen und gleiches Übermaß). Je nach dem Durchmesserverhältnis Q_A liegt der mittlere Fugendruck und damit das Rutschmoment 6 bis 16% tiefer als beim paßfederfreien Verband. An den Kanten der Paßfedernut wirken große Druckspitzen, welche örtliche Beschädigungen von Welle und Nabe hervorrufen können. Insbesondere bei dünnwandigen Naben bedeutet die Paßfedernut eine empfindliche Kerbe für die Tangentialspannung. Weist die Paßfeder seitlich einen leichten Preßsitz auf, so überträgt sie den größten Teil des Drehmoments und muß daher auf das volle Drehmoment ausgelegt werden. Bei Schiebesitzen treten bei wechselnden Drehmomenten wechselnde Gleitbewegungen mit der Gefahr der Reibkorrosion auf. Besonders schädlich ist eine Paßfeder für die Welle, sofern diese nennenswerte Umlaufbiegung aufnehmen muß. Durch die Verminderung des Querschnitts der Welle und die zusätzliche Kerbwirkung wird deren Gestaltfestigkeit drastisch herabgesetzt.

Zusammenfassung der Gestaltungsrichtlinien

a) Allgemeine Hinweise

- In der Konstruktionszeichnung sind gemäß DIN 7190 die gemittelte Rauhtiefe R_z nach DIN 4768 Teil 1 sowie die Form- und Lagetoleranzen nach DIN 7184 Teil 1 anzugeben.
- Bei Preßverbänden in Sacklöchern ist für eine Entlüftungsmöglichkeit zu sorgen (vgl. Bild 2.36).
- Um axial genau fügen zu können, sind nach Möglichkeit Lagebegrenzungen vorzusehen.
- Die Hinweise für das fügegerechte Gestalten sind zu beachten (vgl. Abschnitt 2.1.6).

b) Beanspruchungsgerechte Gestaltung

Allgemeine Hinweise

- Um große Drehmomente bzw. Axialkräfte übertragen zu können, soll möglichst eine volle Welle mit einer nicht zu dünnwandigen Nabe ($Q_A \leqq 0,5$) gepaart werden.
- Bei hinreichend duktilen Werkstoffen kann der Fugendruck und damit das übertragbare Drehmoment durch elastisch-plastische Auslegung vergrößert

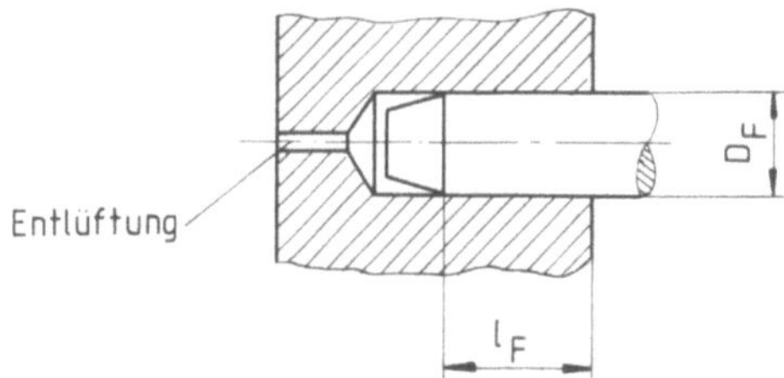

Bild 2.36. Entlüftung eines Preßverbandes (nach DIN 7190)

werden. Der größtmögliche Gewinn an Fugendruck gegenüber der rein elastischen Auslegung ergibt sich im Bereich $0{,}3 \leqq Q_A \leqq 0{,}4$.

- Bei elastisch-plastischer Auslegung soll der Anteil q der plastischen Ringfläche [vgl. Gl. (2.56) u. (2.57)] maximal 30% der gesamten Querschnittsfläche betragen
- Für das maximal fügbare Übermaß von Querpreßverbänden ist Gl. (2.124) zu beachten. Aus Kostengründen soll möglichst ohne Unterkühlen des Innenteils gefügt werden (vgl. Abschnitt 2.1.6).
- Zusätzliche Paßfedern sind unbedingt zu vermeiden.

Beanspruchung durch wechselnde oder schwellende Torsionsmomente

- Das schlupflos übertragbare Drehmoment ist möglichst groß zu halten: Großer Reibbeiwert bzw. Haftbeiwert in der Fügefläche (z. B. durch Entfetten vor der Montage), großer Fugendruck (insbesondere am Eintritt der das Torsionsmoment leitenden Welle in die Nabe). Daher sind alle Maßnahmen schädlich, die dort den Fugendruck vermindern.
- Wechselnde Drehmomente (z. B. verursacht durch Drehschwingungen) sind durch eine geeignete Abstimmung der Torsionssteifigkeiten und Massenträgheitsmomente innerhalb des schwingenden Verbandes klein zu halten (vgl. [2.42]).
- Falls Welle und Nabe aus Werkstoffen mit ungleichen elastischen Konstanten (E, v) gefertigt werden, muß die Welle den größeren Elastizitätsmodul aufweisen. Ebentuell kann zwischen Welle und Nabe ein Ring angeordnet werden, dessen Elastizitätsmodul kleiner als der der Welle ist.
- Das Rutschmoment des Preßverbandes soll höchstens gleich demjenigen Torsionsmoment sein, bei dem plastische Verformungen der Welle auftreten. Nach Müller [2.42] genügt hierfür in der Regel eine bezogene Fugenlänge $l/D_F \leqq 1{,}5$, wie sie auch in DIN 7190 empfohlen wird.

Wechselnde oder umlaufende Biegemomente

- Um axiales Auswandern der Welle zu verhindern, soll gelten $l/D_F \geqq 0{,}5$ (vgl. auch Tabelle 2.22).
- Umlaufende Biegemomente sind durch möglichst kleine Lagerabstände klein zu halten.
- Besonders wichtig sind möglichst kleine axiale Gleitwege am Eintritt der Welle in der Nabe. Dies läßt sich durch folgende Maßnahmen erreichen:
  - Gute Gestaltfestigkeit ergibt ein Wellenabsatz mit folgenden kennzeichnenden Abmessungen (vgl. Bild 2.33):

$$D_F/D_W \approx 1{,}1 \qquad \varrho/(D_F - D_W) \approx 2 \,.$$

  Besonders günstig, aber fertigungstechnisch aufwendig, ist ein Übergang mit einem Korbbogen (vgl. Bild 2.34 Form 11).
  - Eine Entlastungskerbe in der Welle (Bild 2.34, Form 12) verursacht kleinere Gleitwege. Ein nicht zu großer axialer Überstand vergrößert die Gestaltfestigkeit (Vorsicht: Bei zu großem Überstand Abfall der Gestaltfestigkeit!). Konisch auslaufende Naben ergeben größere axiale Gleitwege als Wellenabsätze oder Entlastungskerben.
- Vollwellen sind günstiger als Hohlwellen. Letztere sind bei großen wechselnden oder umlaufenden Biegemomenten möglichst zu vermeiden.
- Keinesfalls dürfen Nuten oder Einstiche in Welle und Nabe innerhalb des Sitzes angeordnet werden.

2.1.6 Fügen von Preßverbänden

Für die einwandfreie Funktion von Preßverbänden ist sachgerechtes Fügen bei der Montage von ausschlaggebender Bedeutung. Längspreßverbände werden durch koaxiale Relativverschiebung der beiden Partner unter Einwirkung einer Axialkraft gefügt. Querpreßverbände werden meistens thermisch verbunden. Wertvolle Hinweise für das Fügen von Längs- und Querpreßverbänden enthält DIN 7190.

Fügen von Längspreßverbänden

Die Versuche von Biederstedt [2.1] zeigen, daß die Einpreßkräfte beim Fügen von Längspreßverbänden bei ungeschmierten Sitzflächen im allgemeinen zwischen der Löse- und der Rutschkraft beim Auspressen liegen. Lediglich bei einem Außenteil aus dem Werkstoff GSnPbBz10 lag die Einpreßkraft über der Lösekraft. Wurden die Sitzflächen vor dem Einpressen mit einem üblichen Maschinenöl geschmiert, so sank in den meisten Fällen die Einpreßkraft auf den Wert der Rutschkraft beim Auspressen. Daher ergibt sich ein auf der sicheren Seite liegender Wert der Einpreßkraft, wenn mit dem Haftbeiwert beim Lösen gerechnet wird.

$$F_e = \pi D_F l \nu_{ll} p \qquad (2.120)$$

Der Zahlenwert des Haftbeiwertes ist aus Tabelle 2.18 bzw. 2.20 zu entnehmen.

Werden die Sitzflächen vor dem Fügen nicht geschmiert, so ergeben sich größere Haftbeiwerte und damit größere übertragbare Längs- bzw. Umfangskräfte. Doch besteht bei ungeschmierten Sitzflächen insbesondere im Falle der elastisch-plastischen Auslegung die Gefahr des Fressens. Daher sind die Sitzflächen vor dem Fügen leicht einzuölen.

Für die konstruktive Gestaltung sind nach DIN 7190 folgende Hinweise zu beachten (vgl. Bild 2.37):
- An den zu fügenden Teilen dürfen keine scharfen Kanten und Übergänge auftreten.
- Der Fasenwinkel φ soll höchstens 5° betragen.
- Für die Fasenlänge gilt

$$l_e \approx \sqrt[3]{D_F}. \qquad (2.121)$$

- Die Einpreßfase ist an dem zu fügenden Partner mit der höheren Streckgrenze anzubringen (im Regelfall am Innenteil).
- Lange schlanke Innenteile sind auf Knickung nachzurechnen.

Bei geschmierten Sitzflächen beeinflußt nach Biederstedt [2.1] die Einpreßgeschwindigkeit die Lösekräfte sehr stark. Daher empfiehlt DIN 7190 als Anhaltswert für die Einpreßgeschwindigkeit den Wert von 50 mm/s. Durch ausreichende Preßkraftreserven (nach DIN 7190 etwa 2,5fache Lösekraft) soll der Slip-Stick-Effekt vermieden werden. An geschmierten, elastisch-plastisch ausgelegten Längspreßverbänden stellte

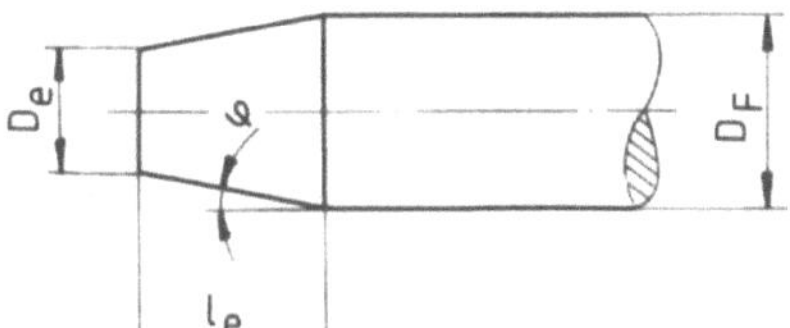

Bild 2.37. Gestaltung von Längspreßverbänden (nach DIN 7190)

Biederstedt eine Vergrößerung der Lösekraft mit der Sitzzeit fest, die bei seinen Versuchen zwischen Ein- und Auspressen verstrich. Daher sollen Längspreßverbände erst nach einer Auslagerungszeit von mindestens 24 h belastet werden.

Thermisches Fügen von Querpreßverbänden

Dehnverbände werden durch Unterkühlen des Innenteils, Schrumpfverbände durch Erwärmen des Außenteils gefügt. Bei großen Übermaßen werden beide Verfahren kombiniert. Die Berechnung der Temperaturen, auf die das Innenteil unterkühlt bzw. das Außenteil erwärmt werden müssen, geht vom größten Übermaß der gewählten Passung aus. DIN 7190 empfiehlt, zur Erleichterung des Fügevorganges ein Fügespiel von $1\%_{00}$ vorzusehen. Damit gilt für das Übermaß beim Fügen

$$U_{\mathrm{f}} = U_{\mathrm{g}} + 0{,}001 D_{\mathrm{F}} \,. \tag{2.122}$$

Die Fügetemperatur des Außenteils errechnet sich aus

$$\vartheta_{\mathrm{A}} = \vartheta_{\mathrm{R}} + \frac{U_{\mathrm{f}}}{\alpha_{\mathrm{A}} D_{\mathrm{F}}} + \frac{\alpha_{\mathrm{I}}}{\alpha_{\mathrm{A}}} (\vartheta_{\mathrm{I}} - \vartheta_{\mathrm{R}}) \,. \tag{2.123}$$

Die thermischen Längenausdehnungskoeffizienten des Innen- und Außenteils können Tabelle 2.16 (s. S. 56) entnommen werden.

Unterkühlt wird mittels CO_2-Trockeneis ($\vartheta_{\mathrm{I}} = -78{,}4\,°\mathrm{C}$) oder flüssigem Stickstoff ($\vartheta_{\mathrm{I}} = -195{,}8\,°\mathrm{C}$). Ob das aufwendige Unterkühlen erforderlich ist, muß anhand der maximal zulässigen Temperatur des Außenteils entschieden werden. Wie bereits auf S. 47 dargelegt wurde, fällt bei Überschreiten einer vom Werkstoff abhängigen Grenztemperatur dessen Streckgrenze deutlich ab. Dadurch vermindert sich nach den Untersuchungen von Peiter [2.53] die Übertragungsfähigkeit des Verbandes. Für das Festlegen der maximal zulässigen Fügetemperatur des Außenteils muß also diejenige Temperatur bekannt sein, bei welcher der beschriebene Abfall der Streckgrenze einsetzt. Falls hierfür keine Meßwerte vorliegen, kann bei Stahl auf folgende Richtwerte zurückgegriffen werden:

Baustähle niedriger Festigkeit: 300 °C bis 350 °C
Hochfeste Baustähle: 200 °C
Vergütungsstähle: Anlaßtemperatur −50 °C

Die zulässige Fügetemperatur ist vom Konstrukteur in den Zeichnungsunterlagen anzugeben. Bei vorgegebener zulässiger Fügetemperatur $\vartheta_{\mathrm{A\,zul}}$ des Außenteils gilt für das fügbare maximale Übermaß der Passung

$$U_{\mathrm{max}} = D_{\mathrm{F}}[\alpha_{\mathrm{A}}(\vartheta_{\mathrm{A\,zul}} - \vartheta_{\mathrm{R}}) + \alpha_{\mathrm{I}}(\vartheta_{\mathrm{I}} - \vartheta_{\mathrm{R}}) - 1 \cdot 10^{-3}] \tag{2.124}$$

und entsprechend für das maximale bezogene Haftmaß

$$\xi_{\mathrm{max}} = \alpha_{\mathrm{A}}(\vartheta_{\mathrm{A\,zul}} - \vartheta_{\mathrm{R}}) - \alpha_{\mathrm{I}}(\vartheta_{\mathrm{I}} - \vartheta_{\mathrm{R}}) - 1 \cdot 10^{-3} - \frac{G}{D_{\mathrm{F}}} \,. \tag{2.125}$$

Die Glättung G kann nach Gl. (2.5) ermittelt werden.

Beim thermischen Fügen ist ebenfalls an einem der Teile eine Einführungsfase vorzusehen. Für die praktische Durchführung des Fügens geben DIN 7190 und Galle [2.14] Anweisungen. Dabei geht Galle insbesondere auf das Fügen mit flüssigem Stickstoff ein.

2.1.7 Reibung und Haftbeiwerte

Bei der Reibung handelt es sich um einen außerordentlich komplexen Vorgang, dessen physikalische und chemische Grundlagen noch nicht vollständig erforscht sind. Im folgenden werden zunächst die wichtigsten Ergebnisse der Reibungsforschung dargestellt, um dann auf die Reibungsverhältnisse in den reibschlüssigen Welle-Nabe-Verbindungen einzugehen.

Allgemeines zur Reibung

Reibung zwischen zwei festen Körpern ist der Widerstand, der bei einer Relativbewegung überwunden werden muß. Die zu überwindende Widerstandskraft F_R heißt Reibungskraft. Als Reibbeiwert wird das Verhältnis der in der Reibfläche wirkenden Reibkraft zu der auf jene einwirkende Normalkraft F_N definiert.

$$\mu = \frac{F_R}{F_N} \tag{2.126}$$

Um die Relativbewegung zwischen den beiden Körpern einzuleiten, muß die ruhende Reibung (μ_0) überwunden werden. Erfolgt die Relativbewegung mit gleichförmiger Geschwindigkeit, so liegt Gleitreibung (μ_g) vor. Weder der Beiwert μ_0 der ruhenden noch der Gleitreibungsbeiwert μ_g sind im allgemeinen konstant. Sie hängen vielmehr von einer Vielzahl von Parametern ab. Die Klärung dieser Abhängigkeiten ist Aufgabe der Reibungsforschung.

Die Ergebnisse der Reibungsforschung sind in einer nicht mehr übersehbaren Fülle von einzelnen Veröffentlichungen dargelegt. Hier seien nur die beiden grundlegenden Monographien von Bowden und Tabor [2.3] sowie von Kragelski [2.34] erwähnt. Im folgenden werden die wichtigsten Ergebnisse der Reibungsforschung angegeben, soweit sie für das Verständnis der Übertragung von Kräften in und für die Auslegung von reibschlüssigen Welle-Nabe-Verbindungen von Bedeutung sind.

In den vor dem Fügen entfetteten Wirkflächen einer Welle-Nabe-Verbindung liegt Festkörperreibung vor. Nach Nolle und Richardson [2.46] hängt der Beiwert der ruhenden Reibung vom Anpreßdruck in der Wirkfläche ab (Bild 2.38). Im Bereich I sind die Bindungskräfte infolge verunreinigender Filme (z. B. Oxidschichten) klein und der Reibbeiwert ist praktisch unabhängig vom Anpreßdruck. Bei Steigerung des Anpreßdruckes werden die Oberflächenfilme schrittweise zerstört und der Reibbeiwert steigt im Bereich II infolge metallischer Berührung stark an. Im Bereich III liegt rein metallische Berührung vor und der Reibwert ist unabhängig vom Anpreßdruck. Bei noch höherem Anpreßdruck (Bereich IV) werden eine oder beide Oberflächen plastisch verformt und der Reibbeiwert fällt stark ab. Der Reibbeiwert hängt von folgenden Parametern ab: Eigenschaften der Werkstoffe, Anpreßdruck, Kontaktzeit und Temperatur (bei maschinenbaulichen Anwendungen im allgemeinen vernachlässigbar).

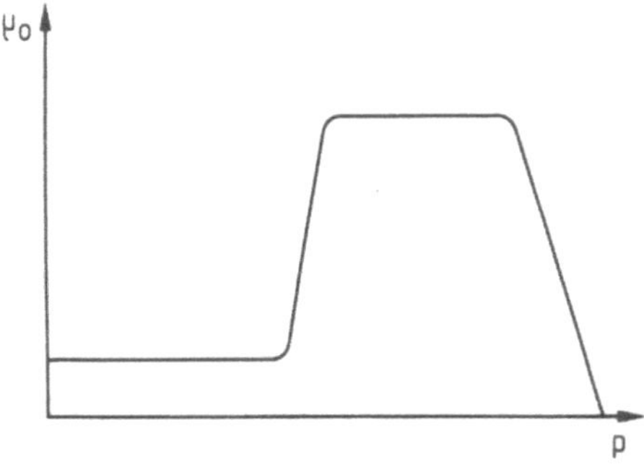

Bild 2.38. Schematische Abhängigkeit des Haftreibwertes vom Anpreßdruck (nach Nolle und Richardson)

Nach Nolle und Richardson ist der Anpreßdruck gleich der auf den Flächeninhalt der Wirkfläche bezogenen Normalkraft. Da technische Oberflächen infolge ihrer Rauhigkeit sich nicht längs der gesamten Wirkfläche, sondern nur in einzelnen Berührgebieten berühren, ist die Ermittlung des Flächeninhalts äußerst schwierig. Bei technischen Rechnungen wird daher der nominelle Flächeninhalt der vollkommen glatt gedachten Wirkfläche als Bezugsgröße gewählt.

Sind die Reibflächen ganz oder teilweise durch Flüssigkeitsfilme getrennt, so können folgende Reibungsformen auftreten: Flüssigkeits-, Misch-, Grenz- und Festkörperreibung. Erstere tritt bei reibschlüssigen Welle-Nabe-Verbindungen nicht auf (Ausnahme: Fügen und Lösen nach dem Drucköolverfahren, vgl. Abschnitt 2.2.2). Bei der Mischreibung sind die Gebiete der metallischen Berührung von flüssigkeitserfüllten Hohlräumen umgeben. Bei der Grenzreibung beträgt der Abstand der reibenden Flächen infolge plastischer Einebnung der Rauhigkeiten nur wenige Molekülschichten. Der Reibbeiwert wird außer von den bereits genannten Größen vor allem durch die Viskosität der Flüssigkeit beeinflußt.

Eine für reibschlüssige Welle-Nabe-Verbindungen charakteristische Schwierigkeit besteht darin, daß es im allgemeinen nicht möglich ist, die in der Wirkfläche auftretende Normalkraft experimentell zu bestimmen. Daher wird die Reibkraft in der technischen Praxis mit Hilfe des Fugendrucks p berechnet.

$$F_\mathrm{R} = vAp . \tag{2.127}$$

In (2.127) ist v der von Kienzle und Heiss [2.26] eingeführte Haftbeiwert. Er wird bei reibschlüssigen Welle-Nabe-Verbindungen empirisch aus (2.127) bestimmt. Dazu wird die Reibkraft F_R als Löse- und Rutschkraft gemessen. Der Flächeninhalt A der Wirkfläche ergibt sich aus deren geometrischen Abmessungen. Der Fugendruck p muß aus den für die einzelnen Verbindungen aufzustellenden Berechnungsgleichungen ermittelt werden.

Die entweder kreiszylindrischen oder konischen Wirkflächen reibschlüssiger Welle-Nabe-Verbindungen werden in aller Regel spanabhebend hergestellt. Die Rauhigkeiten weisen daher stets eine Vorzugsrichtung auf. Demgemäß werden Haftbeiwerte in Umfangs- und Längsrichtung unterschieden. Ferner ist der Haftbeiwert beim Lösen und beim Rutschen der Verbindung verschieden. Die Kennzeichnung erfolgt nach Tabelle 2.17.

Tabelle 2.17. Kennzeichnung der Haftbeiwerte

	Lösen	Rutschen
Umfangsrichtung	v_{lu}	v_{ru}
Längsrichtung	v_{ll}	v_{rl}

Haftbeiwerte für Längspreßsitze

Biederstedt [2.1] hat umfassende experimentelle Untersuchungen über Längspreßverbände vorgelegt. Alle Versuche wurden mit einem vollen Innenteil aus dem gehärteten Werkstoff 210Cr46 durchgeführt. Die Außenteile wurden aus insgesamt zehn Werkstoffen gefertigt, von denen sechs duktil (Baustähle, Stahlguß, Bronze, Leichtmetall-Legierungen) und vier (Grauguß, Titan) spröde waren. Es wurden fünf Werte des Durchmesserverhältnisses Q_A gewählt, die zwischen 0,2 und 0.67 lagen.

Bei seinen Messungen untersuchte Biederstedt folgende Einflüsse: Trockene bzw. geschmierte Fügeflächen, Fugendruck, Rauhtiefe, Neigung des Einführkegels, Einpreßgeschwindigkeit und Sitzzeit.

An ungeschmierten Proben aus duktilen Werkstoffen wurden im elastischen Beanspruchungsbereich konstante Haftbeiwerte sowohl beim Lösen als beim Rutschen gefunden. Im elastisch-plastischen Beanspruchungsbereich erfolgte ein progressiver Anstieg des Haftbeiwertes. Dies erklärte Biederstedt mit einer zunehmenden Einebnung der Rauhigkeitsspitzen, die merklich erst zu Beginn der elastisch-plastischen Beanspruchung einsetzt. Im vollplastischen Zustand erfolgte eine vollständige Einebnung der Rauhigkeiten und damit kein weiterer Anstieg der Haftbeiwerte. Bei den üblichen Auslegungsrechnungen werden die für rein elastische Beanspruchungen ermittelten Haftbeiwerte angewendet. Der Anstieg des Haftbeiwertes mit dem Fugendruck im elastisch-plastischen Bereich ergibt damit zusätzliche Sicherheit.

Eine ganz andere Abhängigkeit des Haftbeiwertes vom Fugendruck ergab sich für ölgeschmierte Proben aus zähen Werkstoffen. Zwar sind im rein elastischen Bereich die Haftbeiwerte wieder unabhängig vom Fugendruck, jedoch fallen sie im elastisch-plastischen Bereich leicht ab. Dies erklärte Biederstedt aus der Wirkung der zwischen den einzelnen Rauhigkeitsspitzen eingeschlossenen Ölpolster, welche eine geringere Einebnung der Rauhigkeitsspitzen zustande kommen lassen als bei ungeschmierten Proben. Erst in der Nähe des vollplastischen Fugendrucks erfolgte eine stärkere Einebnung und der Öldruck wurde so groß, daß das Öl aus der Fuge entweichen konnte. Eine Vergrößerung der Haftbeiwerte wurde durch drei gleichmäßig über den Umfang verteilte, axial wirkende Kerben erreicht, die eine Dränage der eingeschlossenen Ölpolster bewirkten, ähnlich wie beim Drucköelverband (vgl. Abschnitt 2.2.2).

Bemerkenswerterweise konnte innerhalb der Streuung der Versuchsergebnisse keine Abhängigkeit des Haftbeiwertes von der Ausgangsrauhigkeit der Außenteile festgestellt werden. Für stark unterschiedliche Rauhigkeiten ergab sich eine innerhalb der Streuung der Versuchsergebnisse liegende nahezu identische Abhängigkeit der Lösekräfte vom Haftmaß. Dies wurde von Biederstedt damit erklärt, daß die qualitative Abhängigkeit der Rauhigkeit (gemessen nach dem Auspressen) vom erreichten Fugendruck für alle Ausgangswerte der Rauhigkeit (gemessen vor dem ersten Einpressen) gleich war.

Aufschlußreich sind die Untersuchungen über den Einfluß des Einführungswinkels α. Bei ungeschmierten Sitzflächen wurde für alle Werkstoffe eine Abnahme der Lösekräfte mit zunehmendem Einführwinkel α festgestellt. Im wesentlichen erklärt Biederstedt diesen Effekt mit den unterschiedlichen „Reibwegen", welche die Rauhigkeitsgipfel auf den für gleiches Haftmaß verschieden langen Einführkegeln gleiten. Bei sehr kleinen Einführkegeln wurden in einigen Fällen schwache Freßriefen festgestellt (insbesondere bei der Paarung Stahl/Aluminium). Bei ungeschmierten Fügeflächen lag kein wesentlicher Einfluß des Einführkegelwinkels vor. Als Nutzanwendung für die Praxis empfiehlt Biederstedt, den Haftbeiwert durch möglichst schlanke Einführkegel zu erhöhen. Dies ist allerdings nur dann zulässig, sofern ein späteres Lösen ohne Beschädigung der Oberfläche nicht erforderlich ist.

Schließlich untersuchte Biederstedt den Einfluß der Einpreßgeschwindigkeit im Bereich von 0,06 mm/s bis 6000 mm/s für geschmierte Fügeflächen. Bei der sehr kleinen Einpreßgeschwindigkeit von 0,06 mm/s wurden nahezu die gleichen Haftkräfte wie bei ungeschmierten Fügeflächen erreicht. Sie fielen bis zu der sehr hohen Einpreßgeschwindigkeit von 6000 mm/s um rund 75% ab. Als Ursache hierfür wurde eine Verminderung des Haftbeiwertes durch die eingeschlossenen Ölpolster nachgewiesen. Eine Ausmessung der Rauhigkeitsprofile nach dem Auspressen zeigte, daß die Einebnung der Rauhigkeitsgebirge, die vor dem Einpressen gleiche Rauhtiefe aufwiesen, um so größer war, je kleiner die Einpreßgeschwindigkeit war. Bei der sehr kleinen Einpreßgeschwindigkeit von 0,06 mm/s hatte das Öl offensichtlich genügend Zeit, um sich aus den Tälern des Rauhigkeitsgebirges in einem solchen Maße zu entfernen, daß sich keine, die Einebnung behindernden Ölpolster bilden konnten. Bei der sehr großen Einpreßgeschwindigkeit von 6000 mm/s werden die Rauhigkeitsspitzen mit einer nur kleinen Abflachung nach außen gedrückt. Zusätzlich vermindert die hydrodynamische Schmierwirkung den Haftbeiwert. Ferner konnte Biederstedt insbesondere bei elastisch-plastisch beanspruchten Preßverbänden eine Vergrößerung der Lösekräfte mit zunehmender Sitzzeit feststellen, die zwischen Ein- und Auspressen verstrichen war. Auf diesem Ergebnis beruht die in DIN 7190 ausgesprochene Empfehlung, daß Preßverbände erst nach einer Auslagerungszeit von etwa 24 h beansprucht werden sollen.

In Tabelle 2.18 sind die von Biederstedt für Längspreßsitze ermittelten Haftbeiwerte zusammengestellt. Sie gelten für ein Innenteil aus 210Cr46 und wurden bei einer Einpreßgeschwindigkeit von 50 mm/s nach einer Sitzzeit von 5 min ermittelt. Biederstedt weist darauf hin, daß bei geschmierten Paarungen eine Erhöhung der Haftbeiwerte bei längeren Sitzzeiten um 20 % möglich ist. Für die in Tabelle 2.18 angegebenen zähen Werkstoffe gelten die ermittelten Haftbeiwerte für Fugendrücke, die im rein elastischen Beanspruchungsbereich liegen. Bei trockener Fügefläche stellt dies eine zusätzliche Sicherheit dar, weil die Haftbeiwerte im elastisch-plastischen Bereich ansteigen. Bei geschmierten Fügeflächen fallen dagegen die Haftbeiwerte im elastisch-plastischen Bereich ab. Sofern jedoch die von DIN 7190 empfohlene Auslagerungszeit von 24 h nach dem Fügen vor der ersten Belastung eingehalten wird, können die angegebenen Haftbeiwerte auch für geschmierte Fügeflächen mit ausreichender Sicherheit angewendet werden.

Umfangreiche experimentelle Untersuchungen an einfachen, geometrisch nicht optimierten Längspreßverbänden hat Gropp [2.18] durchgeführt. Er bestimmte zunächst an jungfräulichen Preßverbänden unmittelbar nach dem Fügen das statische Löse- und Rutschmoment. Sodann belastete er die gleichen Preßverbände mit einem wechselnden Drehmoment (harmonische Abhängigkeit von der Zeit), das je nach Amplitude in einer oder mehreren aufeinander folgenden Laststufen aufgebracht wurde. Nach Beendigung der dynamischen Belastung wurden erneut die statischen Löse- und Rutschmomente gemessen. Sofern die Amplitude des wechselnden Drehmoments größer als das schlupflos zu übertragende Grenzdrehmoment war, wurde

Tabelle 2.18. Haftbeiwerte von Längspreßverbänden (nach Biederstedt)

Nabenwerkstoff	Trocken		Geschmiert	
	v_{ll}	v_{rl}	v_{ll}	v_{rl}
St60-2[a]	0,11	0,08	0,08	0,07
GS60[a]	0,11	0,08	0,08	0,07
RSt37-2[a]	0,10	0,09	0,07	0,06
GG25	0,12	0,11	0,06	0,05
GGG60	0,10	0,09	0,06	0,05
AlMgSiF28[a]	0,20	0,19	0,08	0,07
GAlSi12(Cu)[a]	0,07	0,06	0,05	0,04
GSnPbBz10[a]	0,07	0,06	—	—
TiAl6V4	—	—	0,05	—

[a] Zähe Werkstoffe

bei allen untersuchten Preßverbänden eine erhebliche Zunahme des übertragbaren Drehmoments nach der dynamischen Belastung festgestellt. Der beobachtete Effekt war nach etwa 150000 Lastwechseln abgeschlossen. Da die von Gropp untersuchten Preßverbände hinsichtlich Gleitschlupf nicht optimiert waren, traten entweder Passungsrost oder Risse auf, wenn die Fügeflächen vor dem Einpressen nicht mit MoS_2-Paste vorbehandelt wurden. Dadurch wird jedoch insgesamt die Übertragungsfähigkeit für Drehmomente erheblich vermindert. Da inzwischen optimierte Geometrien für Preßverbände [2.15, 2.22] vorliegen, ist ein Vorbehandeln der Fügeflächen mit MoS_2-Paste nicht zu empfehlen.

Haftbeiwerte für Querpreßverbände

Hahne [2.21] hat die Haftbeiwerte von zahlreichen Querpreßverbänden untersucht. Er wählte Wellen von 30 mm Durchmesser aus St60-2, die mit Naben aus St50-2 mit einem Außendurchmesser von 65 mm ($Q_A = 0{,}462$) gepaart wurden, sowie vier verschiedene Übermaße, von denen je zwei in den rein elastischen bzw. in den elastisch-plastischen Beanspruchungsbereich fielen. Sein wesentliches Ziel bestand darin, den Einfluß der Oberflächenrauhigkeit auf die Haftbeiwerte zu erfassen. Durch systematische Veränderung der Fertigungsverfahren erhielt er zehn Kombinationen mit unterschiedlichen Rauhigkeiten der Fügeflächen von Welle und Nabe. Um vergleichbare Ergebnisse zu erzielen, wurden die Paßflächen vor dem Fügen mit Azeton und fettfreier Watte sorgfältig gereinigt.

Als wichtigstes Ergebnis stellte Hahne fest, daß bei Querpreßverbänden anders als bei Längspreßverbänden bis weit hinein in den eleastisch-plastischen Beanspruchungsbereich praktisch keine plastische Einebnung der Oberflächenrauhigkeiten erfolgt. Hahne zog hieraus den Schluß, daß bei der Auslegung von Querpreßverbänden der Fugendruck am zutreffendsten berechnet wird, wenn die Glättung vernachlässigt und das Haftmaß gleich dem nominellen Übermaß der Passung gesetzt wird. Eine auf jeden Fall sichere Auslegung ergibt sich, wenn der kleinste Fugendruck unter Berücksichtigung der Glättung nach (2.5), der maximale dagegen mit dem größten Übermaß der Passung berechnet wird.

Weiter fand Hahne, daß sich bei gleichem Übermaß um so größere Umfangslöse- und rutschkräfte ergaben, je kleiner das arithmetische Mittel aus den Rauhigkeiten R_a von Innen- und Außenteil ist. Bei sehr kleinen mittleren Rauhigkeiten (z. B. geläppte Paßflächen) entstanden durch Kaltverschweißung unlösbare Querpreßverbindungen. Dieser Effekt war unabhängig vom Übermaß.

In einer der umfangreichsten experimentellen Untersuchungen, die bisher über Querpreßverbände vorgelegt wurden, ging Galle [2.15] unter anderem auf die Ermittlung der Haftbeiwerte ein. Seine Untersuchungen sind insofern besonders wertvoll, als er nicht nur einfache Preßverbände mit in axialer Richtung konstanten Abmessungen sondern auch in Hinsicht auf Reibdauerbeanspruchung optimierte Verbindungen untersuchte. Dabei legte er die von Häusler [2.22] gefundenen Auslegungsparameter zugrunde (vgl. (2.119)). Die Abmessungen, Werkstoffe und Übermaße der von Galle untersuchten Preßverbände zeigt Bild 2.39. Tabelle 2.19 enthält Angaben über die durchgeführten Wärmebehandlungen.

Da es ein Hauptziel von Galle war, Aussagen über die Gestaltfestigkeit der von ihm untersuchten Preßverbände zu gewinnen, hat er Dauerschwingversuche sowohl mit wechselnder Torsion als mit umlaufender Biegung durchgeführt. Mittels statischer Auspreß- bzw. Verdrehversuche hat er die Haftbeiwerte in Längs- und Umfangsrichtung bestimmt. Aufgrund der von Gropp [2.18] festgestellten Steigerung der Haftbeiwerte nach dynamischer Vorbelastung hat Galle die statischen Haftbeiwerte sowohl an jungfräulichen als an vorbelasteten Verbänden ermittelt. Bei vielen Ver-

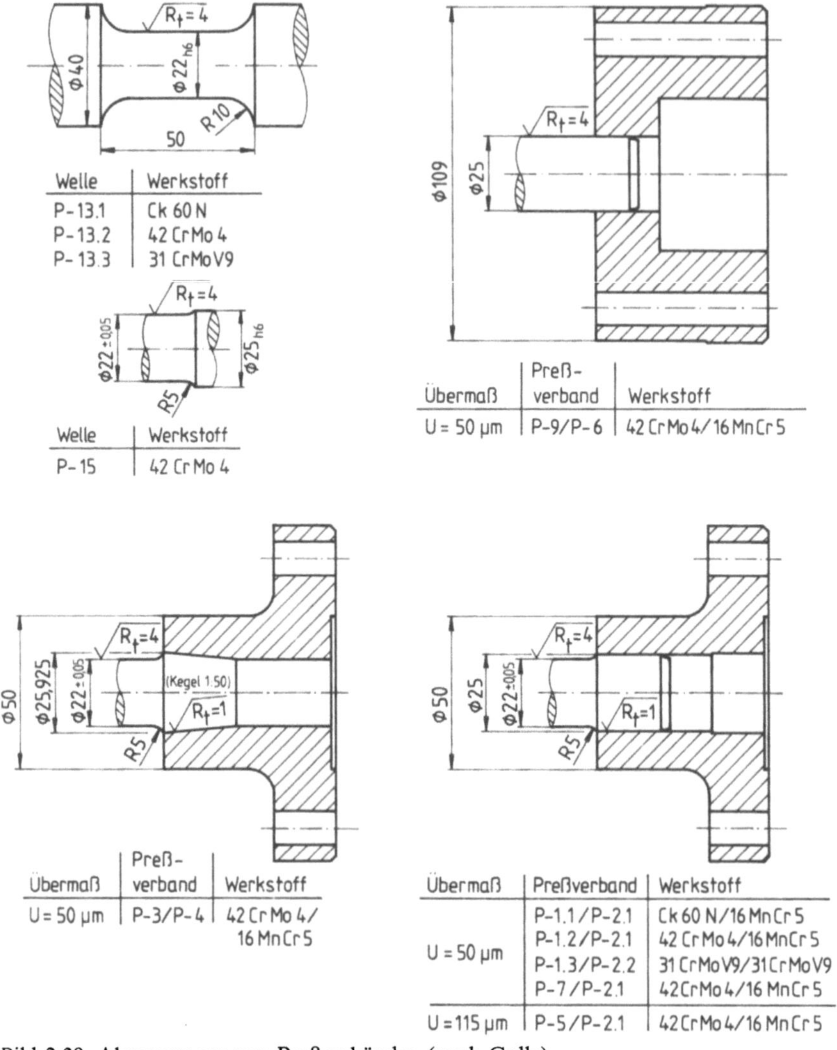

Bild 2.39. Abmessungen von Preßverbänden (nach Galle)

suchen war die allgemein übliche Unterscheidung nach Löse- und Rutschbeiwerten nicht möglich. Die Axialkraft bzw. das Drehmoment fielen vielmehr nach dem Lösen mit einem steilen Gradienten (im Kraft-Weg-Diagramm) auf ein erstes Minimum ab, aus dem Galle die Rutschbeiwerte berechnete. Danach erfolgte sofort ein erneuter steiler Anstieg, wobei die Lösekräfte bzw. -momente häufig überschritten wurden. Daher hat Galle zusätzlich einen maximalen Haftbeiwert ermittelt.

Die Mittelwerte und Standardabweichungen der von Galle bestimmten statischen Haftbeiwerte sind in den Tabellen 2.20 und 2.21 zusammengestellt. An jungfräulichen Verbänden wurde für das Lösen in Längsrichtung ein Haftbeiwert von $v_{ll} =$ 0,27 ... 0,35 gefunden. Vorhergehende Belastungen durch umlaufende Biege- oder wechselnde Torsionsmomente brachten in jedem Fall erhebliche Steigerungen der

Tabelle 2.19. Wärmebehandlung der von Galle untersuchten Preßverbände

Bezeichnung	Werkstoff	Wärme-behandlung	Härte HV	Härtetiefe mm
P 1.1	Ck60N	induktiv	545 ... 610	Rht = 4,5 + 2,0
P 1.2	42CrMo4	randschicht-gehärtet	610 ... 705	Rht = 4,5 + 2,0
P 1.3	31CrMoV9	gasnitriert	600 ... 700	Nht = 0,4 + 0,2
P 2.2	31CrMoV9	gasnitriert badnitriert	700 ... 750 570 ... 620	Nht = 0,4 + 0,2
P 2.1 P 4	16MnCr5	einsatz-gehärtet	670 ... 765	Eht = 1,6 + 0,4
P 6	16MnCr5	einsatz-gehärtet	670 ... 765	Eht = 1,0 + 0,4

Tabelle 2.20. Haftbeiwerte von Querpreßverbänden in Längsrichtung (nach Galle)

Lfd. Nr.	Bezeichnung	Vorange-gangene Bela-stung	Haftbeiwert ν_{ll} Mittel-wert	Standard-abweichung	Haftbeiwert ν_{rl} Mittel-wert	Standard-abweichung	Haftbeiwert ν_{maxl} Mittel-wert	Standard-abweichung
1	P 1.1/P 2.1	-	0,349	0,1230	0,299	0,0863	0,290	-
2	P 1.2/P 2.1	-	0,359	-	0,269	0,0460	-	-
3	P 1.3/P 2.2	-	0,265	0,0361	0,247	0,0339	0,246	-
4	P 1.2/P 2.1	U	0,383	0,1774	0,297	0,1050	0,402	0,1147
5	P 1.1/P 2.1	U	0,474	0,1505	0,407	0,1511	0,617	0,1863
6	P 1.2/P 2.1	U	0,481	0,0747	0,375	0,0736	0,633	0,1911
7	P 1.3/P 2.2	U	0,536	0,1398	0,468	0,1087	0,574	0,0797
8	P 7 /P 2.1	U	0,514	0,1333	0,497	0,1395	0,777	0,0617
9	P 5 /P 2.1	U	0,405	0,0919	0,391	0,0920	0,735	0,1270
10	P 9 /P 6	U	0,383	0,0783	0,354	0,0853	0,598	0,1142
11	P 3 /P 4	U	0,281	0,0295	-	-	-	-
12	P 1.1/P 2.1	W	0,398	0,0462	0,357	0,0404	0,506	0,0920
13	P 1.2/P 2.1	W	0,569	0,1050	0,472	0,1153	0,587	-
14	P 1.3/P 2.2	W	0,579	0,1265	0,387	0,0907	0,515	-
15	P 1.1/P 2.1	W[1]	0,827	-	0,602	-	-	-
16	P 1.2/P 2.1	W[1]	0,358	0,0997	0,345	0,0926	0,302	-
17	P 1.3/P 2.2	W[1]	0,584	0,0687	0,467	0,0820	-	-

U = Umlaufbiegebelastung   W = Wechseltorsionsbelastung   (1) = Nach Wechseltorsion durch statische Torsion belastet

Tabelle 2.21. Haftbeiwerte von Querpreßverbänden in Umfangsrichtung (nach Galle)

Lfd. Nr.	Bezeichnung	Voran- gegangene Belastung	Haftbeiwert v_{lu}		Haftbeiwert v_{ru}		Haftbeiwert $v_{max\,u}$	
			Mittelwert	Standard- abweichung	Mittelwert	Standard- abweichung	Mittelwert	Standard- abweichung
1	P 1.1/P 2.1	—	0,414	0,1733	0,318	0,1260	>0,610	0,1660
2	P 1.2/P 2.1	—	0,398	0,0773	0,276	0,0976	>0,994	0,0834
3	P 1.3/P 2.2	—	0,348	0,1940	0,285	0,1535	>0,788	0,0827
4	P 1.2/P 2.1	U	0,294	—	0,204	—	—	—
5	P 1.1/P 2.1	U	0,474	—	0,439	—	>0,568	0,2029
6	P 1.2/P 2.1	U	0,247	0,0347	0,220	0,0353	—	—
7	P 1.3/P 2.2	U	0,554	—	0,436	—	—	—
8	P 7 /P 2.1	U	0,391	0,0494	0,295	0,0458	—	—
9	P 1.1/P 2.1	W[1]	0,267	—	0,214	—	—	—
10	P 1.2/P 2.1	W[1]	0,667	0,0514	0,529	0,0708	0,973	0,4277
11	P 1.3/P 2.2	W[1]	0,456	—	0,414	—	0,518	—

U Umlaufbiegebelastung, W Wechseltorsionsbelastung, (1) Welle ist durch Wechseltorsionsbelastung in der Nabe gerutscht übertragbaren Axialkräfte. Die Haftbeiwerte für Lösen in Umfangsrichtung betragen bei jungfräulichen Preßverbänden etwa 0,4. Sie sind damit geringfügig größer als die in Längsrichtung gemessenen. Eine vorhergehende Beanspruchung mit dynamischen Momenten gab auch hier eine wesentliche Zunahme der Haftbeiwerte. Für die Betriebssicherheit dynamisch beanspruchter Preßverbände ist die beobachtete Zunahme der Haftbeiwerte sehr wichtig. Allerdings müssen dynamisch beanspruchte Preßverbände so ausgelegt werden, daß die Betriebsmomente auch im jungfräulichen Zustand mit ausreichender Sicherheit übertragen werden können. Die von Galle gemessenen Haftbeiwerte sind auch im jungfräulichen Zustand erheblich größer als die aus der Literatur bekannten (vgl. z. B. DIN 7190). Auf die Konsequenzen für die praktische Auslegung von Preßverbänden wird weiter unten eingegangen.

Besonders interessant sind zwei von Galle neu eingeführte Haftbeiwerte bei Beanspruchung durch umlaufende Biege- und wechselnde Torsionsmomente. Galle definiert für wechselnde Torsionsbeanspruchung

$$v_{tw} = \frac{2T_w}{\pi D_F^2 lp} \tag{2.128}$$

und für wechselnde Biegung

$$v_{bw} = \frac{2M_{bw}}{\pi D_F^2 lp}. \tag{2.129}$$

Die wichtigsten Ergebnisse sind in Tabelle 2.22 zusammengefaßt. Sie gibt Grenzwerte der dynamischen Haftbeiwerte und der auf den Fugendurchmesser D_F bezogenen Länge des Sitzes an, bei denen kein Rutschen der Partner in der Fügefläche auftritt.

Aus Tabelle 2.22 können folgende Schlüsse gezogen werden. Bei dem Verband nach Nr. 5 lag ein so großes Haftmaß ($\xi = 4,6 \cdot 10^{-3}$) vor, daß nach der Lundbergschen Theorie [2.37] die Nabe elastisch-plastisch beansprucht wurde. Infolge des dabei nach Lundberg errechneten großen Fugendrucks von 344 N/mm² trat kein Mikrogleiten in der Fügefläche auf. Die Nabe des Verbandes Nr. 6 ist wegen des größeren Außendurchmessers (vgl. Bild 2.39) steifer als die anderen von Galle untersuchten Preßverbände. Dadurch wurde ebenfalls ein Rutschen der Nabe auf der Welle verhindert. Anders als bei Galle werden daher in Tabelle 2.22 keine Grenz-

Tabelle 2.22. Grenzwerte der dynamischen Haftbeiwerte und der bezogenen Fugenlänge $1/D_F$ gegen Rutschen (nach Galle)

Lfd. Nr.	Bezeichnung	Belastung	v_{bw} bzw. v_{tw}	$1/D_F$
1	P 1.1/P 2.1	U	<0,28	>0,30
2	P 1.2/P 2.1	U	<0,26	>0,60
3	P 1.3/P 2.2	U	<0,23	>0,60
4	P 7 /P 2,1	U	<0,32	>0,30
5	P 5 /P 2.1[a]	U	—	—
6	P 9 /P 6[a]	U	—	—
7	P 3 /P 4	U	<0,14	>0,70
8	P 1.1/P 2.1	W	<0,58	>0,30
9	P 1.2/P 2.1	W	<0,56	>0,30
10	P 1.3/P 2.2	W	<0,76	>0,25

[a] Kein Rutschen, U Umlaufbiegung, W Wechseltorsion

werte des dynamischen Haftbeiwertes gegen Rutschen für diese beiden Verbände angegeben. Weiter folgt aus Tabelle 2.22, daß umlaufende Biegung für einen Preßverband eine wesentlich kritischere Beanspruchung darstellt als wechselnde Torsion. Die ohne Rutschen übertragbaren Momente verhalten sich etwa wie 1:2. Entsprechend ist bei umlaufender Biegung eine größere Sitzlänge erforderlich, um Rutschen zu unterbinden. Die in Tabelle 2.22 angegebenen Grenzwerte können als Auslegungsparameter für dynamisch beanspruchte Preßverbände dienen.

Peeken, Lukschandel und Paulick [2.52] berichten über sehr interessante Versuche, bei denen der Haftbeiwert erheblich gesteigert wurde, indem Hartstoffpartikel (SiC, B_4C und Diamant) von 3 bis 12 µm Korngröße mittels Nickeldispersionsschichten auf der Fügefläche einer Welle aus 42CrMo4 (vergütet auf etwa 1000 N/mm^2) abgelagert wurden. Die Dicke der Nickelschicht war kleiner als die Korngröße der eingebetteten Hartpartikel, so daß sich diese mit dem Werkstoff der Nabe verzahnen konnten. Das Übermaß zwischen Welle und Nabe wurde so festgelegt, daß sich in beiden Teilen stets eine rein elastische Beanspruchung ergab. Bei der Berechnung des Fugendruckes wurde die Glättung der Fügefläche vernachlässigt.

An den Preßverbänden ($Q_A = 0{,}57$, $Q_I = 0{,}17$, $D_F = 50$ mm) wurden statische Verdrehversuche durchgeführt, bei denen die Löse- und Rutschmomente gemessen wurden. Die ermittelten Haftbeiwerte beim Lösen liegen je nach Korngröße und Packungsdichte der Hartstoffteilchen zwischen 0,38 und 0,62. Die Haftbeiwerte beim Durchrutschen[10] betragen 0,3 bis 0,55. Bei einer Korngröße von 6 µm kann für SiC- und Diamantpartikel mit einem mittleren Haftbeiwert von 0,4 gerechnet werden. Dieser Wert liegt deutlich über denjenigen, die Galle an jungfräulichen, nicht vorbehandelten Preßverbänden gemessen hat (vgl. Tabelle 2.20).

Hinweise für die praktische Auslegung

Die Festlegung des Haftbeiwertes ist für die Betriebssicherheit eines Preßverbandes von ausschlaggebender Bedeutung. Da sie mit erheblicher Unsicherheit belastet ist, wird bei besonders kritischen Anwendungen eine experimentelle Bestimmung an Baumustern empfohlen, die unter Praxisbedingungen gefügt werden.

a) Querpreßverbände
- Für allgemeine Auslegungen wird empfohlen, mit den in Tabelle 2.23 angegebenen Werten nach DIN 7190 zu rechnen. Da sie auf der sicheren Seite liegen, kann mit einer Soll-Sicherheit S_R gegen Durchrutschen von 1 bis 1,5 gerechnet werden.
- Sehr große Haftbeiwerte lassen sich durch kleine mittlere Rauhigkeiten der beiden zu fügenden Partner (z. B. durch Läppen) oder durch elektrogalvanische Einlagerung von Hartstoffpartikeln erreichen.
- Dynamische Beanspruchungen (wechselnde Biegung, umlaufende Torsion) vergrößert den Haftbeiwert. Dieser Effekt darf bei der Auslegung nur dann berücksichtigt werden, wenn in der Praxis durch schrittweises Aufbringen der dynamischen Momente über eine hinreichend große Anzahl von Lastwechseln der Preßverband entsprechend „trainiert" wird.
- Tabelle 2.22 enthält für verschiedene geometrische Ausführungen von Querpreßverbänden Grenzwerte des dynamischen Haftbeiwertes bzw. der Länge der Fügefläche, die ein Rutschen des Verbandes ausschließen. Sie sind bei der Auslegung dynamisch beanspruchter Preßverbände zu beachten.

---

10 In [2.52] sind nur die Haftbeiwerte beim Lösen veröffentlicht. Die Haftbeiwerte beim Durchrutschen wurden von Herrn Professor Peeken brieflich mitgeteilt.

Tabelle 2.23. Haftbeiwerte für Querpreßverbände (nach DIN 7190)

Werkstoffpaarung, Schmierung, Fügung	Haftbeiwert v
Stahl/Stahl-Paarung	
Druckö/verbände normal gefügt mit Mineralöl	0,12
Druckö/verbände mit entfetteten Preßflächen, mit Glyzerin gefügt	0,18
Schrumpfverband, normal nach Erwärmung des Außenteils bis zu 300 °C im Elektroofen	0,14
Schrumpfverband mit entfetteten Preßflächen, nach Erwärmung im Elektroofen bis zu 300 °C	0,20
Stahl/Gußeisen-Paarung	
Druckö/verbände normal gefügt mit Mineralöl	0,10
Druckö/verbände mit entfetteten Preßflächen	0,16
Stahl/MgAl-Paarung, trocken	0,10 ... 0,15
St-CuZn, trocken	0,17 ... 0,25

b) Längspreßverbände
- Die Auslegung kann nach den in Tabelle 2.18 angegebenen Werten erfolgen. Da keine neueren Erkenntnisse über die statischen Haftbeiwerte vorliegen, wird empfohlen, die Soll-Sicherheit gegen Durchrutschen konservativer anzusetzen als bei Querpreßverbänden.
- Auch bei dynamisch beanspruchten Längspreßverbänden erfolgt ein Anstieg des Haftbeiwertes mit der Anzahl der Vorbelastungen. Jedoch läßt sich derzeit diese Zunahme des Haftbeiwertes für übliche Längspreßverbände nicht abschätzen.
- Preßverbände, deren Paßflächen vor dem Fügen mit Öl geschmiert werden, sollen mit einer maximalen Geschwindigkeit von 50 mm/s verpreßt werden. Sie sollen vor der ersten Belastung mindestens 24 h ausgelagert werden.
- Bei geschmiert gefügten, elastisch-plastisch ausgelegten Längspreßverbänden läßt sich der Haftbeiwert durch drei gleichmäßig über den Umfang verteilte, axial angeordnete flache Kerben (Dränagewirkung) vergrößern.
- Für dynamisch beanspruchte Längspreßverbände liegen keine Grenzwerte für eine rutschfreie Auslegung vor.

2.2 Kegelpreßverbände

Das Wirkflächenpaar eines Kegelpreßverbandes weist die Form eines Kegelstumpfes auf. Die Achse beider Wirkflächen fällt mit der Symmetrieachse des Verbandes zusammen. Entsprechend ist die Fügefläche des Innenteils ein Außen- und die des Außenteils ein Innenkegel. Kegelpreßverbände werden im allgemeinen durch axiales Verspannen (Bild 2.40) mittels einer Schraube oder selten durch Aufpressen gefügt. Ihre Berechnung weist eine enge Verwandtschaft zu der der zylindrischen Preßverbände auf.

2.2.1 Auslegung und Gestaltung von Kegelpreßverbänden

Durch das axiale Verspannen werden dem Außen- und Innenteil axiale Relativverschiebungen aufgezwungen, die zu Querdehnungen und damit zum Aufbau des

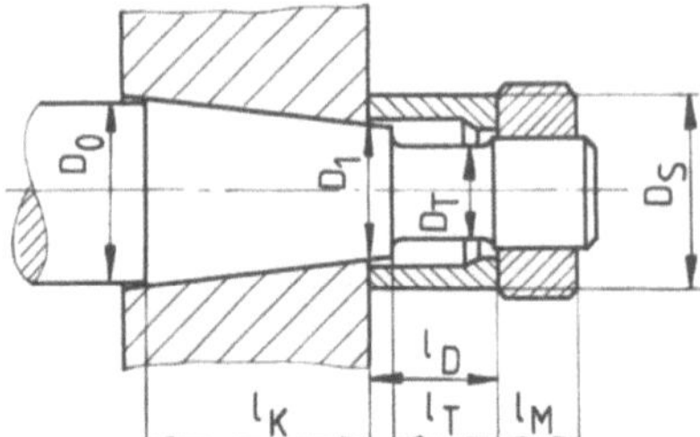

Bild 2.40. Kegelpreßverband

Fugendrucks in der Wirkfläche führen. Da bei Kegelpreßverbänden ein linearer Zusammenhang zwischen der Axialverschiebung — im folgenden als Aufschub bezeichnet — und dem Fugendruck besteht, ist letzterer bei der Montage durch Messung des Aufschubs einstellbar.

Nach DIN 254 (vgl. Bild 2.41) wird die Neigung des Kegels durch das Kegelverhältnis C angegeben.

$$C = \frac{D - d}{1} = 1 : \frac{1}{2} \cot \beta .$$ (2.130)

Der halbe Kegelwinkel β heißt nach DIN 254 Einstellwinkel. Bei Kegelpreßverbänden weisen Außen- und Innenteil infolge herstellungsbedingter Abweichungen im allgemeinen unterschiedliche Einstellwinkel auf. Je nachdem, ob der Einstellwinkel des Außenteils kleiner oder größer als der des Innenteils ist, liegt obere bzw. unter Anlage vor (vgl. Bild 2.42). Nach Schmid [2.57] besitzt die Einstellwinkelabweichung positives Vorzeichen sowohl bei oberer als bei unterer Anlage. Sie macht sich bei durckloser Anlage der Teile vor dem Fügen als Durchmesserspiel bemerkbar. Da

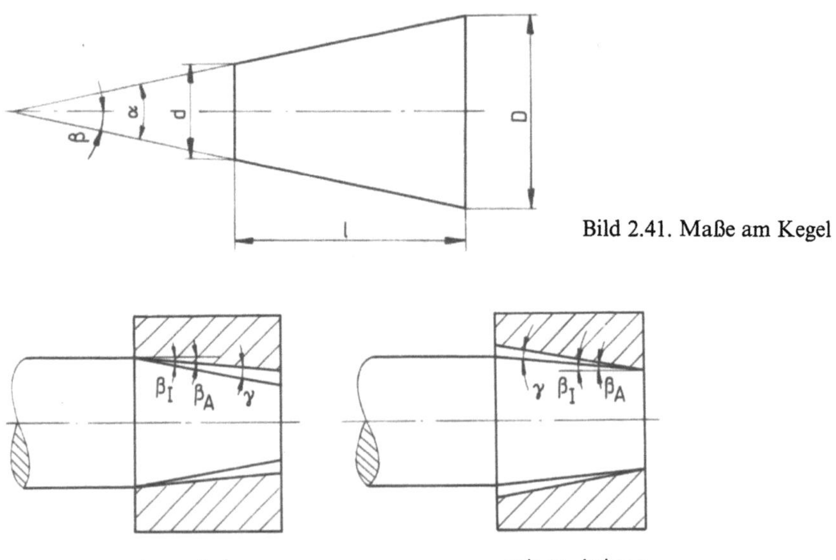

Bild 2.41. Maße am Kegel

Bild 2.42. Obere und untere Anlage eines Kegelpreßverbandes (nach Schmid)

nach Schmid [2.60] Kegelpreßverbände unbedingt mit oberer Anlage ausgeführt werden sollen, wird im folgenden nur dieser Fall behandelt.

Mit der Einstellwinkelabweichung

$$\gamma = \beta_{\mathrm{I}} - \beta_{\mathrm{A}} \tag{2.131}$$

gilt für das Durchmesserspiel an der Stelle z

$$U_{\mathrm{S}}(z) = 2z \tan \gamma \,. \tag{2.132}$$

Im gefügten Zustand hängt das Haftmaß Z von der Längskoordinate z ab.

$$Z(z) = U_{\mathrm{n}} - G - U_{\mathrm{S}}(z) \,. \tag{2.133}$$

Das nominelle Übermaß ergibt sich aus dem Aufschub a zu

$$U_{\mathrm{n}} = 2a \tan \beta \,. \tag{2.134}$$

Die Glättung G läßt sich nach (2.5) berechnen. Die Differenz aus nominellem Übermaß und Glättung wird im wirksamen Aufschub zusammengefaßt

$$a_{\mathrm{w}} = a - \frac{G}{2 \tan \beta} \,. \tag{2.135}$$

Damit folgt für das Haftmaß

$$Z(z) = 2(a_{\mathrm{w}} \tan \beta - z \tan \gamma) \,. \tag{2.136}$$

Aus (2.136) ist der erhebliche Einfluß der Einstellwinkelabweichung γ auf das wirksame Haftmaß zu ersehen.

Bei der Ableitung des Zusammenhangs zwischen Fugendruck und Haftmaß beschränken sich alle bisher bekannt gewordenen Untersuchungen auf den Fall, daß Außen- und volles Innenteil aus Werkstoffen mit gleichen elastischen Konstanten E und v bestehen. Infolge des axialen Verspannens beim Fügen treten in beiden Teilen dreiachsige Spannungszustände auf. Schmid [2.57] hat unter Berücksichtigung der dreiachsigen Spannungszustände eine Integralgleichung für den Fugendruck abgeleitet, die sich jedoch nicht geschlossen auswerten läßt. Er hat daher das Berechnungsverfahren von Kämper [2.25] weiter entwickelt. Dazu werden die Berechnungsgleichungen des zylindrischen Preßverbandes auf den Kegelpreßverband übertragen. Aus (2.18) folgt

$$Z(z) = \frac{2D(z)}{1 - Q^2(z)} \frac{p(z)}{E} \tag{2.137}$$

mit

$$Q(z) = \frac{D(z)}{D_{\mathrm{Aa}}} = \frac{D_0 - 2z \tan \beta}{D_{\mathrm{Aa}}} \,. \tag{2.138}$$

Mit dem Haftmaß $Z(z)$ nach (2.136) wird

$$p(z) = \frac{a_{\mathrm{w}} \tan \beta - z \tan \gamma}{D_0 - 2z \tan \beta} [1 - Q^2(z)] E \,. \tag{2.139}$$

Für den Fugendruck an der Stelle $z = 0$ gilt

$$p_0 = \frac{a_{\mathrm{w}} \tan \beta}{D_0} (1 - Q_0^2) E \,. \tag{2.140}$$

In Bild 2.43 ist der Verlauf des dimensionslos gemachten Fugendrucks für verschiedene Werte der Einstellwinkelabweichung γ dargestellt. Bei einem abweichungsfreien Kegelpreßverband ($\gamma = 0$) steigt der Fugendruck zum sich verjüngenden Ende des Verbandes an. Wesentlich ist jedoch, daß sehr kleine Winkelabweichungen zu einem erheblichen Verlust an Fugendruck führen. Bei dem untersuchten Kegelpreßverband ergibt eine Einstellwinkelabweichung von nur 20,63'' vollständigen Verlust des Fugendrucks am verjüngten Ende des Kegelpreßverbandes. Daher sind hinreichend enge Toleranzen für die Abweichung des Einstellwinkels vorzuschreiben. Der kleinste Fugendruck tritt an der Stelle $z = l$ auf. Damit der Kegelpreßverband im gefügten Zustand längs der gesamten Fügefläche trägt, muß $p(l) \geqq 0$ gelten. Aus (2.139) folgt damit für die Winkelabweichung

$$\tan \gamma \leqq \frac{a_\mathrm{w}}{l} \tan \beta = \tan \gamma_\mathrm{zul} \; . \tag{2.141}$$

Bild 2.44 zeigt das Kräftegleichgewicht am Kegelpreßverband nach dem Fügen in Grund- und Aufriß des Innenteils. An der Fügefläche wirken beim Einpressen infolge der Reibung Schubspannungen, die zur resultierenden Längsreibungskraft F_Rl aufintegriert werden. Entsprechend ergibt sich aus dem Fugendruck die resultierende Normalkraft F_N. Aus Bild 2.44 folgt für das Kräftegleichgewicht

$$F_\mathrm{f} = F_\mathrm{N} \sin \beta + F_\mathrm{Rl} \cos \beta \; . \tag{2.142}$$

Für die Reibungskraft gilt

$$F_\mathrm{Rl} = v_\mathrm{e} F_\mathrm{N} \tag{2.143}$$

und damit wird,

$$F_\mathrm{f} = F_\mathrm{N} \cos \beta \, (\tan \beta + v_\mathrm{e}) \; . \tag{2.144}$$

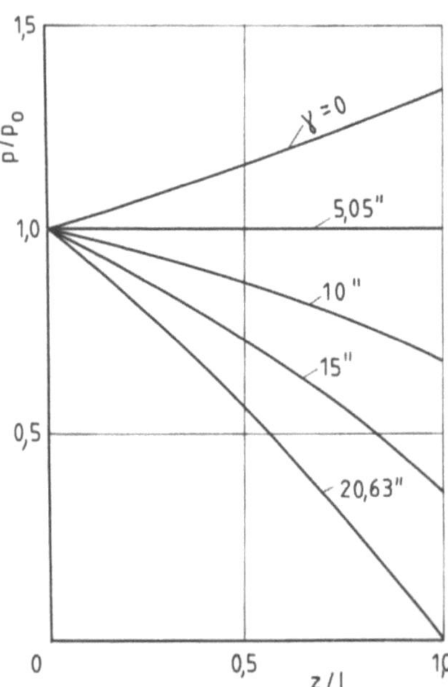

Bild 2.43. Verlauf der Flächenpressung in einem Kegelpreßverband 1:10 und $a_\mathrm{W}/l = 2 \cdot 10^{-3}$ (nach Schmid)

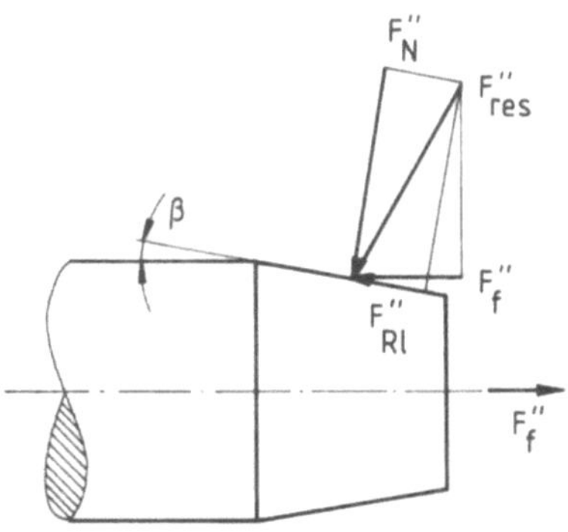

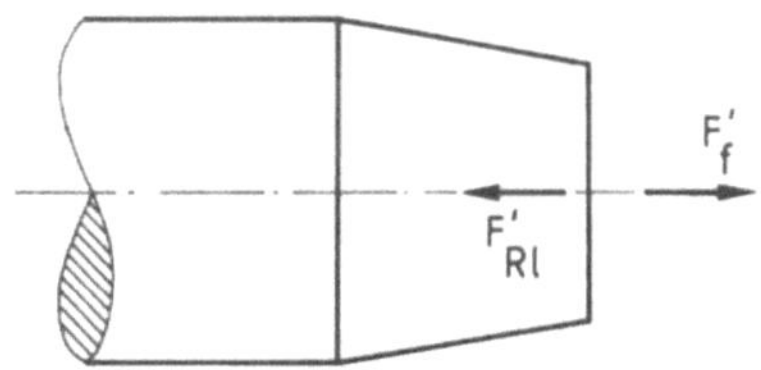

Bild 2.44. Kräfte am vorgespannten Kegelpreßverband nach dem Fügen (nach Schmid)

Durch Umkehr des Vorzeichens der Reibungskraft und Ersetzen des Haftbeiwertes[11] beim Einpressen durch den beim Lösen in Längsrichtung folgt die bekannte Bedingung der Selbsthemmung

$$\tan \beta \leqq v_{ll} \, . \tag{2.145}$$

In Bild 2.45 sind die Verhältnisse bei der Übertragung eines Drehmoments dargestellt. Das Drehmoment wird vom zylindrischen Teil des Innenteils in den Verband eingeleitet. In der Fügefläche entsteht daher eine resultierende Reibkraft F_{R_u}. Die — sei es aus der Vorspannung oder aus der Selbsthemmung — vorhandene Längsreibkraft F_{R_l} setzt sich mit der Reibkraft F_{R_u} aus Drehmomentübertragung zu einer resultierenden Reibkraft F_R zusammen. Die maximale Größe dieser resultierenden Reibkraft wird durch den Haftbeiwert beim Durchrutschen[12] bestimmt

$$F_R = v_{ru} F_N \, . \tag{2.146}$$

Für die Längskraft F_1 folgt aus Bild 2.45 unter Beachtung von (2.144)

$$F_1 = F_N \cos \beta \, (\tan \beta + v_{ru} \cos \delta) \, . \tag{2.147}$$

Das maximale Drehmoment kann übertragen werden, wenn die resultierende Reibkraft in reiner Umfangsrichtung wirkt ($\delta = 90°$). Für die Vorspannkraft F_d bei maximal übertragbarem Drehmoment folgt aus (2.147)

$$F_d = F_N \sin \beta \, . \tag{2.148}$$

---

11 Gemessene Haftbeiwerte für Kegelpreßverbände liegen nur von Galle [2.15] in Längsrichtung vor (vgl. Tabelle 2.20).
12 Streng genommen ist der Haftbeiwert gegen Durchrutschen in Richtung der resultierenden Reibkraft F_R anzusetzen. Bei Berechnungen wird empfohlen, v_{ru} für Querpreßverbände (vgl. Tabelle 2.21) zu verwenden.

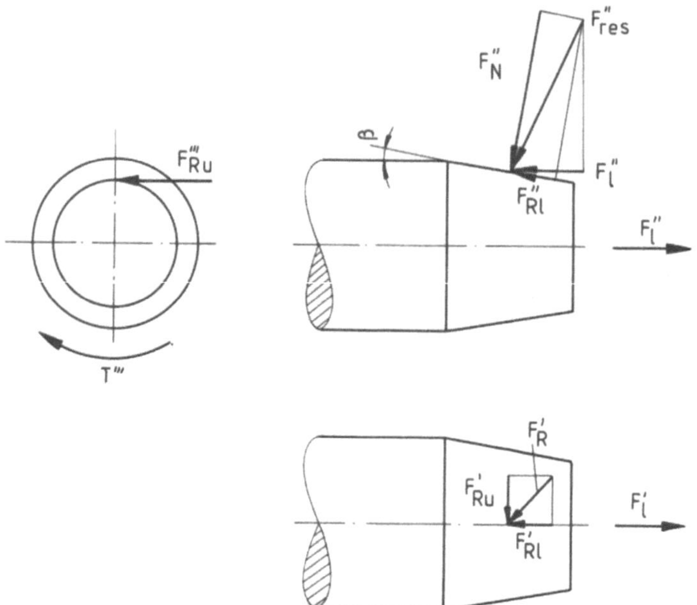

Bild 2.45. Kräfte am vorgespannten Kegelpreßverband bei der Übertragung von Drehmoment
(nach Schmid)

Durch Vergleich von (2.144) mit (2.148) ist zu ersehen, daß nach dem Fügen bzw.
bei der Übertragung des maximalen Drehmoments jeweils ganz andere Zusammenhänge zwischen der Vorspannkraft und der Normalkraft gelten. Durch die Übertragung des Drehmoments wird ein Teil der beim Fügen aufgebrachten Vorspannkraft abgebaut.

Die resultierende Normalkraft ergibt sich, wie bereits erwähnt, durch Auf-
integration des Fugendrucks zu

$$F_N = \frac{\pi}{\cos \beta} \int_0^l p(z) \, D(z) \, \mathrm{d}z \, .\tag{2.149}$$

Durch Einsetzen von (2.134) wird mit Hilfe einiger von Kämper [2.25] und Schmid
[2.57] beschriebener Näherungen

$$F_N = \frac{\pi l E}{\cos \beta} (1 - Q_m^2) \left(a_w \tan \beta - \frac{l}{2} \tan \gamma \right),\tag{2.150}$$

wobei zur Akürzung

$$Q_m = \frac{D_m}{D_{Aa}} = \frac{D_0 + D_1}{2 D_{Aa}}\tag{2.151}$$

gesetzt ist. Durch Einsetzen von (2.150) in (2.144) bzw. (2.148) folgt für die Vorspannkräfte nach dem Fügen bzw. bei der Übertragung des maximalen Drehmoments

$$F_f = k_f a_f - \Delta F_f\tag{2.152}$$

$$F_d = k_d a_d - \Delta F_d \, .\tag{2.153}$$

Dabei werden einem Vorschlag von Schmid [2.59] folgend die Abkürzungen eingeführt

$$k_f = \pi l E (1 - Q_m^2)(\tan \beta + v_e) \tan \beta\,,$$

$$k_d = \pi l E (1 - Q_m^2) \tan^2 \beta\,,$$

$$(2.154)$$

$$\Delta F_f = \frac{\pi}{2} l^2 E (1 - Q_m^2)(\tan \beta + v_e) \tan \gamma\,,$$

$$\Delta F_d = \frac{\pi}{2} l^2 E (1 - Q_m^2) \tan \beta \tan \gamma\,.$$

$$(2.155)$$

In (2.152) und (2.153) wird zwischen dem Aufschub a_f bzw. a_d beim Fügen und bei der Übertragung des maximalen Drehmoments unterschieden. Dies ist erforderlich, weil Schmid [2.59] nachgewiesen hat, daß sich das Außenteil beim erstmaligen Belasten des Kegelpreßverbandes mit dem maximal übertragbaren Drehmoment gegenüber dem Innenteil schraubenförmig verdreht. Durch diese schraubenförmige Drehbewegung nimmt der Aufschub gegenüber dem Fügezustand zu.

Die Größen k_f und k_d nach (2.154) lassen sich als Federsteifigkeiten des Kegelpreßverbandes deuten. Die Größen ΔF_f und ΔF_d nach (2.155) geben die Verminderung der Vorspannkraft durch die Abweichung des Einstellwinkels γ an. Da nach (2.154) $k_d < k_f$ ist, ist die Vorspannkraft F_d stets kleiner als die Vorspannkraft F_f nach dem Fügen. Die Vorspannkraft wird also durch das übertragene Drehmoment herabgesetzt, was nach Schmid [2.58] als Analogie zum Setzen einer Schraubenverbindung angesehen werden kann.

Der gesamte Kegelpreßverband kann nach Schmid [2.59] gemäß Bild 2.40 als eine Anordnung hintereinander geschalteter Federelemente aufgefaßt werden. Im einzelnen sind folgende Federelemente mit den zugehörigen Federsteifigkeiten zu unterscheiden:

c_K: Federsteifigkeit des Kegelstumpfes
c_A: Federsteifigkeit des Außenteils
c_T: Federsteifigkeit der Schraubentaille
c_D: Federsteifigkeit der Druckhülse
c_S: Federsteifigkeit von Schraubengewinde und Mutter.

Da die einzelnen Federsteifigkeiten in Reihe geschaltet sind, berechnet sich die Gesamtsteifigkeit c zu

$$\frac{1}{c} = \frac{1}{c_K} + \frac{1}{c_A} + \frac{1}{c_T} + \frac{1}{c_S} + \frac{1}{c_D}\,.$$

$$(2.156)$$

Die inversen Federsteifigkeiten sind nach den in Tabelle 2.24 aufgeführten Gleichungen (Maße nach Bild 2.40) zu berechnen. Gegenüber der Originalarbeit [2.60] von Schmid werden verbesserte Ausdrücke für die Berechnung der inversen Federsteifigkeiten $1/c_K$ und $1/c_A$ nach Rainer [2.55] angegeben.

Für die Vorspannkraft bei der Übertragung des maximalen Drehmoments gilt

$$F_d = F_f - c(a_d - a_f)\,.$$

$$(2.157)$$

Bei der praktischen Auslegung ist von der für die Übertragung des maximalen Drehmoments erforderlichen Vorspannkraft F_d auszugehen. Für die Montage müssen

Tabelle 2.24. Inverse Federsteifigkeiten der Teile eines Kegelpreßverbandes
(nach Schmid und Rainer)

Teil	Berechnungsgleichung für inverse Federsteifigkeit	
Kegelstumpf	$\dfrac{1}{c_K} = \dfrac{2l_k}{E\pi} \left[\dfrac{1}{D_m^2} + \dfrac{v}{lD_{m1}} \cdot \dfrac{1 - v_{ru}\tan\beta}{v_{ru} + \tan\beta} \right]$	
Außenteil	$\dfrac{1}{c_A} = \dfrac{2l_k}{E\pi} \left[\dfrac{1}{D_{A1}^2 - D_m^2} + \dfrac{v}{lD_{m1}\left[\left(\dfrac{D_{Aa}}{D_{m1}}\right)^2 - 1\right]} \cdot \dfrac{1 - v_{ru}\tan\beta}{v_{ru} + \tan\beta} \right]$	
Schraubentaille	$\dfrac{1}{c_T} = \dfrac{4}{E\pi} \cdot \dfrac{l_T}{D_T^2}$	
Druckhülse	$\dfrac{1}{c_D} = \dfrac{4}{E\pi} \cdot \dfrac{l_D}{D_S{}^2 - D_l{}^2}$	
Schraubengewinde und Mutter	$\dfrac{1}{c_S} = \dfrac{l_M}{EA_S}$	
geometrische Hilfsgrößen	$D_m = D_1 + \dfrac{2}{3}l_k\tan\beta$ $D_{A1} = D_S + 2l_k(0{,}05 + \tan\beta)$	$D_{m1} = \dfrac{1}{2}(D_0 + D_1)$ A_S Spannungsquerschnitt des Gewindes

zusätzlich die Vorspannkraft F_f und der Aufschub a angegeben werden. Für die
Berechnung dieser Größen führt Schmid [2.59] zwei dimensionslose Kenngrößen ein

$$\tau = \frac{a_d}{a_f} - 1 \, , \tag{2.158}$$

$$\psi = 1 - \frac{F_d}{F_f} \, , \tag{2.159}$$

die mittels der Hilfsgröße

$$q = \frac{l\tan\gamma}{a_f\tan\beta} \tag{2.160}$$

aus dem Aufschub a_f beim Fügen und den Auslegungsdaten des Kegelpreßverbandes
berechnet werden können

$$\tau = \frac{v_{ru}(1 - q/2)}{(1 + c/k_d)\tan\beta} \tag{2.161}$$

$$\psi = \frac{v_{ru}c/k_d}{(\tan\beta + v_{ru})(1 + c/k_d)} \, . \tag{2.162}$$

Auslegungsverfahren für Kegelpreßverbände

Im folgenden wird ein von Schmid [2.60] aufgestelltes Verfahren für die Auslegung
von Kegelpreßverbindungen angegeben. Bei der Übertragung des maximalen Dreh-

moments stellt sich nach den vorhergehenden Ausführungen der größte Aufschub a_d ein. Nach (2.139) ergibt sich daher beim maximalen Drehmoment der größte Fugendruck in der Fügefläche des Kegelpreßverbandes. Bei praktisch ausgeführten Kegelpreßverbindungen mit Abweichungen des Einstellwinkels tritt gemäß Bild 2.43 der größte Fugendruck an der Stelle $z = 0$ auf. Dieser Fugendruck verursacht dort an der Bohrung des Außenteils eine Radial- und Tangentialspannung, deren Größe sich nach (2.7) berechnen läßt

$$\sigma_{rr} = -p_0$$
$$\sigma_{\varphi\varphi} = \frac{1 + Q_0^2}{1 - Q_0^2} p_0 \, . \tag{2.163}$$

Abweichend von Schmid, der die Gestaltänderungsenergiehypothese benutzt hat, erfolgt die festigkeitsmäßige Auslegung gemäß Abschnitt 2.1.1 nach der modifizierten Schubspannungshypothese (MSH). Für die Vergleichsspannung σ_v gilt daher gemäß (2.23)

$$\sigma_\mathrm{v} = \frac{2}{1 - Q_0^2} p_0 \, . \tag{2.164}$$

Bei rein elastischer Auslegung ist die zulässige Spannung

$$\sigma_\mathrm{zul} = \frac{2R_\mathrm{e}}{\sqrt{3} S_\mathrm{F}} \quad \text{bzw.} \quad \frac{2R_\mathrm{p0, 2}}{\sqrt{3} S_\mathrm{F}} \, . \tag{2.165}$$

Wird in (2.164) die Vergleichsspannung σ_v gleich der zulässigen Spannung σ_zul, so folgt aus (2.140) für den zulässigen wirksamen Aufschub

$$a_\mathrm{w\,zul} = \frac{D_0 \sigma_\mathrm{zul}}{2E \tan \beta} \, . \tag{2.166}$$

Für das maximal übertragbare Drehmoment gilt

$$T_\mathrm{max} = \frac{1}{2} \nu_\mathrm{ru} F_\mathrm{N} D_\mathrm{m} \, . \tag{2.167}$$

Weiter folgt mit $a_\mathrm{w} = a_\mathrm{w\,zul}$ unter Beachtung von (2.150)

$$T_\mathrm{max} = \frac{\pi}{2} \frac{\nu_\mathrm{ru}}{\cos \beta} l D_\mathrm{m} E \,(1 - Q_\mathrm{m}^2) \left(a_\mathrm{w\,zul} \tan \beta - \frac{l}{2} \tan \gamma \right) . \tag{2.168}$$

Mit (2.166) wird hieraus

$$T_\mathrm{max} = \frac{\pi}{2} \frac{\nu_\mathrm{ru}}{\cos \beta} l D_\mathrm{m} E \,(1 - Q_\mathrm{m}^2) \left(\frac{D_0 \sigma_\mathrm{zul}}{2E} - \frac{l}{2} \tan \gamma \right) . \tag{2.169}$$

Gemäß (2.169) hängt das maximal übertragbare Drehmoment stark von der Abweichung γ des Einstellwinkels ab. Das größte übertragbare Drehmoment ergibt sich für $\gamma = 0$

$$T_\mathrm{max}\big|_{\gamma = 0} = \frac{\pi}{2} \frac{\nu_\mathrm{ru}}{\cos \beta} l D_\mathrm{m} E \,(1 - Q_\mathrm{m}^2)\, a_\mathrm{w\,zul} \tan \beta \, . \tag{2.170}$$

Das kleinste übertragbare maximale Drehmoment folgt unter Beachtung von (2.141) aus (2.168)

$$T_\mathrm{max}\big|_{\gamma = \gamma_\mathrm{zul}} = \frac{\pi}{4} \frac{\nu_\mathrm{ru}}{\cos \beta} l D_\mathrm{m} E \,(1 - Q_\mathrm{m}^2)\, a_\mathrm{w\,zul} \tan \beta \, . \tag{2.171}$$

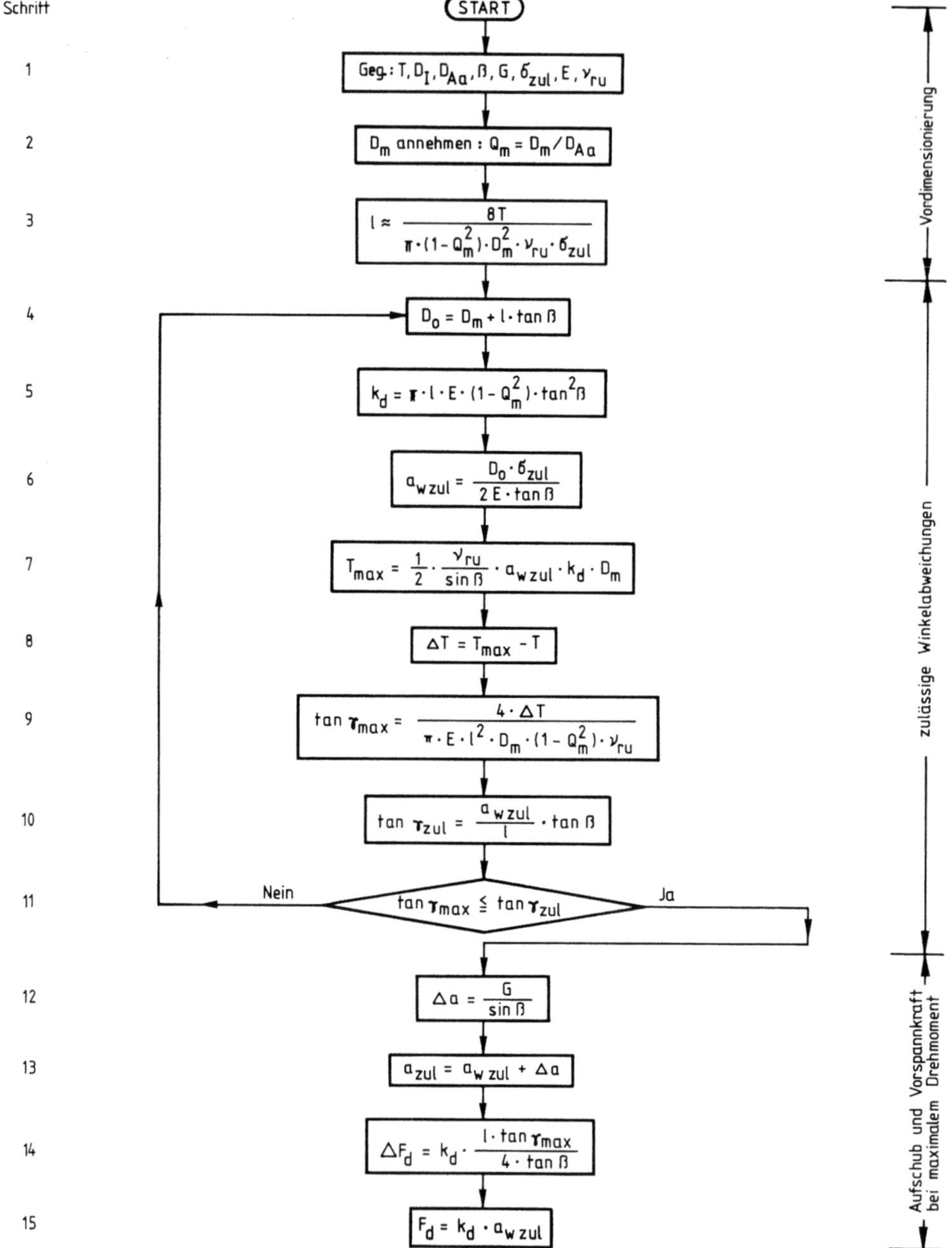
Schritt
START
1 Geg.: $T, D_I, D_{Aa}, \beta, G, \delta_{zul}, E, \nu_{ru}$
2 D_m annehmen : $Q_m = D_m / D_{Aa}$
3 $l \approx \dfrac{8\,T}{\pi \cdot (1 - Q_m^2) \cdot D_m^2 \cdot \nu_{ru} \cdot \delta_{zul}}$
4 $D_o = D_m + l \cdot \tan\beta$
5 $k_d = \pi \cdot l \cdot E \cdot (1 - Q_m^2) \cdot \tan^2\beta$
6 $a_{w\,zul} = \dfrac{D_o \cdot \delta_{zul}}{2\,E \cdot \tan\beta}$
7 $T_{max} = \dfrac{1}{2} \cdot \dfrac{\nu_{ru}}{\sin\beta} \cdot a_{w\,zul} \cdot k_d \cdot D_m$
8 $\Delta T = T_{max} - T$
9 $\tan\tau_{max} = \dfrac{4 \cdot \Delta T}{\pi \cdot E \cdot l^2 \cdot D_m \cdot (1 - Q_m^2) \cdot \nu_{ru}}$
10 $\tan\tau_{zul} = \dfrac{a_{w\,zul}}{l} \cdot \tan\beta$
11 Nein $\tan\tau_{max} \leqq \tan\tau_{zul}$ Ja
12 $\Delta a = \dfrac{G}{\sin\beta}$
13 $a_{zul} = a_{w\,zul} + \Delta a$
14 $\Delta F_d = k_d \cdot \dfrac{l \cdot \tan\tau_{max}}{4 \cdot \tan\beta}$
15 $F_d = k_d \cdot a_{w\,zul}$
Vordimensionierung
zulässige Winkelabweichungen
Aufschub und Vorspannkraft bei maximalem Drehmoment

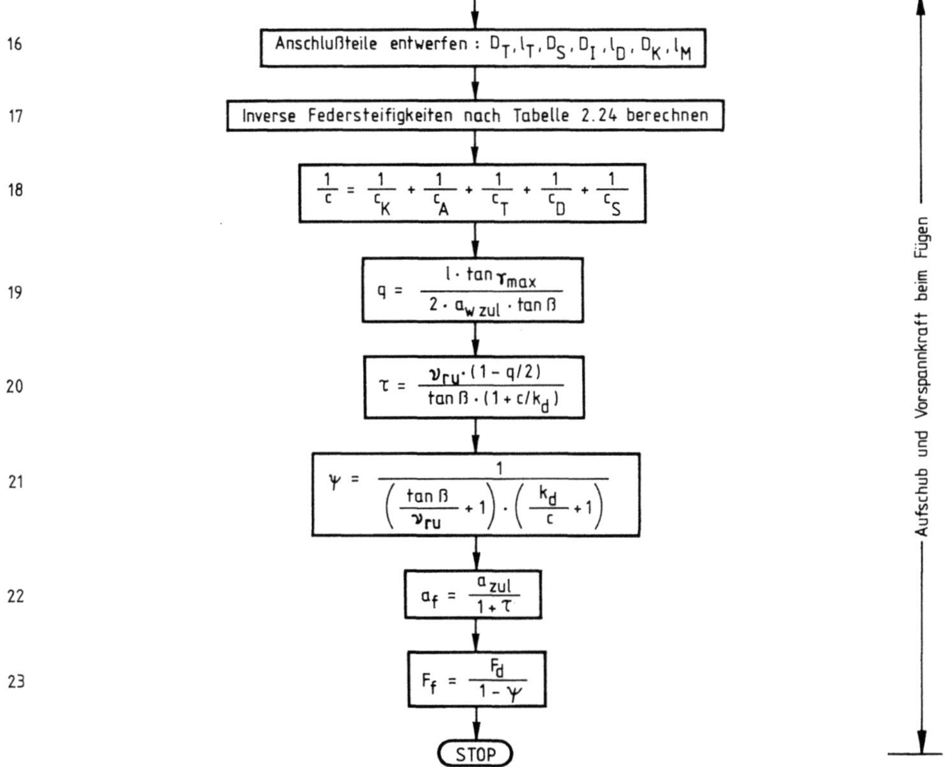

Bild 2.46. Flußdiagramm für die Auslegung von Kegelpreßverbänden

Durch Vergleich von (2.170) mit (2.169) ergibt sich

$$T_{max}\big|_{\gamma = \gamma_{zul}} = \frac{1}{2} T_{max}\big|_{\gamma = 0}. \tag{2.172}$$

Hieraus leitet Schmid [2.60] eine Überschlagsformel für die Dimensionierung der Länge l eines Kegelpreßverbandes ab. Die ungünstigsten Verhältnisse stellen sich ein, wenn die Abweichung des Einstellwinkels gleich dem zulässigen Wert wird. Mit $\cos \beta \approx 1$ und $D_0 \approx D_m$ folgt aus (2.172) und (2.166) für das gegebene Drehmoment

$$T \approx \frac{\pi}{8} v_{ru} l D_m^2 (1 - Q_m^2)\, \sigma_{zul} \tag{2.173}$$

und für die Länge des Kegelpreßverbandes

$$l \approx \frac{8T}{\pi(1 - Q_m^2)\, D_m^2 v_{ru} \sigma_{zul}}. \tag{2.174}$$

Der Dimensionierungsformel (2.174) liegt die Vorstellung zugrunde, daß das Drehmoment bei größter zulässiger Abweichung des Einstellwinkels übertragen werden muß. Daher wird nach (2.174) eine zu große Länge des Kegelpreßverbandes berechnet. Deshalb darf die berechnete Länge l keinesfalls aufgerundet werden. Eine

Abrundung wirkt sich dagegen nicht negativ auf die Übertragungsfähigkeit des Kegelpreßverbandes aus.

In Bild 2.46 ist ein Flußdiagramm für die Auslegung eines Kegelpreßverbandes angegeben. Zum besseren Verständnis werden, soweit erforderlich die einzelnen Schritte des Flußdiagramms im folgenden kurz erläutert.

In Schritt 7 wird das maximal übertragbare Drehmoment unter der Voraussetzung eines Preßverbandes ohne Abweichung des Einstellwinkels berechnet. Bei der weiteren Berechnung wird von der Vorstellung ausgegangen, daß der Überschuß ΔT über das tatsächliche Drehmoment T (Schritt 8) durch eine Winkelabweichung γ_{max} aufgezehrt werden darf. Aus Gl. (2.170) und (2.141) ergibt sich daher

$$\Delta T = \frac{\pi}{4} \frac{v_{\mathrm{ru}}}{\cos \beta} \, l^2 D_{\mathrm{m}} E (1 - Q_{\mathrm{m}}^2) \tan \gamma_{\mathrm{max}} \, . \tag{2.175}$$

Durch Auflösen nach $\tan \gamma_{\mathrm{max}}$ folgt die in Bild 2.46, Schritt 9, angegebene Beziehung. Die so berechnete größte Winkelabweichung, bei der der Drehmomentüberschuß aufgezehrt ist, muß kleiner sein als diejenige Winkelabweichung, bei der der Fugendruck am verjüngten Ende der Sitzfläche den Wert Null annimmt. Diese Abfrage wird in Schritt 11 durchgeführt. Wird die Bedingung 11 verletzt, so ist zweckmäßigerweise bei sonst ungeänderten Daten eine neue Auslegung ab Schritt 4 mit verkleinerter Sitzlänge durchzuführen. In den Schritten 12 bis 15 wird die Vorspannkraft bei der Übertragung des größten Drehmoments ermittelt. Dies ist der kleinste Wert, den die Vorspannkraft im Betrieb annehmen kann.

Sofern dies noch nicht geschehen ist, sind in Schritt 16 die Anschlußteile zu entwerfen. In den Schritten 19 bis 23 werden der Aufschub a_{f} beim Fügen und die sich dabei einstellende Vorspannkraft F_{f} berechnet. Der Aufschub a_{f} beim Fügen ist in der Werkstattzeichnung für die Montage anzugeben. Die Vorspannkraft F_{f} stellt den größtmöglichen Wert dar. Sie ist maßgebend für die Dimensionierung der Schraube.

Die in Schritt 9 ermittelte maximale Abweichung des Einstellwinkels ist auf die Toleranz $\Delta\alpha$ des Kegelwinkel α (vgl. Bild 2.41) umzurechnen

$$\Delta\alpha = 2\gamma_{\mathrm{max}} \approx 2 \tan \gamma_{\mathrm{max}} \, . \tag{2.176}$$

Gemäß DIN 7178 muß die Toleranz des Kegelwinkels auf die Anteile von Innen- und Außenteil aufgeteilt werden. Damit sich eine obere Anlage ergibt, muß die Kegelwinkeltoleranz für den Außenkegel positiv und für den Innenkegel negativ gewählt werden.

Gestaltungsrichtlinien

Die meisten der folgenden Hinweise finden sich bei Schmid [2.60].

a) Die Kegelneigung ist auf jeden Fall selbsthemmend zu wählen. Bei Teilen aus Stahl bedeutet dies $C \leq 1\!:\!5$ (vgl. auch Gl. (2.145)).

b) Die Umfangskraft aus Drehmoment soll unbedingt kraftschlüssig übertragen werden. Daher sind im Gegensatz zu DIN 1448 und DIN 1449 in richtig ausgelegten Kegelpreßverbänden keine Paßfedern anzuordnen. Auf die negativen Auswirkungen einer Paßfeder wurde bereits in Abschnitt 2.1.5 hingewiesen.

c) Bei der Montage wird der Kegelpreßverband durch Anziehen der Schraube gefügt, wobei das Außenteil um den Fügeaufschub a_{f} auf den Kegelbolzen aufrutscht. Es ist zweckmäßig, den Fügeaufschub durch eine Längenmessung zu kontrollieren. Weniger genau ist eine Kontrolle der Vorspannkraft F_{f} mit Hilfe eines Drehmomentschlüssels, da diese von den Reibungsverhältnissen im Gewinde abhängt.

d) Bei der Belastung mit Drehmoment führt das Außenteil eine schraubenförmige Aufschubbewegung aus, die beim maximalen Drehmoment zum Stillstand kommt.

Dabei vergrößert sich der axiale Aufschub a_{d} gegenüber dem Fügezustand, während die Vorspannkraft absinkt. Aus diesem Grund empfiehlt Schmid, mit Hilfe einer hydraulischen Montagevorrichtung, welche die Vorspannkraft konstant erhält, den Kegelpreßverband unmittelbar nach dem Fügen mit dem maximal übertragbaren Drehmoment zu belasten. Dadurch schiebt sich das Außenteil weiter auf das Innenteil auf, wobei durch Messung zu kontrollieren ist, daß der zulässige Aufschubweg

$$a_{\mathrm{zul}} = a_{\mathrm{w\,zul}} + \frac{G}{2\tan\beta} \qquad (2.177)$$

nicht überschritten wird. In (2.177) ist der wirksame zulässige Aufschub $a_{\mathrm{w\,zul}}$ nach Bild 2.46, Schritt 6, einzusetzen. Als Folge dieser Vorbehandlung bei der Montage treten im Betrieb keine weiteren schraubenförmigen Verschiebungen zwischen Innen- und Außenteil auf, sofern das berechnete maximal übertragbare Drehmoment (Bild 2.46, Schritt 7) nicht überschritten wird. Unabhängig davon setzt bei Überschreiten eines schlupflos übertragbaren Grenzdrehmoments (vgl. Abschnitt 2.1.4) Mikrogleiten in einem Teil des Verbandes ein. Jedoch existieren derzeit noch keine Berechnungsgleichungen für die Ermittlung des schlupflosen Grenzdrehmoments an einem Kegelpreßverband.

e) Günstig ist es, Schraubenbolzen und Druckhülse eines Kegelpreßverbandes mit geringer Steifigkeit auszuführen. In Analogie zur Dehnschraubenverbindung wird dadurch ein verhältnismäßig geringer Abfall der Vorspannkraft bei großem zusätzlichen Aufschub zwischen Fügen und dem Zustand der maximalen Drehmomentübertragung erreicht. Eine derartige Konstruktion (vgl. Bild 2.40) ist insbesondere dann zu empfehlen, wenn der Kegelpreßverband nicht unmittelbar nach der Montage mit dem maximalen Drehmoment belastet werden kann.

f) Die Mutter eines Kegelpreßverbandes ist formschlüssig gegen Losdrehen infolge Verlustes der Vorspannkraft zu sichern.

g) Kegelpreßverbände, die größere Drehmomente übertragen müssen, sind axial zu verspannen. Ein nichtverspannter, selbsthemmender Kegelpreßverband löst sich bei Überschreiten des maximal zulässigen Drehmoments augenblicklich.

2.2.2 Fügen von Kegelpreßverbänden nach dem Drucköleverfahren

Wiederholt zu montierende Kegelpreßverbände lassen sich sehr einfach mit Hilfe des Drucköleverfahrens fügen und lösen. Der Grundgedanke des Verfahrens besteht darin, Öl mit hohem Druck zwischen die Fügeflächen eines Verbandes zu pressen. Dadurch bildet sich zwischen den Fügeflächen ein dünner Ölfilm aus, welcher die Reibung wesentlich vermindert.

In Bild 2.47 ist der schematische Verlauf des Fugendrucks in Anlehnung an Bratt [2.4] dargestellt. Während Bratt von einem zylindrischen Preßverband ausgeht, werden hier die Erkenntnisse über den Verlauf des Fugendrucks am kegeligen Preßverband nach Abschnitt 2.2.1 angewendet, wobei von einer winkelabweichungsfreien Anlage ausgegangen wird. Bild 2.47a zeigt die Verteilung des Fugendrucks im ölfreien Zustand. Die Spannungsüberhöhungen kommen durch Kantenpressung und die Kerbwirkung der umlaufenden Zuführnut für das Drucköl zustande. In Bild 2.47b ist der Zustand dargestellt, nachdem Öl unter hohem Druck durch die Zuführbohrung des Außenteils eingeführt wurde. Es bildet sich eine im mittleren Bereich des Sitzes gleichmäßige Druckverteilung aus, die lediglich an den Kanten eine Überhöhung erfährt. Dadurch werden die Fügeflächen außer im Bereich der Kanten durch einen dünnen Ölfilm voneinander getrennt. Infolge der verminderten Reibung zwischen Innen- und Außenteil lassen sich diese mit wesentlich kleineren

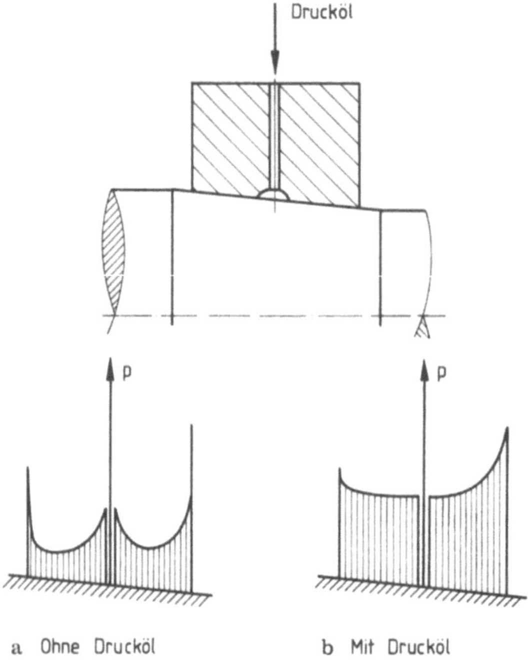

Bild 2.47a u. b. Schematischer Verlauf des Fugendrucks beim Druckölverfahren (nach Bratt)

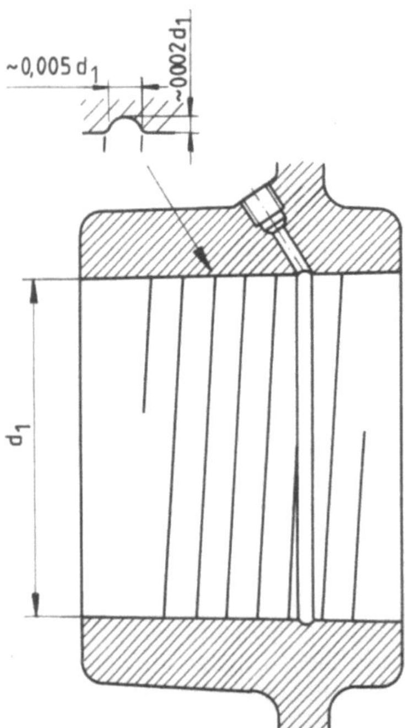

Bild 2.48. Konischer Druckölverband mit schraubenförmiger Nut für Ölablauf (nach SKF)

Axialkräften relativ zueinander verschieben als im ölfreien Zustand. Wird der Zuführdruck des Öls entlastet, so verformen sich Innen- und Außenteil in ihre Ausgangslage zurück, wodurch der eingepreßte Ölfilm aus der Fügefläche über den Zuführkanal selbständig herausgepreßt wird. Dadurch steigt der Haftbeiwert wieder auf den ursprünglichen Wert, so daß die Übertragungsfähigkeit des Verbandes nicht beeinträchtigt wird. Voraussetzung hierfür ist allerdings, daß Innen- und Außenteil rein elastisch beansprucht sind.

Gestaltungsrichtlinien

Wesentlich ist die richtige Anordnung und Ausbildung der Zuführnut innerhalb des Verbandes. Tabelle 2.25 gibt Empfehlungen für die Ausführung der Nuten. Die Anzahl und Lage der Nuten wird durch die Form der Teile und den sich daraus ergebenden unterschiedlichen Fugendruck bestimmt. Das Öl soll in der Regel innerhalb des Verbandes an der Stelle des größten Fugendrucks zugeführt werden. Bratt [2.4] empfiehlt, die Zuführnut am besten in einer Radialebene durch den Schwerpunkt des Querschnitts des Außenteils anzuordnen. Einen Vorschlag für die Gestaltung einer Nabe zeigt Bild 2.48. Damit der Verband seine volle Übertragungsfähigkeit erreicht, soll das Öl nach dem Zusammenbau so rasch und vollständig wie möglich aus der Paßfläche abfließen. Dazu dienen die schraubenförmigen Nuten.

Tabelle 2.25. Geometrie der Zuführnuten für Druckölverbände (nach SKF)

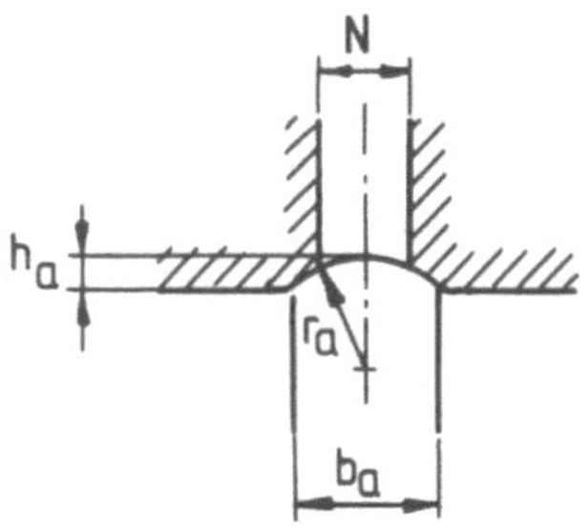

Durchmesser der Paßfläche		Nutabmessungen Allgemeine Preßverbände				Wälzlager			
über mm	bis	b_a mm	h_a	r_a	N	b_a mm	h_a	r_a	N
	30	2,5	0,5	2	2	2	0,3	2	2
30	50	3	0,5	2,5	2,5	2,5	0,5	2	2
50	100	4	0,8	3	3	3	0,5	2,5	2,5
100	150	5	1	4	4	4	0,8	3	3
150	200	6	1,25	4,5	5	4	0,8	3	3
200	250	7	1,5	5	5	5	1	4	4
250	300	8	1,5	6	6	5	1	4	4
300	400	10	2	7	7	6	1,25	4,5	5
400	500	12	2,5	8	8	7	1,5	5	5
500	650	14	3	10	10	8	1,5	6	6
650	800	16	3	12	12	10	2	7	7
800	1000	18	4	12	12	12	2,5	8	8

Nach [2.81] wird im allgemeinen ein Kegel 1:30 empfohlen. Bei Verbänden, die hohen Biegebeanspruchungen ausgesetzt sind, soll das Kegelverhältnis 1:50 und bei langen Verbänden 1:80 betragen. Zur Fertigungserleichterung werden häufig kegelige Zwischenhülsen eingesetzt (Abmessungen in [2.81]).

Hinweise für das Fügen

Beim Fügen und Lösen muß der Druck etwas höher sein als der Fugendruck. Die Wälzlagerindustrie bietet Druckölgeräte an, mit denen hydraulische Drücke bis zu 3000 bar aufgebracht werden können. Für das Fügen von großen Verbänden werden hydraulische Hilfsvorrichtungen nach Bild 2.49 eingesetzt. Da sich Druckölverbände mit kegeliger Fügefläche schlagartig lösen, ist für einen Anschlag zum Abbremsen des sich lösenden Teils (in der Regel das Außenteil) zu sorgen. Vor dem Fügen sind alle Paßflächen sorgfältig zu reinigen und zu trocknen. Anschließend sollen die kegeligen Flächen leicht eingeölt werden. Dagegen dürfen die zylindrischen Flächen bei Druckölverbänden mit konischen Zwischenhülsen nicht eingeölt werden, um die Übertragungsfähigkeit für das Drehmoment nicht zu vermindern.

Abschließend sei erwähnt, daß das Druckölverfahren mit Vorteil auch für das Lösen von Preßverbänden mit zylindrischer Fügefläche eingesetzt werden kann. Für das Fügen wird es dagegen selten angewendet, da die Teile des Verbandes in ihrer

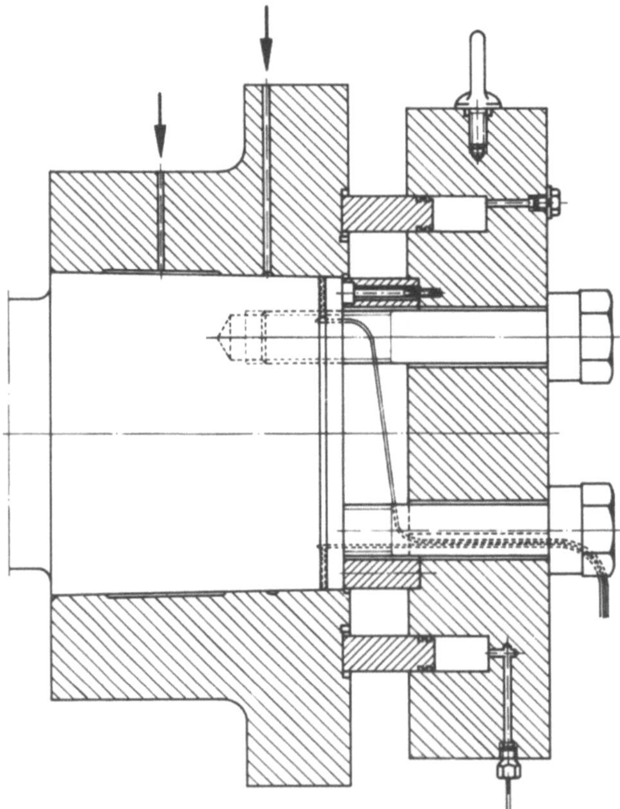

Bild 2.49. Konischer Druckölverband mit hydraulischer Spannvorrichtung (nach SKF)

gesamten Länge gegeneinander verschoben werden müssen. Dadurch bereitet insbesondere zu Beginn des Fügens der Aufbau des Ölfilms in der Paßfuge Schwierigkeiten. Daher müssen für das Fügen zylindrischer Preßverbände nach dem Druckölverfahren Sondervorrichtungen eingesetzt werden. Ein Lösen ist dagegen ohne Hilfsvorrichtung (vgl. Bild 2.50) auch dann möglich, wenn sich die Ringnut für die Ölzufuhr bereits außerhalb des Wellenendes befindet. Das Öl wird nämlich zwischen den Kanten A und B durch die Kantenpressung zurückgehalten. Da sich beim Abziehen der Ölverlust durch die fortwährende Verkleinerung des Ölraums kompensiert, kann bei zügigem Arbeiten der gesamte Verband mit kleiner Axialkraft gelöst werden.

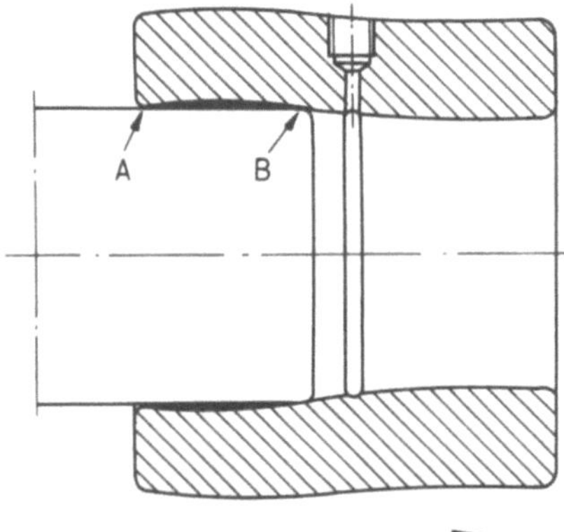

Bild 2.50. Restölfilm beim Ausbau eines zylindrischen Druckölverbandes (nach SKF)

2.3 Wellspannhülsen

Wellspannhülsen — sie werden auch als Toleranzringe bezeichnet — gehören nach Tabelle 2.1 zu den reibschlüssigen Welle-Nabe-Verbindungen mit innerer Erzeugung der radialen Vorspannung. Die Verbindung besitzt zwei zylindrische, reibschlüssige Wirkflächenpaare. Die für die Erzeugung der radialen Vorspannkraft erforderlichen Zwangsverformungen werden im wesentlichen von einem zwischen Welle und Nabe angeordneten elastischen Zwischenflied aufgenommen.

Wellspannhülsen sind geschlitzte Ringe aus dünnem Blech, die eine große Anzahl von gleichmäßig über den Umfang verteilten Längssicken aufweisen (vgl. Bild 2.51).

Bild 2.51. Wellspannhülse Bauform 1 (nach Deutsche Star)

An den axialen Enden der Sicken bleibt ein umlaufendes Zugband stehen. Je nachdem ob die Sicken gegenüber den Zugbändern radial heraus- oder hereingedrückt sind, werden die beiden Bauformen 1 und 2 unterschieden. Beide Formen lassen sich gemäß Bild 2.52 frei oder zentriert einbauen. Von Pahl und Benkler [2.51] wurden theoretische und experimentelle Untersuchungen über die radiale Federsteifigkeit, das zu übertragende Drehmoment und die Flächenpressung an der Nabe durchgeführt. Jedoch sind diese Beziehungen für den Anwender nicht auswertbar, da die Herstellerin von Wellspannhülsen in ihren Katalogen nur die für die Dimensionierung der Anschlußteile maßgebenden Abmessungen, nicht aber die zur Auswertung der Theorie von Pahl und Benkler benötigten inneren Maße (z. B. Anzahl, Breite, Höhe und Radien der Sicken) angibt. Daher muß für die Ermittlung des übertragbaren Drehmoments auf die Herstellerkataloge [2.71] zurückgegriffen werden.

Gestaltungsrichtlinien

Wellspannhülsen werden eingesetzt, um größere Bearbeitungstoleranzen zu überbrücken, Wärmedehnungen auszugleichen und Führungskräfte bzw. Drehmomente zu übertragen. Sie ermöglichen eine besonders einfache und wirtschaftliche Montage. Die Durchmesser der Wellen sind mit h9, die der Bohrungen mit H9 zu tolerieren. In Ausnahmefällen kann bis auf Qualität 11 herabgegangen werden. Bei freiem Einbau darf Mittenversatz auftreten. Zentrierter Einbau ist vorzusehen, wenn eine genaue Zentrierung erforderlich ist oder größere radiale Stöße zu erwarten sind. Es ist möglich, mehrere Wellspannhülsen axial hintereinander zu schalten. Doch müssen die einzelnen Hülsen durch Bünde vor gegenseitiger Beschädigung bei der Montage geschützt werden. Bei der Bauform 2 muß die Nut in die Welle mit kleinen Ausrundungsradien (s. [2.71]) eingestochen werden, um eine gute seitliche Anlage sicherzustellen. Dies erhöht jedoch die Kerbwirkung (vgl. Abschnitt 5).

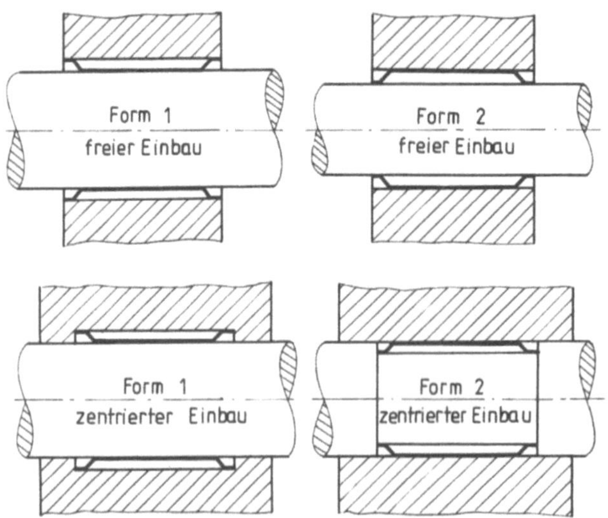

Bild 2.52. Einbau von Wellspannhülsen (nach Pahl und Benkeler)

2.4 Keilverbindungen

Nach Tabelle 2.1 wird bei allen Keilverbindungen die für den Kraftschluß erforderliche Vorspannkraft durch axiales Eintreiben eines im allgemeinen ebenen Keils in die Verbindung erzeugt. Der Keil dient zur Umlenkung und Verstärkung der Eintreibekraft. Bei manchen Keilverbindungen kann zusätzlich zum Reib- noch Formschluß auftreten. Aus Sicherheitsgründen werden Keilverbindungen gewöhnlich ausschließlich auf reibschlüssige Kraftübertragung ausgelegt.

Bild 2.53 zeigt die gebräuchlichen Bauformen von Keilverbindungen. Hohlkeile (a) wirken immer (auch bei Überlastung) reibschlüssig. Wie Flachkeile können sie nur verhältnismäßig kleine Drehmomente übertragen. Flach-, (b), Nuten- (c) und Scheibenkeile (e) wirken bei Überlastung (Überschreiten des Rutschmoments) formschlüssig. Bei den Scheiben- und Nutenkeilen ist das übertragbare Drehmoment größer als bei Flachkeilen. Scheibenkeile sind selbsteinstellend und daher preisgünstig zu montieren. Jedoch wird die Welle durch die tief eingefräste Nut erheblich auf Kerbwirkung beansprucht (vgl. Abschnitt 5). Rundkeile (Längskegelstifte) (f) übertragen kleine Drehmomente durch kombinierten Kraft- und Formschluß. Bei Tangentkeilen wird die Verbindung durch zwei um 120° versetzte Keilpaare (d) nicht nur in radialer sondern auch in Umfangsrichtung verspannt. Es kommt zwischen Welle und Nabe zu einer Dreipunktauflage. Tangentkeile übertragen große, wechselnde, auch stoßhaft wirkende Drehmomente spielfrei.

Bei allen Keilverbindungen werden die Vorspannkräfte im wesentlichen durch elastische Verformungen von Welle und Nabe verursacht. Demgegenüber sind die Deformationen des Keils für die Erzeugung der Vorspannkräfte von untergeordneter Bedeutung.

Bemessung von Keilverbindungen

Die bei der Verspannung wirkenden Kräfte werden als Musterbeispiel in Bild 2.54 für den Nutenkeil dargestellt. Der Reibungswinkel ϱ berechnet sich aus

$$\tan \varrho = \mu_e \,. \tag{2.178}$$

Aus Bild 2.54 folgt die Gleichgewichtsbedingung in horizontaler Richtung zu

$$F_V \tan (\beta + \varrho) + F_R - F_e = 0 \,.$$

Mit dem Coulombschen Reibgesetz gilt

$$F_V = \frac{F_e}{\tan (\beta + \varrho) + \tan \varrho} \,. \tag{2.179}$$

Die für das Austreiben des Keils erforderliche Kraft ergibt sich durch Vertauschen des Vorzeichens des Reibungswinkels. Daraus folgt die Bedingung $\beta \leqq 2\varrho$ für

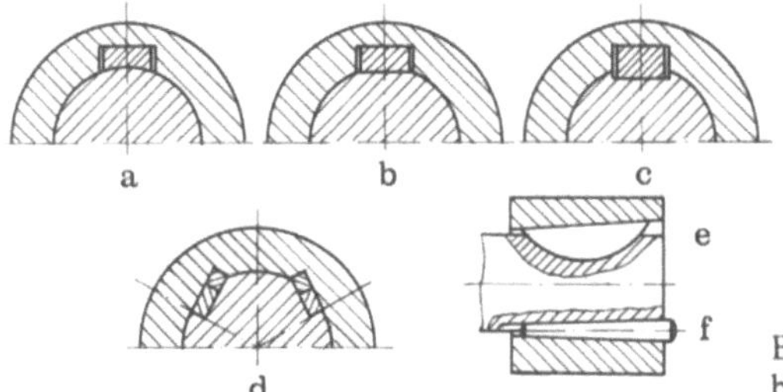

Bild 2.53a—f. Bauformen von Keilverbindungen (nach Schlottmann)

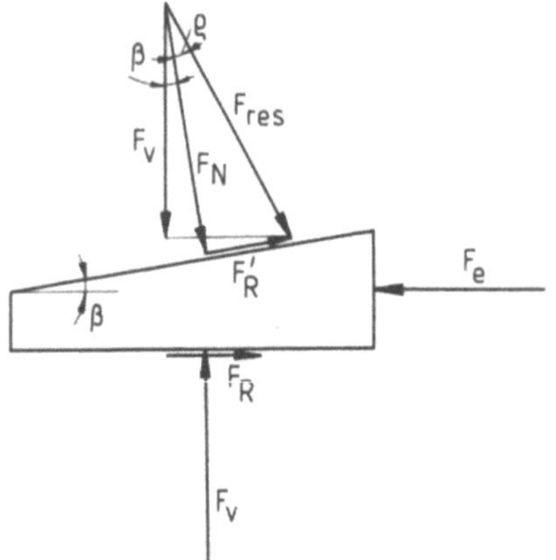

Bild 2.54. Kräfte am Nutenkeil beim Eintreiben

Selbsthemmung. Üblicherweise werden Keile mit einer Neigung 1:100 ausgeführt. Dies entspricht einem Keilwinkel von 1,146°. Für einen Reibwert $\mu_e = 0,1$ beträgt der Reibungswinkel 5,71°, so daß mit Sicherheit Selbsthemmung vorliegt. Aus Bild 2.55 ergibt sich näherungsweise für das übertragbare Drehmoment

$$T = v_{ru} F_V (D - t_1) \,. \tag{2.180}$$

Eigens für Keilverbindungen ermittelte Haftbeiwerte liegen in der Literatur nicht vor. Näherungsweise kann eine Abschätzung nach Tabelle 2.23 erfolgen. Weitere, ebenfalls auf der elementaren Mechanik aufbauende Überschlagsgleichungen für andere Keilformen finden sich bei Schlottmann [2.56].

Für den Festigkeitsnachweis wird die Flächenpressung in den Anlageflächen zwischen Keil und Welle bzw. Nabe ermittelt.

$$p = \frac{F_V}{l_{tr} b} \tag{2.181}$$

Für die zulässige Flächenpressung gelten nach Niemann [2.44] folgende Erfahrungswerte

$$\text{Nabe aus St oder GS: } p_{zul} = \frac{R_{e\,min}}{1,5 \ldots 3,0}$$

$$\text{Nabe aus GG: } \qquad p_{zul} = \frac{R_{m\,Nabe}}{2,0 \ldots 3,0} \,. \tag{2.182}$$

$R_{e\,min}$ ist die kleinste Streckgrenze in der Verbindung (Welle, Keil, Nabe). Zu beachten ist, daß die Nachrechnung auf Flächenpressung die wirklichen Beanspruchungen insbesondere in der Nabe (Tangential- und Radialspannungen) infolge der Verspannung durch den Keil nicht erfaßt. Sie stellt daher nur eine grobe Überschlagsrechnung dar.

Gestaltungsrichtlinien

Keilverbindungen sind im allgemeinen (Ausnahme: Tangentkeile) nur für die Übertragung kleinerer, einseitig oder wechselnd wirkender Drehmomente sowie zur axialen Fixierung geeignet. Sie sind nur bei verhältnismäßig geringen Umfangsgeschwindigkeiten einsetzbar, da die einseitige Verspannung leicht zu größerer Unwucht führen kann. Die Breite des Keils ist nach h9, die der Einstiche in Welle und Nabe nach E10 oder D11 zu tolerieren. Welle und Nabe sind spielfrei (z. B. H7/j6, k6) zu passen. Anhaltswerte für den Außendurchmesser der Nabe: St bzw. GS: $(1,6 \ldots 2,0)\, D$, GG: $(2,0 \ldots 2,2)\, D$.

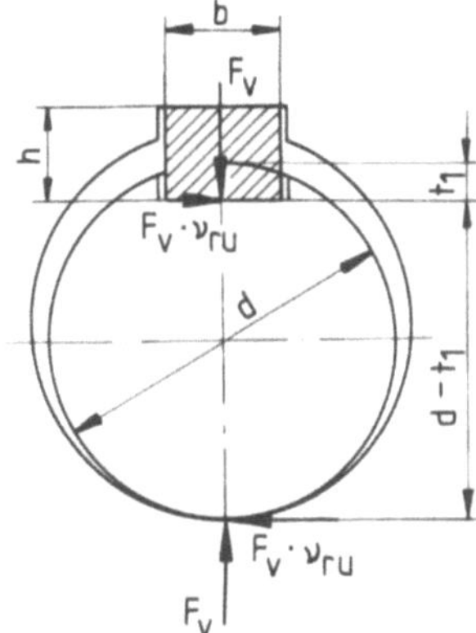

Bild 2.55. Übertragung des Drehmoments in einer Nutenkeilverbindung

2.5 Klemmverbindungen

Klemmverbindungen werden nach Tabelle 2.1 zu den reibschlüssigen Welle-Nabe-Verbindungen mit äußerer Erzeugung der Vorspannkraft und einem zylindrischen, reibschlüssigen Wirkflächenpaar gerechnet. Nach Bild 2.56 werden geteilte und geschlitzte Klemmverbindungen unterschieden. Bei beiden wird der Reibschluß mittels bei der Montage vorgespannter Schrauben erzeugt. Geteilte Verbindungen werden vorzugsweise bei nicht allzu hohen Anforderungen an die Übertragungsfähigkeit eingesetzt. Geschlitzte Verbindungen finden sich vor allem in der Feinwerktechnik, da sie preiswert zu fertigen sowie einfach zu montieren und justieren sind.

Der erforderliche Fugendruck in einer voll tragenden, geteilten Klemmverbindung folgt aus der Bedingung für Momentgleichgewicht zu

$$p = \frac{2 S_\mathrm{R} T}{\pi v_\mathrm{ru} D_\mathrm{F}^2 l}, \tag{2.183}$$

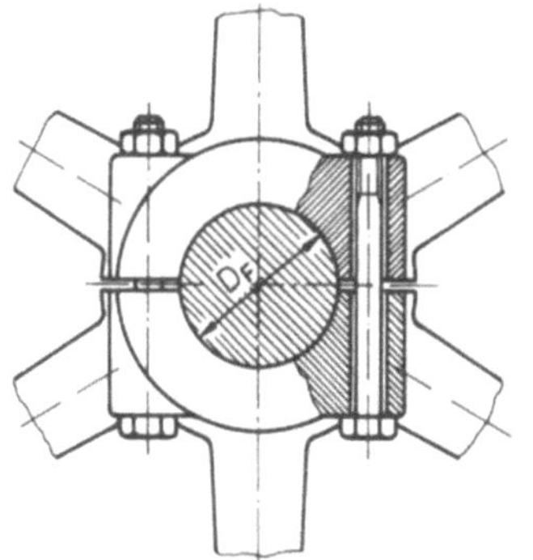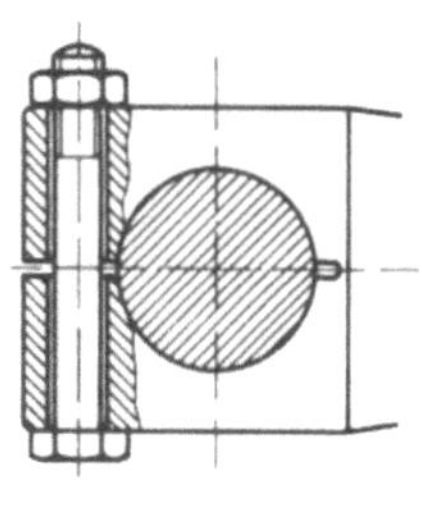

Bild 2.56. Klemmverbindung in geteilter und geschlitzter Nabe

Die zugehörige Vorspannkraft der n Schrauben ergibt sich aus

$$F_V = \frac{p l D_F}{n} \qquad (2.184)$$

Die zulässige Flächenpressung in den Wirkflächen wird nach (2.182) berechnet. Für die Bemessung der Schrauben wird auf die Literatur ([2.44] und VDI-Richtlinie 2230) verwiesen.

Zu vermeiden ist punktförmige Berührung zwischen Innen- und Außenteil. Aus Bild 2.57 folgt für das übertragbare Drehmoment in diesem Fall

$$T = v_{ru} D_F F_V \, .$$

Bei gleicher Vorspannung ist es also um den Faktor $2/\pi$ oder 32% kleiner als bei satter Auflage. Daher ist diese durch einen leichten Preßsitz (z. B. H8/m7) sicherzustellen.

Der angegebene elementare Berechnungsgang für Klemmverbindungen geht nicht auf die in Welle und Nabe entstehenden Spannungen ein. Eine einigermaßen genaue Spannungsermittlung für die Nabe ist wegen ihrer im allgemeinen komplizierten geometrischen Form schwierig. Für geschlitzte Klemmverbindungen hat Eberhard [2.6, 2.7] ausführliche, durch Versuche abgestützte Berechnungsunterlagen ermittelt.

Gelegentlich werden selbsthemmende Klemmringe eingesetzt. Nach Bild 2.58 liegt Selbsthemmung vor, wenn zwischen der antreibenden Kippkraft F_k und der hemmenden Reibkraft F_R folgende Bedingung erfüllt ist

$$F_k \leqq 2F_R \, .$$

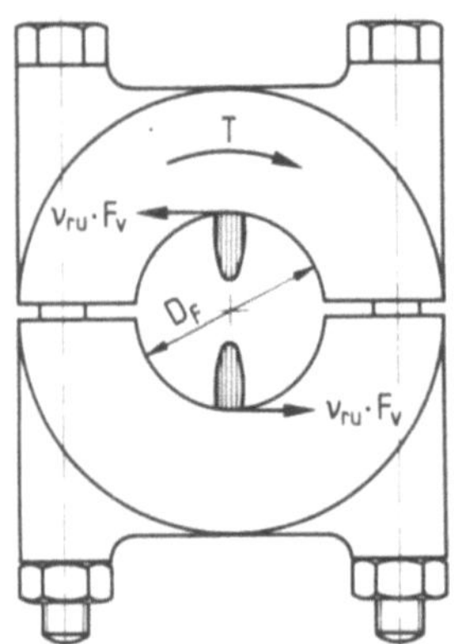

Bild 2.57. Momentengleichgewicht am punktweise tragenden Klemmverband

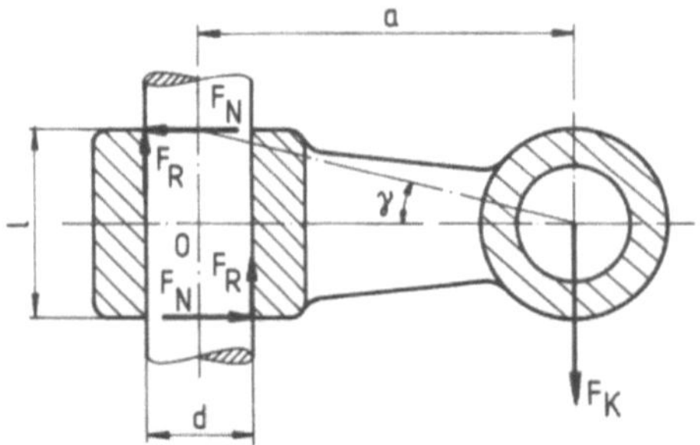

Bild 2.58. Selbsthemmender Klemmring

Mit dem konstanten Haftbeiwert v_{rl} an der Rutschgrenze gilt

$$F_{\mathrm{R}} = v_{\mathrm{rl}}F_{\mathrm{N}} \, .$$

Aus dem Momentengleichgewicht um den Mittelpunkt 0 des Klemmrings ergibt sich

$$F_{\mathrm{k}}a - F_{\mathrm{N}}l_{\mathrm{k}} = 0 \, .$$

Daraus folgt die Bedingung der Selbsthemmung zu

$$l/(2a) \leqq v_{\mathrm{rl}} \, . \tag{2.185}$$

2.6 Konische Spannverbindungen

Die konischen Spannverbindungen weisen nach Tabelle 2.1 eine oder zwei zylindrische Wirkflächenpaare auf. Zusätzlich sind ein oder mehrere konische Wirkflächenpaare angeordnet. Zwischen den zylindrischen und konischen Wirkflächenpaaren findet Funktionstrennung statt. In den zylindrischen Wirkflächenpaaren werden die Umfangs- und/oder äußeren Axialkräfte zwischen Welle und Nabe reibschlüssig übertragen. Die konischen Wirkflächenpaare dienen zur Umlenkung und Vergrößerung der mittels Schrauben aufgeprägten axialen Vorspannkräfte. Sie können inner- oder außerhalb des Flusses der von der Welle-Nabe-Verbindung zu übertragenden Kräfte liegen. Beim Aufbringen der axialen Vorspannkraft mittels Schrauben erfolgen in den konischen Wirkflächenpaaren Relativverschiebungen. Diese führen zu (bei sachgemäßer Auslegung rein elastischen) Zwangsverformungen in den an die konischen Wirkflächen angrenzenden Teile des Maschinenelements. Hierdurch wird in den zylindrischen Wirkflächenpaaren die für den Reibschluß erforderliche radiale Vorspannkraft aufgebaut.

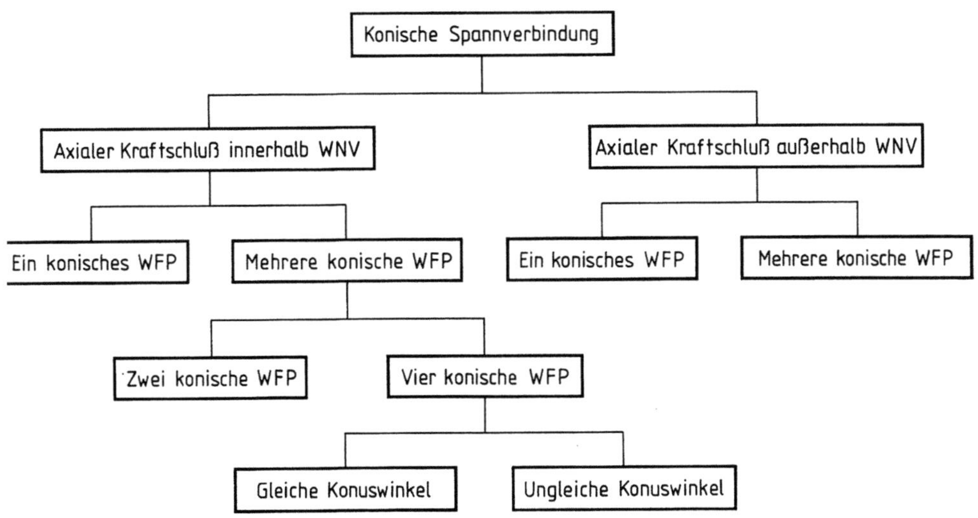

Bild 2.59. Einteilung der konischen Spannverbindungen

Konische Spannverbindungen werden durchweg kommerziell hergestellt. Es gibt eine große Anzahl verschiedener Ausführungen, die durch Variation der folgenden Merkmale entstehen: Schluß der Axialkraft (inner- oder außerhalb des Maschinenelements), Anzahl, geometrische Gestalt und Anordnung der konischen Wirkflächenpaare sowie Anzahl der zylindrischen Wirkflächenpaare. Eine Einteilung zeigt Bild 2.59.

Im folgenden wird auf die verschiedenen Bauformen eingegangen, und es werden deren besondere konstruktive Einsatzmöglichkeiten angegeben. Ferner wird auf Fragen der festigkeitsmäßigen Auslegung und die Wahl der Toleranzen hingewiesen.

2.6.1 Konische Spannsätze mit äußerem Schluß der Axialkraft

Bei den Spannsätzen mit äußerem Schluß der Axialkraft werden die zur Energiezufuhr benötigten Schrauben in den Anschlußteilen (Welle oder Nabe) verschraubt. In der Praxis eingebürgert haben sich vor allem die Kegelspannringe.

Kegelspannringe

Ein Satz Spannringe besteht aus zwei koaxial angeordneten konischen Ringen, von denen einer zylindrisch am Außendurchmesser (Innendurchmesser der Nabe), der andere am Innendurchmesser (Außendurchmesser der Welle) ist. Es wird zwischen naben- und wellenseitig verspannten Verbindungen unterschieden (vgl. Bild 2.60).

Bei der Montage liegen zunächst der Außen- und Innenring mit Spiel in den Fugen zwischen Welle und Nabe. Um die Summe dieser Spiele müssen sich beide Ringe verformen, damit sie zur Anlage an die Anschlußteile kommen. Es sei S das größte Spiel zwischen Außenring und Bohrung bzw. Innenring und Welle. Nach [2.78]

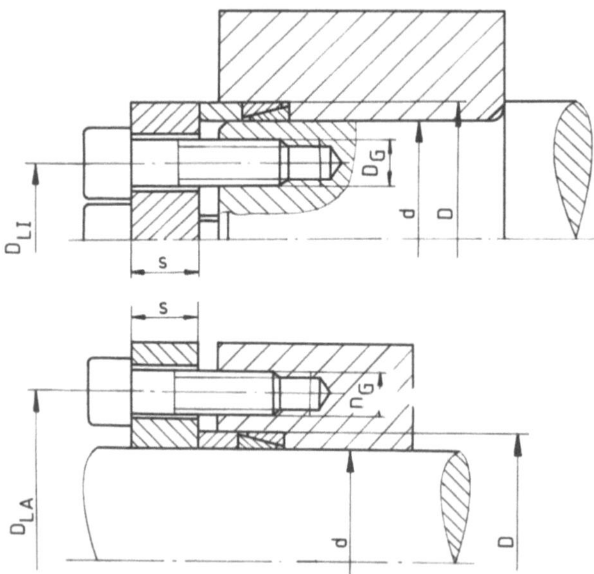

Bild 2.60. Wellen- und nabenseitig verspannte Kegelspannringe (nach Ringfeder)

berechnet sich die für die Spielüberbrückung erforderliche Spannkraft F_{a0} für geölt eingebaute Spannringe zu

$$F_{a0} \approx 277\,000\,lS\,\frac{D-d}{D+d}\,. \tag{2.186}$$

(2.186) ist eine Zahlenwertgleichung (alle Maße in mm, F_{a0} in N). Erst wenn die gesamte von den Schrauben aufgeprägte Axialkraft F_{ages} größer ist als F_{a0}, wird die für den Reibschluß erforderliche Normalkraft aufgebaut. Die für die Übertragung der Umfangs- bzw. Axialkraft wirksame Vorspannkraft F_{a1} ergibt sich zu

$$F_{a1} = F_{ages} - F_a\,. \tag{2.187}$$

Wird die Spannkraft über F_{a0} hinaus gesteigert, so verformen sich die Spannringe (bei richtiger Auslegung rein elastisch) in axialer und radialer Richtung. Dabei gleiten die beiden Spannringe entlang der konischen Wirkfläche und an den zylindrischen Außenflächen relativ zu den Anschlußteilen. Diesen Gleitbewegungen wirken entsprechende Reibkräfte entgegen. In Bild 2.61 sind die axial auseinander gerückten Ringe eines Spannsatzes und die an ihnen angreifenden Kräfte eingezeichnet. Für die keilförmigen Ringe gelten die Beziehungen des Keils und damit folgt aus (2.179) für die radiale Vorspannkraft

$$F_V = \frac{F_{a1}}{\tan\,(\beta + \varrho) + \tan \varrho}\,. \tag{2.188}$$

Für das Gleichgewicht in horizontaler Richtung am inneren Ring 2 gilt nach Bild 2.61

$$F_V \tan\,(\beta + \varrho) - F_V \tan \varrho - F_{a2} = 0\,.$$

Unter Beachtung von (2.188) ergibt sich schließlich für die am inneren Ring angreifende Axialkraft

$$F_{a2} = \frac{\tan\,(\beta + \varrho) - \tan \varrho}{\tan\,(\beta + \varrho) + \tan \varrho}\,F_{a1}\,.$$

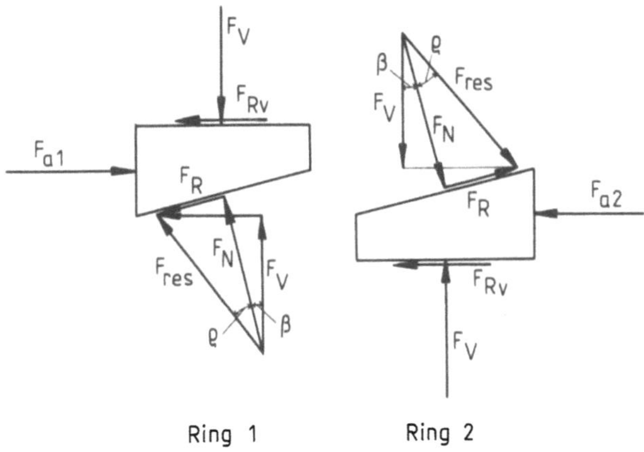

Bild 2.61. Kegelspannringe mit angreifenden Kräften

Die von den Spannringen übertragene Axialkraft wird also durch die an den zylindrischen Wirkflächen angreifenden Reibungskräfte reduziert und es läßt sich schreiben

$$F_{a2} = q F_{a1} \ . \tag{2.189}$$

Für den Abminderungsfaktor q folgt unter Beachtung des Additionstheorems für die Tangensfunktion und der Definitionsgleichung (2.178) für den Reibwinkel

$$q = \frac{(1 + \mu^2) \tan \beta}{2\mu + (1 - \mu^2) \tan \beta} \ .$$

Da bei handelsüblichen Spannsätzen $\mu^2 \ll 1$ ist, gilt nach Friedrichs [2.12] näherungsweise

$$q = \frac{\tan \beta}{2\mu + \tan \beta} \ . \tag{2.190}$$

Für handelsübliche Spannsätze ($\tan \beta = 0{,}3$) im eingeölten Zustand ($\mu = 0{,}12$) ist der Abminderungsfaktor $q = 0{,}556$.

Das von einem Satz Spannringe übertragbare Drehmoment errechnet sich unter Benutzung von (2.183) zu

$$T = \frac{F_{a1}}{\tan (\beta + \varrho) + \tan \varrho} \, \mu \, \frac{d}{2} \ .$$

Näherungsweise gilt wieder

$$T = \frac{F_{a1}}{2\mu + \tan \beta} \, \mu \, \frac{d}{2} \ . \tag{2.191}$$

Grundsätzlich wird eine Vergrößerung des übertragbaren Drehmoments durch axiale Reihenschaltung mehrerer Sätze von Spannringen erreicht. Die von den einzelnen Spannringen aufeinander übertragenen Axialkräfte und damit das insgesamt übertragbare Drehmoment hängen von der Verspannung (wellen- oder nabenseitig) und der geometrischen Anordnung der einzelnen Spannringe zueinander ab. Für den Fall, daß zwei Sätze Spannringe gepaart werden, finden sich hierzu nähere Ausführungen bei Müller [2.43].

Der größte reibungsbedingte Verlust an axialer Spannkraft von Element zu Element ergibt sich, wenn n Sätze Spannringe wellenseitig gespannt werden (vgl. Bild 2.60). Die Axialkraft von einem Satz Spannringe zum nächsten nimmt gemäß (2.189) ab. Entsprechend verhalten sich die radialen Vorspannkräfte.

Für die gesamte übertragene Axialkraft F_{an} der n axial hintereinander geschalteten Sätze von Spannringen ergibt sich die geometrische Reihe

$$F_{an} = F_{a1}(1 + q + q^2 + , \dots , + q^n)$$

oder zusammengefaßt

$$F_{an} = \frac{q^n - 1}{q - 1} F_{a1} \ .$$

Da gemäß (2.190) das übertragbare Drehmoment proportional der übertragenen Axialkraft ist, gilt entsprechend

$$T_n = \frac{q^n - 1}{q - 1} T \ . \tag{2.192}$$

Hierin ist T das übertragbare Drehmoment eines Spannsatzes nach (2.190). Mit $q = 0{,}556$ folgt aus (2.192), daß es unwirtschaftlich ist, mehr als vier Sätze Spannringe hintereinander[13] zu schalten. (2.192) berücksichtigt den größten, reibungsbedingten Abfall der übertragbaren Axialkraft. Es liegt daher für andere Anordnungen der Spannringe auf der sicheren Seite. Daher ist es üblich, es allgemein für die Berechnung des übertragbaren Drehmoments heranzuziehen.

Die Ermittlung des übertragbaren Drehmoments bzw. der übertragbaren Axialkraft eines Satzes handelsüblicher Spannringe erfolgt nach Katalogangaben der Hersteller [2.78, 2.79].

Die festigkeitsmäßige Auslegung der Welle und Nabe ist wegen der Streuung der Reibwerte und der unterschiedlichen Formgebung beider Partner schwierig. Überschlagsweise kann sie nach empirisch modifizierten Gleichungen erfolgen, die auf der Theorie des dickwandigen Rohrs beruhen (vgl. Abschnitt 2.1.1). Diese sind ebenfalls den Katalogen der Hersteller zu entnehmen.

Gestaltungsrichtlinien

Konische Spannringe zentrieren nicht. Es sind daher immer eigene, ausreichend lange Zentrierungen vorzusehen. Zentrale Spannschrauben sind ungünstig und nur bei kleineren, in einer Richtung wirkenden Kräften zulässig. Mehrere wellen- oder nabenseitig angeordnete Spannschrauben ergeben größere axiale Vorspannkräfte bei Anzugsdrehmomenten, die bei der Montage noch beherrschbar sind.

Bei der Montage sind sämtliche Kontaktflächen einschließlich des Gewindes und der Kopfauflage der Spannschraube zu reinigen und anschließend einzuölen. Die Spannschrauben müssen über Kreuz angezogen werden. Der Druckflansch darf dabei keinesfalls die Nabe berühren. Der Spalt zwischen Druckflansch und Nabe soll möglichst gleichmäßig sein. Handelsübliche Spannringe sind selbstlösend ausgeführt. Konstruktionsbedingt ermöglichen Spannsätze ein leichtes axiales Einstellen von Naben auf Wellen. Eine typische Anwendung im Getriebebau zeigt Bild 2.62.

2.6.2 Konische Spannsätze mit innerem Schluß der Axialkraft

Bei diesen Welle-Nabe-Verbindungen läßt sich durch Variation der Anzahl, Gestalt und Anordnung der konischen Wirkflächen eine große Mannigfaltigkeit unter-

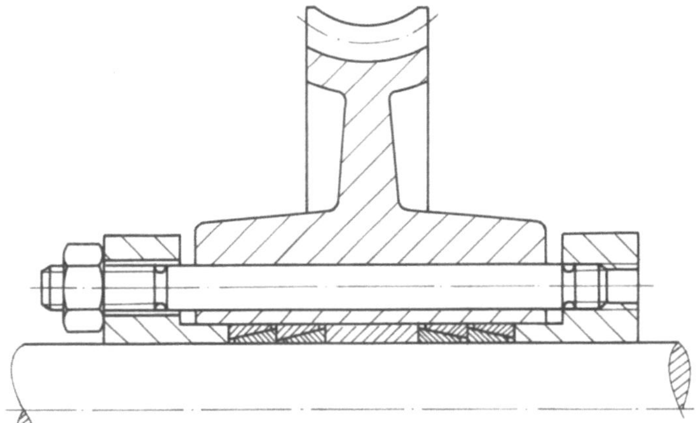

Bild 2.62. Befestigung eines Schneckenrades mittels Kegelspannringen (nach Ringspann)

---

13 Ein fünfter Spannsatz bringt nur noch einen Zuwachs von 9,5% des vom ersten Spannsatz übertragbaren Drehmoments.

schiedlicher Bauformen erzielen. Ihre Wirkung beruht stets darauf, daß die axialen Spannkräfte an der oder den konischen Wirkflächen nach dem Keilprinzip in Radialkräfte umgesetzt werden.

Kegelspannsätze

Kegelspannsätze besitzen nach Bild 2.63 ein konisches Wirkflächenpaar. Je nach Hersteller weisen die beiden einen Spannsatz bildenden Ringe einen oder keinen Schlitz in axialer Richtung auf. Das axiale Verspannen erfolgt mit Hilfe der zum Spannsatz gehörenden Schrauben. Bei der Ausführung A (Bild 2.63) verschieben sich bei der Montage Welle und Nabe zueinander. Bei der Ausführung B wird dies durch den radial auskragenden Bund des inneren Spannringes vermieden. Da die Konuswinkel selbsthemmend ausgeführt werden, sind die Spannsätze zusätzlich mit Abdrückgewinden (Abmessungen wie die Spannschrauben) versehen.

Kegelspannsätze werden dann eingesetzt, wenn an den Rundlauf der verspannten Teile besonders große Anforderungen gestellt werden müssen. Bild 2.64 zeigt die Befestigung der Welle in der Antriebstrommel für eine Förderbandanlage. Der Durchmesser der Welle kann im Innern der Trommel größer ausgeführt werden als am

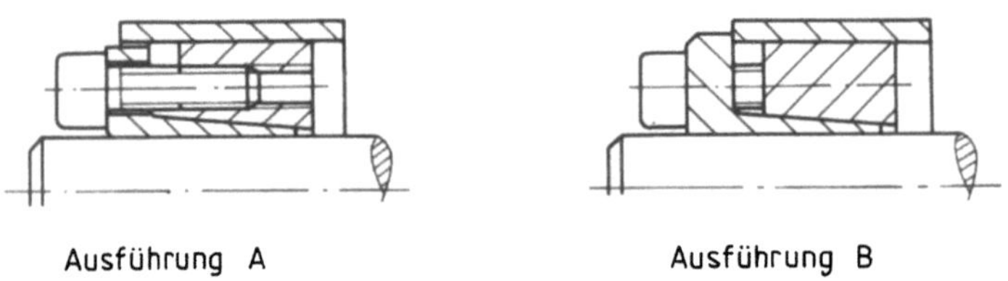

Bild 2.63. Kegelspannsätze (nach BIKON Technik)

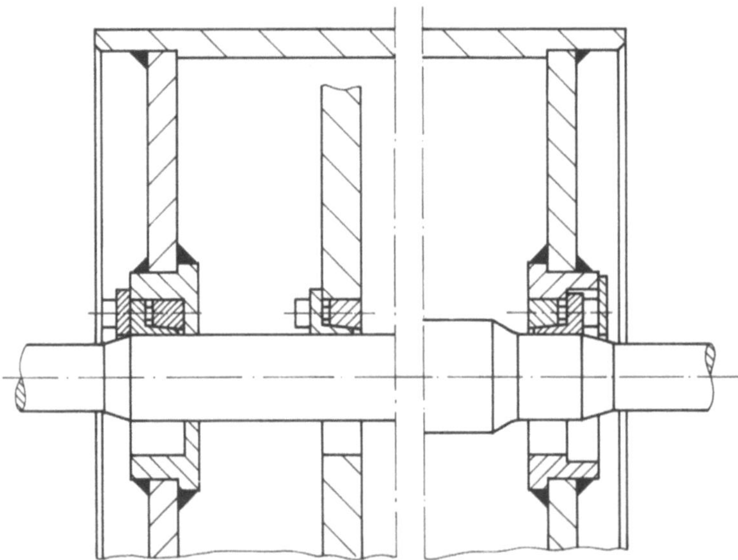

Bild 2.64. Befestigung einer Bandtrommel mittels Kegelspannsätzen (nach BIKON Technik)

Zapfen für die Aufnahme des Spannsatzes. Dadurch wird die Wellendurchbiegung verringert.

Eine Sonderform ist die konische Spannbüchse nach Bild 2.65, das die Montage (obere Bildhälfte) bzw. Demontage zeigt. Vorzugsweise wird dieses Verbindungselement für das Spannen von Keilriemenscheiben eingesetzt, die vom gleichen Hersteller mit den dazu passenden Bohrungen geliefert werden.

Zwei konische Wirkflächen

Auf dem Markt angeboten werden nur solche Verbindungselemente, bei denen die beiden konischen Wirkflächen axial versetzt sind. Das Maschinenelement nach Bild 2.66 wird nicht sehr glücklich mit dem Handelsnamen „Schrumpfscheiben" bezeichnet, obwohl man unter Schrumpfen das Ausnutzen thermischer Dehnungsunterschiede für die Erzeugung der Vorspannung versteht. Das Maschinenelement nimmt insofern eine Sonderstellung unter den konischen Spannsätzen mit äußerem Schluß der Axialkraft ein, als die Übertragung des Drehmoments unmittelbar in dem zylindrischen Wirkflächenpaar zwischen Welle und Nabe erfolgt. Es eignet sich für die Übertragung sehr großer, auch stoßhafter Drehmomente und wird standard-

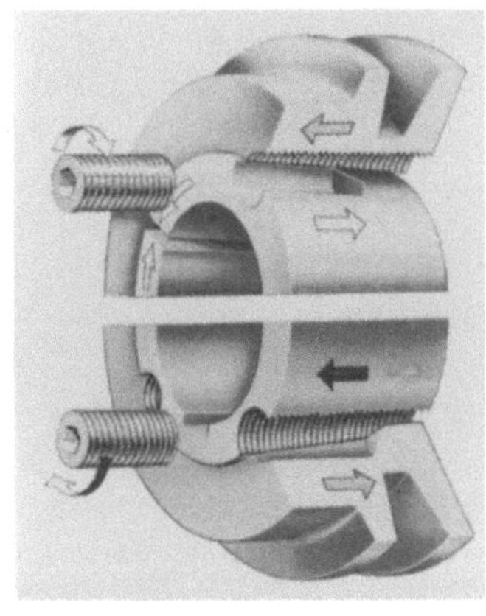

Bild 2.65. Konische Spannbuchse (nach Fenner)

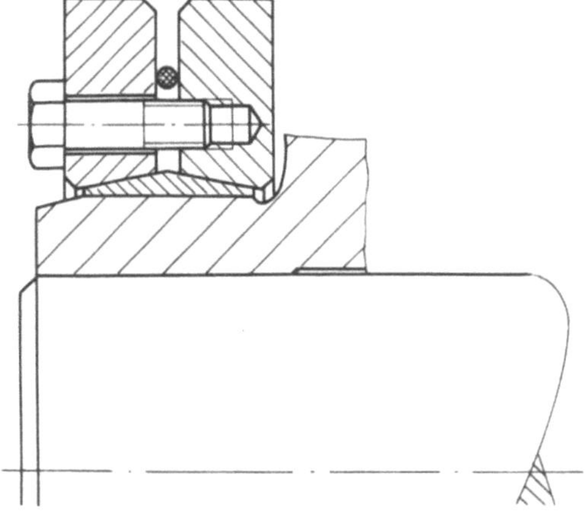

Bild 2.66. Doppelkegelspannsatz mit unmittelbarer Übertragung der Reibkraft (nach Stüwe)

mäßig bis zu einem Außendurchmesser der zu verspannenden Nabe von 900 mm hergestellt.

Bei den sonstigen, kommerziell erhältlichen Welle-Nabe-Verbindungen mit zwei konischen Wirkflächen liegt stets mittelbarer Kraftschluß vor. Bild 2.67 zeigt eine Verbindung, bei der die beiden inneren konischen Spannringe beim axialen Verspannen auf der Welle und den beiden konischen Wirkflächen gleiten. Nach Angaben der Herstellerin [2.69] werden dadurch die Oberflächenrauhigkeiten infolge von plastischen Mikrodeformationen eingeebnet, so daß eine Rauhtiefe $R_t \leqq 2\,\mu\mathrm{m}$ erreicht wird. Dies hemmt die Bildung des für die Dauerfestigkeit der Welle gefährlichen Passungsrostes. Die große axiale Länge der konischen Wirkflächen sorgt für eine verhältnismäßig gleichmäßige Verteilung der Spannungen in der Nabe. Die Kegelwinkel sind selbsthemmend ausgeführt, was sich günstig auf die Beanspruchung der Schrauben bei umlaufender Biegung auswirkt. Wegen der Selbsthemmung ist das Maschinenelement in üblicher Weise mit Abdrückgewinden versehen. Die Geometrie der konischen Spannringe wurde mit Hilfe von Spannungsberechnungen nach der Methode der finiten Elemente so ausgebildet, daß sich an der Oberfläche eine möglichst gleichmäßige Verteilung der radialen Druckspannung bei kombinierter Beanspruchung durch Vorspannen und stülpende Biegung ergibt. Eine gleichmäßige Verteilung der Radialspannung verbessert die Gestaltfestigkeit der Welle.

Ein weiteres Element mit zwei konischen Wirkflächen ist in Bild 2.68 dargestellt. Die geschlitzten Innen- und Außenringe weisen zwei axial versetzte konische Wirk-

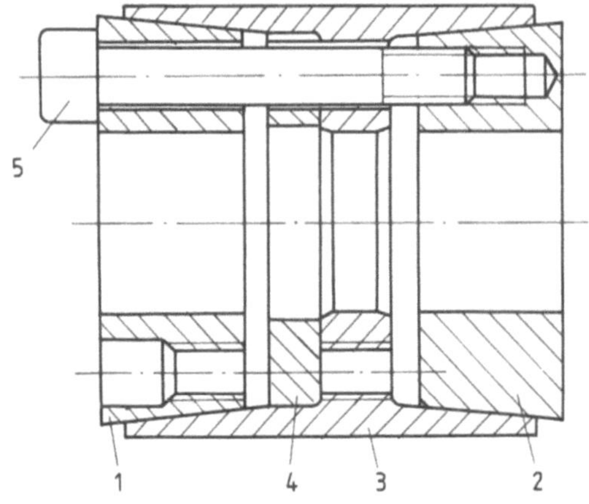

Bild 2.67. Spannsatz mit zwei konischen Wirkflächenpaaren (nach BIKON Technik)

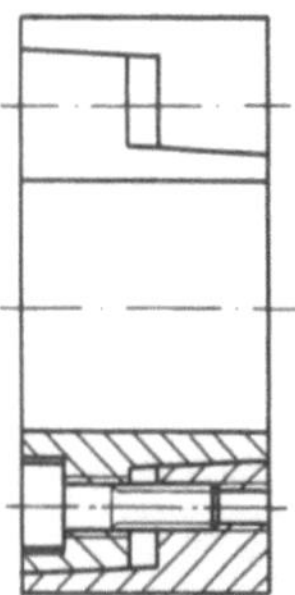

Bild 2.68. Stufenkegelspannsatz (nach Hochreuter & Baum)

flächen mit unterschiedlichem mittlerem Durchmesser auf. Der Außenring kann auch in ungeschlitzter Ausführung als Einschweißbuchse bezogen werden. Diese Stufenkegelspannsätze werden u. a. für die Befestigung von Ketten-, Zahnrädern und Kupplungsnaben auf Wellen eingesetzt.

Vier konische Wirkflächen

Die Elemente mit vier konischen Wirkflächen haben stets zwei axial versetzte Kegelpaare. In jedem solchen Kegelpaar sind zwei konische Wirkflächenpaare radial versetzt angeordnet. Dabei können die Kegelwinkel aller konischen Wirkflächenpaare gleich oder verschieden groß sein (vgl. Bild 2.59). Bei den Elementen mit gleichen Konuswinkeln sind die radial versetzten Wirkflächenpaare mit entgegengesetztem Öffnungssinn der zugehörigen Kegel ausgeführt. Dagegen zeigen die Elemente mit ungleichen Konuswinkeln entweder gleich- oder gegensinnige Öffnungswinkel.

Bild 2.69 gibt eine Ausführung mit gleichen Konuswinkeln wieder. Sowohl der äußere, als auch der innere Ring sind geschlitzt. Der äußere Ring ist zudem axial geteilt. Der Innenring trägt einen Zentrierbund vom Außendurchmesser des äußeren Ringes. Die beiden konischen Druckstücke sind ungeschlitzt und werden mit Hilfe von Schrauben axial gegen Innen- und Außenring gedrückt. Die Elemente sind selbstzentrierend und eignen sich für die Übertragung großer Drehmomente. Da die Kegelwinkel selbsthemmend sind, müssen beide Druckkegel mit Hilfe der zum Spannsatz gehörenden Schrauben bei der Demontage abgedrückt werden.

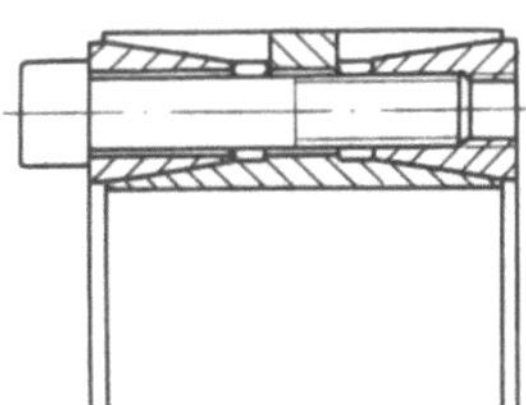

Bild 2.69. Vierfachkegelspannsatz mit gleichen Kegelwinkeln (nach Ringfeder)

In Bild 2.70 ist ein Vierfachkegelspannsatz mit ungleichen Kegelwinkeln dargestellt. Es handelt sich hier um gegensinnige Konen. Hierbei ist das schlankere Kegelpaar selbsthemmend, das steilere dagegen nicht. Auch diese Welle-Nabe-Verbindung ist selbstzentrierend. Bei dieser Verbindung muß nur der selbsthemmende Druckkegel abgedrückt werden.

Zwei Ausführungen mit je zwei gleichsinnigen Kegelpaaren zeigt Bild 2.71. Die Verbindung A spannt von außen nach innen (z. B. rohrähnliche Nabe auf Vollwelle), die Verbindung B von innen nach außen (z. B. Hohlwelle in Hohlwelle). Bei beiden

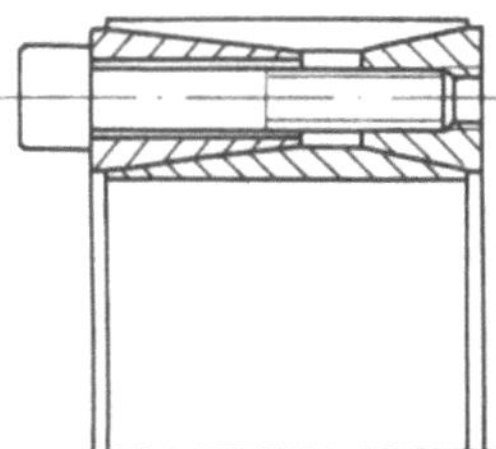

Bild 2.70. Vierfachkegelspannsatz mit ungleichen Kegelwinkeln (nach Ringfeder)

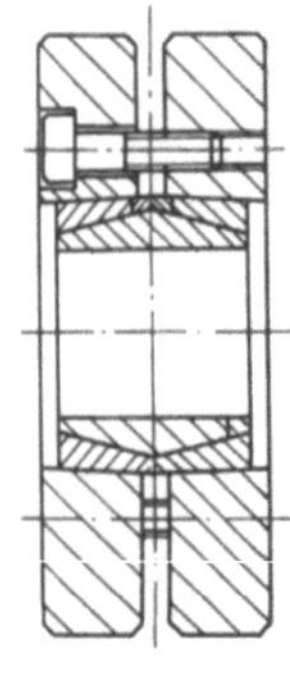

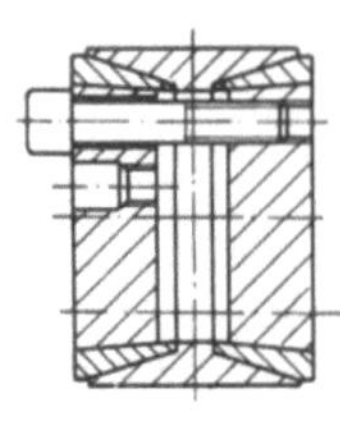

Ausführung A   Ausführung B

Bild 2.71. Vierfachkegelspannsätze mit gleichsinnigen Kegelwinkeln (nach BIKON Technik)

Verbindungen wird das Drehmoment unmittelbar zwischen Welle und Nabe übertragen. Bei der Ausführung B kann das übertragbare Drehmoment durch vierfaches, axiales Schlitzen der zu verspannenden Hohlwelle erhöht werden.

Auslegung

Die Auslegung axial verspannter Welle-Nabe-Verbindungen mit konischen Wirkflächen und innerem Schluß der Axialkraft verläuft stets nach dem gleichen Schema. Die Herstellerkataloge enthalten Tabellen, in denen die geometrischen Abmessungen, das übertragbare Drehmoment bzw. die übertragbare Axialkraft, die Flächenpressungen an den Anschlußteilen, Anzahl und Abmessungen der Schrauben sowie das erforderliche Anzugsmoment aufgeführt sind. Die Auswahl erfolgt in erster Linie nach dem zu übertragenden Drehmoment bzw. der Axialkraft. Ferner sind sonstige konstruktive Bedingungen, wie z. B. einfache Montage und Demontage, zusätzliche Übertragung von Biegemomenten und Forderungen nach Spannen von außen bzw. von innen maßgebend.

Grundsätzlich müssen die Anschlußteile auf Einhalten der vom Werkstoff vorgegebenen zulässigen Beanspruchung nachgerechnet werden. Alle Hersteller von kommerziell erhältlichen Spannelementen empfehlen hierfür Gleichungen, die auf der Theorie des dickwandigen Rohrs aufbauen. Die Vergleichsspannung wird entweder nach der Schubspannungs- (vgl. Abschnitt 2.1.2) oder der Gestaltänderungsenergiehypothese berechnet. Für Überschlagsrechnungen kann die Vergleichsspannung an der Bohrung der Nabe oder einer Hohlwelle (Q_A durch Q_I ersetzen) nach (2.23) ermittelt werden. Für Vollwellen gilt die statische Festigkeitsbedingung (2.29). Ferner kann näherungsweise $p \approx 100 \text{ N/mm}^2$ gesetzt werden.

Die genaue Auslegung erfolgt mittels der von den Herstellern aufgestellten Berechnungsgleichungen, die zusätzliche empirisch ermittelte Faktoren enthalten. Dadurch soll eine bessere Anpassung der Rechenergebnisse an die komplizierte technische Wirklichkeit erreicht werden (vgl. [2.69]–[2.86]. Für die Welle ist außerdem unbedingt ein Gestaltfestigkeitsnachweis zu führen (vgl. Abschnitt 5). Allerdings liegen nur für wenige Elemente Kerbwirkungszahlen vor.

Zu beachten ist, ob die einzelnen Elemente zentrieren oder an den Naben zusätzliche Zentrierbünde erfordern. Hierüber finden sich die erforderlichen Informationen in den technischen Unterlagen der Hersteller. Das gleiche gilt für die an den Anschlußteilen einzuhaltenden Toleranzen und Rauhtiefen der Paßflächen. Diese Angaben der Hersteller müssen unbedingt beachtet werden, um eine einwandfreie Funktion der betreffenden Welle-Nabe-Verbindung zu gewährleisten.

2.7 Sternscheiben

Nach Tabelle 2.1 zählen die Sternscheiben zu den reibschlüssigen Welle-Nabe-Verbindungen mit äußerer axialer Vorspannung und zwei zylindrischen, reibschlüssigen Wirkflächenpaaren. Sie sind dünnwandige, sehr flache Kegelschalen mit einem Kegelwinkel von nahezu 180°, die abwechselnd von ihrem äußeren und inneren Rand ausgehende radiale Schlitze (Bild 2.72) aufweisen. Sie werden aus gehärtetem Federstahl hergestellt. Die axiale Vorspannkraft wird durch in den Anschlußteilen angeordnete Schrauben aufgeprägt. Werden die Sternscheiben axial flachgedrückt, so vergrößert sich ihr Außendurchmesser, während der Innendurchmesser kleiner wird. Beiden Durchmesseränderungen setzen die Anschlußteile Widerstand entgegen. Die axiale Vorspannkraft wird durch elastische Zwangsverformung und Kraftumlenkung (ähnlich dem Kniehebel) in eine fünf- bis zehnmal so große, auf die zylindrischen Sitzflächen einwirkende Radialkraft umgewandelt. Die Radialkräfte verursachen den Reibschluß zwischen Welle, Sternscheibe und Nabe. Das Verhältnis der Umsetzung von Axial- in Radialkraft ist besonders günstig, so daß Sternscheiben in vielen Fällen mittels Rändelschrauben oder -muttern ohne Verwendung eines Schlüssels verspannt werden können.

Die Auslegung erfolgt wieder nach Herstellerangaben [2.80]. In den Tabellen findet sich das pro Sternscheibe übertragbare Drehmoment und die erforderliche Vorspannkraft. Sternscheiben lassen sich sehr einfach axial hintereinander schalten. Bis zu 16 Sternscheiben ergibt sich das übertragbare Drehmoment durch Multiplizieren der Anzahl mit dem pro einzelner Sternscheibe übertragbaren Drehmoment. Die über 16 hinausgehenden Sternscheiben übertragen nur noch etwa 50% dieses Drehmoments. Mehr als 25 Sternscheiben sollen nicht hintereinander geschaltet werden. Die festigkeitsmäßige Nachrechnung der Anschlußteile erfolgt wieder nach der Theorie des dickwandigen Rohrs und der Gestaltänderungsenergiehypothese. Dabei wird von der Flächenpressung ausgegangen, welche aufgrund einer empirischen Gleichung aus dem zu übertragenden Drehmoment bestimmt wird. Nähere Angaben finden sich in den Unterlagen der Herstellerin [2.80].

Sternscheiben zentrieren nicht. Daher ist stets eine eigene Zentrierung vorzusehen. Sternscheiben müssen sich beim axialen Verspannen gegen Bünde am Innen- und Außendruchmesser der Anschlußteile abstützen. In aller Regel werden sie so eingebaut, daß die hohle Seite des Kegels derjenigen Planfläche zugekehrt ist, gegen die sich

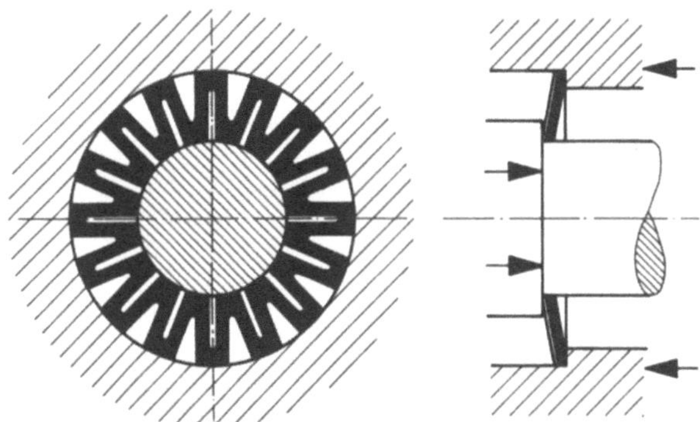

Bild 2.72. Sternscheibe (nach Ringspann)

der Außendurchmesser der vordersten Scheibe abstützt. Bild 2.73 zeigt die Befestigung einer Riemenscheibe auf einer Welle. Beim axialen Verspannen verschiebt sich die axiale Position der Riemenscheibe.

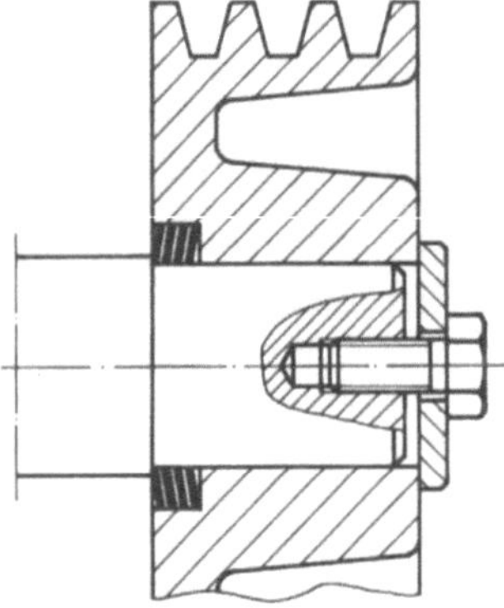

Bild 2.73. Befestigung einer Riemenscheibe mittels Sternscheiben (nach Ringspann)

2.8 Wellspannhülsen

Wellspannhülsen werden axial verspannt und weisen nach Tabelle 2.1 zwei zylindrische, reibschlüssige Wirkflächenpaare auf. Gemäß Bild 2.74 sind sie nach Art eines Faltenbalges aufgebaut. Mit Hilfe der gleichmäßig am Umfang verteilten, zum Maschinenelement gehörenden Innensechskantschrauben werden die axialen Vorspannkräfte aufgeprägt. Die radialen Zwangsverformungen werden infolge des Widerstandes der Anschlußteile im wesentlichen von der Wellspannhülse aufgenommen. Dadurch entstehen die radialen Vorspannkräfte in den beiden zylindrischen Wirkflächenpaaren. Die Auslegung hinsichtlich des übertragbaren Drehmoments bzw. Axialkraft erfolgt in üblicher Weise nach Herstellerangaben [2.82]. Diese enthalten jedoch keine Informationen über die auf die Welle und Nabe einwirkende radiale Druckspannung, welche aufgrund der Konstruktion des Maschinenelements in axialer Hinsicht ungleichmäßig verteilt sein muß. Ein Rechengang für den Festigkeitsnachweis der Nabe wird daher von der Herstellerin nicht angegeben. Sie beschränkt sich auf die folgenden Empfehlungen der Wandstärken der Nabe:
St 37: 0,6(D − d), GG 22: 1,0(D − d).

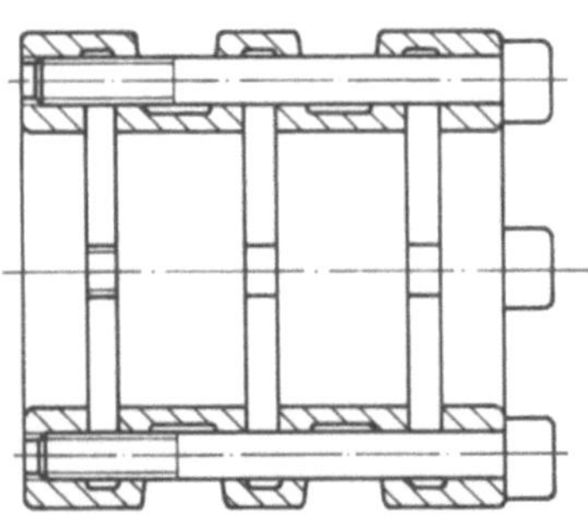

Bild 2.74. Wellspannhülse (nach Spieth)

Für den allgemeinen Maschinenbau empfiehlt die Herstellerin Toleranzen der Welle nach h5/h6 und der Nabenbohrung nach H6/H7. Ein besonderer Vorteil der Verbindung liegt in der relativ großen Länge der Spannschrauben. Dies führt bei der Montage zu entsprechend großen elastischen Verformungen der Schraubenschäfte. Dadurch verringert sich die Gefahr des Lockerns bei wechselnden und schwellenden Drehmomenten oder sonstigen von außen aufgeprägten Schwingungen.

2.9 Hydraulische Hohlmantelspannbüchsen

Die hydraulischen Hohlmantelspannbüchsen gehören nach Tabelle 2.1 zu den axial verspannten reibschlüssigen Welle-Nabe-Verbindungen mit zwei zylindrischen Wirkflächenpaaren.

Wichtigster Funktionsträger ist nach Bild 2.75 ein doppelwandiger Hohlzylinder, der an seinem einen Ende einen mit Gewindebohrungen versehenen Flansch trägt. Das andere Ende des Hohlzylinders ist durch einen die beiden Mäntel verbindenden Boden abgeschlossen. Im freien Ende des zylindrischen Hohlraums befinden sich eine ringförmige Dichtung und ein Ringkolben, der mittels einer ebenfalls ringförmigen Druckplatte und in die Gewindebohrungen des Flansches eingeschraubter Schrauben axial verschoben werden kann. Die zylindrische Druckhülse ist in ihrem Inneren mit einem inkompressiblen Fluid gefüllt. Die durch Anziehen der Schrauben aufgeprägten Axialkräfte übertragen sich mittels des Ringkolbens und der Dichtung auf das im Inneren der Hohlmantelspannbüchse befindlichen Fluid. Der so im Fluid erzeugte hydrostatische Druck pflanzt sich allseitig fort und wirkt auf die zylindrischen Innenflächen des Hohlmantels auch in radialer Richtung. Dadurch werden die zylindrischen Mäntel der Spannbuchse aufgeweitet. Die wesentlich steiferen Anschlußteile setzen einen entsprechenden Widerstand entgegen, der zu elastischen Zwangsverformungen und entsprechenden radialen Druckkräften in den reibschlüssigen Wirkflächenpaaren zwischen Welle, Spannbuchse und Nabe führt.

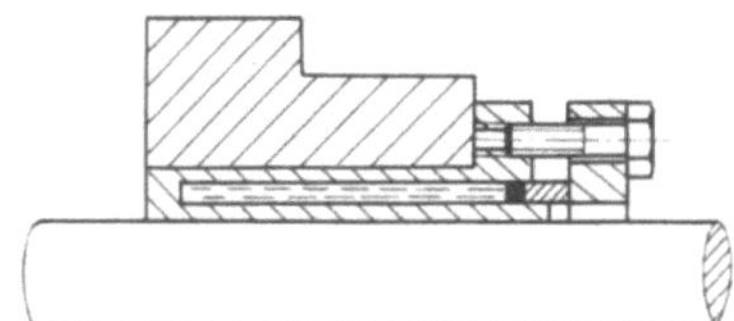

Bild 2.75. Hydraulische Hohlmantelspannbuchse (nach Südtechnik)

Die Auslegung erfolgt nach Angaben der Herstellerin [2.86]. Die Tabellen enthalten das bei 20 °C übertragbare Drehmoment. Bei niedrigeren Temperaturen fällt das übertragbare Drehmoment ab infolge des unterschiedlichen thermischen Ausdehnungskoeffizienten des Druckfluids und der Hohlmantelspannbüchse. Bei höheren steigt es entsprechend an. Dieser Effekt ist bei der festigkeitsmäßigen Nachrechnung von Welle und Nabe zu berücksichtigen. Die Übertragungsfähigkeit wechselnder oder schwellender Drehmomente ändert sich mit der Anzahl der Lastwechsel. Auch hierzu finden sich nähere Angaben in den Herstellerunterlagen.

Für die Wellen können Toleranzen zwischen h8 und k6 zugelassen werden. Die Bohrung der Nabe ist nach H7 auszuführen. Die hydraulischen Hohlmantelspannbüchsen bieten die üblichen Vorteile der lösbaren, reibschlüssigen Welle-Nabe-Verbindungen.

2.10 Schrifttum

ISO-Normen und ISO-Empfehlungen

ISO/R 286	ISO-System für Toleranzen und Passungen; Teil 1: Grundlagen, Toleranzen und Abmaße.
ISO/R 774	Keile und Nasenkeile sowie Keilnuten.
ISO/R 775	Zylindrische und kegelige Wellenenden mit Kegel 1:10.
ISO 1119	Kegelverjüngungen und Kegelwinkel.
ISO 1829	Toleranzfelderauswahl für allgemeine Anwendungen.
ISO/R 1938	ISO-System für Toleranzen und Passungen; Teil 2: Prüfung von Werkstücken mit zylindrischen und parallelen Paßflächen.
ISO 2492	Flachkeile und Nasenflachkeile sowie Keilnuten.
ISO 3117	Tangentkeile und Tangentkeilnute.

DIN-Normen

DIN 228	Morsekegel und metrische Kegel.
DIN 254	Kegel, Begriffe und Vorzugswerte.
DIN 268	Tangentkeile und Tangentkeilnuten für stoßartige Wechselbeanspruchung.
DIN 271	Tagentkeile und Tangentkeilnuten für gleichbleibende Beanspruchung.
DIN 748	Zylindrische Wellenenden.
DIN/ISO 1302	Angabe der Oberflächenbeschaffenheit in Zeichnungen.
DIN 1448	Kegelige Wellenenden mit Außengewinde. Abmessungen.
DIN 1449	Kegelige Wellenenden mit Innengewinde. Abmessungen.
DIN 4760	Begriffe für die Gestalt von Oberflächen.
DIN 4761	Oberflächencharakter; Geometrische Oberflächentextur — Merkmale, Begriffe, Kurzzeichen.
DIN 4762	Oberflächenrauhheit; Begriffe.
DIN 4764	Ordnung der Oberflächen für den Maschinenbau und die Feinwerktechnik nach ihrer Funktion.
DIN 4766 T1	Herstellverfahren der Rauhheit von Oberfläche; Erreichbare gemittelte Rauhtiefe R_z nach DIN 4768 Teil 1 und Mikroflächentraganteil t_{ai}.
DIN 4766 T2	Herstellverfahren und Rauhheit von Oberflächen; Erreichbare Mittenrauhheitwerte R_a.
DIN 4768	Ermittlung der Rauhheitsmeßgrößen R_a, R_z, R_{max} mit elektrischen Tastschnittgeräten.
DIN 6880	Blanker Keilstahl, Maße, zulässige Abweichungen, Gewichte.
DIN 6881	Hohlkeile (Abmessungen und Anwendung).
DIN 6883	Flachkeile (Abmessungen und Anwendung).
DIN 6884	Nasenflachkeile (Abmessungen und Anwendung).
DIN 6886	Keile — Nuten (Abmessungen und Anwendung).
DIN 6887	Nasenkeile — Nuten (Abmessungen und Anwendung).
DIN 6889	Nasenhohlkeile (Abmessungen und Anwendung).
DIN 7150	ISO-Toleranzen und ISO-Passungen für Längenabmaße von 1 bis 500 mm.
DIN 7151	ISO-Grundtoleranzen für Längenabmaße von 1 bis 500 mm.
DIN 7152	Bildung von Toleranzfeldern aus den ISO-Grundabmaßen für Nennmaße von 1 bis 500 mm.
DIN 7154	ISO-Passungen für Einheitsbohrungen.
DIN 7155	ISO-Passungen für Einheitswelle.
DIN 7157	Passungsauswahl, Toleranzfelder, Abmaße, Paßtoleranzen.
DIN 7160	ISO-Abmaße für Außenmaße (Wellen) für Nennmaße von 1 bis 500 mm.
DIN 7161	ISO-Abmaße für Innenmaße (Bohrungen) für Nennmaße von 1 bis 500 mm.
DIN 7178	Kegeltoleranz- und Kegelpaßsystem für Kegel von Verjüngung C = 1:3 bis 1:500 und Längen von 6 bis 630 mm.
DIN 7182	Toleranzen und Passungen, Grundbegriffe.
DIN 7190	Berechnung und Anwendung von Preßverbänden.

| DIN 15055 | Hütten- und Walzwerksanlagen und Krane; Drucköl-Preßverbände; Anwendung, Maße, Gestaltung. |
| DIN 58700 | ISO-Passungen; Toleranzfeldauswahl für die Feinwerktechnik. |

TGL-Normen

TGL 200-3029	Kegelige Wellenenden für rotierende elektrische Maschinen.
TGL/RGW 537-77	Wellenenden, zylindrisch und kegelig; Hauptmaße, zulässige Drehmomente.
TGL/RGW 646	Keilverbindungen; Tangentkeile; Maße, Toleranzen und Passungen.
TGL 0-7182	Passungen.
TGL 0-7190	Berechnung einfacher Preßpassungen.
TGL 9501	Einlegekeile, Treibkeile; Abmessungen.
TGL 9502	Nasenkeile, Abmessungen.
TGL 21000/03	Keil- und Mitnehmerverbindungen; Keile.

Richtlinien

VDI 2029	Preßpassungen in der Feinwerktechnik.
VDI 2226	Empfehlungen für die Festigkeitsberechnung metallischer Bauteile.
VDI 2230	Systematische Berechnung hochbeanspruchter Schraubenverbindungen.
VDI 2251 Bl. 1	Feinwerkelemente, Spannverbindungen.

Bücher und Aufsätze

2.1 Biederstedt, W.: Preßpassungen im elastischen, elastisch-plastischen und plastischen Verformungsbereich. Blaue TR-Reihe, Heft 57. Bern, Stuttgart: Hallwag 1963.

2.2 Biezeno, C. B.; Grammel, R.: Technische Dynamik, Bd. 2. Reprint der 2. Aufl. von 1953. Berlin, Heidelberg, New York: Springer, 1971.

2.3 Bowden, F. P.; Tabor, D.: Reibung und Schmierung fester Körper. Berlin, Göttingen, Heidelberg: Springer, 1953.

2.4 Bratt, E.: Das Zusammenfügen und Lösen von Preßverbänden mit Drucköl. Kugellager, 21 (1946) 31–44.

2.5 Bühler, H.; Lippmann, H.; Burgholte, P.: Berechnung längsvorgespannter Preßwerkzeuge. Konstr., 18 (1966) 441–445.

2.6 Eberhard, G.: Theoretische und experimentelle Untersuchungen an Klemmverbindungen mit geschlitzter Nabe. Diss., Univ. Hannover 1980.

2.7 Eberhard, G.: Klemmverbindungen mit geschlitzter Nabe. Konstr. 32 (1980) 389–393.

2.8 Fernlund, I.: Drehmomentübertragung in Preßverbindungen, Konstr. 18 (1966) 495–501.

2.9 Findeisen, D.: Verspannungsschaubild der Welle-Nabe-Verbindung „rotierender Preßverband"; Analogie zur Schraubenverbindung unter axialer Zugkraft mit Querkraftschub. Konstr. 30 (1980) 437–448.

2.10 Fredriksson, B.: An analysis of an elastic shrink fit problem, Rep. Li TH-IKP-R-057. Linköping Inst. of Technol. Linköping 1977.

2.11 Fredriksson, B.: Kontaktspannungen und Drehmomentübertragung im Preßverband. Konstr. 30 (1980) 69–73.

2.12 Friedrichs, J.: Untersuchungen über die Vorgänge in einer statisch belasteten Verbindung von Welle und Nabe durch Ringfeder-Spannelemente, Diss. TU Berlin 1961.

2.13 Funk, W.: Der Einfluß der Reibkorrosion auf die Dauerhaltbarkeit zusammengesetzter Maschinenelemente. Diss. TH Darmstadt 1968.

2.14 Galle, G.: Fügen von Querpreßverbänden. Konstr. 31 (1979) 325–328.

2.15 Galle, G.: Tragfähigkeit von Querpreßverbänden, Schriftenreihe Konstruktionstechnik (Hrsg. Beitz, W.). Inst. für Maschinenkonstr., TU Berlin 1981

2.16 Gamer, U. u. Lance, R. H.: Elastisch-plastische Spannungen im Schrumpfsitz, Forsch. Ingenieurwes. 48 (1982) 192–198

2.17 Gamer, U. u. Lance, R. H.: Ein Beitrag zur Spannungsermittlung in Querpreßverbänden, erscheint in Ing.-Arch.

2.18 Gropp, H.: Die Übertragungsfähigkeit von Längspreßverbindungen bei dynamischer Belastung durch wechselnde Drehmomente. Diss. TH Karl-Marx-Stadt 1973

2.19 Haase, K.: Bemessung von einfachen zylindrischen Preßverbindungen im elastischen und elastisch-plastischen Verformungszustand, Maschinenbautech. 28 (1979), S. 545–551

2.20 Hänchen, R.; Decker, K.: Neue Festigkeitsberechnung für den Maschinenbau, 3. Aufl., München: Hanser 1967

2.21 Hahne, H.: Der Einfluß der Oberflächenrauhheit auf das gegenseitige Haften von Werkstücken aus Stahl bei Querpreßpassungen, Diss. TU Braunschweig 1969.

2.22 Häusler, N.: Der Mechanismus der Biegemoment-Übertragung in Schrumpfverbindungen, Diss. TH Darmstadt 1974.

2.23 Häusler, N.: Zum Mechanismus der Biegemomentübertragung in Schrumpfverbindungen, Konstr. Bd. 28 (1976) 103–108.

2.24 Kachanov, L. M.: Foundations of the theory of plasticity, Amsterdam, London: North Holland 1971.

2.25 Kämper, K.: Kegelpreßpassungen im Maschinenbau, Konstr. 9 (1957) 188–195.

2.26 Kienzle, O. u. Heiss, A.: Die Berechnung einfacher Preßsitze, Werkstattstech. 62 (1938) 468–473.

2.27 Kollmann, F. G.: Schrumpfsitze für rotierende Scheiben, Konstr. 15 (1963) 184–189.

2.28 Kollmann, F. G.: Die Auslegung elastisch-plastisch beanspruchter Querpreßverbände, Forsch. Ingenieurwes., 44 (1978) 1–11.

2.29 Kollmann, F. G.: Neues Berechnungsverfahren für elastisch-plastisch beanspruchte Querpreßverbände, Konstr. 30 (1978) 271–275; 299–306.

2.30 Kollmann, F. G.; Önöz, E.: Die Eigenspannungen in den Ringen eines elastisch-plastisch beanspruchten Querpreßverbandes nach der Entlastung, Forsch. Ingenieurwes. 45 (1979) 169–177.

2.31 Kollmann, F. G.: Rotating elasto-plastic interference fits, Trans. ASME, J. Mech. Des. 103 (1981) 61–66.

2.32 Kollmann, F. G.: Rotierende Preßverbände bei rein elastischer Beanspruchung. Konstr. 33 (1981) 233–239, Berichtigung: Konstr. 35 (1983) 107

2.33 Kollmann, F. G. u. Önöz, E.: Ein verbessertes Auslegungsverfahren für elastisch-plastisch beanspruchte Preßverbände, Konstr. 35 (1983) 439–444

2.34 Kragelski, I. W.: Reibung und Verschleiß. München: Hanser 1971.

2.35 Kreitner, L.: Die Auswirkung von Reibkorrosion und von Reibdauerbeanspruchung auf die Dauerhaltbarkeit zusammengesetzter Maschinenteile, Diss., TH Darmstadt 1976.

2.36 Lindgren, M.: Drehmomentübertragung in Preßverbindungen, Konstr. 25 (1973) 338–341.

2.37 Lundberg, G.: Die Festigkeit von Preßsitzen, Das Kugellager, 19 (1944) 1–11

2.38 Martin, J. B.: Plasticity. Fundamentals and general results. Cambridge (USA): MIT Press 1976.

2.39 Mather, J.; Baines, B. H.: Distribution of stress in axially symmetric shrink-fit assemblies. Wear 21 (1972) 339–360.

2.40 Müller, H. W.: Der Mechanismus der Drehmomentübertragung in Preßverbindungen. Diss. TH Darmstadt 1961.

2.41 Müller, H. W.: Drehmoment-Übertragung in Preßverbindungen, Konstr. 14 (1962) 47–57; 112–115.

2.42 Müller, H. W.: Betriebsverhalten zylindrischer und kegeliger Preßverbindungen, VDI-Ber. Nr. 299 (1977) 27–38.

2.43 Müller, H. W.: Kompendium Maschinenelemente. Darmstadt: Selbstverlag 1980.

2.44 Niemann, G.: Maschinenelemente, Bd. I, 2. Aufl., Berlin, Heidelberg, New York: Springer 1981.

2.45 Nishioka, K.; Komatsu, H.: Research on increasing the fatigue strength of press-fitted shaft assembly. Bull. Jap. Soc. Mech. Eng. 10 (1968) 880–889.

2.46 Nolle, H.; Richardson, S.: Static friction coefficients for mechanical and structural joints, Wear (1974) 1–13.

2.47 Oda, J., Shibahara, M.; Miyamoto, H.: On shrink-fit stresses between an infinite cylinder and a finite hollow cylinder. Bull. Jap. Soc. Mech. Eng. 15 (1972) 1147–1155.

2.48 Oda, J.: Stress analysis of shrink fit cylinders under torsion. Bull. Jap. Soc. Mech. Eng. 17 (1973) 180–186.

2.49 Okubo, H.: The stress distribution in a shaft pressfitted with a collar, Z. Angew. Math. Mech. 32 (1952) 178–186.

2.50 Önöz, E.: Die Auslegung elastisch-plastisch beanspruchter Querpreßverbände unter Berücksichtigung der Werkstoffverfestigung, Fortschr. Ber. VDI-Z., Reihe 1, Nr. 108 (1983).

2.51 Pahl, G.; Benkler, H.: Berechnung einer Toleranzringverbindung. Konstr. 26 (1974) 251–260.

2.52 Peeken, H.; Lukschandel, J.; Paulik, G.: Oberflächenschichten für kraftschlüssige Momentübertragung, Antriebstech. 20 (1981) 38–43.

2.53 Peiter, A.: Theoretische Spannungsanalyse an Schrumpfpassungen. Konstr. 10 (1958) 411–416.

2.54 Prager, W., Hodge, Jr., P. G.: Theorie idealplastischer Körper, Wien: Springer 1954.

2.53 Rainer, G.: Finite Elemente, Anwendungen auf kegelige Welle-Nabe-Verbindungen, Rotationskerben, Schraubenverbindungen und Schweißverbindungen, Forschungsheft Nr. 63, Forsch.-Kurat. Maschinenbau, Frankfurt/Main 1977.

2.56 Schlottmann, D. (Hrsg.): Maschinenelemente-Grundlagen, Berlin: VEB Verlag Technik 1973.

2.57 Schmid, E. A.: Theoretische und experimentelle Untersuchung des Mechanismus der Drehmomentübertragung von Kegel-Preß-Verbindungen, Fortschr. Ber. VDI-Z., Reihe 1, Nr. 16 (1969).

2.58 Schmid, E. A.: Drehmomentübertragung von Kegel-Preß-Verbindungen, Teil I: Flächenpressung, Kräftegleichgewicht und übertragbares Drehmoment, Antriebstech. 12 (1973) 275–281.

2.59 Schmid, E. A.: Drehmomentübertragung von Kegel-Preß-Verbindungen, Teil II: Verschiebungen zwischen Welle und Nabe bei erstmaliger Drehmomentübertragung, Antriebstech. 12 (1973) 355–361.

2.60 Schmid, E. A.: Drehmomentübertragung von Kegel-Preß-Verbindungen, Teil III: Berechnung und Auslegung von betriebssicheren Kegel-Preß-Verbindungen, Antriebstech. 13 (1974) 177–184.

2.61 Steven, G. P.: The shrink fit problem with both components being elastic. Int. J. Eng. Sci. 13 (1975) 663–673.

2.62 Szabo, I.: Höhere Technische Mechanik, 5. Aufl. Berlin, Heidelberg, New York: Springer 1977.

2.63 Thum, A.: Beanspruchung und Gestaltfestigkeit von Nabensitzen, Dtsch. Kraftfahrforsch. H. 73 (1942).

2.64 Wassileff, D.: Austauschbare Querpreßsitze, VDI-Forschungsheft Nr. 390 (1938).

2.65 Waterhouse, R. B.: Fretting-Corrosion. Oxford, New York, Toronto: Pergamon Press 1972.

2.66 Werth, S.: Austauschbare Längspreßsitze, VDI-Forschungsheft Nr. 383 (1937).

2.67 White, D. J.; Humpherson, J.: Finite element analysis of stresses due to interference — fit hubs, J. Strain Anal. 4 (1969) 105–114.

2.68 Zienkewicz, O. C.: The finite element method, 3rd Ed. New York, London: McGraw-Hill 1977.

Firmendruckschriften

2.69 BIKON-Technik: Katalog „Welle-Nabe-Verbindungen". Grevenbroich, 1979.

2.70 BIKON-Technik: Konstruieren mit BIKON-Technik. Grevenbroich, 1979.

2.71 Deutsche Star: Katalog „Toleranzringe". Schweinfurt 1976.

2.72 Fenner: Katalog „Taper-Lock-Spannbuchsen". Nettetal-Breyell 1978.

2.73 Hochreuter & Baum: Katalog „DOKO Spannelemente". Ansbach (ohne Jahr).

2.74 Ringfeder: Katalog „Spannsätze RfN 7012". Krefeld 1980.

2.75 Ringfeder: Katalog „Spannsätze RfN 7013". Krefeld 1978.

2.76 Ringfeder: Katalog „Spannsätze RfN 7014". Krefeld 1980.

2.77 Ringfeder: Katalog „Spannsätze RfN 7015". Krefeld 1979.

2.78 Ringfeder: Katalog „Spannelemente RfN 8006". Krefeld 1980.

2.79 Ringspann Albrecht Maurer: Katalog „TOLLOK Konus-Spannelemente für Welle-Nabe-Verbindungen". Bad Homburg 1979.

2.80 Ringspann Albrecht Maurer: Katalog „Sternscheiben und Spannscheiben", Bad Homburg 1979.

2.81 SKF Kugellagerfabriken: Druckölverband, Schweinfurt 1977.

2.82 Spieth-Maschinenelemente: Katalog „Druckhülsen Baureihe DSK-DSL", Esslingen (ohne Jahr).

2.83 Spieth-Maschinenelemente: Katalog „Druckhülsen, Baureihe ADK-ADL und IDK-IDL". Esslingen (ohne Jahr).

2.84 Spieth-Maschinenelemente: Katalog „Druckhülse Baureihe DSM". Esslingen (ohne Jahr).

2.85 Stüwe: Katalog „Schrumpfscheiben-Verbindung". Hattingen 1977.

2.86 Südtechnik Maroldt: Katalog „ETP-Spannbuchsen". (Waiblingen (ohne Jahr).

3 Formschlüssige Welle-Nabe-Verbindungen

Bei den formschlüssigen Welle-Nabe-Verbindungen werden in einem oder mehreren Wirkflächenpaaren Normalkräfte aufgebaut, welche den zu übertragenden äußeren Kräften das Gleichgewicht halten. Die Wirkflächenpaare werden stets symmetrisch zu einer oder mehreren, die Wellenachse enthaltenden Ebenen angeordnet. Eine solche, symmetrische Anordnung von zwei Wirkflächenpaaren ergibt einen Mitnehmer. Die Symmetrieebene eines jeden Mitnehmers fällt mit einem Meridianschnitt der Welle zusammen. Durch die Symmetrie der Mitnehmer wird eine Übertragung von Umfangkräften nach beiden Richtungen ermöglicht.

Eine systematische Einteilung der formschlüssigen Welle-Nabe-Verbindungen gibt Tabelle 3.1, die nach dem Prinzip eines Konstruktionskataloges aufgebaut ist. Anders als bei den reibschlüssigen Verbindungen (vgl. Abschnitt 2) erfolgt die Einteilung der formschlüssigen Welle-Nabe-Verbindungen im wesentlichen nur mit Hilfe von geometrischen Merkmalen. Bei unmittelbarem Formschluß sind die Mitnehmer ausschließlich in die miteinander zu verbindenden Teile (Welle und Nabe einge-arbeitet. Bei mittelbarem Formschluß werden ein oder zwei Mitnehmer von Welle und Nabe sowie einem zwischengeschalteten Übertragungsglied gebildet.

Im Gegensatz zu den reibschlüssigen Welle-Nabe-Verbindungen sind die form-schlüssigen im unbelasteten Zustand spannungsfrei. Sie können daher (Ausnahme: Querstifte) im wesentlichen nur Umfangskräfte übertragen. Axialkräfte werden über die Wirkflächenpaare hinweg (abhängig von der Passung zwischen Welle und Nabe) überhaupt nicht oder nur in verhältnismäßig geringem Umfang durch Reibung über-tragen. Bei entsprechender Passungswahl ermöglichen sie im Betrieb axiale Relativ-verschiebungen zwischen Welle und Nabe, die bei reibschlüssigen Verbindungen nicht möglich sind.

3.1 Keil- und Zahnwellen-Verbindungen

Nach dem Vorgehen von Dietz [3.3, 3.4] ist es zweckmäßig, die Behandlung der Keil- und Zahnwellen-Verbindungen (letztere mit Evolventenflanken) zusammenzufassen. Denn beide Verbindungsarten weisen nicht nur ähnliche geometrische Formen auf sondern sie werden gleichartig beansprucht. Daher kann die festigkeitsmäßige Aus-legung nach dem gleichen Verfahren erfolgen, das von Dietz aufgestellt wurde.

3.1.1 Geometrie der Keil- und Zahnwellen-Verbindungen

Sowohl Keil- als Zahnwellen-Verbindungen sind mit prismatischen Mitnehmern versehen. Bei den Keilwellen sind die tragenden Flächen Ebenen. Bei den Zahn-wellen-Verbindungen werden die Normalkräfte mit Hilfe von Evolventenflächen

Tabelle 3.1. Einteilung der formschlüssigen Welle-Nabe-Verbindungen

Art des Formschlusses	Lage der Mitnehmer zur Wellenachse	Krümmung der Wirkflächen der Mitnehmer	Lage der Wirkflächen zur Symmetrie der Mitnehmer	Bezeichnung	Skizze
Unmittelbar	Parallel	Eben	Parallel	Keilwelle	
		Eben	Geneigt	Kerbzahnwelle	
		Zylindrisch	Geneigt	Evolventenprofilwelle	
		Zylindrisch	Senkrecht	Polygonprofil	
Mittelbar	Parallel	Eben	Parallel	Paßfeder	
		Kreiszylindrisch	Parallel	Längsstift	
	Senkrecht	Kreiszylindrisch	Parallel	Querstift	

übertragen, deren Schnittkurve mit einer Ebene senkrecht zur Wellenachse einen Abschnitt einer Kreisevolvente darstellt.

Keilwellenprofile liegen in verschiedenen genormten Abmessungen vor. Sie werden grundsätzlich mit einer geradzahligen Anzahl von Mitnehmern (6 bis 20) ausgeführt. Im allgemeinen Maschinenbau werden Keilwellenprofile nach DIN 5462 bis 5464 eingesetzt. Bild 3.1 zeigt die Profilformen für Nabe und Welle.

In der Norm festgelegt sind die Zähnezahl z sowie die in Bild 3.1 angegebenen Abmessungen. Die Herstellung erfolgt mittels Scheibenfräser oder wirtschaftlicher durch Abwälzfräsen oder -stoßen. Bei im Abwälzverfahren hergestellten Keilwellen ergibt sich der kleinste Wellendurchmesser in Anlehnung an Dietz [3.1] zu

$$d_3 = d_2 \left(\frac{d_1^2 - b^2}{d_2^2} + \frac{b}{d_2} \sqrt{1 - \frac{d_1^2 - b^2}{d_2^2}} \right). \tag{3.1}$$

Zusätzliche für eine verfeinerte Festigkeitsberechnung benötigte geometrische Beziehungen finden sich bei Dietz. Keilwellen nach DIN 5462 bis 5464 werden ent-

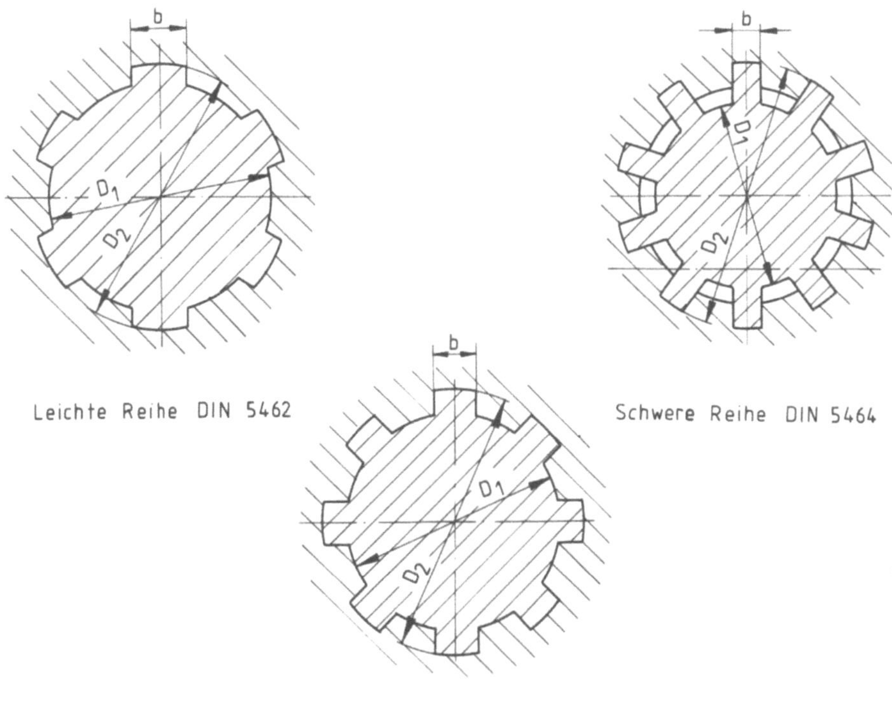

Bild 3.1. Keilwellenprofile für den allgemeinen Maschinenbau (nach DIN)

weder mit Innen- oder Flankenzentrierung ausgeführt. Je nach Wahl der Toleranzen ist die Nabe relativ zur Welle festgelegt oder verschieblich. Empfehlungen für die Toleranzen enthält DIN 5465.

Speziell im Werkzeugmaschinenbau werden Keilwellen nach DIN 5471 (4 Mitnehmer) und DIN 5472) (6 Mitnehmer) eingesetzt. Sie werden grundsätzlich mit Innenzentrierung angewendet. Die Toleranzempfehlungen sind in den angeführten Normen enthalten.

Zahnwellen-Verbindungen mit Evolventenflanken sind in DIN 5480 genormt. Das genormte Kurz-Verzahnungssystem dient zur leicht lösbaren, verschieblichen oder festen Verbindung von Welle und Nabe. Alle Naben- und Wellenprofile werden mit Hilfe des in Bild 3.2 dargestellten einheitlichen Bezugsprofils hergestellt. Die daraus resultierenden Profile von Welle und Nabe sind in Bild 3.3 angegeben. Zahlenwerte für die geometrischen Größen finden sich in der Norm.

Die Verbindungen können mit Flanken-, Innen- oder Außenzentrierung ausgeführt werden. Bei Flankenzentrierung dienen die Zahnflanken sowohl zur Mitnahme als auch zur Zentrierung. Zwischen den Kopf- und Fußkreisen von Welle und Nabe liegt Kopfspiel c vor. Bei durchmesserzentrierten Verbindungen dient die Verzahnung nur zur Mitnahme. Sie muß daher ausreichendes Flankenspiel erhalten, um eine Überbestimmung der Zentrierung zu verhindern. Die Passung und damit die Zentriergenauigkeit werden durch die vom Konstrukteur zu wählenden ISO-Toleranzfelder der Zentrierdurchmesser bestimmt.

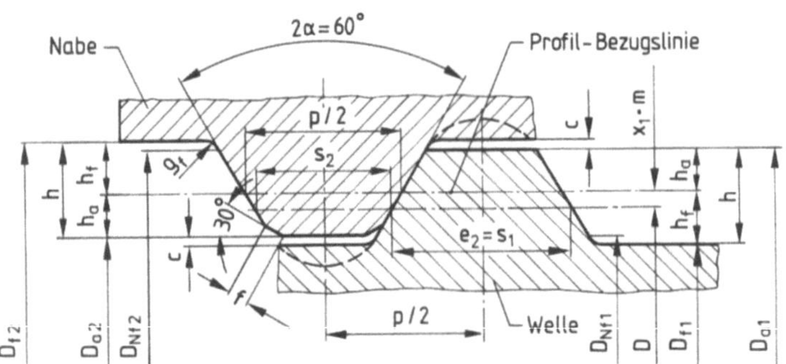

Bild 3.2. Bezugsprofil für Zahnwellen mit Evolventenflanken (nach DIN 5480)

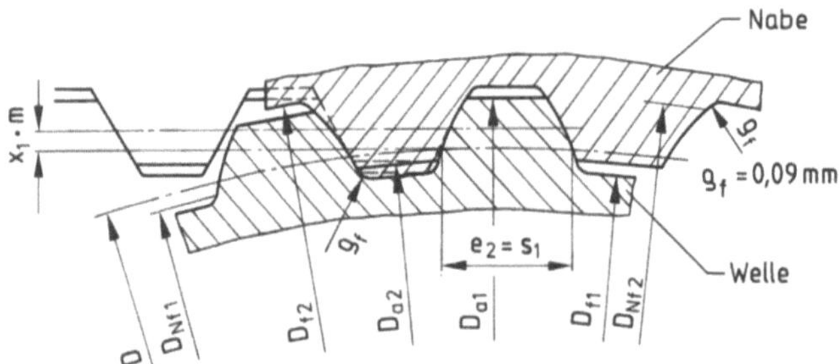

Bild 3.3. Profilform von Welle und Nabe für Zahnwellen (nach DIN 5480)

Grundsätzlich wird das Paßsystem „Einheitsbohrung" verwendet. Unterschiedliche Passungen werden durch die Toleranzen für die Wellen-Bestimmungsgrößen erreicht. Die Toleranzen der Naben-Bestimmungsgrößen bleiben unverändert. Das in DIN 5480 festgelegte Flankenpassungs-System nimmt auf folgende Besonderheiten Rücksicht. Bei den Zahnwellen-Verbindungen werden alle Zähne der Welle zugleich in alle Lücken der Naben eingeführt. Verzahnungsabweichungen weisen daher auf das Spiel der Flankenpassung eines weitaus größeren Einfluß auf als bei Laufverzahnungen. Das Flankenspiel hängt ferner von der als Einbaustellung bezeichneten Zuordnung der Zähne zu den Zahnlücken in der Nabe ab. Eine Veränderung der Einbaustellung (Verdrehen der Welle relativ zur festgehaltenen Nabe) ändert im allgemeinen das Flankenspiel. Daher kann das Flankenspiel nicht durch Einzelmessungen an Welle und Nabe sicher vorherbestimmt werden. Jedoch läßt sich durch Prüfen mit Lehren feststellen, ob Naben- und Wellenprofil innerhalb der für ein gewünschtes Flankenspiel zulässigen Grenzen liegen. Dadurch wird sichergestellt, daß auch das Flankenspiel innerhalb dieser Grenzen liegt.

Das Flankenspiel wird durch Lückenweiten- und Zahndickenabmaße festgelegt. In Anlehnung an das Verzahnungs-Toleranzsystem für Laufverzahnungen nach DIN 3963 wird daher in DIN 5480 ein spezielles Toleranzsystem für Zahnwellen-Verbindungen entwickelt. Die Toleranzen der Naben-Lückenweiten werden in Analogie zum ISO-Passungssystem durch Großbuchstaben gekennzeichnet. Die Toleranzen der Wellen-Zahndicken werden durch kleine Buchstaben angegeben, wobei in Anlehnung an DIN 3963 die Qualitätszahl dem Toleranzfeld vorangestellt wird. Die Passungs-Kurzzeichen nach DIN 5480 gelten nur in Verbindung mit dem Zusatz „DIN 5480" (z. B. H9/8f DIN 5480).

Nach Dietz [3.2] hängt die wirkliche Lastaufteilung sowohl in Keil- wie in Zahnwellen-Verbindungen maßgeblich von den effektiven Verzahnungsabweichungen ab. Aufbauend auf Untersuchungen von Benkler [3.2] stellt er daher die maßgebenden Verzahnungsabweichungen und Verfahren zu ihrer Bestimmung zusammen.

3.1.2 Auslegung von Keil- und Zahnwellen-Verbindungen

In den gängigen Lehrbüchern über Maschinenelemente (z. B. [3.18]) werden Profilwellen-Verbindungen auf zulässige Flächenpressung ausgelegt. Die Dimensionierungsgleichung lautet

$$T = 0{,}75 h_{tr} l_{tr} z \frac{D_m}{2} p. \tag{3.2}$$

Ihr liegt die Vorstellung zugrunde, daß drei Viertel der z Mitnehmer tragen (vgl. hierzu auch DIN 5461). Die tragende Höhe h_{tr} ergibt sich aus den Normen. Die zulässige Flächenpressung wird nach (2.177) ermittelt.

In Wirklichkeit sind die Beanspruchungsverhältnisse in Profilwellen-Verbindungen so verwickelt, daß sie durch das einfache Berechnungsmodell nach (3.2) nur äußerst unzureichend erfaßt werden. Erst in jüngster Zeit haben Dietz [3.3, 3.4] und Lörsch [3.11] wesentlich verbesserte Rechengänge vorgeschlagen. Das Verfahren von Dietz ist nach dem in der allgemein zugänglichen Literatur veröffentlichten Stand umfassender als das von Lörsch. Vorteile bietet Lörsch bei der Berücksichtigung des Verschleißproblems, das Dietz in seinem Rechengang nicht erfaßt. Im folgenden wird das Verfahren von Dietz einschließlich seiner wissenschaftlichen Grundlagen dargestellt. Ferner wird die von Lörsch für die Erfassung des Verschleißes aufgestellte Berechnungsgleichung mitgeteilt.

Dietz baut sein Verfahren auf einer Auswertung des Schrifttums sowie umfangreichen eigenen theoretischen und experimentellen Untersuchungen auf. Er geht dabei von den in der Praxis an Profilwellen-Verbindungen auftretenden Schadensfällen aus.

An Profilwellen werden sowohl Gestalt- als Dauerbrüche außerhalb des tragenden Abschnitts des Profils festgestellt. Dabei übersteigen die Kerbspannungen im Grunde des Profils die zulässigen Festigkeitskennwerte des Wellen-Werkstoffs. Mit Hilfe komplexer Spannungsfunktionen hat Nakazawa [3.18] eine Gleichung für die Formzahl einer torsionsbeanspruchten Profilwelle gemäß Bild 3.4 aufgestellt, die Dietz zur besseren Anpassung an die Ergebnisse anderer Forschung geringfügig modifiziert hat.

$$\alpha_{kth} = \frac{D_i}{D_h} \left\{ 1 + 0{,}17 \, \frac{t}{\varrho} \left[1 + \frac{3{,}94}{0{,}1 + t/\varrho} \right] + \frac{6{,}38}{\left[2{,}38 + \frac{D_i}{2t} \left(\frac{t}{\varrho} + 0{,}04 \right)^{1/3} \right]^2} \right\} \tag{3.3}$$

$$2 \leqq t/\varrho \leqq 10 \qquad D_a/D_i \leqq 2 \,.$$

Für D_i ist der Durchmesser des dem Profil eingeschriebenen Kreises anzusetzen und für D_a der des Kopfkreises. Die Formzahl α_{kt} nach Nakazawa gilt für die Torsionsnennspannung (vgl. (5.2) und (5.4) mit $D_i = 0$), die mit einem von Nakazawa angegebenen Ersatzdurchmesser D_h zu berechnen ist. In Bild 3.5 sind die für eine auf den

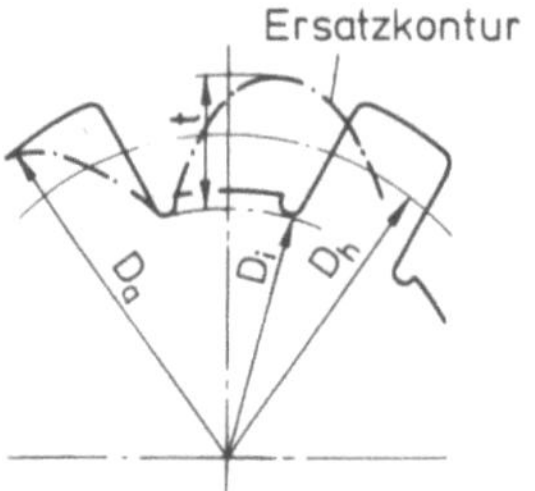

Bild 3.4. Ersatzmodell (nach Nakazawa)

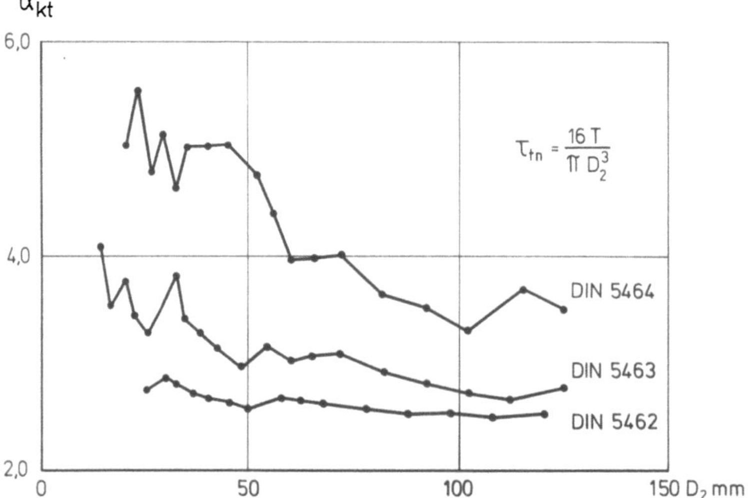

Bild 3.5. Formzahlen tordierter Keilwellen

Außendurchmesser D_2 bezogene Formzahl[1] für Keilwellen nach DIN 5462 mit DIN 5464 aufgetragen. Bild 3.6 gilt für Zahnwellen mit Evolventenflanken nach DIN 5480, wobei die in Blatt 2 dieser Norm aufgenommenen Vorzugswerte berücksichtigt wurden. Die Nennspannung ist mit dem Profilbezugsdurchmesser D_{B}[2] zu berechnen. Es wurde mit einer Fußhöhe $h_{\mathrm{f}} = 0{,}60$ m (Herstellung der Welle mit Universal-Wälzfräser) und dem nach der Norm kleinsten Fußrundungsradius $\varrho_{\mathrm{f}} = 0{,}16$ m gerechnet.[3]

Häufig werden Profilwellen außer auf Torsion zusätzlich auf Biegung beansprucht. Jedoch sind bisher für den Lastfall Biegung keine durch elastizitätstheoretische Unter-

---

1 Die Umrechnung der für den Bezugsdurchmesser D_{h} berechneten Formzahl α_{kth} auf den Außendurchmesser D_{a} erfolgt gemäß

$$\alpha_{\mathrm{kta}} = \alpha_{\mathrm{kth}} \cdot \left(\frac{D_{\mathrm{a}}}{D_{\mathrm{h}}}\right)^3 .$$

2 Bei Zahnwellen mit Evolventenflanken nach DIN 5480 erfolgt die Berechnung mit dem Profilbezugsdurchmesser D_{B}, der nicht mit dem Außendurchmesser D_{a1} der Welle übereinstimmt, weil jener vom Kontrukteur in der Zeichnung angegeben wird.

3 Die Sprünge in den Graphen von Bild 3.6 rühren daher, daß je nachdem ob die Zähnezahl der Verbindung kleiner oder größer/gleich 20 ist, unterschiedliche Gleichungen für die Berechnung des Ersatzdurchmessers D_{h} nach Nakazawa anzuwenden sind.

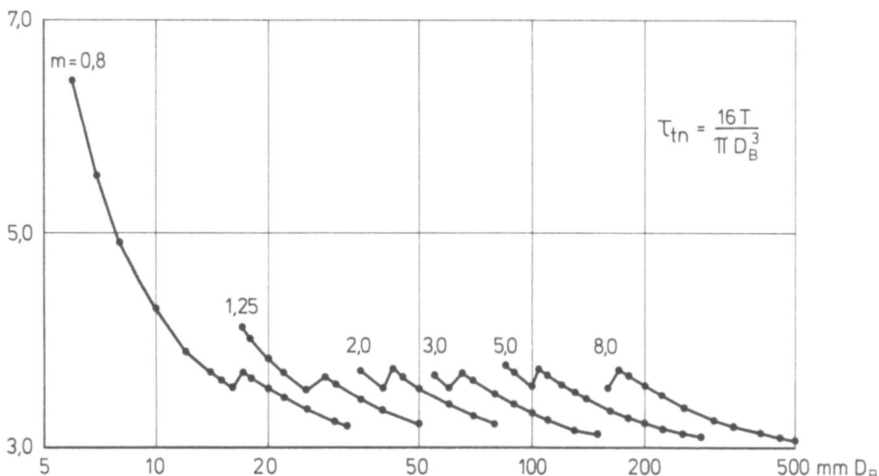

Bild 3.6. Formzahlen tordierter Zahnwellen (nach DIN 5480)

suchungen begründeten Formzahlen bekannt geworden. Zwar gibt Niemann [3.19] eine Kerbwirkungszahl ($\beta_{kb} = 1{,}3$) gegen Biegung an. Der Aussagewert dieser Kerbwirkungszahl ist jedoch insofern gering, als Angaben über die Geometrie des Keilwellenprofils fehlen. Gemäß (3.3) bestimmt aber gerade die Kerbgeometrie die Form- und damit auch die Kerbwirkungszahl. Aus praktischen Erfahrungen ist lediglich bekannt, daß bei gleichen Nennspannungen Profilwellen weniger empfindlich gegen Biegung als gegen Torsion sind, was auch der Anschauung entspricht. Diese Aussage wird auch durch das Verhältnis der von Niemann veröffentlichten Kerbwirkungszahlen für Keilwellen gestützt ($\beta_{kt}/\beta_{kb} = 1{,}30$).

Um zu einem praktisch handhabbaren Dauerfestigkeitsnachweis der Profilwelle im nicht überdeckten Bereich zu kommen, geht Dietz [3.3] wie folgt vor. Er berechnet zunächst die Vergleichsspannung nach der Gestaltänderungsenergiehypothese aus den Nennspannungen

$$\sigma_v = \sqrt{\sigma_b^2 + 3\tau_t^2}\,. \tag{3.4}$$

Sodann vernachlässigt er die dynamische Stützwirkung des Werkstoffs (vgl. Abschnitt 5) und setzt daher die Kerbwirkungszahlen gleich den Formzahlen. Diese Annahme ist konservativ. Die Kerbwirkung wird also in dem zulässigen Festigkeitskennwert des Werkstoffs erfaßt. Vereinfachend nimmt Dietz

$$\beta_{kb} = \beta_{kt} = \alpha_{kb} = \alpha_{kt} \tag{3.5}$$

an, wobei α_{kt} nach Nakazawa (Gl. (3.3) bzw. Bild 3.5 oder 3.6) ermittelt wird. Ferner unterscheidet Dietz, ob bei den wirkenden Spannungen Biegung oder Torsion überwiegt. Je nachdem wird die zulässige Spannung aus der Biege- oder Torsions-Dauerfestigkeit berechnet.

$$\sigma_{zul} = \begin{cases} \dfrac{\sigma_{bD}}{\beta_{kb}} \\[2ex] \dfrac{\tau_{tD}}{\beta_{kt}} \end{cases}. \tag{3.6}$$

Bei dem in (3.6) einzusetzenden Dauerfestigkeitswert ist zu unterscheiden, ob wechselnde oder schwellende Beanspruchung vorliegt. Die Ist-Sicherheit gegen Dauerbruch ergibt sich zu

$$j_\mathrm{D} = \frac{\sigma_\mathrm{zul}}{\sigma_\mathrm{v}} \,. \tag{3.7}$$

Das von Dietz vorgeschlagene Verfahren für den Nachweis der Dauerfestigkeit von Profilwellen ist im Sinne der modernen Gestaltfestigkeitslehre (vgl. Abschnitt 5) ein relativ stark vereinfachender Überschlag, bei dem wichtige Einflußgrößen unberücksichtigt bleiben müssen. Diese sind im einzelnen die dynamische Stützwirkung des Werkstoffs (Ersatz der Kerbwirkungs- durch die Formzahl), Gleichsetzen der Formzahlen für Torsion und Biegung, Nichterfassen eventuell ungleicher zeitlicher Verläufe der Biege- und Torsionsspannung durch das Anstrengungsverhältnis (z. B. für wechselnde Biegung und schwellende Torsion) sowie Vernachlässigung des Einflusses der Bauteilgröße und der Oberflächenqualität. Die getroffenen Vereinfachungen haben zum Teil gegenläufigen Charakter (dynamische Stützwirkung und Anstrengungsverhältnis: konservativ; Bauteilgröße und Oberflächenqualität: unsicher). Eine Rechtfertigung finden diese Vernachlässigungen einmal in dem unzureichenden Kenntnisstand der wirklich in Profilwellen auftretenden maximalen Spannungen. Vor allem aber zeigen die von Dietz [3.4] aus der Praxis übernommenen Berechnungsbeispiele die Brauchbarkeit seines Ansatzes. Dieser stellt für den freien Teil einer Profilwellen-Verbindung auf jeden Fall einen wesentlichen Fortschritt gegenüber den stark vereinfachenden „klassischen" Berechnungsverfahren nach (3.2) dar.

Innerhalb der eigentlichen Profilwellen-Verbindung versagen Zähne oder Keile dann, wenn bei ausreichend dimensioniertem Wellenquerschnitt die auf einen einzelnen oder einige wenige benachbarte Zähne einwirkenden Kräfte zu groß werden. Es erfolgt Zahnfußbruch ähnlich wie bei Laufverzahnungen. Ferner können die Zahnflanken plastische Verformungen erfahren. Derartige Überbeanspruchungen werden durch Teilungsabweichungen der Wellen- und Nabenverzahnung sowie ihre Kombination infolge der Einbaustellung verursacht. Verantwortlich sein können auch äußere, in radialer Richtung wirkende Kräfte sowie zwischen nicht fluchtenden Wellen übertragene Biegemomente. Dietz [3.3] stellt fest, daß das Problem der Aufteilung der äußeren Kräfte auf die einzelnen Mitnehmerpaare in einer Profilwellen-Verbindung von grundlegender Bedeutung ist. Er untersucht daher die maßgebenden Einflüsse auf die Lastaufteilung systematisch und entwickelt hieraus ein Berechnungsverfahren für den Nachweis der Flanken- und Zahnfuß-Tragfähigkeit.

Die Bestimmung der Lastaufteilung an Profilwellen-Verbindungen stellt ein äußerst komplexes Problem dar. Dietz [3.3] baut in sehr systematischen Schritten sein Lösungsverfahren auf. Er geht von der Überlegung aus, daß die Lastaufteilung durch die elastischen Eigenschaften der im Eingriff befindlichen Mitnehmerpaare bestimmt wird. Um einen Lösungsansatz zu finden, nimmt Dietz zunächst an, daß die Belastung aller Mitnehmerpaare unabhängig von der axialen Koordinate[4] ist. Er reduziert dadurch das ursprüngliche dreidimensionale auf ein ebenes Problem. Die Mitnehmer faßt Dietz als ebene, auf einer Flanke belastete Scheiben auf. Je nachdem, ob es sich um Keil- oder Zahnwellen-Verbindungen handelt, werden die Mitnehmer gemäß Bild 3.7 durch rechteckige bzw. keilförmige, an einem Rand eingespannte

---

4 In einem Abschnitt seiner Arbeit unterbreitet Dietz Vorschläge für die Ermittlung der axialen Lastverteilung, die jedoch nicht zu konkreten Ergebnissen führen. Das Problem der axialen Lastaufteilung ist noch ungelöst.

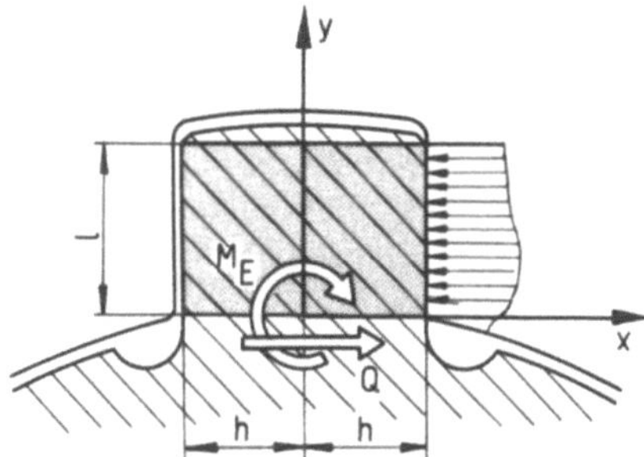

Bild 3.7. Approximation des Mitnehmers als ebene Scheibe (nach Dietz)

Scheiben approximiert. Für die auf den belasteten Flanken wirkenden, unbekannten Streckenlasten setzt Dietz Polynome dritten Grades an. Die Ermittlung der Spannungen und Verschiebungen erfolgt mit Hilfe der Airyschen Spannungsfunktion [3.7]. Für die Airysche Spannungsfunktion werden bekannte Polynomansätze aus der Literatur übernommen. Mit Hilfe der Randbedingungen für den eingespannten und die lastfreien Ränder drückt Dietz die auftretenden Integrationskonstanten durch die geometrischen Abmessungen der Mitnehmer und die Koeffizienten der Ansatzpolynome für die Flankenbelastung aus. Diese unbekannten Koeffizienten werden schließlich mit Hilfe der kinematischen Verträglichkeitsbedingungen auf den belasteten Flanken berechnet, die punktweise erfüllt werden. Nach der Methode von Weber und Banaschek [3.23] wird die elastische Nachgiebigkeit der Einspannstelle berücksichtigt. Außerdem wird mit Hilfe einer Abschätzung die Verformungsbehinderung durch benachbarte Mitnehmerpaare erfaßt. Als wesentliches Ergebnis seiner Berechnungen an den ebenen Mitnehmern ermittelt Dietz Federsteifigkeiten, die mit Hilfe der Verschiebungen des Schwerpunktes des Scheibenquerschnittes berechnet werden.

In einem zweiten Hauptabschnitt seiner Arbeit benutzt Dietz die für ein einzelnes Mitnehmerpaar ermittelten Federsteifigkeiten, um die Aufteilung einer gegebenen äußeren Belastung auf die einzelnen Mitnehmerpaare zu berechnen. In der Montagestellung und im lastfreien Zustand weisen Profilwellen-Verbindungen im allgemeinen Drehflankenspiel auf. Bei Aufbringen einer äußeren Belastung in Form von Torsionsmoment und/oder Querkraft werden je nach vorhandenen Verzahnungsabweichungen, Einbaustellung und Lastfall ein einzelnes oder mehrere Mitnehmerpaare zur Anlage gebracht. Unter der Wirkung der äußeren Belastung verformen sich die anliegenden Zahnpaare so lange, bis das nächst kleinere Flankenspiel überwunden ist. Dadurch kommt das entsprechende Mitnehmerpaar ebenfalls zum Tragen und übernimmt einen Anteil der äußeren Belastung. Dieses schrittweise Tragen zusätzlicher Mitnehmerpaare wiederholt sich so lange, bis Gleichgewicht zwischen den äußeren Belastungen und allen an den einzelnen Mitnehmern angreifenden Kräften herrscht.

Diesen Grundgedanken wertet Dietz aus, um ein iteratives Verfahren zu entwickeln, das es gestattet, die Aufteilung vorgegebener äußerer Belastungen auf die einzelnen Mitnehmerpaare einer Profilwellen-Verbindung zu berechnen. Es sei noch erwähnt, daß Dietz die von ihm aufgestellte Theorie mit Meßergebnissen vergleicht, die an einzelnen Mitnehmerpaaren und an kompletten Keil- und Zahnwellen-Verbindungen durchgeführt werden. Unter Berücksichtigung der bei der Entwicklung des Berechnungsverfahrens getroffenen Vereinfachungen und der relativ einfach aufgebauten Versuchseinrichtung ergibt sich eine recht befriedigende Übereinstimmung der berechneten und gemessenen Lastaufteilung.

Durch systematische Berechnungen mit Hilfe des von ihm entwickelten Verfahrens gewinnt Dietz äußerst wertvolle Erkenntnisse über die Lastaufteilung an Zahnwellen-Verbindungen nach DIN 5480. Allen Berechnungen zugrunde gelegt wird eine im folgenden als Musterverbindung bezeichnete Zahnwellen-Verbindung $95 \times 2 \times 46$ DIN 5480. In Bild 3.8 ist die Lastaufteilung der durch Torsionsmoment und Querkraft belasteten, abweichungs- und spielfreien Musterverbindung dargestellt. Das Drehmoment von 10^5 Nmm wird konstant gehalten. Die Querkraft wird schrittweise von 0 auf 12 000 N gesteigert. Eine positive Zahnkraft bedeutet, daß sie auf der durch reines Drehmoment belasteten Zahnflanke (Vorderflanke) wirkt. Bei reinem Drehmoment tragen alle Zähne gleichmäßig. Die Querkraft ruft zusätzliche Lastanteile an den einzelnen Mitnehmern hervor. Solange diese betragsmäßig kleiner sind als die Zahnkräfte aus dem Torsionsmoment, tragen alle Zähne auf der Vorderseite. Übersteigt der von der Querkraft herrührende Zahnkraftanteil den aus Drehmoment, so tragen auf einem Teil des Umfanges der Verbindung die Rückflanke der Zähne. Zwischen den auf der Vorder- bzw. Rückflanke belasteten Zähne liegt ein Gebiet, in dem die Mitnehmer lastfrei sind. Da die Querkraft im allgemeinen relativ zu der Zahnwellen-Verbindung umläuft, stellt die Querkraft auf jeden Fall für die Zähne eine um den sich aus dem Torsionsmoment ergebenden Kraftanteil schwankende dynamische Belastung dar. Für den Fall, daß infolge der umlaufenden Querkraft sowohl die Vorder- als Rückflanken belastet werden, wird jeder Zahn auf wechselnde Biegung beansprucht.

Bild 3.9 zeigt für die spiel- und abweichungsfreie Musterverbindung die Lastaufteilung bei stufenweise gesteigerter reiner Querkraft. Die Lastaufteilung ist rein antimetrisch. In einem Sektor, der den doppelten Eingriffswinkel der Verzahnung überdeckt und dessen Mitte gegenüber der Richtung der angreifenden Querkraft um 180° versetzt ist, werden die Zahnflanken vollkommen entlastet. Dies ist daraus zu erklären, daß nur solche Flanken Kräfte übertragen können, bei denen eine Relativverschiebung der Welle in Richtung der angreifenden Kraft Verformungen hervorruft, welche keine Vergrößerung des (im unbelasteten Zustand Null betragenden) Flankenspiels bewirken. Eine umlaufende Querkraft beansprucht wieder jeden einzelnen Zahn auf wechselnde Biegung.

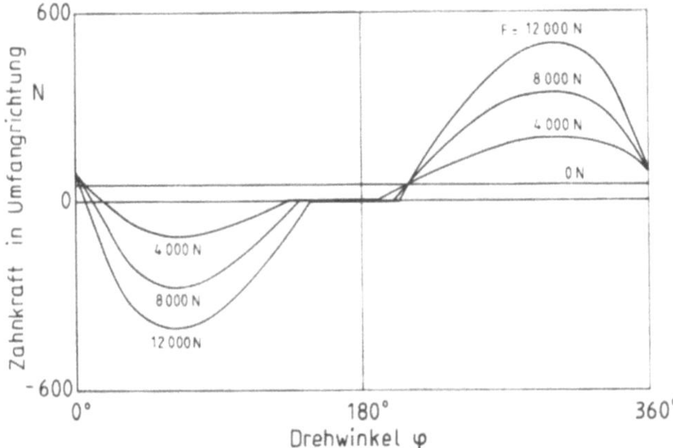

Bild 3.8. Lastaufteilung an der durch Torsionsmoment und Querkraft belasteten, abweichungs- und spielfreien Musterverbindung (nach Dietz)

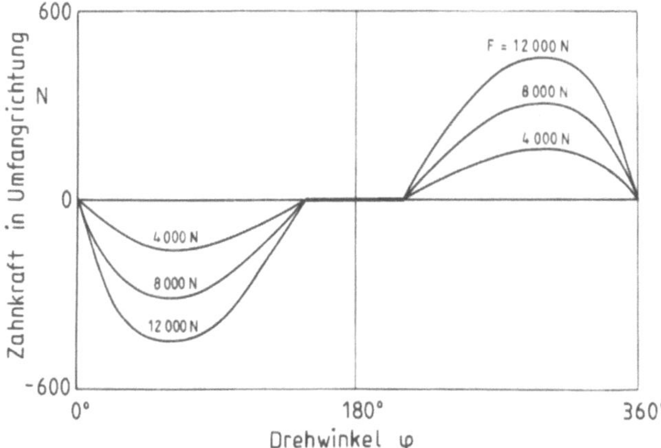

Bild 3.9. Lastaufteilung an der abweichungs- und spielfreien Musterverbindung bei reiner Querkraft (nach Dietz)

Als nächstes untersucht Dietz den Einfluß des Flankenspiels auf die abweichungsfreie Musterverbindung. Die grundsätzlichen Zusammenhänge sind in Bild 3.10 für die Grenzfälle der Belastung durch reine Querkraft bzw. reines Torsionsmoment dargestellt. Bei einer Querkraft tragen zunächst nur zwei Zahnpaare, deren Flanken annähernd senkrecht zur Lastrichtung stehen. Bei allmählicher Erhöhung der Querkraft verformen sich die Zähne. Dadurch wird stufenweise das Flankenspiel der beiden benachbarten Zahnpaare aufgezehrt, bis diese ebenfalls zur Anlage kommen und damit einen Anteil der äußeren Kraft aufnehmen. In einem Sektor der Verbindung, der um den Winkel 180° $\pm$ α zur Richtung der angreifenden Querkraft versetzt ist, können die Zahnflanken überhaupt nicht zur Anlage kommen, da eine Vergrößerung der Querkraft immer eine Vergrößerung des Zahnspiels verursacht. Weiter ist festzustellen, daß bei reiner Querkraft (oder auch bei sehr kleinem Drehmoment) stets eine Exzentrizität e zwischen den Achsen von Welle und Nabe auftritt. Die Ergebnisse der Berechnung der Lastaufteilung für die abweichungsfreie Musterverbindung zeigt Bild 3.11. Der grundsätzliche Verlauf der Lastaufteilungskurven entspricht dem einer spielfreien Verbindung (vgl. Bild 3.9). Deutlich zu erkennen ist, daß die maximale Zahnkraft mit zunehmendem Flankenspiel ansteigt.

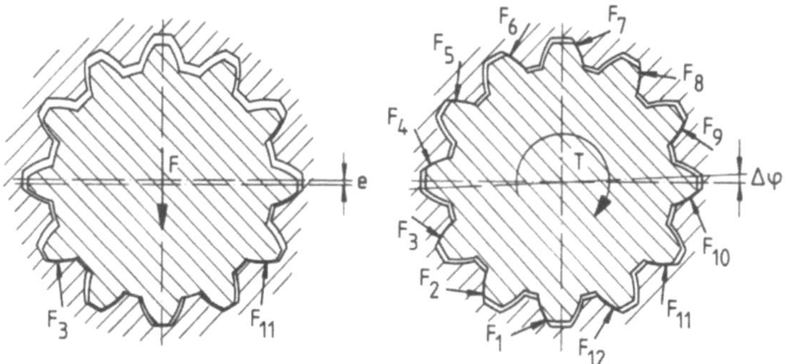

Bild 3.10. Zahnwellen-Verbindung unter reiner Querkraft und unter reinem Drehmoment (nach Dietz)

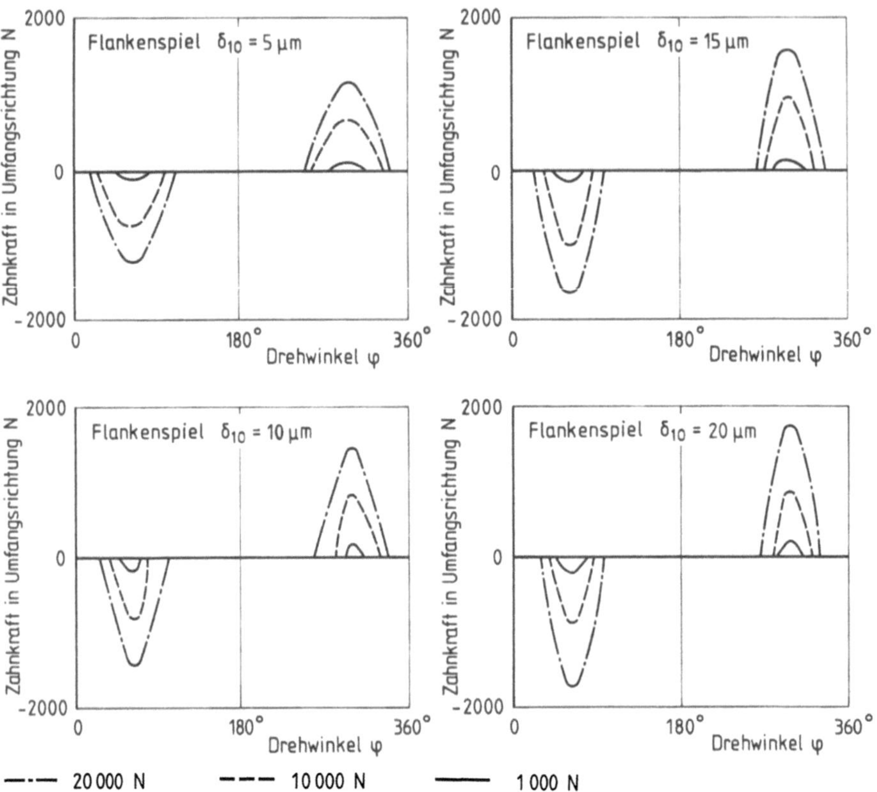

Bild 3.11. Lastaufteilung an der abweichungsfreien Musterverbindung bei reiner Querkraft in Abhängigkeit vom Flankenspiel (nach Dietz)

Ganz anders verhält sich die Verbindung unter reinem Torsionsmoment. Aus Bild 3.10 folgt, daß nur die Vorderflanken der einzelnen Zähne tragen können. Die im unbelasteten Zustand vorhandene Exzentrizität zwischen den Achsen von Welle und Nabe wird durch das Torsionsmoment verkleinert. Dieses übt eine zentrierende Wirkung aus, die mit größer werdendem Eingriffswinkel der Verzahnung zunimmt. Da die Verzahnung keine Abweichungen besitzt, übertragen alle Zahnpaare die gleiche Zahnkraft (vgl. auch Bild 3.8).

In Bild 3.12 ist schließlich das Verhalten der mit Flankenspiel ausgeführten, abweichungsfreien Musterverbindung unter zusätzlicher Belastung durch ansteigende Querkräfte dargestellt. Es gibt einen bestimmten Bereich der Verbindung, in dem die Zahnpaare vollkommen entlastet werden. Jedoch kommen die Rückflanken nicht zur Anlage, so daß die Zähne nicht wechselnd sondern nur schwellend auf Biegung beansprucht werden. Bemerkenswert ist, daß praktisch kein Einfluß der Größe des Flankenspiels auf die Lastaufteilung festzustellen ist. Dies ist aus der zentrierenden Wirkung des Torsionsmoments zu erklären (vgl. Bild 3.10).

Besonders interessant sind die Untersuchungen von Dietz über Auswirkungen der Verzahnungsabweichungen, wie sie an ausgeführten Verbindungen stets auftreten. Dietz weist mit Recht darauf hin, daß die Abweichungen realer Verbindung statistisch verteilt sind. Dies gilt nicht nur für die an verschiedenen Exemplaren einer

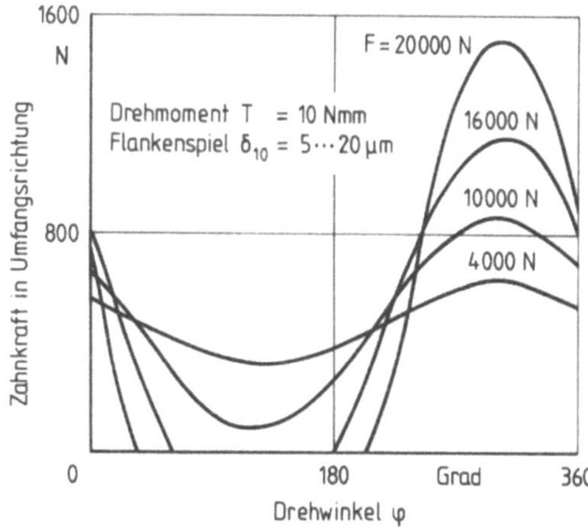

Bild 3.12. Lastaufteilung an der abweichungsfreien Musterverbindung mit Flankenspiel unter Torsionsmoment und Querkraft (nach Dietz)

hinreichend großen Stichprobe festgestellten Abweichungen. Vielmehr sind die Abweichungen auch innerhalb der Verzahnung einer Verbindung ungleichförmig auf die einzelnen Zähne von Welle und Nabe verteilt. Dabei ist ferner zwischen systematischen (z. B. durch Teilungsfehler der herstellenden Maschine bedingt) und zufälligen Abweichungen (z. B. durch Werkzeugverschleiß verursacht) zu unterscheiden. Dietz weist daher darauf hin, daß allgemein gültige Aussagen nur im statistischen Sinne gewonnen werden können, wobei eine durch eine große Anzahl von Messungen gewonnene Statistik der Abweichungen als Grundlage zu dienen hat. Im Rahmen seiner Arbeit konnte Dietz derartige statistische Untersuchungen nicht durchführen.

Für die von ihm untersuchte Musterverbindung hat Dietz eine normalverteilte Folge von Teilungsabweichungen zugrunde gelegt, welche in die Toleranzklasse 7 nach DIN 3963 fallen. Die bei Belastung durch reines Drehmoment entstehende Lastaufteilung zeigt Bild 3.13. Bei kleinem Drehmoment stützt sich die Verbindung auf drei Zahnpaare mit den kleinsten Differenzen der Teilungsabweichungen ab. Mit zunehmendem Drehmoment tragen durch elastisches Nachgeben der belasteten Zahnpaare weitere Mitnehmer. Bei dem maximalen Drehmoment von $12 \cdot 10^6$ Nmm sind schließlich sämtliche Zahnpaare beteiligt. Dabei treten sehr große Unterschiede zwischen den von einzelnen Mitnehmern übertragenen Zahnkräften auf. Das schrittweise Einbeziehen zusätzlicher Zahnpaare in die Übertragung des Drehmoments zeigt auch Bild 3.14, in dem der Verdrehwinkel zwischen Welle und Nabe in Abhängigkeit vom Drehmoment aufgetragen ist. Bei der Verbindung mit Verzahnungsabweichungen befinden sich bei kleinen Drehmomenten nur einige wenige Zahnpaare im Eingriff. Daher ist die Zahnwellen-Verbindung in diesen Lastzuständen relativ torsionsweich. Mit größer werdendem Drehmoment geraten immer mehr Zahnpaare in Eingriff, bis schließlich die Torsionssteifigkeit der abweichungsfreien Verbindung erreicht wird.

Besonders interssant ist eine Untersuchung über die Auswirkung der Toleranzklasse auf die Lastaufteilung. Es wird eine normalverteilte Summenteilungsabweichung vorausgesetzt. Die auf die einzelnen Zahnpaare aufgeteilten Teilungsabweichungen werden in eine Fourier-Reihe nach dem Umfangwinkel entwickelt. Durch Subtraktion der Fourier-Glieder erster Ordnung gewinnt Dietz eine bereinigte Verteilung der Abweichungen. Diese legt er so fest, daß ihr Mittelwert verschwindet. Als verbleibender statistischer Parameter der Normalverteilung wird die Standardabweichung den Toleranzklassen 5, 7, 9 und 11 zugeordnet. Die berechneten Lastauf-

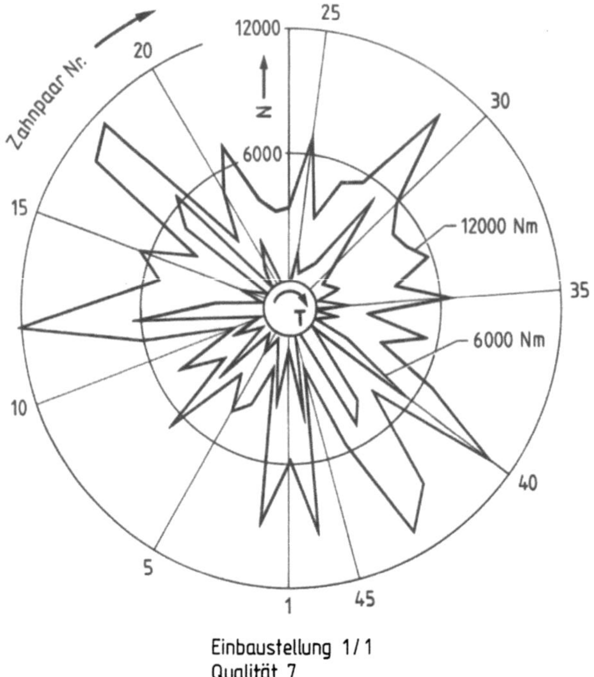

Bild 3.13. Lastaufteilung an der Musterverbindung mit normalverteilten Abweichungen bei reinem Torsionsmoment (nach Dietz)

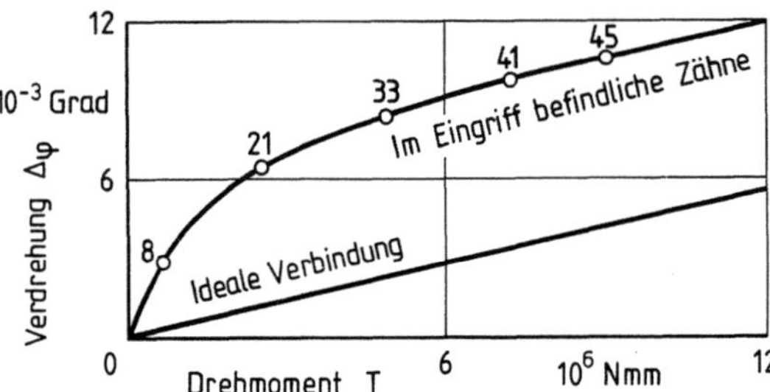

Bild 3.14. Relativverdrehung bei normalverteilter Teilungsabweichung unter reinem Torsionsmoment (nach Dietz)

teilungen für diese Qualitäten sind in Bild 3.15 zusammengefaßt, das für ein und dieselbe Eingriffsstellung gilt. Es ist deutlich zu erkennen, daß die Lastaufteilung um so gleichmäßiger wird, je feiner die Qualität ist. Nur bei hoher Fertigungsqualität und entsprechendem Fertigungsaufwand kann mit einem einigermaßen gleichmäßigen Tragen aller Zahnpaare der Verbindung gerechnet werden. Bild 3.15 belegt überzeugend, daß schon ab Qualität 7 nicht mehr mit einem Tragen von 75% aller Zähne gerechnet werden kann, wie in der „klassischen" Auslegungsgleichung (3.2) vorausgesetzt wird.

In Bild 3.16 ist die Abhängigkeit der Relativverdrehung zwischen Welle und Nabe bei der Musterverbindung mit der Qualität als Parameter aufgetragen. Bei den Qualitäten 9 und 11 wird auch bei sehr großen Drehmomenten nicht mehr die

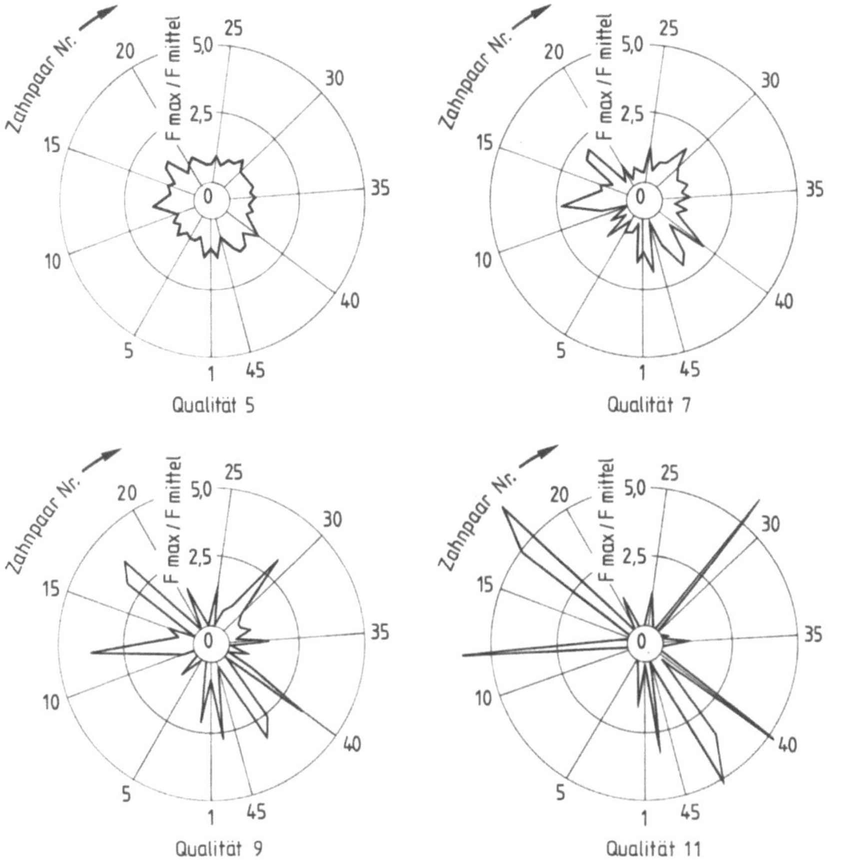

Bild 3.15. Lastaufteilung bei reinem Torsionsmoment $T = 10^7$ Nmm in Abhängigkeit von der Qualität (nach Dietz)

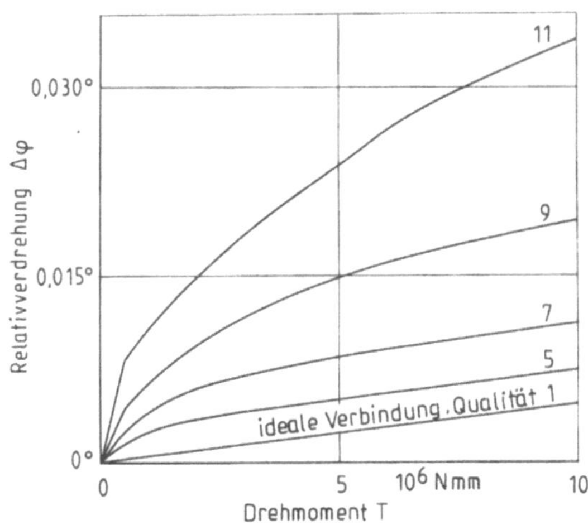

Bild 3.16. Einfluß der Qualität auf die Relativverdrehung (nach Dietz)

Torsionssteifigkeit einer abweichungsfreien Verzahnung erreicht. Auch hieraus ist deutlich zu erkennen, wie steigende Qualität die Anzahl der tragenden Zahnpaare erhöht.

In den bisher dargestellten Ergebnissen von Dietz für abweichungsbehaftete Zahnwellen-Verbindungen ist der Einfluß der Einbaustellung noch nicht erfaßt. Erste Ergebnisse hierzu zeigt Bild 3.17. Bei gleichbleibender Verteilung der Verzahnungsabweichungen auf die einzelnen Zahnlücken von Welle und Nabe übt also die Einbaustellung einen insbesondere bei geringer Fertigungsqualität erheblichen Einfluß auf die Lastaufteilung aus. Bild 3.17 stellt eine wesentliche Grundlage des von Dietz [3.3] entwickelten Dimensionierungsverfahrens für Profilwellen-Verbindungen dar.

Tragfähigkeitsberechnung von Profilwellen-Verbindungen

Ausgehend von den beschriebenen grundlegenden Ergebnissen entwickelt Dietz [3.3, 3.4] ein in der Praxis anwendbares Verfahren für den Nachweis der Tragfähigkeit von Zahnwellen-Verbindungen nach DIN 5480. Es kann sinngemäß auf Keilwellen-Verbindungen übertragen werden. Das Verfahren von Dietz gilt für flankenzentrierte Zahnwellen-Verbindungen mit Spiel- oder Übergangspassungen. Auf Preßpassungen kann es nicht angewendet werden, da hierfür das Verhalten der Zahnwellen-Verbindungen noch nicht erforscht ist.

Als äußere Belastungen können auf eine Zahnwellen-Verbindung grundsätzlich Drehmoment T, Biegemoment M_b, Querkraft F und Axialkraft F_z einwirken. Das von Dietz aufgestellte Berechnungsverfahren erfaßt den Einfluß des Drehmoments und einer überlagerten Querkraft. Wie weiter oben ausgeführt wurde, beeinflußt das Verhältnis von Drehmoment zu Querkraft maßgeblich die Lastaufteilung innerhalb der Zahnwellen-Verbindung (vgl. hierzu Bilder 3.10 bis 3.12). Dietz beurteilt daher mit Hilfe eines ideellen Radius den Betriebszustand

$$R_i = \frac{T}{F} .$$

(3.8)

Unter der konservativen Annahme, daß nur das jeweils äußerste Zahnpaar trägt, setzt Dietz [3.3] den wirksamen Radius der Mitnehmerkräfte in Richtung der äußeren Zahnkraft

$$R_w = \frac{D_m}{2} \cos \alpha .$$

(3.9)

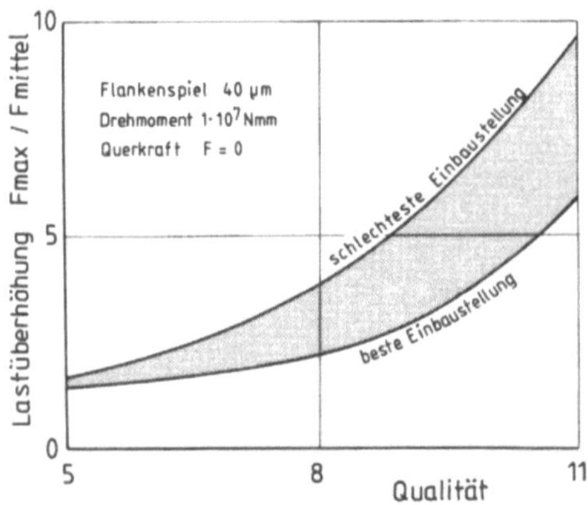

Bild 3.17. Einfluß der Qualität und Einbaustellung auf die Lastüberhöhung (nach Dietz)

Gilt $R_i < R_w$, so überwiegt der Einfluß der Querkraft auf die Belastungsverteilung der Verbindung (vgl. Bild 3.11) und die einzelnen Mitnehmer werden bei umlaufender Last auf wechselnde Biegung beansprucht. Wird $R_i \geqq R_w$, so ist im wesentlichen das Drehmoment für die Lastaufteilung verantwortlich (vgl. Bild 3.8 für $F = 0$).

Für die weitere Berechnung führt Dietz in Anlehnung an DIN 3990 eine auf die tragende Länge l der Verbindung bezogene, ideelle Zahnkraft $\bar{w}_i$ ein. Diese bezogene Zahnkraft kann zwischen zwei Grenzwerten schwanken, die Dietz durch Gleichgewichtsbetrachtungen an einer starren Verbindung berechnet (vgl. Bild 3.18).

$$\bar{w}_{i\,max} = \frac{F}{2l}\left(\frac{R_i}{R_w} + 1\right) = \frac{T}{2R_i l}\left(\frac{R_i}{R_w} + 1\right),$$

$$\bar{w}_{i\,min} = \frac{F}{2l}\left(\frac{R_i}{R_w} - 1\right) = \frac{T}{2R_i l}\left(\frac{R_i}{R_w} - 1\right). \tag{3.10}$$

Bei reiner Querkraftbelastung gilt

$$\bar{w}_{i\,max} = -\bar{w}_{i\,min} = \frac{F}{2l}. \tag{3.11}$$

Für reines Torsionsmoment ergibt sich schließlich

$$\bar{w}_{i\,max} = \bar{w}_{i\,min} = \frac{2T}{Dlz}. \tag{3.12}$$

Die in einer realen Zahnwellen-Verbindung auftretenden maximalen und minimalen bezogenen Zahnkräfte weichen von den ideellen nach (3.10) bis (3.12) berechneten ab. Die zusätzlichen Einflüsse erfaßt Dietz mit Hilfe von Faktoren $k_1 \ldots k_4$ bzw. $k_1' \ldots k_4'$. Die ungestrichenen Faktoren gelten für die maximalen, die gestrichenen für die minimalen Zahnkräfte.

Die Faktoren k_1 und k_1' berücksichtigen den Einfluß der Steifigkeit der Mitnehmerpaare auf die Lastaufteilung. Sie hängen im wesentlichen von der Größe der wirkenden Belastung, der Zähnezahl und dem Eingriffswinkel ab. Da sie die Aufteilung der äußeren Belastung auf mehrere Mitnehmerpaare angeben, gilt die Ungleichung

$$1/z \leqq k_1, \qquad k_1' \leqq 1. \tag{3.13}$$

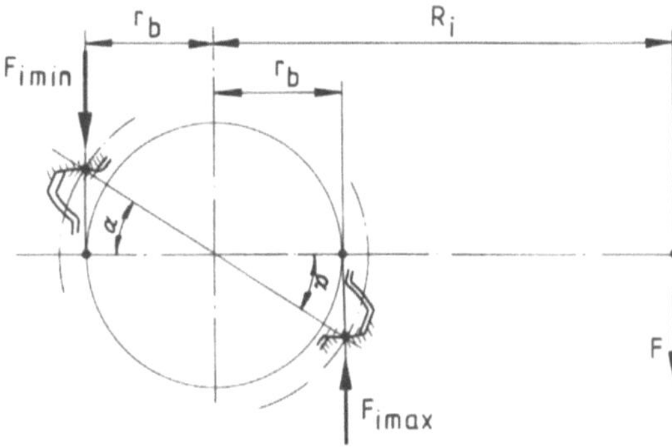

Bild 3.18. Kräftegleichgewicht an der starren Zahnwellen-Verbindung (nach Dietz)

Für reine Torsionsbelastung ergibt sich unter Berücksichtigung von (3.12) $k_1 = k_1' = 1$.
Bei allgemeiner Belastung durch Torsionsmoment und Querkraft lassen sich nach
Dietz [3.1] die Faktoren wie folgt berechnen.

$$k_1 = \frac{1}{z} + \frac{1}{4} + \frac{R_i/R_w - 1}{R_i/R_w + 1}\left(\frac{1}{z} - \frac{1}{4}\right),$$

$$k_1' = \frac{1}{z} + \frac{1}{4} - \frac{R_i/R_w + 1}{R_i/R_w - 1}\left(\frac{1}{z} - \frac{1}{4}\right). \tag{3.14}$$

Bei kleinem oder verschwindendem Torsionsmoment übt gemäß Bild 3.11 das
Flankenspiel einen maßgeblichen Einfluß auf die Größe der Lastübererhöhung
aus. Dies wird durch die Faktoren k_2 bzw. k_2' berücksichtigt. Es gilt die Ungleichung

$$1 \leqq k_2, \qquad k_2' \leqq 3. \tag{3.15}$$

Die Faktoren steigen mit größer werdendem Flankenspiel an. Bei dominierendem
Torsionsmoment und Tragen der Mitnehmer auf den Vorderseiten ist $k_2 = k_2' = 1$.
Für die Ermittlung der Faktoren k_2 und k_2' gibt es noch kein allgemein gültiges Verfahren. Zur groben Abschätzung des Einflusses des Flankenspiels kann Bild 3.11
herangezogen werden.

Die Bilder 3.15 bis 3.17 zeigen, daß die Teilungsabweichungen die Lastaufteilung
wesentlich beeinflussen. Dies wird durch die Faktoren k_3 und k_3' erfaßt. Sie hängen
vom Mittelwert sowie der Standardabweichung der Teilungsabweichungen, von der
Belastung und der Federsteifigkeit der Mitnehmerpaare ab. Bei Belastung durch
reines Torsionsmoment können sie mit Hilfe von Bild 3.17 geschätzt werden. Dietz
[3.4] weist darauf hin, daß in der Praxis durch das Einlaufen und den dadurch bedingten
ungleichmäßigen Verschleiß einzelner Mitnehmerpaare die Lastaufteilung vergleich-
mäßigt wird. Die nach dem Einlaufen vorhandenen Teilungsabweichungen entsprechen einer um eine bis zwei Toleranzklassen besseren Fertigung.

Die Übertragung des Drehmoments von der Welle auf die Nabe oder umgekehrt
verursacht eine ungleichmäßige Verteilung der Zahnlasten in axialer Richtung
innerhalb der Verbindung. Denselben Effekt können Biegemomente sowie Fluch-
tungsfehler hervorrufen. Die ungleichmäßige Verteilung der Zahnkräfte in axialer
Richtung wird erfaßt durch die Faktoren k_4 bzw. k_4'. Sie hängen von den Federsteifigkeiten der Mitnehmer, den Torsionssteifigkeiten der Welle und Nabe, Flanken-
richtungsabweichungen sowie eventuell angreifenden Biegemomenten ab. Für die
Berechnung dieser Faktoren existiert z. Z. ebenfalls noch kein Verfahren. Obwohl
im Bereich der Lasteinleitungsstelle auf jeden Fall eine Lastüberhöhung auftritt,
werden bei praktischen Berechnungen diese Faktoren im allgemeinen 1 gesetzt.
Diese auf der unsicheren Seite liegende Vernachlässigung muß bei der Festlegung
der Soll-Sicherheiten berücksichtigt werden.

Unter Berücksichtigung der vorstehend eingeführten Faktoren gilt für die wirksamen bezogenen Zahnlasten

$$w_{i\,max} = k_1 k_2 k_3 k_4\, \bar{w}_{i\,max},$$

$$w_{i\,min} = k_1' k_2' k_3' k_4'\, \bar{w}_{i\,min}. \tag{3.16}$$

Diese bezogenen Zahnkräfte rufen am Zahnfuß Biegespannung und auf den Flanken
Flächenpressung hervor. Zu beachten ist der Unterschied zu den Laufverzahnungen,
deren Flanken auf Hertzsche Pressung beansprucht werden.

In Analogie zu der nach DIN 3990 für Stirnräder geltenden Berechnung der Zahnfuß-Biegespannung wird für Profilwellen-Verbindungen der Ansatz eingeführt

$$\sigma_{b\,max} = w_{i\,max}\,\frac{6h}{s_f^2}\,. \tag{3.17}$$

Für die Zahnhöhe h gilt nach DIN 5480, Blatt 1,

$$h = h_a + h_f\,,$$
$$h_a = 0{,}45\,\mathrm{m}\,, \qquad h_f = 0{,}55\,\mathrm{m}\ ^5\,. \tag{3.18}$$

Die wirksame Zahnfußbreite wird nach Hänchen [3.8]

$$s_f = 2{,}7\,\mathrm{m} \tag{3.19}$$

gesetzt.

Bei dünnwandigen Naben ($D/D_{f2} \leq 1{,}2$) verursacht die Radialkomponente der Zahnkraft zusätzlich eine Tangentialspannung, welche der Biegespannung (3.17) überlagert werden muß. Nach Dudley [3.6] gilt

$$\sigma_{\varphi\varphi} = \frac{2T\tan\alpha}{\pi D t_N l}\,, \tag{3.20}$$

worin t_N die Wandstärke der Nabe bedeutet.

Profilwellen-Verbindungen sind im allgemeinen dynamisch beansprucht. In den Festigkeitskennwerten muß daher der zeitliche Verlauf der Beanspruchung (wechselnd oder schwellend), die Kerbwirkung infolge der Zahnfuß-Ausrundung und der Größeneinfluß berücksichtigt werden. Derzeit liegen für Keil- und Zahnwellen-Verbindungen noch keine durch eine hinreichend große Anzahl von Dauerversuchen statistisch abgestützte Dauerfestigkeitswerte vor. Dies gilt auch für die Kerbwirkung der Zahnfuß-Ausrundung sowie den Größeneinfluß. Dietz [3.3] schlägt daher vor, für den Nachweis der Dauerfestigkeit am Zahnfluß von Profilwellen-Verbindungen den Werkstoffkennwert σ_{Flim} nach DIN 3990 zu verwenden. Dabei ist zu berücksichtigen, daß die Zähne von Laufverzahnungen im allgemeinen (es sei denn, es handle sich um Zwischenräder) schwellend auf Biegung beansprucht werden. Dagegen werden die Mitnehmer von Profilwellen-Verbindungen bei dominierender Querkraftbelastung auf wechselnde Biegung beansprucht (vgl. Bild 3.11). Nach DIN 3990 (1974), Blatt 9 (Entwurf), Fußnote 11 können die für schwellendes Biegemoment geltenden Zahnfußfestigkeiten mit dem Faktor 0,7 multipliziert werden, um auf wechselnde Biegung umzurechnen. Mit der Soll-Sicherheit S_D gegen Zahnfuß-Dauerbruch gilt

$$\sigma_{zul} = \frac{\sigma_{F\,lim}}{S_D}\,. \tag{3.21}$$

Damit ergibt sich die Ist-Sicherheit gegen Dauerbruch am Zahnfuß zu

$$j_F = \frac{\sigma_{zul}}{\sigma_{b\,max}} \tag{3.22}$$

mit $\sigma_{b\,max}$ nach (3.17) unter eventueller Berücksichtigung von $\sigma_{\varphi\varphi}$ nach (3.20).

Wie oben erwähnt, werden die Flanken durch die Zahnkraft auf Flächenpressung beansprucht. In seinem Berechnungsverfahren setzt Dietz eine gleichmäßig über das

---

5 Es handelt sich um das Kleinstmaß bei Herstellung durch Einzel-Werkzeuge. Bei Herstellung durch Universal-Wälzfräser oder Universal-Schneidräder ist die Fußhöhe DIN 5480 Blatt 1 zu entnehmen.

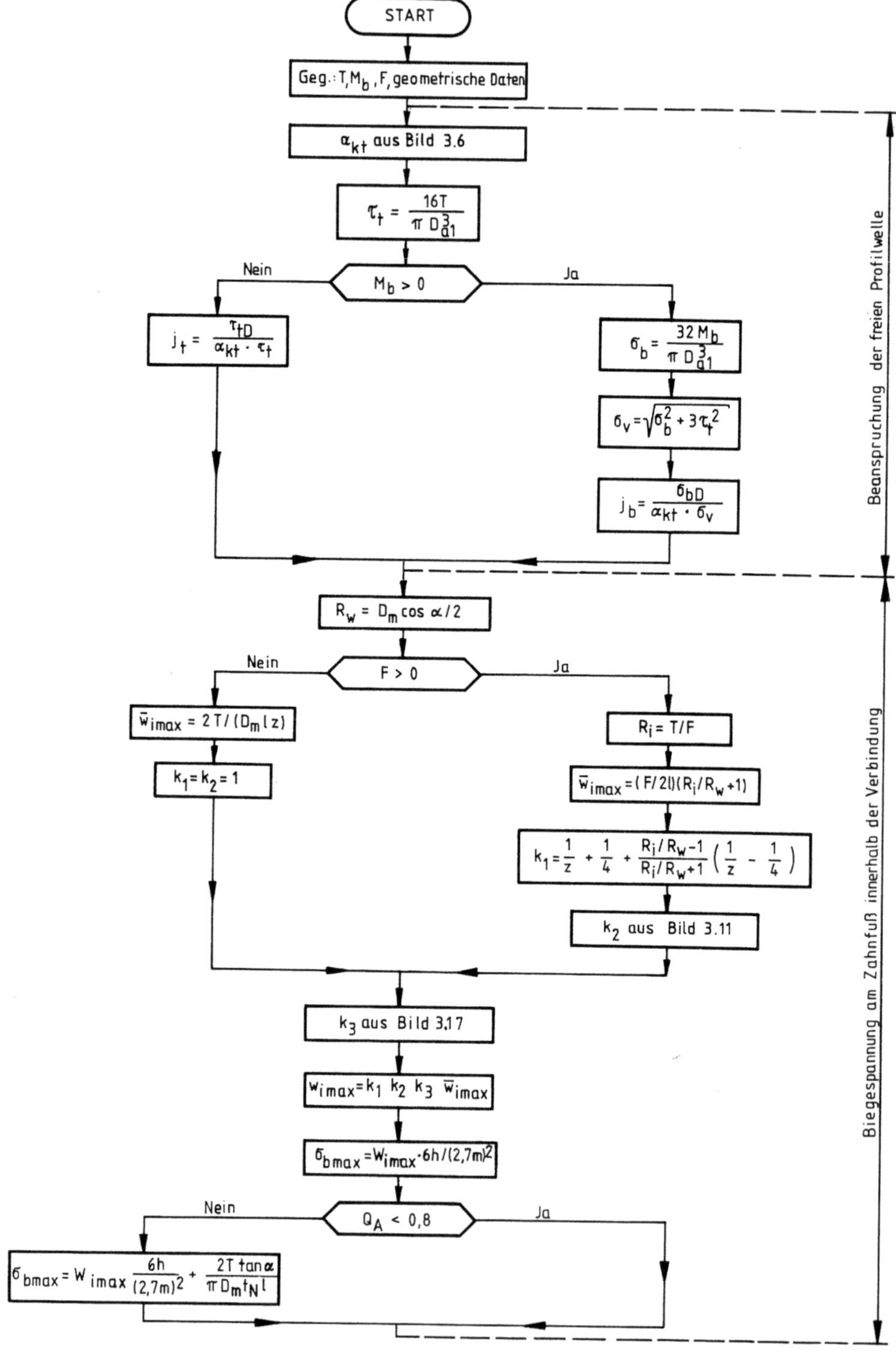

START
Geg.: T, M_b, F, geometrische Daten
α_{kt} aus Bild 3.6
$\tau_t = \dfrac{16\,T}{\pi\,D_{a1}^3}$
$M_b > 0$
Nein
Ja
$j_t = \dfrac{\tau_t D}{\alpha_{kt}\cdot\tau_t}$
$\sigma_b = \dfrac{32\,M_b}{\pi\,D_{a1}^3}$
$\sigma_v = \sqrt{\sigma_b^2 + 3\tau_t^2}$
$j_b = \dfrac{\sigma_b D}{\alpha_{kt}\cdot\sigma_v}$
Beanspruchung der freien Profilwelle
$R_w = D_m \cos\alpha/2$
$F > 0$
Nein
Ja
$\bar{w}_{imax} = 2\,T/(D_m\,l\,z)$
$k_1 = k_2 = 1$
$R_i = T/F$
$\bar{w}_{imax} = (F/2l)(R_i/R_w + 1)$
$k_1 = \dfrac{1}{z} + \dfrac{1}{4} + \dfrac{R_i/R_w - 1}{R_i/R_w + 1}\left(\dfrac{1}{z} - \dfrac{1}{4}\right)$
k_2 aus Bild 3.11
k_3 aus Bild 3.17
$w_{imax} = k_1\,k_2\,k_3\,\bar{w}_{imax}$
$\sigma_{bmax} = w_{imax}\cdot 6h/(2{,}7m)^2$
$Q_A < 0{,}8$
Nein
Ja
$\sigma_{bmax} = w_{imax}\dfrac{6h}{(2{,}7m)^2} + \dfrac{2\,T\tan\alpha}{\pi\,D_m\,t_N\,l}$
Biegespannung am Zahnfuß innerhalb der Verbindung

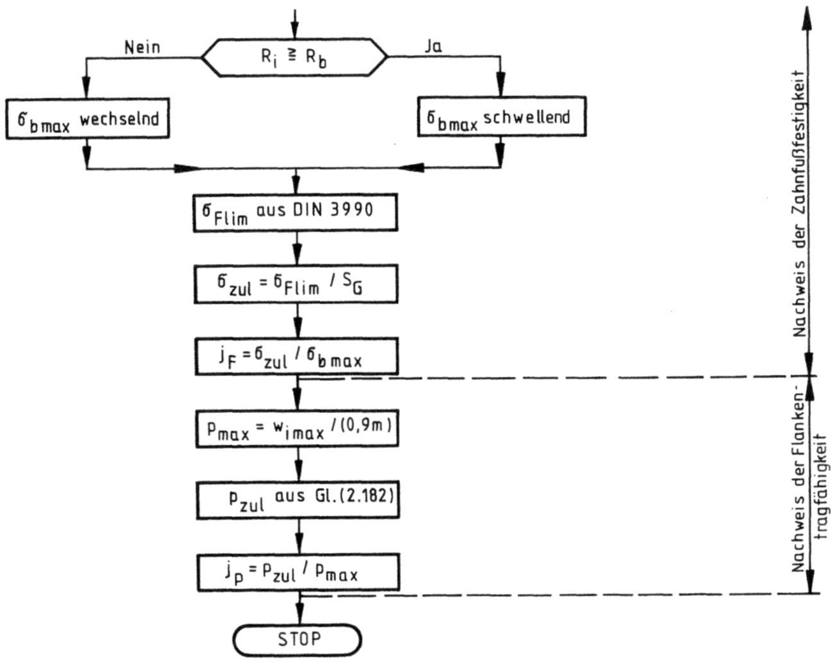

Bild 3.19. Flußdiagramm für den Festigkeitsnachweis einer Zahnwellen-Verbindung (nach Dietz)

gesamte Berührgebiet von Wellen- und Nabenverzahnung verteilte Flächenpressung voraus. Für ihren Größtwert gilt

$$p_{max} = \frac{w_{i\,max}}{h_w} . \tag{3.23}$$

Nach Dietz [3.3] kann für die wirksame Berührungshöhe h_w bei Zahnwellen-Verbindungen nach DIN 5480 gesetzt werden

$$h_w = 0,9\,\text{m} . \tag{3.24}$$

Für Keilwellen-Verbindungen mit geraden Flanken nach DIN 5462 mit DIN 5464 gilt entsprechend

$$h_w = \frac{1}{2}(D_1 - D_2) - g \tag{3.25}$$

Für die zulässige Flächenpressung liegen derzeit keine durch Versuche abgesicherte Werkstoffkennwerte vor. Als Anhaltswerte können die Richtwerte nach (2.182) verwendet werden. Ein zusammenfassendes Flußdiagramm für den von Dietz vorgeschlagenen Rechengang gibt Bild 3.19. Die Dauerfestigkeitswerte σ_{bD} bzw. τ_{tD} können aus Dauerfestigkeitsschaubildern ([5.2], [5.8] oder TGL 19340) entnommen werden (vgl. auch Abschnitt 5).

Einen interessanten Ansatz für die Berücksichtigung von Verschleiß durch kleine Gleitbewegungen in einer Zahnwellen-Verbindung gibt Lörsch [3.11]. Die bei Flankenzentrierung und bei Übertragung von relativ zur Verbindung umlaufenden Querkräften auftretenden, zeitlich veränderlichen Relativverschiebungen zwischen Naben-körper und Welle führen zu Verschleiß und vermindern damit die zulässige Flächen-pressung. Der Verschleiß hängt nach Lörsch ab von der Amplitude der Belastungs-schwankung infolge von Querkraft, von der Größe des die Relativbewegungen zwischen den Zahnflanken ermöglichenden Flankenspiels, vom Verschleißwiderstand bzw. der Härte der Werkstoffe, von der Oberflächenbeschaffenheit der Flanken und den Schmierverhältnissen. Der Verschleiß wird bei der Ermittlung der zulässigen Flächenpressung berücksichtigt.

$$p_{zul} = K_V K_L \left(\frac{R_e}{S_F} \text{ bzw. } \frac{R_m}{S_B} \right). \tag{3.26}$$

Dabei gelten die Festigkeitskennwerte R_e bzw. $R_{p0,2}$ für zähe und R_m für spröde Werk-stoffe. Anhaltswerte für sprödes oder zähes Werkstoffverhalten gibt (2.20). K_V ist ein Verschleißfaktor, K_L ein Lebensdauerfaktor, welche der Bedingung

$$K_V K_L = 1 \tag{3.27}$$

genügen müssen. Grundsätzlich können diese beiden Faktoren wegen der vielen Einflüsse nur durch Dauerversuche unter Betriebsbedingungen hinreichend genau ermittelt werden. Da der Ansatz (3.27) an eine von Dietz abweichende Berechnung der maximalen Flächenpressung angepaßt ist, wird hier auf die Angabe der von Lörsch ermittelten K_V- und K_L-Faktoren verzichtet.

Gestaltungsrichtlinien

a) Bei Zahnwellen-Verbindungen ist im allgemeinen Flankenzentrierung vorzusehen, da keine Durchmesserpassungen erforderlich sind. Hohe Laufgüte läßt sich durch Innen- oder Außenzentrierung erreichen. Empfehlungen für die Toleranzen sind in DIN 5480 enthalten.

b) Keilwellen-Verbindungen werden üblicherweise mit Innen- oder Flanken-zentrierung ausgeführt. Empfehlungen für die Toleranzen gibt DIN 5465. Innen-zentrierung ist bei genauem Rundlauf vorzusehen. Bei Stoßbelastungen oder wech-selnden Drehmomenten ist Flankenzentrierung anzuwenden, damit kein Dreh-flankenspiel auftritt.

c) Bei längsverschieblichen Verbindungen ist auf ausreichende Schmierung zu achten. Besonders kritisch sind in dieser Hinsicht durch Querkräfte belastete Profil-wellen, die zu Verschleiß neigen. In solchen Fällen soll die Nabe aus Einsatz- oder Nitrierstahl (HRC = 62–65) und die Welle aus einem Vergütungsstahl (HRC 48–50) gefertigt werden. Sehr wirksam sind elektrolytisch aufgebrachte Chromüberzüge von etwa 0,01 mm Dicke. Auch Beschichten der Profilwelle mit Polyamid vermindert den Verschleiß. Gleichzeitig sinkt wegen der geringen Festigkeit das übertragbare Drehmoment.

d) Bei Profilwellen wird die Lastaufteilung auf die einzelnen Mitnehmer um so gleichmäßiger, je feiner die Toleranz ist. Damit wenigstens 75% der Mitnehmer tragen, ist mindestens Qualität 7 vorzuschreiben. Der Auslegung ist die ungünstigste Einbaustellung zugrunde zu legen. Um die günstigste Einbaustellung zu erreichen, ist zusätzlicher Meß- und Kontrollaufwand bei der Montage erforderlich.

3.2 Kerbverzahnungen

Nach Tabelle 3.1 weisen Kerbverzahnungen prismatische Mitnehmer auf, deren Flanken um den Flankenwinkel γ gegeneinander geneigt sind. Daß die mitnehmenden

Flächen Ebenen sind, gilt grundsätzlich nur für die Naben. Nach DIN 5481, Blatt 1, gibt es für kleinere bzw. größere Teilkreisdurchmesser zwei verschiedene Ausführungen. Für kleinere Nenndurchmesser (7 × 8 bis 55 × 60) sind die Mitnehmer sowohl von Welle als Nabe prismatisch. Letztere weisen einen Flankenwinkel von 60° auf. Ab 60 × 65 werden die Verzahnungen von Welle und Nabe mit einem konstanten Bezugsprofil (Flankenwinkel 55°) hergestellt. Hierbei sind nur noch die Flanken der Nabe eben. Die Mitnehmer der Welle weisen Evolventenflächen auf. Infolgedessen werden diese größeren Kerbverzahnungen nicht auf Flächenpressung sondern auf Hertzsche Pressung mit Linienberührung beansprucht. Die Profilformen von Kerbverzahnungen nach DIN 5481 zeigt Bild 3.20. Die großen Zählezahlen (28 bis 81) ermöglichen eine Änderung der relativen Winkellage von Nabe und Welle um kleine Beträge. Die Zentrierung erfolgt grundsätzlich über die Flanken.

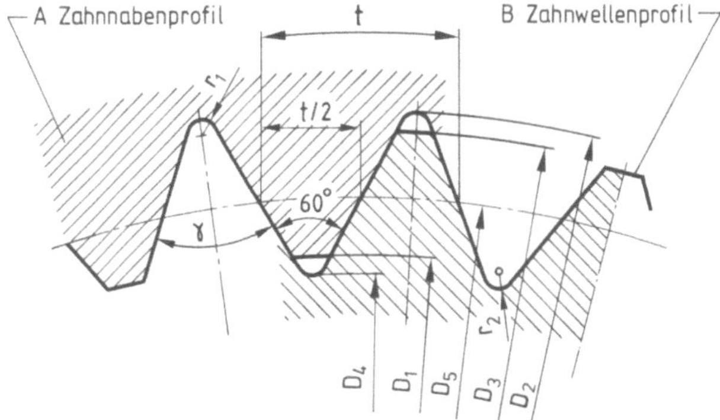

Bild 3.20. Kerbverzahnungen (nach DIN 5481)

Ein wissenschaftlich gut begründetes Auslegungsverfahren für Kerbverzahnungen existiert derzeit nicht. Daher erfolgt die Dimensionierung nach (3.2). Die zulässige Flächenpressung wird wieder nach (2.182) ermittelt. Hierbei ist auf jeden Fall zusätzlich nachzuprüfen, daß die Kerbgrundspannung im freien, nicht überdeckten Teil des Profils die zulässige Spannung nicht überschreitet. Die wesentliche Schwierigkeit besteht darin, daß es für Kerbzahnwellen keine (3.3) entsprechende Beziehung zur Berechnung der Formzahlen gibt. Da sich jedoch für sehr große Bruchfestigkeiten die Kerbwirkungszahl der Formzahl annähert, kann diese anhand von Tabelle 5.5 geschätzt werden. Für ein Profil 30 × 34 TGL 0-5481/01 (entspricht in den Abmessungen 30 × 34 DIN 5481) und den Werkstoff C35 ($R_m = 580$ N/mm^2) folgt aus Tabelle 5.5 eine Kerbwirkungszahl $\beta_{kt} = 1{,}5$. Die gleiche Tabelle enthält für ein Keilprofil 6 × 28 × 34 × 7 TGL 0-5463 (entspricht in den Abmessungen 6 × 28 × 34 DIN 5463) die Kerbwirkungszahlen $\beta_{kt} = 2{,}1$ für C35 und $\beta_{kt} = 3{,}1$ für 34CrNiMo6 ($R_m = 1080$ N/mm^2). Unter den Annahmen, daß die Kerbwirkungszahlen für 34CrNiMo6 in etwa den Formzahlen entsprechen und daß sich gleiche Verhältnisse der Kerbwirkungszahlen für die Werkstoffe C35 bzw. 34CrNiMo6 bei beiden Profilarten einstellen, läßt sich die Formzahl $\alpha_{kt} \approx 2{,}2$ für die Kerbzahnwelle schätzen. Die Unsicherheiten, die in dieser Umrechnung beinhaltet sind, müssen durch größere Soll-Sicherheiten abgedeckt werden.

3.3 Polygon-Verbindungen

Gemäß Tabelle 3.1 gehören die Polygon-Verbindungen zu den formschlüssigen Welle-Nabe-Verbindungen mit unmittelbarem Formschluß. Anders als bei den Keil- und Zahnwellen-Verbindungen sowie bei den Kerbverzahnungen weisen die Polygon-Verbindungen keine eigenen, aus den Konturen von Welle bzw. Nabe heraustretenden Wirkflächenpaare auf. In einem Stirnschnitt stellen sich die Wirk-Flächen als sogenannte Polygon-Kurven dar. Nach Musyl [3.15] gilt für die Gleichung der Polygon-Kurven die Parameterdarstellung

$$x = \frac{D_1}{2} \cos \varphi - e \cos (n\varphi) \cos \varphi - ne \sin (n\varphi) \sin \varphi \, ,$$

$$y = \frac{D_1}{2} \sin \varphi - e \cos (n\varphi) \sin \varphi + ne \sin (n\varphi) \cos \varphi \, .$$

$$(3.28)$$

Hierin gibt n die Anzahl der „Ecken" an. Praktische Bedeutung besitzen ausschließlich die Profile mit drei oder vier Ecken. Läßt sich die gesamte Wirkfläche auf einer in sich geschlossenen Polygon-Kurve aufbauen, so liegt ein harmonisches Profil vor. Werden Teile der Wirkfläche durch Abschnitte eines Kreiszylinders um die Wellenachse gebildet, so handelt es sich um ein disharmonisches Profil. Entsprechende Polygon-Kurven sind in Bild 3.21 dargestellt. Grundsätzlich lassen sich bei den harmonischen Profilen die Wirkflächen von Welle und Nabe durch Außen- bzw. Innenschleifen herstellen. Bei den disharmonischen Profilen ist dies nur für die Wellenkontur möglich. Das Schleifen der Polygon-Profile erfolgt auf Spezialmaschinen [3.9], bei denen ein sinnvoller kinematischer Mechanismus die Bewegung der Schleifspindel steuert. Die Naben müssen geräumt werden. Die Bezeichnung der Polygon-Profile erfolgt nach folgendem Schema:
harmonische Profile: PnG,
disharmonische Profile: PnC.

In der Praxis werden vor allem die genormten P3G- und P4C-Profile nach DIN 32711 und DIN 32712 eingesetzt. Naben mit P4C-Profil lassen sich unter

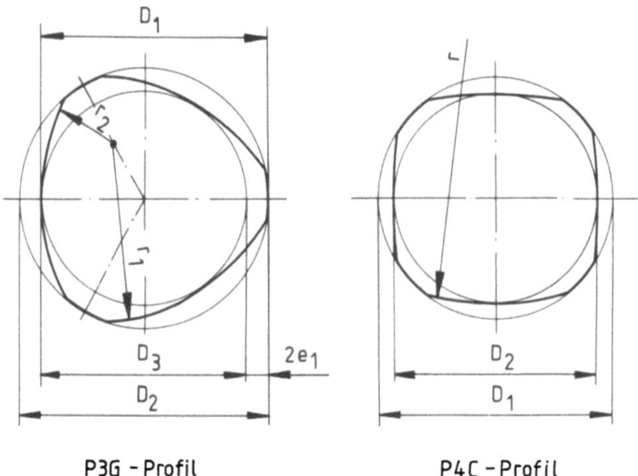

Bild 3.21. Polygon-Profile (nach DIN 32711 und 32712)

Drehmomentbelastung relativ zur Welle axial verschieben, was bei P3G-Profilen nicht möglich ist. Bei gleichem Nenndurchmesser besitzen die P3G-Profile ein größeres polares und äquatoriales Widerstandsmoment als die P4C-Profile. Bei einer Auslegung auf zulässige Flächenpressung sind bei gleichem Nenndurchmesser die P4C-Profile durch größere Drehmomente belastbar, da sie einen größeren tragenden Flächenanteil aufweisen. Sehr hoch beanspruchte Naben erfordern jedoch häufig die Verwendung gehärteter Stähle. Dann kommt nur das innenschleifbare P3G-Profil in Betracht.

Auslegung von Polygon-Profilen

Die Auslegung der Wellen ist einfach. Sie werden üblicherweise auf Torsions- und Biegespannungen unter Verwendung von (5.1) und (5.2) nachgerechnet. Die Werte der polaren und äquatorialen Widerstandsmomente für die Profile P3G und P4C können DIN 32711 und 32712 entnommen werden. Nach Angaben der Herstellerin der Polygon-Schleifmaschinen kann die Kerbwirkung für die Welle vernachlässigt werden und demgemäß können die Kerbwirkungszahlen $\beta_{kb} = \beta_{kt} = 1$ gesetzt werden[6].

Der Festigkeitsnachweis für die Nabe ist nicht so einfach. Das heute allgemein angewandte Berechnungsverfahren stammt von Musyl [3.16]. Das zu übertragende Drehmoment belastet die Innenkontur der Nabe mit n Einzelkräften (vgl. Bild 3.22). In jedem Punkt der inneren Nabenkontur werden die Tangente T an die Nabenkontur sowie der Radiusvektor errichtet. N bezeichnet die Normale auf dem Radiusvektor. Die beiden Hilfsgeraden T und N schließen den Pressungswinkel β ein. Die n dem äußeren Drehmoment entsprechenden, exzentrischen Einzelkräfte F wirken an denjenigen n Punkten der Nabenkontur, an denen der Pressungswinkel β maximal wird. Infolge ihrer geometrischen Abmessungen und der Belastung weist die Nabe eine n-fache Symmetrie auf. Musyl schneidet daher aus der Nabe einen Teilabschnitt heraus und nimmt an, daß dieser an den beiden Schnittufern fest eingespannt ist. Ferner setzt er voraus, daß die Außenkontur der Nabe kreiszylindrisch ist. Sodann vernachlässigt er die variable Wandstärke s und ersetzt den herausgeschnittenen Teilabschnitt der Nabe durch einen gekrümmten Balken mit konstantem Querschnitt. Dabei faßt er die Balkenachse als einen zur Welle konzentrischen Kreis auf.

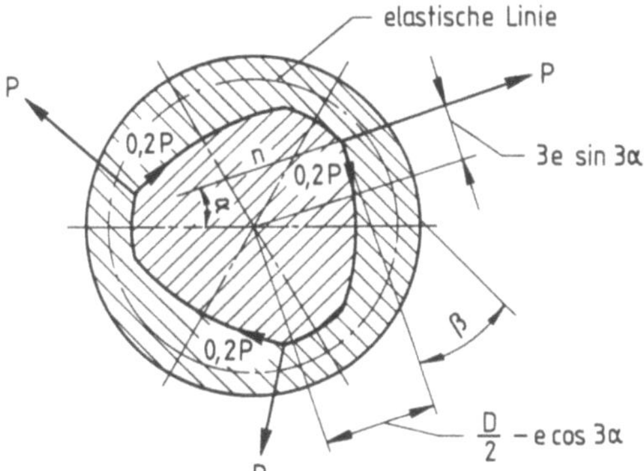

Bild 3.22. Belastung der Nabe eines P3G-Profils (nach Musyl)

---

6 Das stimmt nicht mit den Angaben von Seefluth [5.22] überein (vgl. Tabelle 5.8). Durch Wöhlerlinien belegte Kerbwirkungszahlen für Polygonverbindungen sind dem Autor nicht bekannt.

Mit Hilfe üblicher Methoden der Festigkeitslehre statisch unbestimmter Balken berechnet er die Schnittlasten, Spannungen und die elastische Deformation des gekrümmten Balkens. Die Ergebnisse seiner Berechnungen stellt er in Diagrammform dar, wobei er sich auf eine Nabe der Einheitslänge bezieht, welche durch ein Einheitsdrehmoment belastet ist. Für die maximale Spannung bzw. Aufweitung der Nabe gilt

$$\sigma_{max} = \frac{T}{l}\,\sigma_{sp}\,,$$

$$y_{max} = \frac{T}{l}\,y_{sp}\,.$$

(3.29)

Die spezifischen Kennwerte σ_{sp} und y_{sp} können für ein P3G-Profil (Bild 3.21) in Abhängigkeit vom Durchmesser D_1 aus Bild 3.23 entnommen werden. Entsprechende Diagramme für P4C-Profile finden sich bei Musyl [3.16] oder in [3.21].

Es sei noch erwähnt, daß Leroy und Viseur [3.10] ein abgewandeltes Verfahren für die Festigkeitsrechnung von Polygon-Profilnaben aufgestellt haben. Sie gehen von den gleichen Lastannahmen wie Musyl aus. Jedoch treffen sie keine Annahmen über die Art der Lagerung an den Schnittstellen. Vielmehr stellen sie Verträglichkeitsbedingungen zwischen Welle und Nabe auf und bestimmen hieraus die Schnittlasten für die wieder als gekrümmten Balken (allerdings variabler Wandstärke) aufgefaßten Nabenabschnitte. Ihre wesentlichen Ergebnisse wurden von Völler [3.21] in deutscher Sprache angegeben. Da der Rechengang von Leroy und Viseur auf höhere Spannungen als der von Musyl führt, wird jener für besonders kritische Auslegungen empfohlen.

Gestaltungsrichtlinien

Genormte Polygon-Profile werden nach folgendem Schema bezeichnet

$$\text{Profil DIN } 32711 \quad {}_{B}^{A} \quad \text{P3G} \quad {}_{D_4}^{D_1} \quad \text{Toleranz}\,.$$

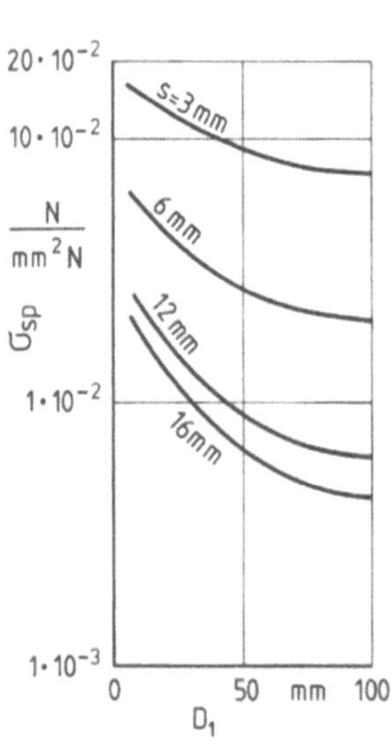

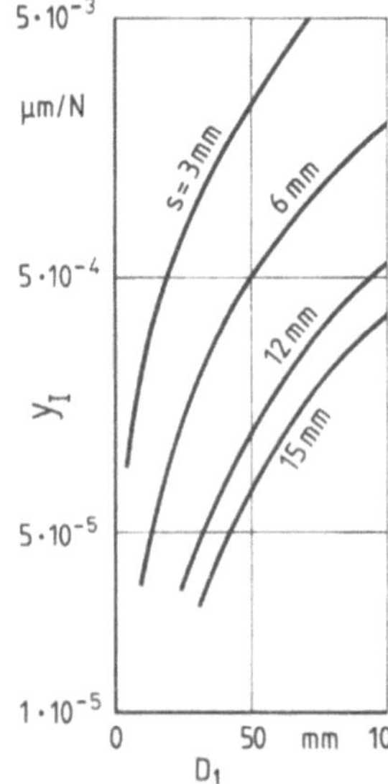

Bild 3.23. Auslegungsdiagramme für P3G-Polygon-Profil (nach Musyl)

Die Buchstaben A bzw. B bedeuten Wellen- bzw. Nabenprofil (D_1 bzw. D_4 nach Bild 3.21). Für die Angabe der Toleranzen [3.26] wird üblicherweise das System Einheitsbohrung verwendet. Maximal erreichbar für die Welle sind Qualität IT6 und für die Nabe IT7. Weitere Angaben finden sich in Tabelle 3.2. Hervorzuheben ist die Selbstzentrierung der Verbindung.

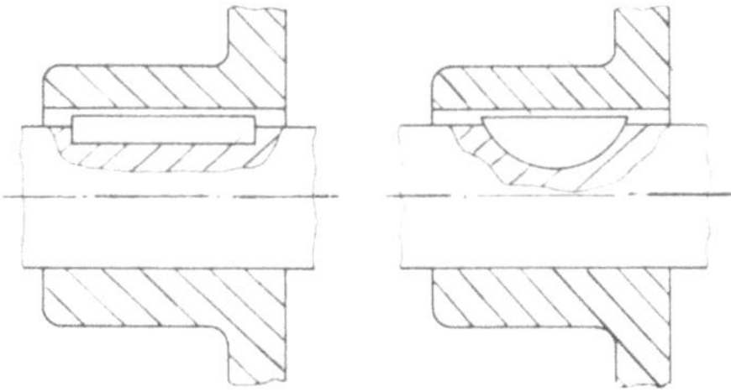

Bild 3.24. Paß- und Scheibenfeder-Verbindung

Tabelle 3.2. Toleranzen von Polygon-Profil-Verbindungen

Einsatz	Profil	D_1	D_4
ruhend	P3G P4C	k6	H7
unter Drehmoment längsverschiebbar	P4C	g6	H7
ohne Drehmoment längsverschiebbar	P3G	g6	H7

3.4 Paß- und Scheibenfeder-Verbindungen

Nach Tabelle 3.1 zählen die Paßfeder- und Scheibenfeder-Verbindungen zu den formschlüssigen Welle-Nabe-Verbindungen mit Zwischengliedern zur Übertragung der durch das Drehmoment hervorgerufenen Umfangskräfte. Bei beiden Verbindungen (vgl. Bild 3.24) weist die Nabe eine in axialer Richtung durchlaufende Nut mit rechteckigem Querschnitt auf. Bei der Paßfeder-Verbindung wird in der Welle die Nut zur Aufnahme des Zwischenelements mittels eines Finger-, bei der Scheibenfeder-Verbindung mittels eines Scheibenfräsers hergestellt. Dementsprechend unterscheiden sich die geometrischen Formen der beiden als Mitnehmer dienenden Zwischenelemente.

Paßfedern sind die am häufigsten eingesetzten formschlüssigen Welle-Nabe-Verbindungen. Bei geeigneter Wahl der Passungen ist eine axiale Relativverschiebung zwischen Welle und Nabe möglich. Diese Verbindung wird auch als Gleitfeder bezeichnet. Üblicherweise wird dabei die Gleitfeder in der Wellennut mittels zwei Senkschrauben mit Schlitz nach DIN 87 festgelegt. Dadurch wird das Auftreten von Passungsrost und die mit ihm verbundene Gefahr der Reibkorrosion (vgl. Abschnitt 2.1.5) vermieden, welche die Dauerfestigkeit der Welle erheblich vermindert. Da Scheibenfedern sich relativ zur Welle nicht axial festlegen lassen, eignen sie sich für axial verschiebbare Verbindungen nicht.

Die Abmessungen der Paßfedern sowie der für ihre Aufnahme in Nabe und

Welle benötigten Nuten sind in DIN 6885 genormt. Für zylindrische Wellenenden mit Paßfedernuten ist DIN 784 zu beachten. Scheibenfedern sind in DIN 6888 enthalten.

Berechnung von Paßfeder-Verbindungen

Paßfedern werden auf zulässige Flächenpressung ausgelegt. Das Berechnungsverfahren beruht auf der Vorstellung, daß sich zwischen Welle und Paßfeder einerseits sowie zwischen Paßfeder und Nabe andererseits bei der Übertragung des Drehmoments eine in axialer Richtung konstante Flächenpressung einstellt. Für z gleichmäßig am Umfang der Verbindung angeordnete Paßfedern folgt für das übertragbare Drehmoment

$$T = \frac{D}{2}\,(h - t_1)\,l_{tr}z\varphi p_{zul}.$$
(3.30)

φ ist ein Faktor, welcher bei mehreren Paßfedern das ungleichförmige Tragen infolge herstellungsbedingter Lage- und Formabweichungen berücksichtigen soll. Wegen des rechnerisch nicht erfaßbaren ungleichförmigen Tragens werden in der Praxis nicht mehr als zwei Paßfedern eingesetzt. Bei einer Paßfeder ist $\varphi = 1$ und bei zwei $\varphi = 0{,}75$. Die zulässige Flächenpressung kann nach (2.177) berechnet werden.

Das durch (3.30) beschriebene Berechnungsmodell stellt eine sehr grobe Approximation der Beanspruchungen von Paßfeder-Verbindungen dar. In Wirklichkeit liegt bei der Übertragung von Drehmoment zwischen Welle und Nabe über eine Paßfeder ein äußerst komplexes, dreidimensionales Kontaktproblem vor. Infolge der möglichen Relativverschiebungen zwischen den einzelnen Komponenten der Verbindung werden zusätzlich zu den aus dem Drehmoment herrührenden Kräften noch Reibkräfte übertragen. Daher wurde bis heute noch keine allgemein gültige Lösung dieses Kontaktproblems erarbeitet, die ohnedies mittels geeigneter numerischer Verfahren — z. B. der Methode der Finiten Elemente — ermittelt werden müßte.

In einer grundlegenden theoretischen und experimentellen Arbeit [3.12, 3.13] hat Militzer ein wesentlich verbessertes Berechnungsverfahren vorgestellt. Er geht von folgenden Voraussetzungen aus. Die Passungen zwischen Welle und Nabe sowie zwischen Paßfeder und Wellen- bzw. Nabennut werden nicht berücksichtigt. Das Drehmoment wird ausschließlich durch Formschluß übertragen. Reibungskräfte zwischen Welle, Nabe und Paßfeder werden vernachlässigt. Ferner wird angenommen, daß sämtliche Elemente der Verbindung rein elastisch beansprucht sind.

Mit spannungsoptischen Versuchen an ebenen Modellen weist Militzer zunächst nach, daß die maximalen Beanspruchungen bei allen drei Bauteilen (Welle, Paßfeder, Nabe) in den Lasteinleitungszonen auftreten. Sie sind in den Nuten von Welle und Nabe sowie in der Paßfeder lokal eng begrenzt. Daher ersetzt Militzer gemäß Bild 3.25

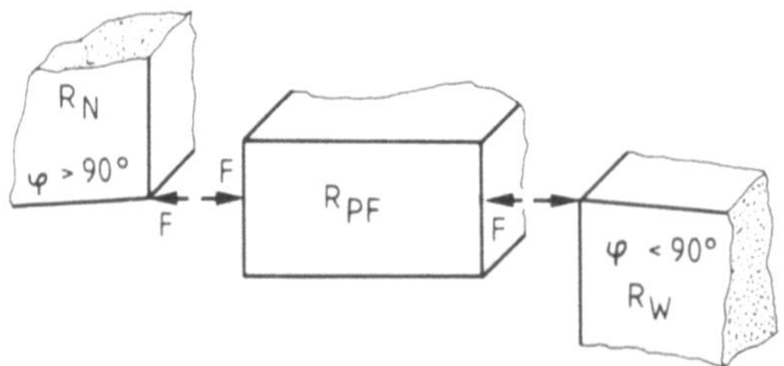

Bild 3.25. Federmodell für Paßfeder-Verbindung (nach Militzer)

die Paßfeder und die an der Lasteinteilung beteiligten Bereiche von Welle und Nabe durch ein System von drei in Reihe geschalteten Federn. Dabei sind die Federraten c_N, c_{PF} und c_W zunächst noch unbekannt.

Bild 3.26 zeigt das Ersatzmodell für die Berechnung der eigentlichen Paßfeder-Verbindung in perspektivischer Darstellung. Zum besseren Verständnis ist aus der Nabe ein Sektor herausgeschnitten. Die Welle wird als voller Torsionsstab mit dem Durchmesser D_F betrachtet. Die Nabe ist ein Torsionsstab mit Kreisring-querschnitt. Ferner ist in Bild 3.26 — abweichend von den wirklichen Verhältnissen — die Nabe mit einem größeren Innendurchmesser als dem Außendurchmesser der Welle dargestellt. Welle und Nabe sind längs einer Mantellinie mit einem System von in axialer Richtung parallel geschalteten linearen Federn verbunden. Die Gesamt-steifigkeit c_Σ dieser Federn berechnet sich aus den Einzelfederraten der Lasteinlei-tungszonen sowie der Paßfeder zu

$$c_\Sigma = \frac{c_N c_{PF} c_W}{c_N c_{PF} + c_{PF} c_W + c_N c_W}. \tag{3.31}$$

Im weiteren Verlauf seiner Untersuchungen schneidet Militzer Welle und Nabe längs derjenigen Mantellinie frei, an denen die Ersatzfedern angreifen. Die Wirkung der Ersatzfedern wird durch eine mit der Axialkoordinate z variable Linienlast $\bar{p}(z)$ ersetzt. Durch Gleichgewichts- und Verformungsbetrachtungen leitet Militzer schließlich eine gewöhnliche Differentialgleichung vierter Ordnung für die Umfangs-verschiebung $u(z)$ der Wellenoberfläche ab. Die allgemeine Lösung dieser Differential-gleichung enthält vier Integrationskonstanten.

Diese Integrationskonstanten müssen aus den Randbedingungen bestimmt wer-den. Militzer geht von der Vorstellung aus, daß das Drehmoment über die sich außer-halb des eigentlichen Bereichs der Verbindung erstreckende Welle eingeleitet wird. Für die Formulierung der Randbedingungen wichtig ist die Frage, wie und an welcher Stelle der Nabe das eingeleitete Drehmoment an andere Maschinenelemente über-tragen wird. Diese Zusammenhänge verdeutlicht Bild 3.27. Generell nimmt Militzer an, daß das Drehmoment von der Nabe in nur einer Ebene abgegeben wird, welche senkrecht zur Wellenachse steht. Dies ist in den meisten Beanspruchungsfällen inso-fern konservativ, als das Drehmoment über eine endliche axiale Länge (z. B. Zahnrad)

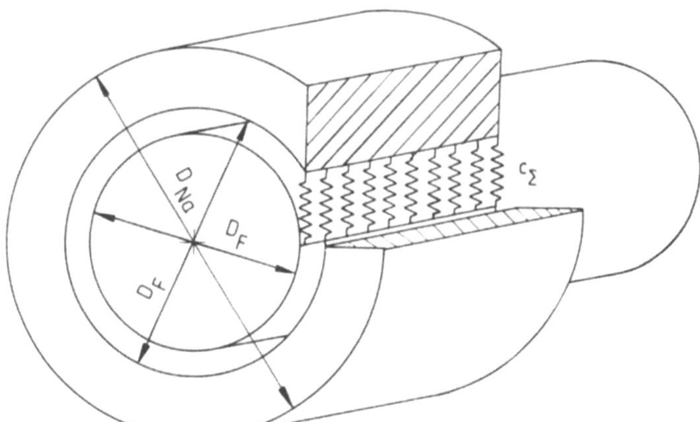

Bild 3.26. Ersatzmodell für Paßfeder-Verbindung (nach Militzer)

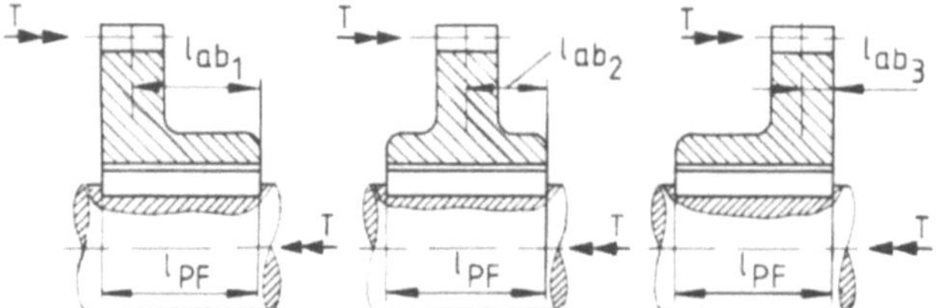

Bild 3.27. Ableitung des Drehmoments (nach Militzer)

abgeleitet wird. Entsprechend der Lage der Ebene der Lastabnahme zerlegt Militzer die Paßfeder-Verbindung in zwei Teilsysteme. Für diese stellt er getrennt die Randbedingungen auf, wobei der verschiedene Belastungen durch Einheitskräfte vorsieht. Hieraus lassen sich die unbekannten Integrationskonstanten berechnen. In einem weiteren Schritt stellt er für die beiden Teilsysteme Verträglichkeitsbedingungen auf, aus denen er schließlich die Verteilung der an der Paßfeder bzw. den Nuten von Welle und Nabe angreifenden Streckenlasten findet.

In die Berechnungsgleichungen für die Streckenlasten gehen noch die unbekannten Federraten der Paßfeder und der Kontaktzonen von Wellen- und Nabennut ein. Diese werden im nächsten Abschnitt der Arbeit ermittelt. Für die Paßfeder benutzt Militzer zunächst das Modell eines durch antimetrische Streckenlasten beanspruchten Scheibenstreifens, in dem ein ebener Spannungszustand herrscht. Die den Randbedingungen angepaßte Lösung führt auf eine verhältnismäßig kompliziert aufgebaute Fourier-Reihe. Um den numerischen Rechenaufwand in tragbaren Grenzen zu halten, verwendet Militzer in einem zweiten Schritt das Modell eines parallel zur Grundebene abgeschnittenen symmetrischen Prismas, das aus der Berechnung von Schraubenverbindungen übernommen wird. Er zeigt, daß der Öffnungswinkel dieses Prismas so angepaßt werden kann, daß seine Steifigkeit im Rahmen der technischen Genauigkeit mit der des Doppelstreifens übereinstimmt.

Sehr schwierig gestaltet sich die Ermittlung der Federraten für die Lasteinleitungszonen von Welle und Nabe. Hierzu benutzt Militzer als Ausgangsmodell den durch eine Einzelkraft belasteten Viertelraum (vgl. Bild 3.28). Für dieses Modell kann aus der Literatur [3.14] eine bekannte Lösung übernommen werden. Diese Lösung weist jedoch den Nachteil auf, daß die Verschiebungen im Angriffspunkt der Einzelkraft singulär werden. Aufgrund spannungsoptischer Untersuchungen schneidet Militzer daher einen schmalen Streifen der Breite b (vgl. Bild 3.28) vom Viertelraum ab. Außerhalb dieses Streifens stimmen die berechneten mit den spannungsoptisch ermittelten Isochromaten hinreichend genau überein. Auf diese Weise ist es dann möglich, die Federraten der Lasteinleitungszonen in den Nuten von Welle zu Nabe zu berechnen.

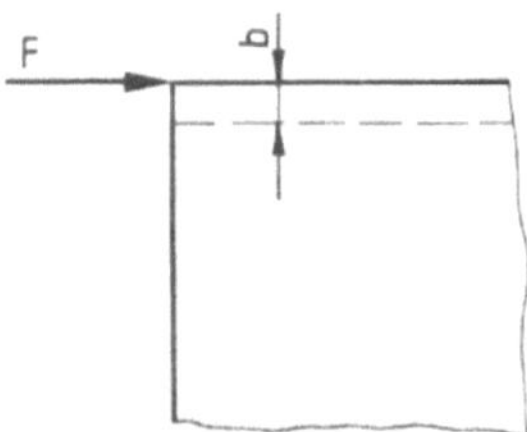

Bild 3.28. Viertelraum unter Einzellast

Um die Berechtigung der getroffenen Annahmen und Vereinfachungen nachzuweisen, führt Militzer umfangreiche, dreidimensionale spannungsoptische Untersuchungen an einer Paßfeder-Verbindung A $14 \times 9 \times 80$ DIN 6885 aus. Das wesentliche Ergebnis ist in Bild 3.29 dargestellt, in dem die berechnete mit der spannungsoptisch gemessenen Verteilung der Streckenlast $\bar{p}(z)$ verglichen wird. Zur Verdeutlichung ist ferner die nach (3.30) berechnete konstante Streckenlast angegeben. Die Streckenlast nimmt an der Stelle der Einleitung des zu übertragenden Drehmoments in die Paßfeder-Verbindung den größten Wert an. Sowohl die rechnerischen als die experimentell ermittelten Werte fallen mit der Entfernung von der Stelle der Lasteinleitung stark ab. Einen Vergleich zwischen den berechneten und experimentell bestimmten Werten gibt Tabelle 3.3. Der Größtwert der Streckenlast liegt in beiden Fällen erheblich über der nach (3.30) berechneten mittleren Streckenlast $\bar{p}_0$. Die berechnete Streckenlast ist um 7 % kleiner als die spannungsoptisch gemessene. Innerhalb sehr kurzer Entfernung von der Einleitungsstelle des Drehmoments sinkt die gemessene unter die berechnete Streckenlast. Dies erklärt Militzer damit, daß in der wirklichen Verbindung erhebliche Reibungskräfte zwischen den einzelnen Elementen übertragen werden, die vom Rechenmodell nicht erfaßt werden. Zusammenfassend kann festgestellt werden, daß das elementare Berechnungsmodell nach (3.30) um rund 50 % zu niedrige Werte der maximalen Flächenpressung liefert. Das von Militzer entwickelte Berechnungsverfahren erfaßt mit ausreichender Ge-

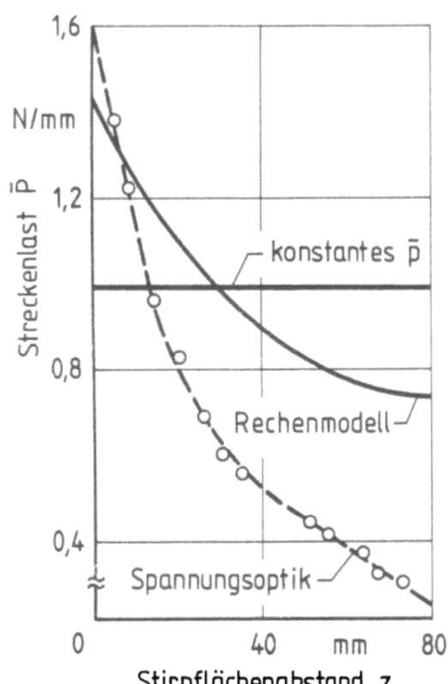

Bild 3.29. Berechnete und spannungsoptisch gemessene Streckenlast an einer Paßfeder-Verbindung A $14 \times 9 \times 80$ DIN 6885 (nach Militzer)

Tabelle 3.3. Vergleich zwischen berechneten und spannungsoptisch gemessenen Größtwerten der Streckenlast in Paßfeder-Verbindungen (nach Militzer)

		Berechnet	Gemessen
$\bar{p}_{max}$	N/mm	1,45	1,56
$\bar{p}_{max}/\bar{p}_0$	%	146,5	157,6

nauigkeit den größten, an der Einleitungsstelle des Drehmoments auftretenden Wert der Flächenpressung in der Paßfeder-Verbindung.

Für die praktische Auswertung seines neuen Berechnungsmodelles hat Militzer zwei Verfahren entwickelt. Einmal wurde das Berechnungsverfahren für eine elektronische Datenverarbeitungsanlage programmiert und als Baustein in ein System für die rechnerunterstützte Berechnung und Auswahl von Welle-Nabe-Verbindungen implementiert [3.1].

Für Anwender, denen eine elektronische Rechenanlage nicht zur Verfügung steht, wurden Diagramme bereitgestellt, welche eine einfache Ermittlung der größten Flächenpressung in einer Paßfeder-Verbindung gestatten. Diese Diagramme sind für die Fälle A und C nach Bild 3.27 in Abhängigkeit von den kennzeichnenden geometrischen Abmessungen der genormten Paßfedern nach DIN 6885 angegeben. Sie überstreichen den gesamten genormten Durchmesserbereich der Wellen und gelten für den Fall, daß Welle und Nabe aus Stahl bestehen ($E = 2,06 \cdot 10^6$ N/mm^2). Bild 3.30 zeigt ein solches Diagramm für den Fall, daß das Drehmoment in der Nähe der Einleitungsstelle in die Verbindung von der Nabe nach außen abgegeben wird (Bild 3.27, Fall C). Es enthält im rechten Teil eine Geradenschar für die genormten Durchmesser[7] zwischen 35 und 90 mm. Im linken Teil sind Kurven in Abhängigkeit von der auf den Wellendurchmesser bezogenen Paßfederlänge mit dem Nabendurchmesserverhältnis Q_A als Parameter angegeben. Bei der Anwendung wird in der strichpunktiert dargestellten Weise der Faktor K_p ermittelt. Aus ihm und dem gegebenen Drehmoment T folgt die maximale Flächenpressung zu

$$ p_{\max} = \frac{K_p T}{h - t_1} . \tag{3.32} $$

Weitere Diagramme für andere Durchmesser sind in [3.13] enthalten. Dort wird auch die Ableitung des Drehmoments nach Bild 3.27, Fall A behandelt.

Noch nicht voll befriedigend geklärt ist die Frage der für das Rechenmodell nach Militzer zulässigen Spannung. Militzer selbst stellt zur Diskussion, die zulässige Druckspannung mit 90% der Streckgrenze bzw. der 0,2%-Dehngrenze oder der Dauerfestigkeit des Werkstoffs der Paßfeder anzusetzen. Er weist allerdings darauf hin, daß eine zulässige Druckspannung von 90% der Streckgrenze noch durch

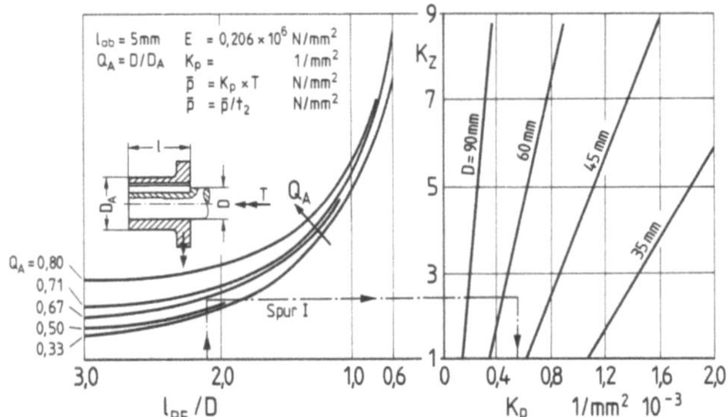

Bild 3.30. Rechendiagramm für Paßfeder-Verbindung (nach Militzer)

---

7 Der Übersichtlichkeit halber sind im Bild 3.30 nicht alle genormten Durchmesser im angegebenen Durchmesserbereich aufgenommen.

Versuche abgesichert werden muß. Es liegen also ähnliche Verhältnisse wie bei Keilwellen-Verbindungen (vgl. Abschnitt 3.1.1) vor. Daher werden auch hier die Richtwerte nach (2.182) als Anhaltswerte für die zulässige Flächenpressung vorgeschlagen. Die Gefahr, daß die eigentliche Paßfeder durch einen Dauerbruch zerstört wird, ist vergleichsweise gering. Das durch Dauerbruch gefährdete Bauteil ist vielmehr die Welle, für die daher der entsprechende Festigkeitsnachweis (vgl. Abschnitt 5) zu führen ist.

Interessant sind die experimentellen Untersuchungen von Militzer über stoßhaft beanspruchte Paßfeder-Verbindungen. Er konnte zeigen, daß bis zu Stoßgradienten von $2 \cdot 10^4$ Nm/s keine dynamische Überhöhung des Drehmoments infolge von Schwingungen des Verbandes auftritt. Militzer schlägt daher vor, das maximale dynamische, in die Paßfeder-Verbindung eingeleitete Drehmoment für die festigkeitsmäßige Auslegung anzusetzen. Die Bemessung selbst kann dann nach den oben vorgeschlagenen statischen Kriterien erfolgen.

Bild 3.31 zeigt den Einfluß des Durchmesserverhältnisses Q_A der Nabe[8] sowie der Lage der Ableitung des Drehmoments. Je steifer die Nabe ist ($Q_A \to 0$), desto geringer wirkt sich die Lage der Momentenabnahme auf die maximale Streckenlast $\bar{p}$ aus. Für dünnwandige Naben ($Q_A > 0,6$) macht sich ein spürbarer Einfluß der Momentenabnahme geltend. Es ist günstig, das Moment in einer Entfernung $l_{ab}/l_{tr} > 0,8$ von der Einleitungsstelle des Drehmoments in die Verbindung abzuleiten. Aus Bild 3.31 folgt weiter, daß eine drehweiche Nabe ($Q_A \to 1$) zweckmäßig ist, sofern die Ableitung des Drehmoments in möglichst großer Entfernung von der Einleitungsstelle erfolgt. Die Grenze für das zulässige Durchmesserverhältnis Q_A der Nabe wird durch deren Festigkeit bestimmt.

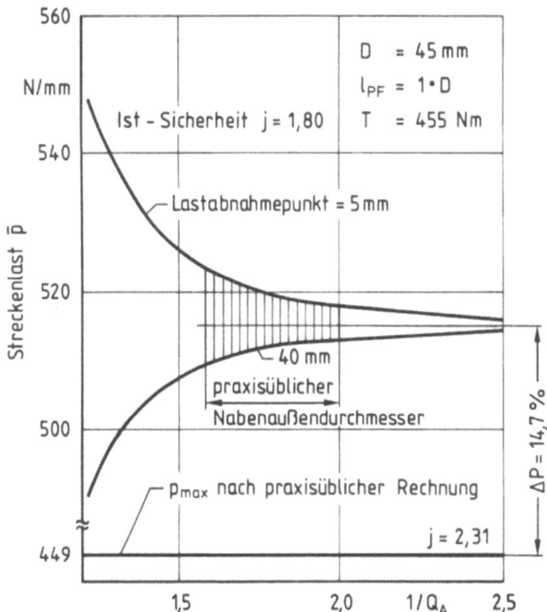

Bild 3.31. Abhängigkeit der maximalen Streckenlast $\bar{p}$ von $1/Q_A$ (nach Militzer)

---

8 In Bild 3.31 wird auf der Abszisse das inverse Durchmesserverhältnis $1/Q_A$ aufgetragen, da bei der sonst in diesem Buch verwendeten Darstellung der Ergebnisse über Q_A die charakteristischen Merkmale der von Militzer angegebenen Graphen verlorengehen würden.

Bild 3.32 gibt das Verhältnis der maximalen Streckenlast $\bar{p}$ zur mittleren Strecken-last $\bar{p}_0$ gemäß dem (3.30) zugrunde liegenden Rechenmodell an. Je größer die bezogene Länge l_{tr}/D_F der Paßfeder wird, desto mehr weicht die wirkliche Lastspitze von der gleichmäßigen Streckenlast ab. Das Rechenmodell nach (3.30) überschätzt also den Einfluß der tragenden Länge der Paßfeder um so mehr, je größer diese wird. Es ist daher wenig sinnvoll, eine Paßfeder-Verbindung mit $l_{tr}/D_F > 1{,}2$ auszuführen. Dies gilt nicht nur wegen der immer ungleichmäßiger werdenden Verteilung der Flächenpressungen in axialer Richtung sondern auch mit Rücksicht auf die Fertigungs-kosten.

Schließlich zeigt Militzer, daß die Anordnung mehrerer Paßfedern keineswegs zu der durch (3.30) vorausgesagten Verminderung der Flächenpressung mit der Anzahl z der Paßfedern führt. Dies gilt selbst dann, wenn vorausgesetzt wird, daß keine fertigungsbedingten Abweichungen vorliegen und daher alle Paßfedern den gleichen Anteil des eingeleiteten Drehmoments durch Formschluß übertragen. Werden z Paßfedern gleichmäßig verteilt über den Umfang angeordnet, so steigt zwar die Gesamtfederrate c_Σ proportional zu z; jedoch hängen die Verschiebungen von Welle und Nabe und damit die Streckenlastverteilung an der Paßfeder in nicht-linearer Weise von der Gesamtfederrate c_Σ ab. Bild 3.33 zeigt die Abhängigkeit der Ist-Sicherheit j in Abhängigkeit von der Anzahl z der Paßfedern für das elementare und das Rechenmodell nach Militzer. Beim elementaren Rechenmodell wird die Ist-Sicherheit mit zunehmender Anzahl der an der Verbindung beteiligten Paßfedern

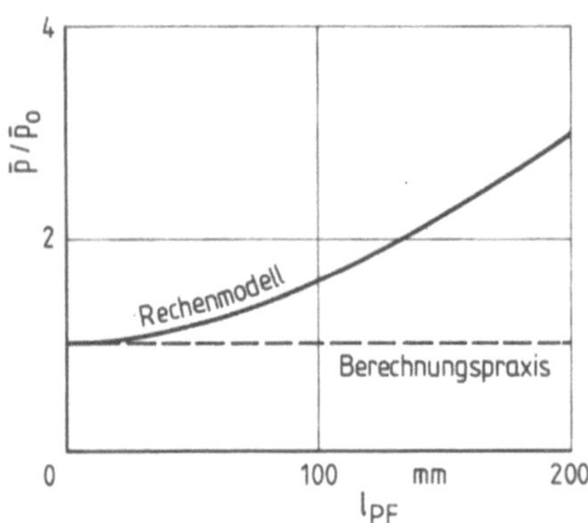

Bild 3.32. Verhältnis der maximalen zur mittleren Streckenlast (nach Militzer)

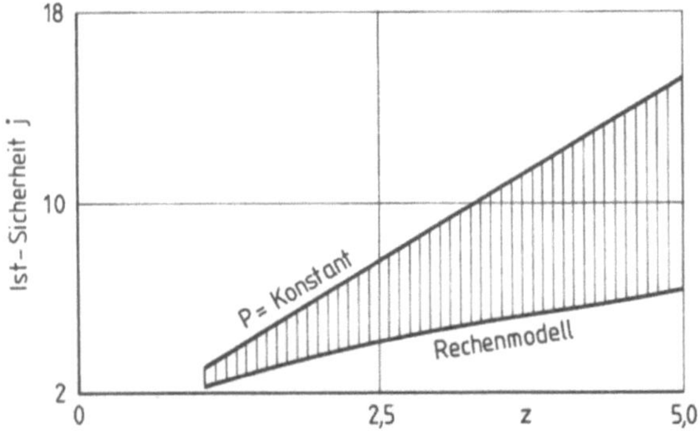

Bild 3.33. Abhängigkeit der Ist-Sicherheit von der Anzahl der Paßfedern (nach Militzer)

stark überschätzt. Der in (3.30) enthaltene Abminderungsfaktor von 0,75 für zwei Paßfedern reicht nicht aus, um die zusätzlich von Militzer gefundene Abweichung sowie fertigungsbedingte Ungleichförmigkeiten abzudecken.

Es wurde bereits darauf hingewiesen, daß bei einer Paßfeder-Verbindung und schwingender Belastung die Welle auf Dauerfestigkeit beansprucht wird. Maßgebend für die Ist-Sicherheit gegen Dauerbruch ist die maximale Spannungskonzentration in der Welle. Anhand der Analyse von Schadensfällen und dreidimensionaler spannungsoptischer Untersuchungen schlägt Orthwein [3.19] die in Bild 3.34 dargestellten Modifikationen[9] an Wellennut und Paßfeder vor. An der Stelle der Momenteneinleitung soll sich die Nut in axialer Richtung über das Ende der Paßfeder hinaus erstrecken, wobei allerdings quantitative Angaben zur axialen Länge fehlen. Außerdem soll das Ende der Nut sowohl in axialer als in Umfangsrichtung ausgerundet werden. Schließlich schlägt Orthwein vor, am belasteten Ende der Paßfeder eine Bohrung in der Symmetrieebene der Paßfeder anzubringen. Nach den Angaben von Orthwein sollen die fertigungstechnischen Maßnahmen nach Bild 3.37 die Formzahl α_{kt} gegen Torsion gegenüber der Standardkonstruktion um 50 % senken.

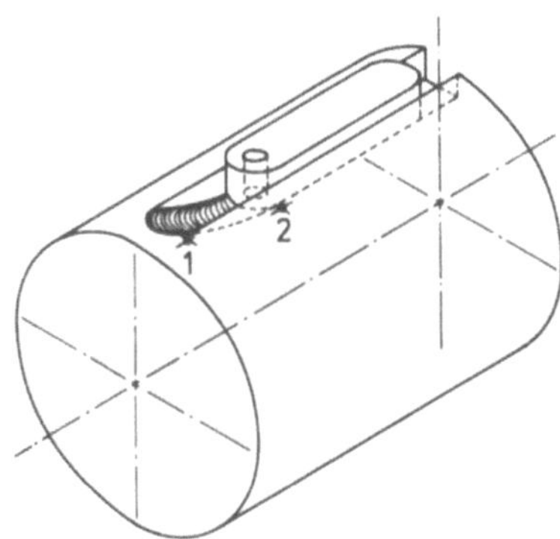

Bild 3.34. Kerbgünstige Gestaltung einer Paßfeder-Verbindung (nach Orthwein)

Gestaltungsrichtlinien

a) Für die Breite b von Paßfedern ist nach DIN 6880 das Toleranzfeld h9 vorzuschreiben. Die Toleranzfelder der Nutbreiten und der Nenndurchmesser von Welle und Nabe sind in Tabelle 3.4 angegeben. Bei hochbeanspruchten Verbindungen empfiehlt Militzer in der Formschlußzone grundsätzlich die Passung h9/P9, um Eigendrehungen der Paßfeder in der Nut einzuschränken.

b) Bei dickwandigen und normalen Naben ($Q_A \leq 0,6$) hängt der Maximalwert der Flächenpressung kaum vom Ort der nabenseitigen Lastabnahme ab. Bei dünnwandigen Naben ($Q_A > 0,6$) soll die Abnahme des Drehmoments an der der Lastabnahme entgegengesetzten Seite mit $l_{ab}/l_{tr} > 0,8$ erfolgen.

c) Die Nabe soll im Vergleich zur Welle möglichst torsionsnachgiebig gestaltet werden. Daher soll die Wandstärke der Nabe so klein gewählt werden, wie es aus Gründen der statischen Festigkeit zulässig ist.

---

9 Die modifizierte Paßfeder-Verbindung ist in den USA durch US-Patent 3920343 geschützt. Ob weitere Schutzrechte bestehen, muß gegebenenfalls vom interessierten Anwender geprüft werden.

Tabelle 3.4. Passungen für Paßfeder-Verbindungen (nach DIN 6885)

Art des Sitzes	Nutenbreite		Nenndurchmesser		Eigenschaft des Sitzes
	Welle	Nabe	Welle	Nabe	
Gleitsitz	H8	D10	g6	H7	beweglich
Übergangssitz	N9	JS9	h7	H8	leicht montierbar
fester Sitz, noch gut abziehbar	P9	P9	j6	H7	für wechselnde Momente
fester Sitz, schwer abziehbar	P9	P9	k6	H7	robust, für sehr seltene Demontagen

d) Wegen des starken Abfalls der Streckenlast $\bar{p}$ mit der Entfernung von der Einleitungsstelle des Drehmoments ist es nicht sinnvoll, Paßfedern mit einer tragenden Länge $l_{tr} > 1,2\,D_F$ zu wählen.

e) Bei zwei oder mehr Paßfedern fällt selbst bei abweichungsfreien Verbindungen die maximale Flächenpressung nicht proportional zur Anzahl der Paßfedern ab. Das elementare Rechenmodell nach (3.30) überschätzt die tragende Wirkung der zusätzlichen Paßfedern. Militzer empfiehlt, auf Mehrfachanordnungen zugunsten von reibschlüssigen Verbindungen (z. B. Preßverbänden) zu verzichten.

f) Bei axial verschieblichen Verbindungen ist die Gleitfeder in der Wellennut mittels Senkschrauben mit Schlitz nach DIN 87 festzulegen. Um Verschleiß zu vermeiden, sind die Oberflächen von Welle und Paßfeder härter auszuführen als die der Nabe (Anhaltswerte für die Härte s. S. 154).

g) Bei dynamisch sehr hoch beanspruchten Verbindungen kann die Kerbwirkung durch eine Gestaltung nach Bild 3.34 bei Torsionsbeanspruchung um etwa 50 % vermindert werden (Patentlage beachten).

3.5 Stift-Verbindungen

Die formschlüssigen Mitnehmer sind schlanke zylindrisch oder konische Stifte. Nach Tabelle 3.1 kann das Wirkflächenpaar senkrecht (Querstift) oder parallel (Längsstift) zur Achse der Welle angeordnet werden. Grundsätzlich eigenen sich beide Arten von Stift-Verbindungen nur für das Übertragen kleiner Drehmomente. Eine

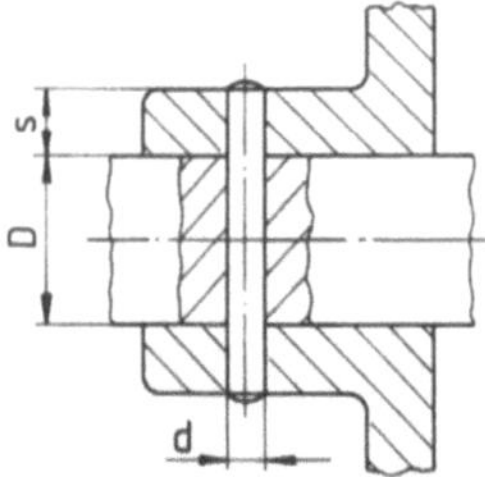

Bild 3.35. Querstift-Verbindung

exakte Berechnung dieser Verbindungen ist aufwendig und schwierig, da der Stift als elastisch gebetteter Träger unter örtlich veränderlicher Flächenlast aufgefaßt werden muß. Die Flächenlast hängt außerdem von den Passungen zwischen Stift, Nabe und Welle ab. Daher werden elementare Rechenmodelle verwendet und die dadurch bedingten Unsicherheiten in den Werten für die zulässigen Spannungen berücksichtigt.

3.5.1 Querstift-Verbindungen

Querstift-Verbindungen werden nach dem in Bild 3.35 dargestellten elementaren Modell ausgelegt. Für die sich zwischen Welle bzw. Nabe und Stift einstellende Flächenpressung gilt

$$p_{W\,max} = \frac{6T}{F_F^2 d}$$

$$p_N = \frac{T}{sd(D_F + s)} .$$

(3.33)

Für die maximale Flächenpressung an der Nabe empfiehlt Schlottmann [3.20] einen Überhöhungsfaktor von 2. Der Stift wird ferner durch das Drehmoment auf Abscheren beansprucht. Für die Schubspannung τ gilt

$$\tau = \frac{4T}{\pi d^2 D_F} .$$

(3.34)

Die Schwächung des Querschnitts der Welle berücksichtigt Niemann [3.18] durch folgende Überschlagsformel für das polare Widerstandsmoment

$$W_t = \frac{\pi D_F^3}{16} \left(1 - 0{,}9\, \frac{d}{D_F} \right).$$

(3.35)

Diese Überschlagsformel berücksichtigt selbstverständlich die Kerbwirkung infolge des Querstifts nicht. Die zulässigen Spannungen werden im folgenden Abschnitt angegeben.

3.5.2 Längsstift-Verbindungen

Für das in Bild 3.36 dargestellte elementare Rechenmodell ergibt sich je Flächenpressung zwischen Stift und Welle bzw. Nabe zu

$$p = \frac{4T}{dl_{tr} D_F} .$$

(3.36)

Ferner wird der Stift auf Abscheren beansprucht. Für die Schubspannung gilt

$$\tau = \frac{2T}{dl_{tr} D_F} = \frac{p}{2}$$

(3.37)

Tabelle 3.5 gibt von Niemann [3.18] empfohlene Richtwerte für die zulässigen Spannungen. Sie gelten für schwellende Belastungen. Sie sind für wechselnde Drehmomente mit 0,7, für statische mit 1,4 zu multiplizieren. Für Kerbstifte müssen die zulässigen Flächenpressungen mit 0,7 und die zulässigen Schubspannungen mit 0,8 multipliziert werden. Die Welle ist zusätzlich auf Gestaltfestigkeit (vgl. Abschnitt 5) nachzurechnen. Für quergebohrte Wellen finden sich Kerbwirkungszahlen im DDR-

Standard TGL 19 340/04. Für Wellen mit Längsstiften konnten keine Kerbwirkungszahlen ermittelt werden.

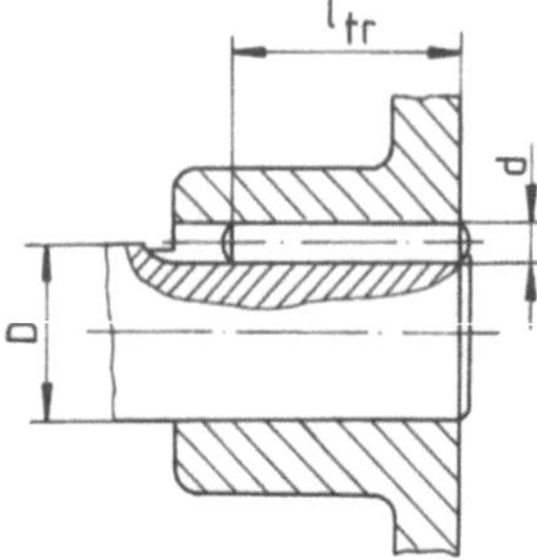

Bild 3.36. Längsstift-Verbindung

Tabelle 3.5. Zulässige Spannungen für Stift-Verbindungen
(nach Niemann)

Bauteil-Werkstoff			
GG	GS	St37	St50
p_{zul} 50	60	65	98

Stift- oder Bolzen-Werkstoff mit R_m			
400	500	600	700
τ_{zul} 40	50	60	70

3.6 Schrifttum

ISO-Normen und ISO-Empfehlungen

ISO 14	Keilwellen-Verbindungen für zylindrische Schäfte; Nennmaße.
ISO/R 773	Paßfedern und Paßfedernuten; Maße in mm.
ISO 2338	Zylinderstifte.
ISO 2339	Kegelstifte.
ISO 2491	Flache (niedrige) Paßfedern und Paßfedernuten.

DIN-Normen

DIN 1	Kegelstifte.
DIN 7	Zylinderstifte.
DIN 258	Kegelstifte mit Gewindezapfen und konstanter Zapfenlänge.
DIN 1470	Zylinderkerbstifte mit Einführende.
DIN 1471	Kegelkerbstifte.
DIN 1473	Zylinderkerbstifte.
DIN 1475	Knebelkerbstifte.
DIN 5461	Keilwellen-Verbindungen mit geraden Flanken; Übersicht.
DIN 5462	Keilwellen-Verbindungen mit geraden Flanken; leichte Reihe.
DIN 5463	Keilwellen-Verbindungen mit geraden Flanken; mittlere Reihe.

DIN 5464	Keilwellen-Verbindungen mit geraden Flanken; schwere Reihe
DIN 5465	Keilwellen-Verbindungen mit geraden Flanken; Toleranzen.
DIN 5471	Werkzeugmaschinen; Keilwellen- und Keilnabenprofile mit 4 Keilen, Innenzentrierung, Maße.
DIN 5472	Werkzeugmaschinen; Keilwellen- und Keilnabenprofile mit 6 Keilen, Innenzentrierung, Maße.
DIN 5480	Zahnwellen-Verbindungen mit Evolventenflanken.
DIN 5481	Kerbzahnnaben- und Kerbzahnwellen-Profile (Kerbverzahnungen).
DIN 6885	Paßfedern; Nuten, hohe Form.
DIN 6888	Scheibenfedern; Abmessungen und Anwendung.
DIN 32711	Antriebselemente; Polygonprofile P3G.
DIN 32712	Antriebselemente; Polygonprofile P4C.

TGL-Normen

TGL 28-152	Keilwellen; Konstruktionsrichtlinien.
TGL 39-832/01	Zahnnaben- und Zahnwellenprofile mit Evolventenflanken; Verzahnungstoleranzen.
TGL 39-832/02	Zahnnaben- und Zahnwellenprofile mit Evolventenflanken; Zahnlücken- und Zahndickenmessung mit Meßkugel oder Meßzylinder, Zahnweitenmessung.
TGL 0-5461	Keilwellen- und Keilnabenprofile, parallelflankig; Übersicht; Drehmomentberechnung.
TGL 0-5462	Keilwellen- und Keilnabenprofile, parallelflankig; leichte Reihe mit 6, 8 und 10 Keilen.
TGL 0-5464	Keilwellen- und Keilnabenprofile, parallelflankig; schwere Reihe mit 10 und 16 Keilen.
TGL 0-5465	Keilwellen- und Keilnabenprofile, parallelflankig; Toleranzen, Passungen, Prüfung.
TGL 0-5471	Werkzeugmaschinen; Keilwellen- und Keilnabenprofile; parallelflankig; leichte Reihe mit 4 Keilen; Abmessungen.
TGL 0-5472	Werkzeugmaschinen; Keilwellen- und Keilnabenprofile; parallelflankig; mittlere Reihe mit 6 Keilen, Abmessungen.
TGL 0-5481/01	Zahnwellenverbindungen; Kerbzahnnaben und Kerbzahnwellen; Profile, Nennmaße, Abmaße.
TGL D 0-5482/01	Zahnnabenprofile und Zahnwellenprofile mit Evolventenflanken; Nennmaße.
TGL D 0-5482/02	Zahnnabenprofile und Zahnwellenprofile mit Evolventenflanken; Profile für Abwälzfräser.
TGL 0-5482/03	Zahnnabenprofile und Zahnwellenprofile mit Evolventenflanken; Zahnlücken- und Zahndickenmessung mit Meßkugel oder Meßzylinder.
TGL S 9499	Mitnehmerverbindungen; Scheibenfedern und Scheibenfederverbindungen; Maße, Passungen, Toleranzen.
TGL 9500	Paßfedern, Abmessungen.
TGL 21000/02	Keil- und Mitnehmerverbindungen; Paßfedern.
TGL 21000/03	Keil- und Mitnehmerverbindungen; Keile.
TGL 23413/01	Zahnwellenverbindungen; Zahnnaben und Zahnwellen mit Trapezzahnprofil; Grundlagen.
TGL 23413/02	Zahnwellenverbindungen; Zahnnaben und Zahnwellen mit Trapezzahnprofil; Abmessungen.
TGL 31082	Einheitliches System der Konstruktionsdokumentation des RGW; Darstellung von Naben und Wellen mit Keil- oder Zahnprofil.

Bücher und Aufsätze

3.1 Beitz, W.; Haug, J.: Rechnerunterstütze Berechnung und Auswahl von Wellen-Nabenverbindungen. Konstr. 26 (1974) 407–411.

3.2 Benkler, H.: Berechnung von Bogenzahnkupplungen. Fortschr. Ber. VDI-Z. Reihe 1, Nr. 27 (1970).

3.3 Dietz, P.: Die Berechnung von Zahn- und Keilwellenverbindungen. Büttelborn: Selbstverlag 1978.

3.4 Dietz, P.: Normentwurf „Zahnwellen-Verbindungen mit Evolventenflanken nach DIN 5470 — Tragfähigkeitsberechnung". Pers. Mitt. 1981.

3.5 Dudley, D. W.: How to design involute splines. Prod. Eng. 28 (1958) 75–80.

3.6 Dudley, D. W.: When splines need stress control. Prod. Eng. 28 (1958) 56–61.

3.7 Girkmann, K.: Flächentragwerke, 6. Aufl. Wien: Springer 1963.

3.8 Hänchen, R.: Anwendung der Keilwellen-Verbindung mit Evolventenflanken im Maschinen- und Kranbau. Werkst. u. Betr. 93 (1968) 265–270.

3.9 Hagen, W.: Polygon-Welle-Nabe-Verbindungen. Antriebstech. 14 (1974) 120–124.

3.10 Leroy, A.; Viseur, B.: Sollicitation, résistance et déformabilité des moyeux „Polygon". La Mach. Mod. 61 (1967) 17–24; 49–54.

3.11 Lörsch, G.: Tragfähigkeitsberechnung von Evolventenzahn-Verbindungen. Maschinenbautech. 29 (1980) 257–259.

3.12 Militzer, O.: Exakte Berechnung von Wellen-Naben-Paßfederverbindungen. Forschungsheft Nr. 26, Forschungsvereinig. Antriebstech. Frankfurt/Main 1975.

3.13 Militzer, O.: Rechenmodell für die Auslegung von Wellen-Naben-Paßfederverbindungen. Diss. TU Berlin 1975.

3.14 Miura, A.: Spannungskurven in rechteckigen und keilförmigen Trägern. Berlin: Springer 1928.

3.15 Musyl, R.: Die kinematische Entwicklung der Polygonkurve aus dem K-Profil. Maschinenb. u. Wärmewirtsch. 10 (1955) 33–36.

3.16 Musyl, R.: Die Polygonverbindung und ihre Nabenberechnung. Konstr. 14 (1962) 213–218.

3.17 Nakazawa, H.: Torsion on a shaft which has a number of longitudinal notches on outer or inner boundary. Proc. 1st Jap. Congr. for Appl. Mech. Tokyo 1951.

3.18 Niemann, G.: Maschinenelemente, Bd. I, 2. Aufl. Berlin, Heidelberg, New York: Springer 1981.

3.19 Orthwein, W. C.: A new key and keyway design, Transactions of the ASME, J. Mech. Des. 101 (1979) 338–341.

3.20 Schlottmann, D. (Hrsg.): Maschinenelemente-Grundlagen. Berlin: VEB Verlag Technik 1973.

3.21 Völler, R.: Berechnung der Festigkeit von Polygonprofilnaben. Z. wirtsch. Fertig. 69 (1974) 489–494.

3.22 Weber, C.; Baranek, K.: Formänderung und Profilrücknahme bei gerad- und schrägverzahnten Stirnrädern. Schriftenreihe Antriebstech. Nr. 11. Braunschweig: Vieweg 1953.

Firmendruckschriften

3.23 Fortuna-Werke Maschinenfabrik: Fortuna-Polygon-Verbindungen. Stuttgart (ohne Jahr).

4 Stoffschlüssige Welle-Nabe-Verbindungen

Die Einteilung der stoffschlüssigen Welle-Nabe-Verbindungen geht aus Tabelle 4.1 hervor. Ein Lösen stoffschlüssiger Verbindungen ist außer bei Klebeverbänden nur durch Zerstörung möglich. Dies schränkt ihre praktische Anwendbarkeit stark ein.

Tabelle 4.1. Einteilung der stoffschlüssigen Welle-Nabe-Verbindungen

Bindungsmechanismus	Zusatzwerkstoff	Verbindung
Schmelzfluß	wie Grundwerkstoff	Schweißen
	von Grundwerkstoff verschiedenes Metall	Löten
Adhäsion	Kunststoff	Kleben

4.1 Geklebte Welle-Nabe-Verbindungen

Durch die Entwicklung der anaerob, d. h. unter Sauerstoffabschluß härtenden Kunstharzkleber [4.10] kommt den geklebten Welle-Nabe-Verbindungen eine gewisse praktische Bedeutung zu. Diese Klebstoffe vermögen den Spalt zwischen den zu fügenden Partnern einschließlich der Rauhigkeiten vollkommen auszufüllen. Gemäß Bild 4.1 fällt die Scherfestigkeit mit der Stärke der Klebeschicht ab. Nach Angaben der Hersteller der Klebstoffe werden optimale Festigkeiten erreicht, wenn die Rauhtiefe R_t zwischen 10 und 20 μm liegt.

Die Grundlagen der Festigkeitsberechnung statisch beanspruchter geklebter Welle-Nabe-Verbindungen hat Leyh [4.4] entwickelt. Er erweitert das Berech-

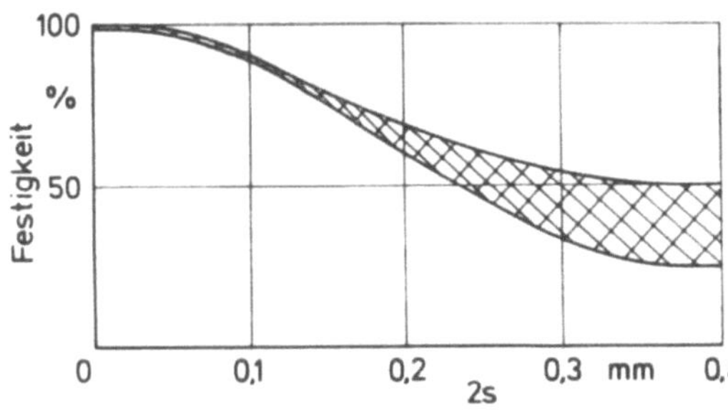

Bild 4.1. Abfall der Scherfestigkeit mit der Schichtstärke (nach Loctite)

nungsmodell (vgl. Bild 2.19), das Müller [2.40] für die schlupflose Übertragung des Drehmoments in einem Preßverband aufgestellt hat dadurch, daß er zwischen dem vollen Innenteil und dem Außenteil eine elastische Klebeschicht (Schubmodul G_K) der Wandstärke s anordnet. Die Klebeschicht haftet an den Oberflächen von Innen- und Außenteil. In Anlehnung an Müller nimmt Leyh an, daß weder im Außenteil noch in der Klebeschicht Schubspannungen $\tau_{\varphi z}$ auftreten. Dadurch findet er für den Verlauf des Drehmoments in der Klebeschicht die bereits von Müller angegebene (2.106), wobei für den Parameter k gilt

$$k = \sqrt{\frac{32\,(G_A/G_I)}{1 - Q_A^2 + (G_A/G_K)\,\delta}} \; . \tag{4.1}$$

Hierin ist

$$\delta = \frac{D_{Ai} - D_{Ia}}{D_{Ia}} = \frac{2s}{D_{Ia}} \approx \frac{2s}{D_F} \tag{4.2}$$

die auf den Außendurchmesser des Innenteils bezogene doppelte Wandstärke der Klebeschicht. Für verschwindende Wandstärke der Klebeschicht geht (4.1) in (2.107) über. (2.108) und (2.109) beschreiben den Verlauf der Schubspannungen bzw. die Größe der maximalen Schubspannung in der Klebefuge, wenn der Wert für k nach (4.1) eingesetzt wird. In Bild 4.2 ist der Verlauf der auf die Nennschubspannung τ_n bezogenen Schubspannung in der Klebeschicht dargestellt. Die Nennschubspannung τ_n stellt sich unter dem Drehmoment T im Innenteil ein[1]. Je kleiner die Länge l der Klebeschicht im Vergleich zu ihrem mittleren Durchmesser ist, desto größer wird die maximale Schubspannung am Eintritt des drehmomentleitenden Innenteils in die Klebeschicht. Jedoch wirkt sich bereits ab $l/D_F = 0{,}5$ eine Verlängerung der Klebe- schicht nicht mehr auf die Größe der maximalen Schubspannung aus. Daher ist es ähnlich wie beim Preßverband nicht sinnvoll, die Länge der Klebeschicht größer als ihren mittleren Durchmesser zu wählen.

Bild 4.3 zeigt den Einfluß der Dicke der Klebeschicht auf die maximale Schub- spannung. Für verschwindende Dicke der Klebeschicht ($\delta = 0$) stellen sich die Ver- hältnisse wie in einem schlupflosen Preßverband ein. (vgl. Bild 2.23). Mit zuneh- mender Dicke der Klebeschicht nimmt die maximale Schubspannung ab, wobei sich dieser Einfluß bei längeren Klebeverbänden stärker auswirkt als bei sehr kurzen.

---

1 Daß in Bild 4.2 die Schubspannung τ in der Klebefuge kleiner werden kann als die Nenn- torsionsspannung τ_n im Innenteil, läßt sich wie folgt erklären. τ_n entspricht in Bild 2.20 einer Schubspannung $\tau_{\varphi z}$ an der Stelle $r = D_F/2$. τ dagegen wirkt in der Klebeschicht als Schub- spannung $\tau_{r\varphi}$. Beide Schubspannungen halten dem äußeren Drehmoment T das Gleich- gewicht. Es gilt unter Beachtung von (2.96) an der Stelle $z = 0$

$$T = 2\pi \int_0^{D_F/2} \tau_{\varphi z} r^2 \, dr = \frac{4\pi}{D_F}\,\tau_t \int_0^{D_F/2} r^3 \, dr = \frac{\pi D_F^3}{16}\,I_n \, , \tag{a}$$

bzw.

$$T = D_F \int_0^{l} \tau_{r\varphi}\,\frac{D_F}{2}\,dz = \frac{1}{2}\,D_F^2(I_0) \tag{b}$$

mit $\tau_{r\varphi} = \tau_0$ nach (2.108). Je nach dem Verhältnis l/D_F ergeben sich in (a) und (b) unter- schiedliche Integrationsflächen, die bei gleichem Drehmoment zu unterschiedlichen Schub- spannungen in der Welle und der Klebeschicht führen. Dabei ist selbstverständlich zu beachten, daß die zulässige Schubspannung der Klebeschicht im allgemeinen wesentlich kleiner als die der Welle ist.

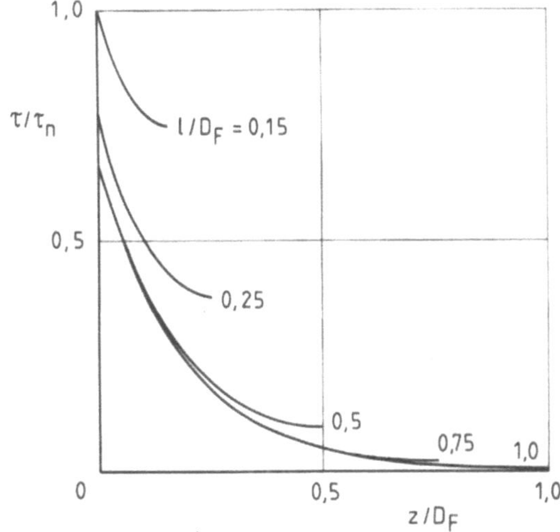

Bild 4.2. Verlauf der Schubspannung in der Klebefuge ($G_I = G_A = 81\,000\,\text{N/mm}^2$, $G_K = 540\,\text{N/mm}^2$, $Q_A = 0{,}4$, $\delta = 0{,}001$)

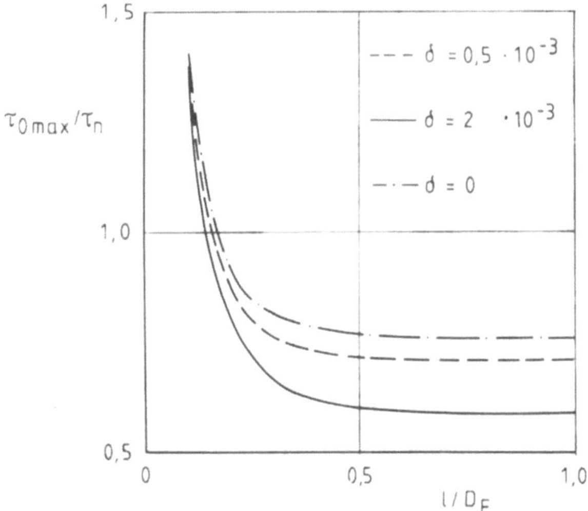

Bild 4.3. Maximale Schubspannung in der Klebefuge. (Daten wie Bild 4.2)

Es ist jedoch zu beachten, daß nach Bild 4.1 mit zunehmender Wandstärke die Scherfestigkeit der Klebeschicht abfällt. Dies bedeutet, daß mit größer werdendem mittleren Fugendurchmesser der Klebeschicht die bezogene Wandstärke abnehmen muß, da ihre absolute Größe den Wert 100 µm nicht überschreiten soll.

Für eine Klebeschicht mit der Scherfestigkeit $\tau_{K\,\text{zul}}$ stellt sich das maximal übertragbare Drehmoment für $l \to \infty$ ein. Aus (2.109) folgt

$$T_\infty = \frac{8}{k}\, W_t \tau_{K\,\text{zul}} \tag{4.3}$$

mit

$$W_t = \frac{\pi D_F^3}{16} \qquad (4.4)$$

Das Drehmoment nach (4.3) kann in der Praxis bereits von einem Klebeverband mit $l/D_F = 1$ übertragen werden.

Sofern das zu übertragende Drehmoment kleiner ist als T_∞ nach (4.3) läßt sich die erforderliche Länge der Klebeverbindung wie folgt berechnen. Es wird die Forderung gestellt, daß die maximale Schubspannung in der Klebefläche gleich der zulässigen der Kleberschicht ist

$$\tau_{0\,max} = \tau_{K\,zul} \qquad (4.5)$$

Durch Auflösen von (2.109) nach l/D_F folgt zunächst unter Beachtung von (4.3)

$$\frac{l}{D_F} = \frac{1}{k} \operatorname{arcoth}\left(\frac{T_\infty}{T}\right).$$

Die Umkehrfunktion des hyperbolischen Cotangens läßt sich durch den natürlichen Logarithmus darstellen [4.1] und es gilt

$$l = \frac{D_F}{2k} \ln\left(\frac{T_\infty + T}{T_\infty - T}\right). \qquad (4.6)$$

Bei einem optimal ausgelegten Klebeverband werden in der Klebeschicht und im Innenteil die zulässigen Spannungen erreicht. Es gilt also zusätzlich zu (4.5)

$$\tau = \tau_{I\,zul}.$$

Daraus folgt das für das Innenteil zulässige Torsionsmoment zu

$$T_{zul} = W_t \tau_{I\,zul} \qquad (4.7)$$

Aus (4.6) ergibt sich die erforderliche Länge der Klebeverbindung

$$l = \frac{D_F}{2k} \ln\left(\frac{T_\infty + T_{zul}}{T_\infty - T_{zul}}\right). \qquad (4.8)$$

Gl. (4.8) läßt sich nur auswerten, wenn $T_{zul} < T_\infty$ gilt. Nur dann läßt sich die Länge des Verbandes so abstimmen, daß die Festigkeiten der Klebeschicht und des Innenteils voll ausgenützt werden. Für $T_{zul} \geqq T_\infty$ ist das übertragbare Drehmoment allein durch die Festigkeit der Klebeschicht begrenzt.

Tabelle 4.2 zeigt, daß bei statischer Beanspruchung ein Klebeverband Drehmomente in der gleichen Größenordnung wie ein Preßverband (Passung H7/u6) übertragen kann, dessen Außenteil bei maximalem Haftmaß an der Grenze der elastisch-plastischen Beanspruchung liegt (vgl. Tabelle 2.14). Ferner ist zu erkennen, daß der Abstand zwischen größtem und kleinstem übertragbaren Drehmoment beim Klebeverband wesentlich kleiner ist als beim Preßverband, obwohl beim ersteren für das Innenteil eine um eine Klasse gröbere Toleranz gewählt wurde. Auf diesen Sachverhalt haben bereits Hahn [4.2] und Mitarbeiter hingewiesen. Vermutlich erheblich ungünstiger dürfte der Vergleich für den Klebeverband ausfallen, wenn schwellende oder wechselnde Drehmomente übertragen werden müssen. Zwar fehlen hierzu noch Dauerfestigkeitsuntersuchungen, jedoch geben Hahn und Mitarbeiter [4.2] an, daß überschlägig die Dauerfestigkeit einer Klebeverbindung gleich 20 bis 30% der statischen Scherfestigkeit ist. In diesem Fall fällt das übertragbare Dreh-

Tabelle 4.2. Vergleich Preßverband und Klebeverband
bei statischem Drehmoment
Daten Preßverband wie Tabelle 2.14
Daten Kleber: $G_K = 540$ N/mm^2, $\tau_{K\,zul} = 25$ N/mm^2

	Preßverband	Klebeverbindung
Passung	H7/u6	H7/f7
T_{min} Nm	1155	889
T_{max} Nm	2400	1115

moment entsprechend weit unter diejenigen Werte, die von einem Preßverband
aufgenommen werden können.

Abschließend soll noch darauf hingewiesen werden, daß in großem Umfang Eisen-
bahnräder auf den zugehörigen Achsen mit einem kombinierten Preß-Klebeverband
befestigt werden, wobei das Fügen durch Erwärmen des Außenteils erfolgt [4.4].
Derartige Verbände haben in erster Linie umlaufende Biegemomente zu übertragen.
Die von Kurek und Zboralski untersuchten Radsätze wurden mit einem Epoxid-
harzkleber gefügt. In Dauerschwingversuchen wurden unter Betriebsbedingungen
20 Mio. Lastwechsel erreicht, ohne daß eine Schädigung des Verbandes oder Bildung
von Passungsrost festgestellt werden konnte. Die Auspreßkraft lag erheblich über der
des konventionellen Längspreßverbandes. Das bezogene Übermaß konnte von
1,5%$_{00}$ (Längspreßverband) auf 0,5%$_{00}$ (Preß-Klebeverband) verringert werden. Dadurch wurden die Spannungen in der Achse und der Radscheibe um 70% vermindert,
was in der endgültigen Ausführung des geklebten Radsatzes zu einer entsprechenden
Einsparung an Masse führte.

Gestaltungsrichtlinien

- Die zu verklebenden Oberflächen müssen metallisch blank und fettfrei sein. Zur
  Reinigung können handelsübliche Lösungsmittel wie z. B. Trichloräthylen, Azeton
  oder Nitroverdünner verwendet werden.
- Das Fügen soll in vertikaler Stellung der Teile unter Drehbewegung erfolgen.
  Durch die Drehbewegung wird eine gleichmäßige Verteilung des Klebers in der
  Fuge unterstützt.
- Die Temperaturgrenze liegt für anaerobe Kleber bei etwa 80 °C. Bei 200 °C be-
  trägt die Festigkeit nur noch 30% des Wertes bei Raumtemperatur [4.2].
- Bei Preß-Klebeverbänden darf nur das Innenteil mit Kleber bestrichen werden,
  da anaerobe Kleber bei erhöhten Temperaturen beschleunigt aushärten.
- Ein Demontieren der Verbindung ist möglich durch Erwärmen, weil dadurch die
  Festigkeit der Klebung abfällt.

4.2 Gelötete Welle-Nabe-Verbindungen

Beim Löten erfolgt die Verbindung metallischer Bauteile durch einen zum Schmelzen
gebrachten metallischen Zusatzwerkstoff. Die Schmelztemperatur des Zusatzwerk-
stoffs liegt dabei stets unter der der zu verbindenden Teile, so daß diese im festen
Zustand verbleiben. Die zu verbindenden Teile sind beim Löten auf die Arbeitstemperatur zu erwärmen, welche oberhalb der Solidustemperatur des Lotes liegen

muß. Je nachdem, ob die Arbeitstemperatur unter- oder oberhalb von 450 °C liegt, wird zwischen Weich- und Hartlötung unterschieden. Aus Festigkeitsgründen kommt für die Herstellung von gelöteten Welle-Nabe-Verbindungen ausschließlich das Hartlöten in Betracht. Hartlote sind in DIN 8513 genormt. Ihre Anwendung richtet sich nach der Art der zu verbindenden Metallteile. Die Erwärmung der zu verbindenden Teile erfolgt vorwiegend in einem Schutzgasofen oder durch elektrische Induktion.

Das übertragbare Drehmoment einer gelöteten Verbindung berechnet sich zu[2]

$$T = \frac{\pi}{2} D_F^2 \, l \, \frac{\tau_A}{S_D} \tag{4.9}$$

Nach Niemann [4.6] beträgt die Ausschlagsfestigkeit der Verbindung etwa das 0,8fache der Gestaltfestigkeit (vgl. Abschnitt 5) der Welle, sofern die Spaltdicke der Lötfuge unter 0,25 mm liegt. Von Marlinghaus [4.5] ermittelte Torsions-Wechsel-festigkeitswerte enthält Tabelle 5.8. Die Festigkeit der Lötverbindung hängt von der Spaltweite ab. Nach Ruge und Wösle [4.8] soll die Spaltweite im Bereich von 0,05 bis 0,2 mm liegen, um eine optimale Dauerfestigkeit der Verbindung zu erreichen.

4.3 Geschweißte Welle-Nabe-Verbindungen

Beim Metallschweißen werden (im allgemeinen) metallische Bauteile im Bereich der Verbindungsstelle auf Schmelztemperatur erwärmt, wobei meistens ein artgleicher Zusatzwerkstoff verwendet wird. Durch das Aufschmelzen entsteht an der Stoßstelle eine flüssige Zone, die nach dem Erkalten zu einer unlösbaren Verbindung mit Gußgefüge führt. Es gibt eine sehr große Anzahl von Schweißverbindungen (vgl. z. B. [4.7]), von denen hier nur diejenigen aufgeführt werden, die für die Herstellung von geschweißten Welle-Nabe-Verbindungen angewendet werden. Beim autogenen Schweißen wird ein Azetylen/Sauerstoff-Gemisch im Mischungsverhältnis 1:1 in einem Gleichdruckbrenner verbrannt. Die Verbrennungswärme führt zum Auf-schmelzen der zu verbindenden Teile im Bereich der Schweißzone. In der Schweißfuge fehlender Werkstoff wird durch Zusatzdraht zugeführt. Das autogene Schweißen ist auf Wandstärken von etwa 15 mm beschränkt. Am verbreitetsten ist das offene Lichtbogenschweißen mit abbrennender Elektrode. Der offene Lichtbogen brennt zwischen der abschmelzenden Elektrode, die auch als Zusatzwerkstoff dient, und dem Werkstück. Beim Reibschweißen werden rotationssymmetrische Bauteile in einer Spezialvorrichtung gegeneinander gepreßt. Dabei wird das eine Teil fest-gehalten und das andere rotiert. Durch die Wandlung mechanischer Energie in Wärme erfolgt das Aufschmelzen der Teile im Bereich der Schweißzone. Das Reib-schweißen ist besonders für Serienfertigung geeignet. Als weiteres Sonderverfahren wird das Elektronenstrahlschweißen eingesetzt. In einer unter Hochvakuum stehen-den Kammer werden mit Hilfe geeigneter Vorrichtungen die zu verbindenden Teile unter einem scharf fokussierten Elektronenstrahl hoher Energiedichte durchgeführt. Infolge der sehr eng lokalisierbaren Aufschmelzzone — das Verfahren arbeitet ohne

---

2 Bei einer theoretisch fundierten Festigkeitsberechnung ist die Lötschicht wie in Abschnitt 4.1 die Klebeschicht als elastische Zwischenschicht zwischen Innen- und Außenteil aufzufassen. Damit können grundsätzlich die in Abschnitt 4.1 angegebenen Dimensionierungsgleichungen angewendet werden. Jedoch beruhen die experimentell für Lötverbindungen bestimmten Festigkeitswerte auf dem elementaren Rechenmodell nach (4.9).

Zusatzwerkstoffe — lassen sich die Teile praktisch verzugsfrei verbinden. Es können also z. B. fertig bearbeitete Zahnräder auf eine Getriebewelle aufgeschweißt werden. Nachteilig sind das erforderliche Hochvakuum in der Bearbeitungskammer sowie die hohen Investitionskosten für Elektronenstrahlschweißmaschinen.

Nach DIN 8528 wird zwischen Schweißeignung, Schweißmöglichkeit und Schweißsicherheit unterschieden. Schweißeignung liegt vor, wenn die Verbindung aufgrund der Eigenschaften der Werkstoffe hergestellt werden kann. Schweißmöglichkeit setzt die fachgerechte Herstellbarkeit voraus. Schweißsicherheit gewährleistet die Betriebsbewährung des Bauteils. Die Schweißeignung der Stähle hängt vor allem von der Erschmelzungsart und ihrer chemischen Zusammensetzung ab. Unlegierte Stähle unter 0,25 % C-Gehalt sind gut schweißbar. Für die Beurteilung der Schweißbarkeit von Stählen mit höherem C-Gehalt bzw. Legierungszusätzen ist die Spezialliteratur (z. B. [4.7]) heranzuziehen.

Es gibt eine sehr große Anzahl von möglichen Ausbildungen der Schweißnähte. Für die mittels konventioneller Verfahren hergestellter geschweißten Welle-Nabe-Verbindungen kommen nur Kehlnähte nach Bild 4.4 in Betracht. Gemäß DIN 4100 ist bei Kehlnähten die Nahtdicke a gleich der Höhe des einschreibbaren, gleichschenkeligen Dreiecks (vgl. Bild 4.4).

Berechnung geschweißter Welle-Nabe-Verbindungen

Zunächst sind die wirkenden Spannungen zu berechnen. Geschweißte Welle-Nabe-Verbindungen werden in aller Regel auf Biegung, Querkraftschub und Torsion beansprucht. Für die Nennspannungen gilt (vgl. Bild 4.5)

$$\sigma_b = \frac{M_b}{I'} \frac{D + 2a}{2} \tag{4.10}$$

$$I' = \frac{\pi}{64}[(D + 2a)^4 - D^4] \tag{4.11}$$

$$\tau = \frac{F_Q}{\pi Da}, \tag{4.12}$$

$$\tau_t = \frac{T}{2I'} \frac{D + 2a}{2}. \tag{4.13}$$

In Anlehnung an DIN 15018 (vgl. auch [4.9]) wird die Vergleichsspannung zu

$$\sigma_v = \sqrt{\sigma_b^2 + 2(\tau + \tau_t)^2} \tag{4.14}$$

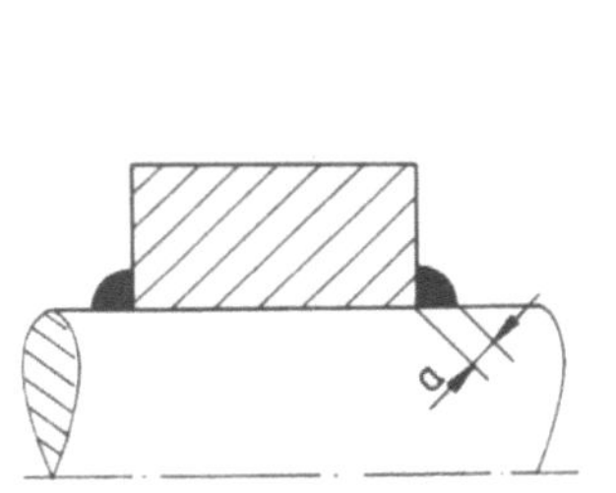
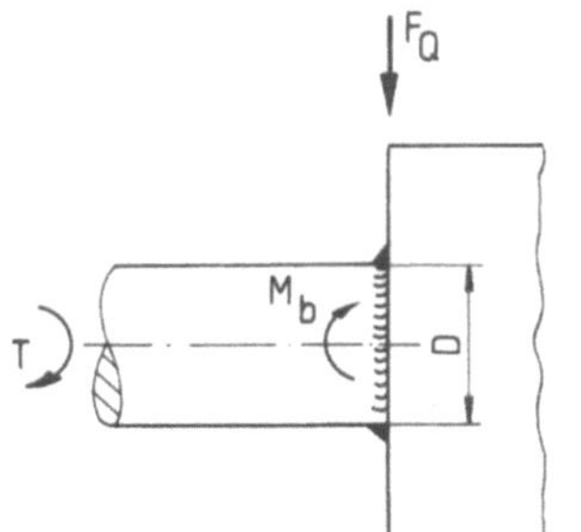

Bild 4.4   Bild 4.5

Bild 4.4. Kehlnaht und Schweißnahtdicke
Bild 4.5. Beanspruchungen einer geschweißten Welle-Nabe-Verbindung

berechnet. Die zulässigen Spannungen können der Vorschrift DV 952 für die Stähle
RSt37-2, RSt37-3 und St52-3 entnommen werden. Bild 4.6 zeigt die entsprechende
Darstellung für St52-3. Die zulässige Spannung ist angegegen in Abhängigkeit vom
Verhältnis S der Unter- zur Oberspannung.

$$S = \frac{\sigma_{min}}{\sigma_{max}} . \tag{4.15}$$

$S = -1$ entspricht wechselnder, $S = 0$ schwellender und $S = 1$ statischer Beanspruchung. Eine entsprechende Darstellung für die zulässige Schubspannung findet
sich ebenfalls in DV952. Die einzuhaltenden Festigkeitsbedingungen lauten

$$\sigma_v \leqq \sigma_{zul} , \tag{4.16}$$

$$\tau + \tau_t \leqq \tau_{zul} . \tag{4.17}$$

Es sind stets beide Festigkeitsbedingungen zu erfüllen.

Gestaltungsrichtlinien

- Dicke und Querschnitte von Schweißnähten sind möglichst gering zu halten. Die
  Nahtdicke ist so zu dimensionieren, daß die zulässigen Spannungen erreicht
  werden.
- Die Nabe ist auf der Welle für das Schweißen zu positionieren. Bei Einzelfertigung
  sind entsprechende Absätze vorzusehen. Bei Serienfertigung sind eigene Schweiß-
  vorrichtungen wirtschaftlicher.
- Mechanisch hoch beanspruchte Kehlnähte sollen als Hohlnähte ausgeführt werden
  (günstiger Spannungsfluß).
- Schwer schweißbare Stähle lassen sich durch entsprechende thermische Vor- und
  Nachbehandlungen schweißen (vgl. [4.7]).
- Schweißnähte sind so anzuordnen, daß die Wurzelzonen möglichst keine Zugspannungen aufnehmen müssen.

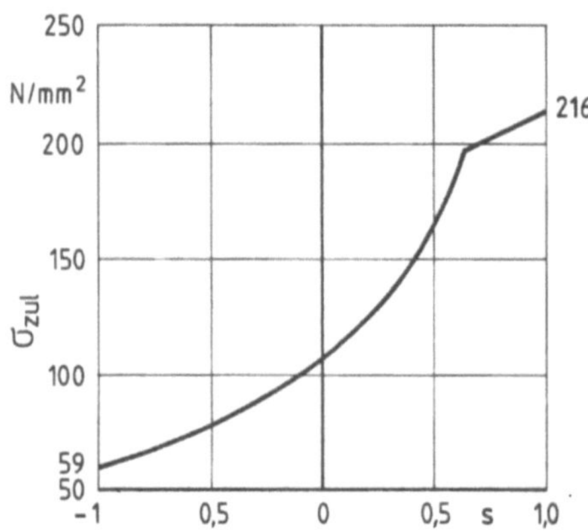

Bild 4.6.   Zulässige   Biegespannung   für
Schweißnähte, Werkstoff St52 (nach DV 952)

4.4 Schrifttum

ISO-Normen

ISO/R 581	Definition der Schweißbarkeit.
ISO/R 626	Festigkeitsberechnung für stumpfgeschweißte Nähte.
ISO/R 857	Definition von Schweißverfahren.
ISO/R 947	Empfehlungen für die radiographische Prüfung von in Umfangsrichtung stumpfgeschweißten Nähten in Stahlrohren bis zu 50 mm Wandstärke.
ISO/R 1027	Radiographische Bildqualitäts-Indikatoren-Prinzipien und Identifikation.
ISO 2553	Schweißnähte — Symbolische Darstellung in Zeichnungen.
ISO 3088	Schweißanforderungen — Zu berücksichtigende Faktoren bei der Vorgabe von Anforderungen an fusionsgeschweißte Verbindungen von Stahl (technische Einflußfaktoren).
ISO 3677	Zusatzwerkstoffe für Hart- und Weichlöten — Schlüssel der Symbole.
ISO 3683	Weichgelötete Verbindungen — Bestimmung der Scherfestigkeit.
ISO 4063	Schweißen, Hartlöten und Weichlöten von Metallen — Liste der Verfahren zur symbolischen Darstellung auf Zeichnungen.

DIN-Normen

DIN 1912	Zeichnerische Darstellung; Schweißen, Löten.
DIN 4100	Geschweißte Stahlbauten mit vorwiegend ruhender Belastung; Berechnung und bauliche Durchbildung.
DIN 4101	Geschweißte stählerne Straßenbrücken; Berechnung und bauliche Durchbildung.
DIN 8414	Lötbarkeit, Begriffe.
DIN 8505 T1	Löten; Allgemeines, Begriffe.
DIN 8505 T2	Löten; Einteilung der Verfahren, Begriffe.
DIN 8525	Prüfung von Hartlötverbindungen; Spaltlötverbindungen.
DIN 8526	Prüfung von Weichlötverbindungen; Spaltlötverbindungen.
DIN 8551 T1	Schweißtnahtvorbereitung; Fugenformen an Stahl; Gasschweißen, Lichtbogenhandschweißen und Schutzgasschweißen.
DIN 8551 T4	Schweißnahtvorbereitung; Unter-Pulver-Schweißen.
DIN 8563	Sicherung der Güte von Schweißarbeiten.
DIN 8570	Freimaßtoleranzen für Schweißkonstruktionen.
DIN 50120	Prüfung von Stahl; Zugversuch an Schweißverbindungen.
DIN 53281 T1	Prüfung von Metallklebstoffen und Metallklebungen; Probekörper; Vorbehandlung der Klebeflächen.
DIN 53281 T2	Prüfung von Metallklebstoffen und Metallklebungen; Probekörper; Herstellung.
DIN 53281 T3	Prüfung von Metallklebstoffen und Metallklebungen; Winkelschälversuch.
DIN 53282	Prüfung von Metallklebstoffen und Metallklebungen; Winkelschälversuch.
DIN 53283	Prüfung von Metallklebstoffen und Metallklebungen; Bestimmung der Klebfestigkeit von einschnittig überlappten Klebungen (Zugversuch).
DIN 53284	Prüfung von Metallklebstoffen und Metallklebungen; Zeitstandversuch an einschnittig überlappten Klebungen.
DIN 53285	Prüfung von Metallklebstoffen und Metallklebungen; Dauerschwingversuch an einschnittig überlappten Klebungen.
DIN 53288	Prüfung von Metallklebstoffen und Metallklebungen; Bestimmung der Zugfestigkeit senkrecht zur Klebfläche.

Richtlinien

VDI 2251 Bl. 3	Feinwerkelemente, Lötverbindungen.
VDI 2251 Bl. 4	Feinwerkelemente, Schweißverbindungen.
VDI 2251 Bl. 5	Feinwerkelemente, Klebeverbindungen.

VDI 2229   Metallklebeverbindungen.
DV 952   Vorschrift für das Schweißen von Fahrzeugen, Maschinen und Geräten,
                Deutsche Bundesbahn, 1962

Bücher und Aufsätze

4.1 Bronstein, I. N.; Semendjadjew, K. A.: Taschenbuch der Mathematik, 16. Auf.,
    Zürich, Frankfurt, Thun: Deutsch 1980.
4.2 Hahn, O.; Otto, G.; Muschard, W.: Geklebte Wellen-Naben-Verbindungen als Alter-
    native zu konventionellen Verbindungen, VDI-Ber. Nr. 360 (1980) 103–107.
4.3 Kurek, E.-G.; Zboralski, D.: Klebgeschrumpfte Radsitze — viele Vorteile für die
    Eisenbahn jetzt und in Zukunft. ZEV — Glasers Ann. 91 (1977) 3–13.
4.4 Leyh, H.: Drehmomentübertragung mit geklebten Wellen-Naben-Verbindungen. Diss.
    TH Stuttgart 1963.
4.5 Marlinghaus, J.: Die Tragfähigkeit hartgelöteter Verbindungen bei statischen und dyna-
    mischen Beanspruchungen und ihre elastischen Eigenschaften. Diss. TU Berlin 1966.
4.6 Niemann, G.: Maschinenelemente, Bd. I, 2. Aufl. Berlin, Heidelberg, New York: Springer
    1981.
4.7 Ruge, J.: Handbuch der Schweißtechnik, Bd. I, 2. Aufl. Berlin, Heidelberg, New York:
    Springer 1980.
4.8 Ruge, J.; Wösle, H.: Löten. In: Dubbel — Taschenbuch für den Maschinenbau, 14. Aufl.
    Berlin, Heidelberg, New York: Springer 1981.
4.9 Ruge, J.; Wösle, H.: Schweißen. In: Dubbel — Taschenbuch für den Maschinenbau,
    14. Aufl. Berlin, Heidelberg, New York: Springer 1981.

Firmendruckschriften

4.10 Loctite Deutschland: Loctite Superschnell, München (ohne Jahr).

5 Dauerfestigkeit von Welle-Nabe-Verbindungen

Die weitaus meisten der in der technischen Praxis eingesetzten Welle-Nabe-Verbindungen werden schwingend beansprucht. Daher werden in diesem Abschnitt die wichtigsten Tatsachen über die Dauerfestigkeit metallischer Werkstoffe und ihre Anwendung auf den Festigkeitsnachweis für Welle-Nabe-Verbindungen dargestellt. Aus Platzgründen werden nur harmonisch schwingende Beanspruchungen betrachtet. Das zunehmend wichtiger werdende Gebiet der Betriebsfestigkeit[1] wird nicht berücksichtigt. Für das folgende wird vorausgesetzt, daß der Leser mit den grundlegenden Tatsachen der Dauerfestigkeitsrechnung vertraut ist, wie sie in den üblichen Lehrbüchern [5.2, 5.15, 5.18] für Maschinenelemente enthalten sind. Weitere Ausführungen zu dem äußerst komplexen Gebiet der Dauerfestigkeit finden sich in [5.5] und [5.24]. Der unten angegebene Rechengang für den Dauerfestigkeitsnachweis lehnt sich an den DDR-Standard TGL 19340 an. Eine umfassende Darstellung des Aufbaus und der Anwendung von TGL 19340 geben Schuster und Wirthgen [5.21].

Wie bereits oben dargelegt wurde, beschränken sich die folgenden Ausführungen auf rein harmonisch schwingende Beanspruchungen. Nach Bild 5.1 wird zwischen allgemeiner, schwellender und wechselnder Beanspruchung unterschieden. Bei verschwindender Ausschlagsspannung σ_a liegt ruhende Beanspruchung vor. Bei Welle-Nabe-Verbindungen wirkt die aus dem Drehmoment herrührende Torsionsspannung bei reinem Dauerbetrieb ruhend. Bei Aussetzbetrieb wird sie als schwellend angenommen. Meistens ist der Torsions- noch eine Biegespannung überlagert. Sie hat im allgemeinen wechselnden Charakter (z. B. Zahnrad- oder Riemengetriebe).

Es ist allgemein üblich, den Dauerfestigkeitsnachweis nur für die Welle zu führen. Der größte Durchmesser der Nabe und damit deren Widerstandsmoment gegen

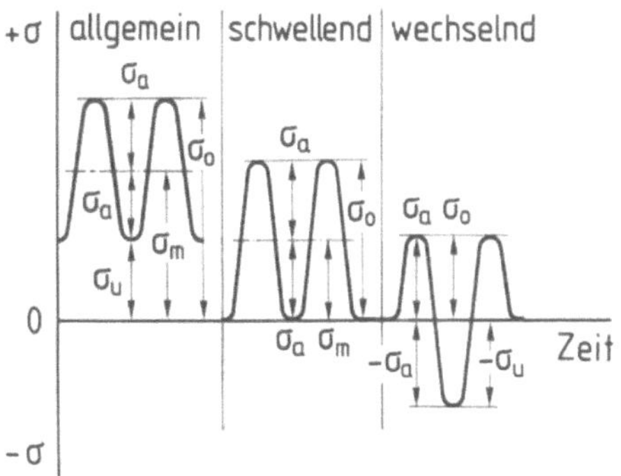

Bild 5.1. Schwingende Beanspruchungen

---

1 Eine ausgezeichnete Einführung in die Berechnungsverfahren für den Nachweis auf Betriebsfestigkeit gibt [5.23]

Torsion und Biegung sind grundsätzlich größer als die der Welle. Damit sind die Spannungen kleiner als in der Welle. Bei reibschlüssigen Verbindungen greift in der Bohrung der Nabe eine aus dem Reibschluß herrührende, schwingende Schubspannung an. Ihre Größe kann jedoch (vgl. hierzu (2.23) gegenüber den Spannungen aus der statischen Verspannung der Verbindung vernachlässigt werden. Daher schließt sowohl bei reib- als bei formschlüssigen Verbindungen eine dauerfeste Auslegung der Welle eine entsprechende der Nabe ein, sofern beide Bauteile aus Werkstoffen mit vergleichbarer Dauerfestigkeit hergestellt werden. Falls allerdings der Außendurchmesser der Nabe nur geringfügig größer ist als der der Welle und die Dauerfestigkeit der Nabe kleiner als die der Welle ist, dann muß ein gesonderter Dauerfestigkeitsnachweis auch für die Nabe erfolgen.

Die Nennspannungen aus Biegung und Torsion berechnen sich zu

$$\sigma_b = \frac{M_b}{W_b}, \tag{5.1}$$

$$\tau_t = \frac{T}{W_t}. \tag{5.2}$$

Hierin sind W_b und W_t die Widerstandsmomente gegen Biegung bzw. Torsion. Für einen Kreisringquerschnitt berechnen sie sich aus

$$W_b = \frac{\pi(D_a^4 - D_i^4)}{32 D_a}, \tag{5.3}$$

$$W_t = \frac{\pi(D_a^4 - D_i^4)}{16 D_a} = 2 W_b. \tag{5.4}$$

Mit $D_i = 0$ gehen sie in die entsprechenden Beziehungen für den Vollkreisquerschnitt über. Bei wechselnder Biegebeanspruchung ist für M_b die Amplitude des Biegemoments einzusetzen. Dagegen ist bei schwellender oder ruhender Torsionsbeanspruchung T gleich dem Maximalwert des äußeren Drehmoments.

Bei überlagerter wechselnder Biegung und schwellender Torsion wird die Vergleichsspannung σ_v nach der angepaßten Gestaltänderungsenergiehypothese[2] berechnet.

$$\sigma_v = \sqrt{\sigma_b^2 + 3(\alpha_{0k}\tau_t)^2}. \tag{5.5}$$

---

2 In TGL 19340 werden anstelle von (5.5) die Beziehungen

$$\sigma_{av} = \sqrt{\sigma_a^2 + \left[\frac{\sigma_{ADK}(\sigma_m)}{\tau_{ADK}(\tau_m)}\right]^2 \cdot \tau_a^2} \tag{a}$$

mit

$$\sigma_{mv} = \sqrt{\sigma_m^2 + \left(\frac{\sigma_b F}{\tau_F}\right)^2 \tau_m^2} \tag{b}$$

$$\tau_{mv} = \frac{\tau_F}{\sigma_b F} \sigma_{mv} \tag{c}$$

verwendet (σ_a, τ_a = Anschlagsspannungen, σ_{bF} Biegefließgrenze, σ_{ADK}, τ_{ADK} ertragbare Spannungsamplitude des gekerbten Bauteils). (5.5) stimmt in Verbindung mit (5.6) und (5.7) mit (a) bis (c) überein.

Hierin sind σ_b und τ_t die nach (5.1) bis (5.4) berechneten Nennspannungen. Mit Hilfe des Anstrengungsverhältnisses α_{0k} wird die schwellende Torsionsspannung auf eine äquivalente wechselnde Biegespannung umgerechnet:

$$\alpha_{0k} = \frac{\beta_{kt}}{\beta_{kb}}\,\alpha_0 \, . \tag{5.6}$$

β_{kb} und β_{kt} sind die weiter unten zu erläuternden Kerbwirkungszahlen bei wechselnder Biegung und schwellender Torsion. α_0 ist das Anstregungsverhältnis des ungekerbten Probestabes [5.15].

$$\alpha_0 = \frac{\sigma_{bW}}{\sqrt{3}\,\tau_{t\,Sch}} \, . \tag{5.7}$$

Sofern die für die Auswertung von (5.7) benötigten Dauerfestigkeitswerte nicht vorliegen, kann mit den in Tabelle 5.1 angegebenen Werten gerechnet werden.

Werden polierte Probestäbe genormter Abmessungen (vgl. DIN 50113) bei verschiedenen Spannungsausschlägen und Mittelspannungen auf Zug, Biegung oder Torsion beansprucht, so läßt sich das Ergebnis nach Bild 5.2 in einem Wöhler-Diagramm wiedergeben. Da die Aussagen von Dauerfestigkeitsversuchen grundsätzlich statistischen Charakter aufweisen, ist es heute allgemein üblich, eine Wöhler-Kennlinie durch eine zugeordnete Überlebenswahrscheinlichkeit $P_{ü}$ zu kennzeichnen. Für die Beurteilung der Dauerfestigkeit technischer Bauteile soll die Überlebenswahrscheinlichkeit 95 bis 100% betragen [5.9].

Gemäß Bild 5.2 wird bei schwingender Beanspruchung zwischen den Gebieten der Zeit- und Dauerfestigkeit unterschieden. Bei Stählen sind nach [5.24] $(2 \ldots 5) \cdot 10^6$ Lastspiele für die Bestimmung der Dauerfestigkeit ausreichend. Bei Leichtmetallen sind mindestens $(5 \ldots 10) \cdot 10^-$ Lastspiele erforderlich. Die Abhängigkeit der Dauer-

Tabelle 5.1. Anhaltswerte für Anstrengungsverhältnis (nach Niemann)

Werkstoffe	α_0
Allgemeine Baustähle	0,70
Vergütungsstähle	0,63
Einsatzstähle	0,77

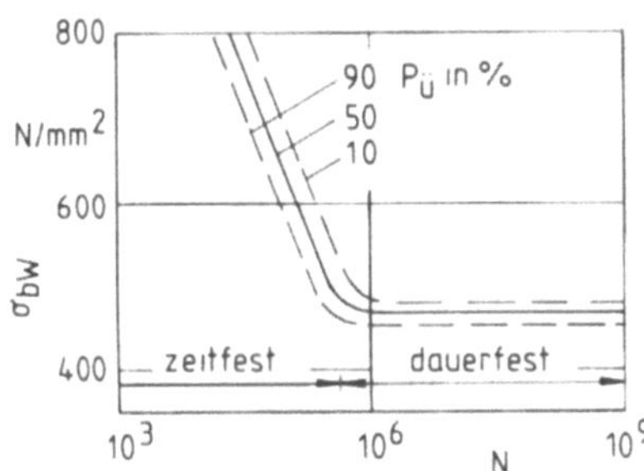

Bild 5.2. Wöhler-Diagramm

festigkeit von der Mittelspannung σ_m (vgl. Bild 5.1) wird durch Dauerfestigkeitsschaubilder nach Smith (Bild 5.3) oder nach Haigh (Bild 5.4) erfaßt. Die zulässige Oberspannung wird durch die untere Streckgrenze R_{eL} oder die 0,2%-Dehngrenze $R_{p0,2}$ begrenzt. Dauerfestigkeitsschaubilder nach Smith für die wichtigsten Stähle des Maschinenbaus und verschiedene Beanspruchungsarten enthalten [5.2, 5.8] und TGL 19340/02. Die Dauerfestigkeitsschaubilder nach [5.2] und [5.8] sind nicht statistisch[3] abgesichert. Die Dauerfestigkeitswerte nach TGL 19340/02 gelten für eine Überlebenswahrscheinlichkeit von 90% bei einstufiger Beanspruchung und einer Grenzschwingzahl von 10^7.

Maßgebend für die schwingend ertragbare Beanspruchung eines realen technischen Bauteils ist nicht die an einem polierten Probestab genormter Abmessungen ermittelte Dauerfestigkeit, sondern die Gestaltfestigkeit. Als Gestaltfestigkeit wird die Dauerfestigkeit eines Bauteils beliebiger Gestaltung (Größe, Oberflächenbeschaffenheit, geometrische Form) bezeichnet. Sie läßt sich unter vereinfachenden Annahmen aus der experimentell am genormten Probestab bestimmten Dauerfestigkeit des betreffenden Werkstoffs berechnen. Für die Berechnung der Gestaltfestigkeit wird nach TGL 19340/03 der Ansatz eingeführt.

$$\sigma_{Wk} = \frac{\sigma_W}{\gamma} . \qquad\qquad (5.8)$$

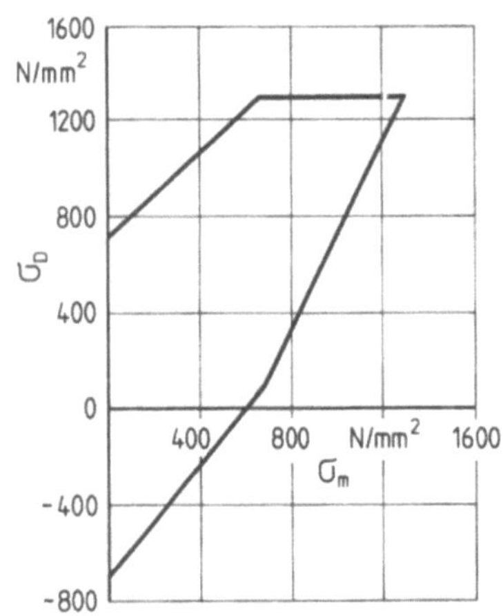

Bild 5.3. Dauerfestigkeitsschaubild nach Smith für Zug-Druck, Werkstoff 41Cr4 eingesetzt (nach Hänchen und Decker)

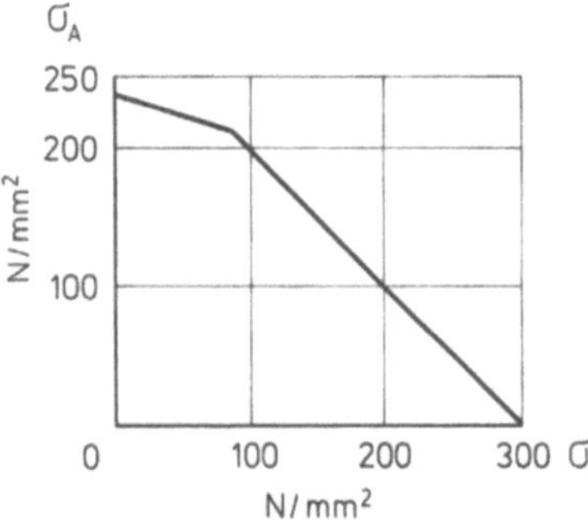

Bild 5.4. Dauerfestigkeitsschaubild nach Haigh für Zug-Druck, Werkstoff GS60 (nach Hänchen und Decker)

---

3 Die Dauerfestigkeitsschaubilder in [5.2] wurden aus [5.8] übernommen.

Bei umlaufender Biegung sowie bei überlagerter schwellender Torsion ist für σ_W die Biegewechselfestigkeit σ_{bW} des ungekerbten, polierten Probestabes genormter Abmessungen einzusetzen. Bei ausschließlicher Belastung durch schwellende Torsion ist mit der Torsionsschwellfestigkeit τ_{tSch} zu rechnen. Der Gesamteinflußfaktor γ berücksichtigt in pauschaler Zusammenfassung die festigkeitsmindernden Einflüsse von Kerben, der Bauteilgröße, der Oberflächengüte sowie der Anisotropie. Nach TGL 19340/03 wird gesetzt

$$\gamma = \frac{\beta_k}{k o_{FK} q a_i} . \tag{5.9}$$

Die in TGL 19340 angegebenen Dauerfestigkeitswerte gelten bei Abmessungen der Probestäbe nach Tabelle 5.2. Weicht der Wellendurchmesser von diesen Werten ab, so sind die an den genormten, polierten Probestäben gemessenen Dauerfestigkeitswerte mit dem Größeneinflußfaktor k zu multiplizieren, dessen Berechnung aus Tabelle 5.3 hervorgeht.[4]

Der Faktor k_1 erfaßt bei Bau- und Vergütungsstählen den Abfall der Dauerfestigkeit mit zunehmendem Durchmesser (Bild 5.5). Dieser technologische Größeneinfluß berücksichtigt die Tatsache, daß bei einer vorausgesetzten gleichmäßigen Verteilung rißauslösender Fehlstellen im gesamten Volumen die Wahrscheinlichkeit mit dem Durchmesser zunimmt, daß eine Fehlstelle sich an der Oberfläche befindet. TGL 19340 geht von der Voraussetzung aus, daß die Dauerfestigkeit in gleicher Weise wie die statische Bruchfestigkeit R_m mit dem Durchmesser abfällt. Ist der größenbedingte Abfall von R_m bekannt, so können die Dauerfestigkeitskennwerte in diesem Verhältnis umgerechnet werden. Der technologische Größeneinflußfaktor k_1 kann

Tabelle 5.2. Probendurchmesser (mm) für Dauerfestigkeitswerte
(nach TGL 19340)

Beanspruchungsart	Werkstoffgruppe	
	Bau- und Vergütungsstähle	Einsatzstähle
Zug und Biegung	7,5 ... 15	30
Torsion	10 ... 15	30

Tabelle 5.3. Größeneinflußfaktor k (nach TGL 19340)

Beanspruchungsart	Werkstoffgruppe	
	Bau- und Vergütungsstähle	Einsatzstähle (einsatzgehärtet)
Biegung und Torsion	$k_1 \cdot k_2 \cdot k_3$	$k_3 \cdot k_4$

---

4 Die Berücksichtigung des Größeneinflusses auf die Dauerfestigkeit gekerbter Bauteile ist schwierig. Den wissenschaftlichen Hintergrund zur Erfassung des Größeneinflusses in TGL 19340 stellt Heinrich [5.10] dar.

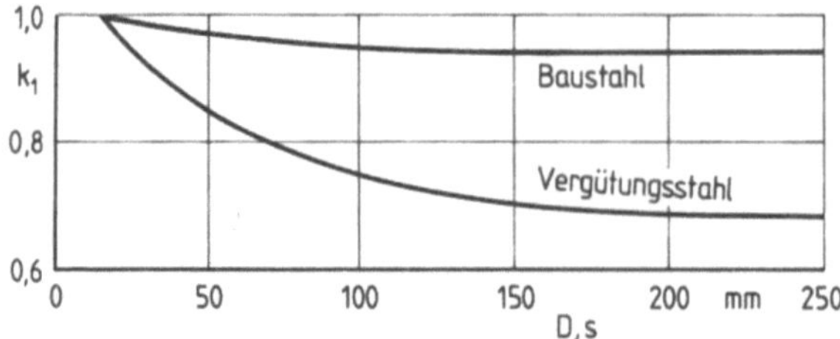

Bild 5.5. Technologischer Größeneinfluß k_1 (nach TGL 19340)

dann entfallen. Der nach Bild 5.6 zu ermittelnde spannungsmechanische Größeneinfluß k_2 berücksichtigt, daß bei gleicher maximaler Spannung das bezogene Spannungsgefälle χ (vgl. weiter unten) mit zunehmendem Durchmesser kleiner wird. Da die dynamische Stützziffer n_χ [vgl. (5.14)] mit dem bezogenen Spannungsgefälle zunimmt, läßt sich dieser spannungsmechanische Größeneinfluß anschaulich deuten. Der nach Bild 5.7 zu ermittelnde Faktor k_3 zeigt, wie sich Kerben mit zunehmendem Durchmesser nachteilig auf die Dauerfestigkeit auswirken. Als Parameter ist in Bild 5.7 die Formzahl α_k angegeben (vgl. unten). Da sie bei Welle-Nabe-Verbindungen nicht bekannt ist, muß sie aus der Kerbwirkungszahl β_k geschätzt werden. Der für Einsatzstähle geltende Faktor k_4 nach Bild 5.8 gibt den Abfall der Dauerfestigkeit mit dem Durchmesser an.

Dauerfestigkeitskennwerte werden an polierten Probestäben ermittelt. Die Oberfläche technischer Teile weist im allgemeinen eine geringere Güte auf, was zu einer verminderten Dauerfestigkeit führt. Dies wird durch den Oberflächeneinflußfaktor o_{FK} berücksichtigt[5]. Bei Biegung sowie Zug-Druck-Beanspruchung gilt näherungsweise

$$o_{FK} = o_F + (1 - o_F)\left(\frac{\beta_k - 1}{\beta_k}\right)^2,\qquad (5.10)$$

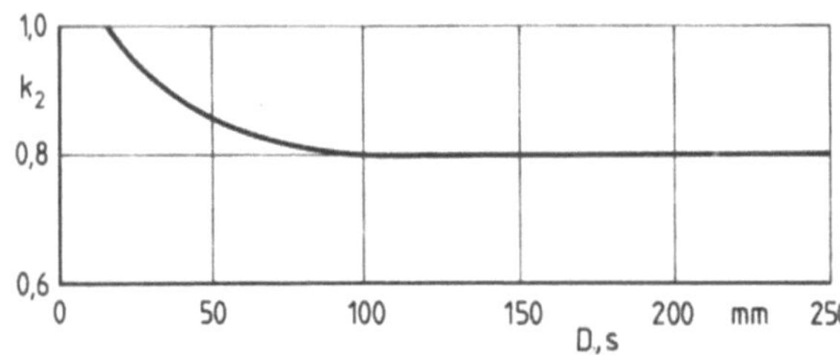

Bild 5.6. Spannungsmechanischer Größeneinfluß k_2 (nach TGL 19340)

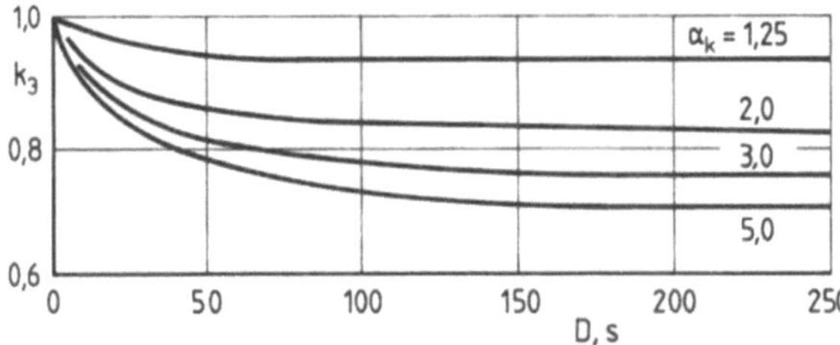

Bild 5.7. Größeneinfluß k_3 der Formzahl (nach TGL 19340)

---

5 Nach der Erstellung von TGL 19340 hat Kedig [5.11] an Flachstäben mit Querbohrungen noch günstigere Oberflächeneinflußfaktoren erhalten.

wobei der Oberflächeneinflußfaktor o_F für ein ungekerbtes Bauteil aus Bild 5.9 abgelesen werden kann. Bei reiner Torsionsbeanspruchung gilt

$$o_{FKt} = 0{,}575\,o_{FK} + 0{,}425 \ . \tag{5.11}$$

Der Faktor q berücksichtigt die geometrische Form des Bauteilquerschnitts. Für Kreis- und Kreisringquerschnitte gilt bei Beanspruchung durch Zug-Druck, umlaufende Biegung und Torsion $q = 1$. Auf die Wiedergabe der für andere Querschnittsformen in TGL 19340 aufgeführten q-Werte wird hier verzichtet. Erfolgt bei Zug-Druck und Biegung die Beanspruchung des Bauteils senkrecht zur Walzrichtung des Werkstoffs, so ist der Anisotropiekoeffizient a_i zu berücksichtigen. Für Wellen kann im allgemeinen $a_i = 1$ gesetzt werden.

Zum besseren Verständnis der durch die Kerbwirkungszahl β_k berücksichtigten Verminderung der Dauerfestigkeit durch Kerben dienen die folgenden Ausführungen. Kerben bewirken grundsätzlich in einem Bauteil das Auftreten von größeren Spannungen als sie nach den Berechnungsgleichungen der elementaren Festigkeitslehre (vgl. z. B. (5.1) bis (5.4)) erhalten werden. Welle-Nabe-Verbindungen üben auf die Welle immer eine mehr oder minder große Kerbwirkung aus. Bei den formschlüssigen

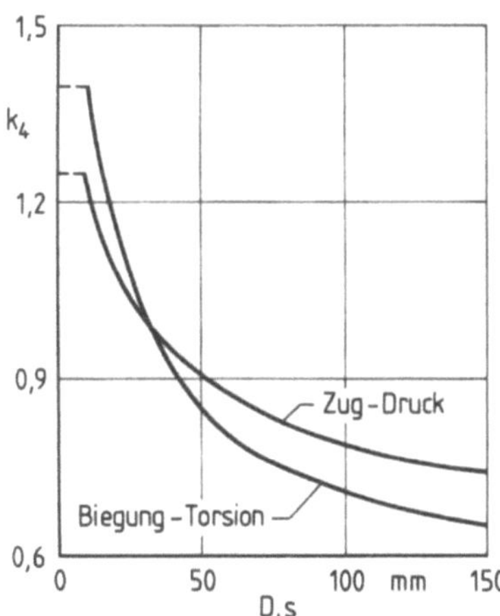

Bild 5.8. Größeneinfluß k_4 bei Einsatzstählen (nach TGL 19340)

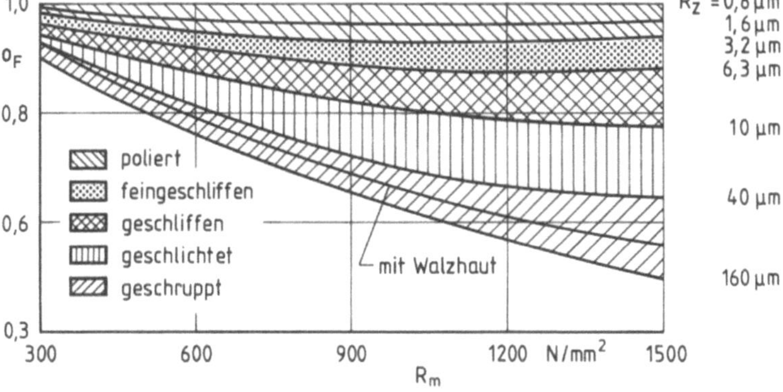

Bild 5.9. Oberflächeneinflußfaktor o_F (nach TGL 19340)

Verbindungen ist dies offenkundig, da die für den Formschluß erforderlichen Mitnehmer stets lokale Querschnittsänderungen bedingen. Bei den reib- und stoffschlüssigen Verbindungen wird die Kerbwirkung durch lokale Spannungsänderungen im Bereich des Eintritts der Welle in den Verband verursacht. Grundsätzlich läßt sich die maximale, an der Kerbe wirkende Kerbspannung mit Hilfe der Formzahl α_k aus der Nennspannung berechnen:

$$\sigma_K = \alpha_K \sigma_n .\tag{5.12}$$

Die mittels Methoden der höheren Elastizitätstheorie [5.14] oder experimentell zu bestimmende Formzahl hängt nur von der Kerbgeometrie und der Art der Beanspruchung (Zug, Biegung, Torsion) ab. Sie ist dagegen unabhängig vom Werkstoff.

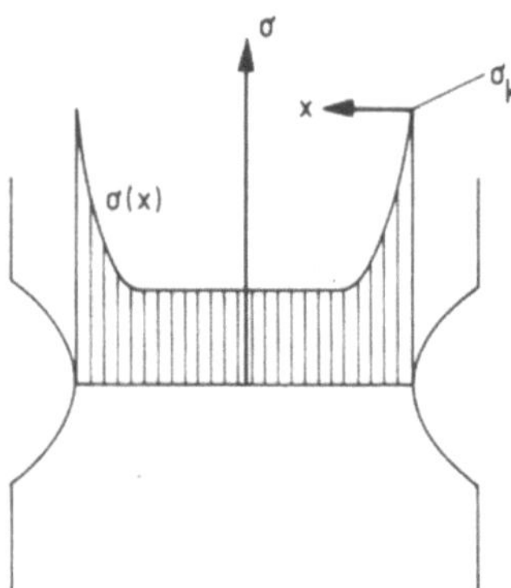

Bild 5.10. Zur Definition des bezogenen Spannungsgefälles

Bei schwingender Beanspruchung ist es nicht möglich, die Ist-Sicherheit gegen Dauerbruch mit der Formzahl α_k und der experimentell bestimmten Dauerfestigkeit (unter Berücksichtigung der mindernden Einflußfaktoren nach (5.9)) zu berechnen. Infolge der inhomogenen Spannungsverteilung im gekerbten Querschnitt bildet sich dort eine dynamische Stützwirkung aus, welche die ertragbare Gestaltfestigkeit gegenüber einer aus der reinen Dauerfestigkeit berechneten erhöht. In der Literatur [5.24] sind Gleichungen veröffentlicht, welche die rechnerische Berücksichtigung der dynamischen Stützwirkung gestatten. Für ihre Auswertung muß allerdings das bezogene Spannungsgefälle χ bekannt sein. Bei Kerbwirkung ist es definiert durch

$$\chi = \frac{1}{\sigma_k} \left| \frac{d\sigma}{dx} \right|_{x=0} .\tag{5.13}$$

Nach Bild 5.10 ist x die Entfernung vom Ort ($x = 0$) der größten Kerbspannung. Das bezogene Spannungsgefälle ist also ein Maß für die Steilheit des Spannungsabfalls im Kerbgrund. Nach VDI-Richtlinie 2226 läßt sich das bezogene Spannungsgefälle für einfache, technisch wichtige Kerben (z. B. Wellenabsatz) elementar berechnen. Aus dem bezogenen Spannungsgefälle ergibt sich die dynamische Stützziffer zu

$$n_\chi = 1 + \sqrt{\varrho^* \chi} .\tag{5.14}$$

Hierin ist ϱ^* eine vom Werkstoff abhängige Kenngröße, die als Strukturlänge bezeichnet wird. Sie fällt mit zunehmender Festigkeit ab. Bild 5.11 zeigt den Zusammenhang zwischen der dynamischen Stützziffer n_χ und dem bezogenen Spannungsgefälle χ.

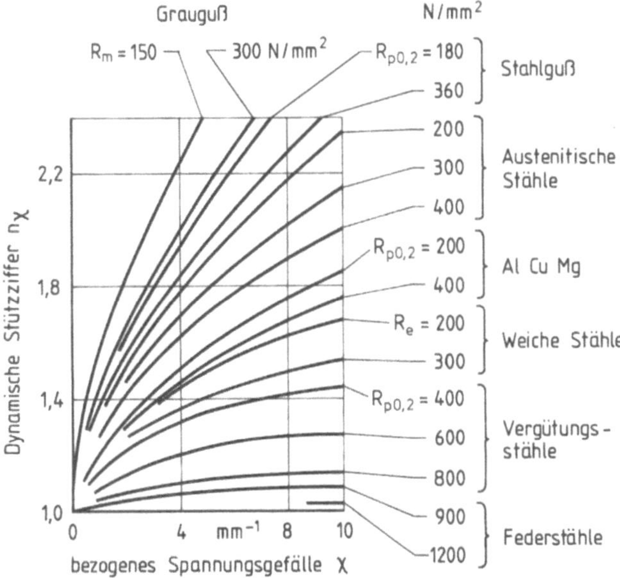

Bild 5.11. Dynamische Stützziffer (nach VDI 2226)

Die Gestaltfestigkeit des gekerbten Bauteils läßt sich in Abwandlung von (5.8)
und (5.9) zu

$$K_k = ko_{FK} qa_i n_\chi \sigma_D \tag{5.15}$$

berechnen. Hierin ist σ_D die am polierten Probestab gemessene Dauerfestigkeit. Die
Ist-Sicherheit des gekerbten Bauteils gegen Dauerbruch folgt aus (5.12) und (5.15) zu

$$j_D = \frac{K_k}{\sigma_k} . \tag{5.16}$$

Der Anwendung von (5.12) bis (5.16) auf die Dauerfestigkeitsberechnung von
Welle-Nabe-Verbindungen stehen zwei prinzipielle Schwierigkeiten entgegen. Zur
Auswertung der für die Berechnung der Gestaltfestigkeit zentralen Gl. (5.15) muß
das bezogene Spannungsgefälle nach (5.13) bekannt sein. Bei reib- und formschlüssigen Welle-Nabe-Verbindungen liegt im Wirkflächenbereich stets ein Kontaktproblem vor. Bis heute sind hierfür selbst bei rein elastischer Beanspruchung weder
analytische noch numerische Lösungen berechnet worden, welche eine hinreichend
genaue Ermittlung des bezogenen Spannungsgefälles nach (5.13) gestatten. Das
gleiche gilt im übrigen für die Kerbspannungen und damit für die Formzahl. Außerdem werden reib- und formschlüssige Welle-Nabe-Verbindungen im Kontaktbereich
sehr häufig durch Mikroschlupf einer Reibdauerbeanspruchung ausgesetzt, die
gemäß den Ausführungen in Abschnitt 2.1.4 zu einer erheblichen Verminderung der
Dauerfestigkeit führt. Dieser Effekt läßt sich bei einer Dauerfestigkeitsberechnung
mittels der Formzahl α_k grundsätzlich nicht berücksichtigen.

Die aufgezeigten Schwierigkeiten werden durch Einführen der Kerbwirkungszahl
β_k nach DIN 54100 behoben. Sie ist allgemein definiert als Verhältnis der Dauerfestigkeit des ungekerbten Probestabes zur Dauerfestigkeit des gekerbten Bauteils.

$$\beta_k = \frac{\sigma_D}{\sigma_{DK}} . \tag{5.17}$$

Zwischen der Form- und der Kerbwirkungszahl besteht der Zusammenhang

$$\alpha_k = n_\chi \beta_k \, . \tag{5.18}$$

Aus (5.14), (5.17) und (5.18) geht hervor, daß die Kerbwirkungszahl β_k im Gegensatz zur Formzahl α_k vom Werkstoff abhängt. Sie muß daher grundsätzlich experimentell bestimmt werden. Auf den Dauerfestigkeitsnachweis mit Hilfe der Kerbwirkungszahlen wird weiter unten eingegangen. Zunächst sollen die in der Literatur veröffentlichten Kerbwirkungszahlen besprochen werden.

TGL 19340 enthält für verschieden gestaltete Preßverbände sowie für eine Reihe von formschlüssigen Welle-Nabe-Verbindungen Kerbwirkungszahlen. Sie werden in den Tabellen 5.4 und 5.5 angegeben. In den Tabellen 5.6 und 5.7 sind die entsprechenden Kerbwirkungszahlen nach den Versuchen verschiedener Autoren zusammengestellt. Tabelle 5.8 enthält Kerbwirkungszahlen für stoffschlüssige Verbindungen. Ein Strich in der Spalte „Wärmebehandlung" bedeutet, daß die Welle in normalgeglühten Zustand hergestellt wurde. Bei den in Tabelle 5.6 aufgeführten

Tabelle 5.4. Kerbwirkungszahlen für Preßverbände (nach TGL 19340)

Nabenform [1]	Passung [2]	Kerbwirkungszahl $(D = 40\,\text{mm})$	R_m [N/mm²]								
			400	500	600	700	800	900	1000	1100	1200
(Nabenform 1)	H8 / u8	β_{kb}	1,8	2,0	2,1	2,3	2,5	2,7	2,8	2,8	2,9
		β_{kt}	1,2	1,3	1,4	1,5	1,6	1,7	1,8	1,8	1,9
(Nabenform 2) $r/D \geqq 0{,}06$	H8 / u8 Nabe aus gehärtetem Stahl	β_{kb}	1,6	1,7	1,8	1,9	2,0	2,1	2,2	2,3	2,3
		β_{kt}	1,0	1,1	1,2	1,2	1,3	1,4	1,4	1,5	1,5
(Nabenform 3)	H8 / u8	β_{kb}	1,5	1,6	1,7	1,8	1,9	2,0	2,1	2,1	2,2
		β_{kt}	1,0	1,0	1,1	1,2	1,3	1,3	1,4	1,4	1,5
(Nabenform 4) 1,25 D, $r/D = 0{,}5$	H8 / u8	β_{kb}	1,0	1,0	1,1	1,1	1,2	1,3	1,3	1,4	1,4
		β_{kt}	1,0	1,0	1,0	1,0	1,1	1,1	1,2	1,2	1,2

[1] Bei Verwendung der Kerbwirkungszahlen nach Tabelle 5.4 gilt $\sigma_{Fk} = 1$
[2] Bei festeren Passungen können die Kerbwirkungszahlen beibehalten werden

Tabelle 5.5. Kerbwirkungszahlen für formschlüssige Verbindungen (nach TGL 19340)[1]

Wellenquerschnitt	Werkstoff Welle	Nabe	β_{kt}	Wellenquerschnitt	Werkstoff Welle	Nabe	β_{kt}
Keilprofil 6×28×34×7 TGL 0-5463	C 35	–	2,1	Keilprofil 8×32×38×6 TGL 0-5463	37MnSi 5	C 35	2,3
	36CrNiMo 6	–	3,1				
Keilprofil 6×28×34×7 TGL 0-5463	St 38	–	1,9	Keilprofil 10×32×40×5 TGL 0-5464	37MnSi5	C 35	2,8
	St 50	–	2,0				
Keilprofil 6×29×35×8,8 (Landmaschinenprofil)	St 60	C 35	1,9	Kerbverzahnung 30×34 TGL 0-5481/01	C 35	C 35	1,5
	C 45		2,1				
	37MnSi 5		2,6				
	50 CrV 4		3,2				
	20MnCr5 2)		1,8				
	20MoCr5 2)		1,8	Kerbverzahnung 30×34 TGL 0-5481/01	St 50	–	1,5
Keilprofil 8×32×36×6 TGL 0-5462	37MnSi5	C 35	2,0				
Keilprofil A4×32×38×10 TGL 0-5471	37MnSi 5	C 35	2,3	Kerbverzahnung (Evolvente) 35×37 TGL 0-5482/01	20MnCr5 2)	–	1,1

1) W_t mit Außendurchmesser berechnen;   2) Einsatzgehärtet

Preßverbänden handelt es sich um Querpreßverbände, sofern nicht anders angegeben. Schließlich ist zu beachten, daß die in den Tabellen 5.4. bis 5.7 angegebenen Kerbwirkungszahlen Oberflächen- und Größeneinfluß enthalten. Grundsätzlich ist daher in (5.9) $o_{FK} = 1$ zu setzen. Die Umrechnung auf andere Wellendurchmesser hat im Verhältnis der k-Faktoren zu erfolgen.

Zunächst sollen die Kerbwirkungszahlen und Gestaltfestigkeiten für reibschlüssige Verbindungen nach Tabelle 5.6 besprochen werden. Für gewöhnliche, hinsichtlich ihrer Gestaltfestigkeit konstruktiv nicht optimierte Preßverbände liegen experimentell abgesicherte Kerbwirkungszahlen hauptsächlich für Baustähle mittlerer Festigkeit und normalisierte Vergütungsstähle vor. Der Durchmesserbereich der untersuchten Vollwellen liegt zwischen 14 und 60 mm. Soweit das bezogene Übermaß ξ bekannt ist, wurde es von den Autoren so gewählt, daß die Nabe an der Grenze der rein elastischen oder bereits innerhalb der elastisch-plastischen Beanspruchung lag. Wie nicht anders zu erwarten nehmen die Kerbwirkungszahlen mit dem Durchmesser und der Bruchfestigkeit zu.

Interessant ist ein Vergleich der experimentell ermittelten Kerbwirkungszahlen aus Tabelle 5.6 mit den in Tabelle 5.4 angegebenen Werten nach TGL 19340. Um diesen Vergleich durchzuführen, müssen die Kerbwirkungszahlen nach Tabelle 5.6 mit Hilfe der k-Faktoren für den Größeneinfluß (vgl. Bilder 5.5 bis 5.7) auf den Durchmesser $D_F = 40$ mm umgerechnet werden, der TGL 19340 zugrunde liegt. Das Ergebnis zeigt Tabelle 5.9. Zunächst fällt auf, daß die Unterschiede zwischen den

Verbindung	β_{kb}	β_{kt}	σ_{bWk} N/mm²	τ_{tWk} N/mm²	D_F mm	Werkstoff	Wärmebehandlung	R_m N/mm²
Preßverband	1,76	1,02	160	147	14	Ck35N	-	579
	1,88	-	125	-	25	St50-2	-	527
	2,49	-	134	-	25	42CrMo4	vergütet	908
	-	1,42	-	118	32	Ck35N	-	579
	1,87	-	132	-	34	C35N	-	-
	2,00	-	-	-	40	St50/C35	-	-
	2,70	-	-	-	50	St50/C35	-	-
	2,83	-	95	-	~ 50	St50	-	542
	-	1,68	-	121	60	St60	-	580
	-	1,77	-	115	60	St60	-	580
Optimierter Preßverband	-	-	270	190	25	Ck60N	induktiv rand-	-
	-	-	456	307	25	42CrMo4	schichtgehärtet	-
	-	-	486	337	25	31CrMoV9	gasnitriert	-
	1,10	-	303	-	25	42CrMo4	vergütet	908
	1,21	-	277	-	25	42CrMo4	vergütet	908
	1,12	-	298	-	25	42CrMo4	vergütet	908
	1,88	-	143	-	~ 50	St50	-	542
konischer Preßverband	1,14	-	292	-	25	42CrMo4	vergütet	908
Kegelspannringe	1,19	1,01	210	248	14	Ck35N	-	579
	-	1,11	-	168	14	St50-2	-	586
	-	1,19	-	255	14	34CrNiMo6	vergütet	1064
	-	1,67	-	162	25	34CrNiMo6	vergütet	1064
	1,51	1,33	161	126	32	Ck35N	-	579
	-	1,32	-	120	60	St60-2	-	613
	-	2,22	-	113	60	34CrNiMo6	vergütet	1064
Kegelspannsatz	1,71	-	146	-	14	Ck35N	-	579
	1,78	-	136	-	32	Ck35N	-	-
Spannsatz mit zwei konischen Wirk- flächenpaaren	1,79	-	135	-	32	Ck35N	-	-
	1,70	1,44	146	116	32	Ck35N	-	579
Stufenkegelspann- satz	1,81	1,18	138	122	14	Ck35N	-	579
	1,79	1,33	132	126	32	Ck35N	-	579
Sternscheiben	1,48	-	169	-	14	Ck35N	-	579
	-	1,13	-	132	14	St50-2	-	-
	1,53	1,31	158	128	32	Ck35N	-	579
Wellspannhülse	2,28	1,09	110	138	14	Ck35N	-	579
	1,78	1,21	136	137	32	Ck35N	-	579

Härte HV	Quelle	Bemerkungen
-	Seefluth	ξ = 2,14 ‰, Nabe elastisch-plastisch
165	Geuckler	Passung $25\frac{R6}{n5}$
-	Galle	ξ = 2,00 ‰, Form P9/P6 (Bild 2.39)
-	Seefluth	ξ = 1,88 ‰, Nabe elastisch-plastisch
182	Seefluth	ξ = 2,50 ‰, Nabe elastisch-plastisch
-	Seefluth	keine Wöhlerlinie
-	Seefluth	keine Wöhlerlinie
-	Nishioka	ξ = 0,75 ‰, Nabe rein elastisch, Längspreßverband
-	Mannesmann	ξ = 2,12 ‰, Nabe elastisch-plastisch
-	Mannesmann	ξ = 5,05 ‰, Nabe elastisch-plastisch
702 ... 715	Galle	ξ = 2,00 ‰, P1.1/P2.1 (Bild 2.39)
597 ... 616	Galle	ξ = 2,00 ‰, P1.2/P2.1 (Bild 2.39)
706 ... 711	Galle	ξ = 2,00 ‰, P1.3/P2.2 (Bild 2.39)
-	Galle	ξ = 4,60 ‰, Nabe elastisch-plastisch, P5/P2.1 (Bild 2.39)
293	Galle	ξ = 2,00 ‰, P7/P2.1
-	Galle	P15 (Bild 2.39), Wellenabsatz des optimierten Verbandes
-	Nishioka	ξ = 0,75 ‰, Nabe rein elastisch, Längspreßverband
-	Galle	P3/P4 (Bild 2.39)
-	Seefluth	Bild 2.60, Biegung 2, Torsion 3 Kegelspannringe
-	Schmidt	3 Kegelspannringe
-	Häberer	3 Kegelspannringe
-	Häberer	Biegung 2, Torsion 3 Kegelspannringe
-	Seefluth	3 Kegelspannringe
-	Häberer	3 Kegelspannringe
-	Häberer	3 Kegelspannringe
-	Seefluth	Bild 2.63
150	Seefluth	
150	Seefluth	Bild 2.67, 1 Spannsatz
150	Seefluth	2 Spannsätze, R_m für Biegung, HV Torsion
-	Seefluth	Bild 2.68
150	Seefluth	HV für Biegung, R_m Torsion
-	Seefluth	Bild 2.72, 2 x 25 Sternscheiben
166	Seefluth	2 x 25 Sternscheiben
150	Seefluth	Biegung: 1 x 25 Sternscheiben u. HV, Torsion 2 x 25
-	Seefluth	Bild 2.74, Biegung 1, Torsion 2 Wellspannhülsen
150	Seefluth	Biegung 1, Torsion 2 Wellspannhülsen, R_m Torsion

Tabelle 5.7. Kerbwirkungszahlen für formschlüssige Welle-Nabe-Verbindungen

Verbindung	β_{kb}[1]	β_{kt}[1]	σ_{bWk} N/mm²	τ_{tWk} N/mm²	D_F mm	Werkstoff	Wärmebehandlung	R_m N/mm²
Keilwelle	–	2,20	–	84	14	St50	–	613
	–	3,30	–	92	14	34CrNiMo6	vergütet	1064
	–	2,12	–	79	34	C35	–	611
	–	3,13	–	90	34	34CrNiMo6	vergütet	1010
	–	2,00	–	84	34	St50	–	613
	–	3,40	–	76	34	34CrNiMo6	vergütet	1064
	–	1,90	–	83	60	St50	–	613
	–	3,66	–	69	60	34CrNiMo6	vergütet	1064
Kerbverzahnung	–	1,43	–	129	14	St50	–	613
	–	2,25	–	135	14	34CrNiMo6	vergütet	1064
	–	1,45	–	116	34	C35	–	611
	≈ 3,60	–	≈ 69	–	–	C35	–	–
	–	3,57	–	–	–	34CrNiMo6	vergütet	–
Polygonverbindung	–	3,03	–	–	38	34CrNiMo6	vergütet	–
	–	2,70	–	–	38	34CrNiMo6	vergütet	–
Paßfederverbindung	2,43	–	103	–	14	Ck35	–	579
	–	1,41	–	124	14	St50	–	613
	1,88	–	123	–	25	St50	–	–
	2,78	–	–	–	30	Ck35	–	–
	2,39	–	104	–	34	C35	–	–
	–	–	–	98	34	St50	–	659
	–	1,72	–	98	34	St50	–	613
	–	1,95	–	81	60	St50	–	613

[1] Nennspannungen mit Außendurchmesser der Welle (Paßfederverbindung) bzw. der Profile berechnet

größten und kleinsten umgerechneten Kerbwirkungszahlen nahezu 20 % des minimalen Werts betragen. Die in TGL 19340 angegebenen Kerbwirkungszahlen sind mittlere Werte. Dabei liegen die β_{kb}-Werte etwas näher an den maximalen experimentell bestimmten Kerbwirkungszahlen als die β_{kt}-Werte.

In Tabelle 5.6 sind die von Seefluth [5.22] für $D_F = 40$ mm bzw. 50 mm angegebenen β_{kb}-Werte, die nicht durch Wöhler-Linien belegt sind, mit Vorbehalt anzuwenden. Insbesondere der Wert $\beta_{kb} = 2{,}70$ für $D_F = 50$ mm fällt aus dem Rahmen der sonst ermittelten Kerbwirkungszahlen. Die von Mannesmann [5.4] ermittelten β_{kt}-Werte zeigen, daß eine elastisch-plastische Auslegung der Nabe die Dauerfestigkeit der Welle erhöht. Dieses Ergebnis läßt sich nach Abschnitt 2.1.4 deuten. Durch die elastisch-plastische Auslegung steigt der Fugendruck p an und damit auch das schlupflos übertragbare Grenzdrehmoment (vgl. (2.110)). Damit werden wechselndes Mikrogleiten in der Fügefläche und die daraus folgende Reibkorrosion vermindert oder gar unterbunden.

nach verschiedenen Autoren

Härte HV	Quelle	Bemerkungen
180	Häberer	1 = 30 mm, B6x11x14 DIN 5463
350	Häberer	1 = 30 mm, B6x11x14 DIN 5463
-	Contag	1 = 60 mm, B6x28x34 DIN 5463
-	Contag	1 = 60 mm, B6x28x34 DIN 5463
180	Häberer	1 = 60 mm, B6x28x34 DIN 5463
350	Häberer	1 = 60 mm, B6x28x34 DIN 5463
180	Häberer	1 =110 mm, B8x56x62 DIN 5462
350	Häberer	1 =110 mm, B8x56x62 DIN 5462
180	Häberer	1 = 30 mm, 12x14 DIN 5481
350	Häberer	1 = 30 mm, 12x14 DIN 5481
-	Contag	1 = 30 mm, 30x34 DIN 5481
182	Seefluth	1 = 30 mm, 30x34 DIN 5481, Profil ausgeschlagen
-	Seefluth	keine Wöhlerlinie
-	Seefluth	P3G DIN 32711, keine Wöhlerlinie
-	Seefluth	P4C DIB 32712, keine Wöhlerlinie
-	Seefluth	H7/n6, 1 = 26 mm
180	Häberer	
165	Geuckler	H6/n6, 1 = 65 mm
-	Seefluth	keine Wöhlerlinie
182	Seefluth	H7/k6, 1 = 65 mm
-	Contag	H7/j6, 1 = 47 mm
180	Häberer	
180	Häberer	

Besonders interessant sind die von Galle [5.6] für nach (2.119) geometrisch optimierte Preßverbände bestimmten Kerbwirkungszahlen. Es sollen zunächst die an
vergüteten, aber nicht oberflächengehärteten Wellen aus 42CrMo4 ermittelten Kerbwirkungszahlen betrachtet werden. Die Brüche treten sowohl im Übergangsradius
außerhalb als auch innerhalb der Fügefläche auf. Die günstige Auswirkung der
elastisch-plastischen Auslegung der Nabe auf die Gestaltfestigkeit der Welle läßt
sich aus der in Tabelle 5.10 angegebenen Anzahl der Brüche deuten. Bei den elastisch-
plastisch ausgelegten Verbindungen P5/P2-1 ist die Wahrscheinlichkeit eines Bruchs
innerhalb der Fügefläche deutlich kleiner als bei der rein elastisch beanspruchten
Verbindung P7/P2.1. Die physikalische Deutung dieses Befundes ist selbstverständlich die gleiche, wie sie weiter oben für den von Mannesmann gefundenen Einfluß der
Auslegung der Nabe auf β_{kt} angegeben wurde. Bemerkenswert ist ferner, daß bei
elastisch-plastischer Auslegung (Form P5/P2.1) β_{kb} mit dem Wert des Wellenabsatzes (Form P15) übereinstimmt. Die Kerbwirkung ist also auf den Übergangs-

Tabelle 5.8. Kerbwirkungszahlen für stoffschlüssige Welle-Nabe-Verbindungen

Verbindung	β_{kb}	β_{kt}	σ_{bWK} N/mm²	τ_{tWK} N/mm²	D_F mm	Werkstoff	Wärmebe-handlung	R_m N/mm²	Härte HV	Quelle	Bemerkungen
Schweiß-verbindung	2.38	2,50	—	—	30	St50	—	—	—	Seefluth	keine Wöhler-Linie
Löt-verbindung	1,82	—	137	—	14	Ck35N	—	579	—	Seefluth	Silberlot; $1/D_F = 1,86$; $s = 0,1$ mm
	—	1,19	—	133	30	C35N	—	520	—	Marlinghaus	Silberlot; $1/D_F = 0,3$; $s = 0,1$ mm
	—	1,26	—	127	30	C35N	—	520	—	Marlinghaus	Silberlot; $1/D_F = 0,3$; $s = 0,2$ mm

Tabelle 5.9. Vergleich experimentell bestimmter Kerbwirkungszahlen an Querpreßverbänden mit Werten nach TGL 19340 für Ck35N

D_F	Experimentelle Werte		Umgerechnete Werte		TGL 19340	
mm	β_kb	β_kt	β_kb	β_kt	β_kb	β_kt
14	1,76	1,02	2,22	1,29		
25	1,88	—	2,09	—		
34	1,87	—	1,95	—	2,10	1,40
60	—	1,77	—	1,60		
60	—	1,68	—	1,52		

Tabelle 5.10. Anzahl der Brüche an optimierten Preßverbänden

Verband	Proben	Brüche	Brüche in Fügefläche
P5/P2.1	10	9	1
P7/P2.1	11	8	2

radius zur glatten Welle beschränkt. Der eigentliche Preßverband verursacht keine zusätzliche Verminderung der Gestaltfestigkeit.

Bei den geometrisch optimierten Preßverbänden mit oberflächengehärteten Wellen hatte Galle sehr große Biegewechselfestigkeiten gegenüber dem nur vergüteten Grundzustand festgestellt. Durch das Oberflächenhärten werden in den randnahen Zonen der Welle Druckeigenspannungen aufgebaut, welche sich bekanntermaßen [5.5] günstig auf die Dauerfestigkeit des Werkstoffs auswirken. Bei der praktischen Anwendung der Oberflächenhärtung zur Steigerung der Dauerfestigkeit ist jedoch aus folgendem Grund Vorsicht geboten. Die Maßnahme sollte grundsätzlich auf solche Bauteile beschränkt werden, bei denen die maximalen Ausschlagsspannungen genau bekannt sind und im Dauerfestigkeitsbereich liegen. Bei auf Betriebsfestigkeit beanspruchten Bauteilen [5.23] können einzelne Schwingspiele großer Spannungsamplitude — auch wenn sie nur mit sehr geringer Wahrscheinlichkeit auftreten — zu einem Abbau der Druckeigenspannungen und damit zu einem Verlust der in Tabelle 5.6 ausgewiesenen hohen Gestaltfestigkeitswerte führen. Bei Auslegungen von auf Betriebsfestigkeit beanspruchten Bauteilen soll daher der positive Einfluß der Oberflächenhärtung auf die Gestaltfestigkeit nur dann in der Rechnung berücksichtigt werden, wenn er durch entsprechende Bauteilversuche mit geeigneten Lastkollektiven experimentell abgesichert wird.

Mit Ausnahme der von Nishioka und Komatsu [5.16] untersuchten Verbindungen handelt es sich in Tabelle 5.6 ausschließlich um Querpreßverbände. Die an den Längspreßverbänden ermittelten Kerbwirkungszahlen gegen Biegung sind erheblich größer als die für geometrisch vergleichbare Querpreßverbände. Die Ergebnisse sind jedoch nur bedingt vergleichbar, da Nishioka und Komatsu vermutlich ein wesentlich kleineres bezogenes Übermaß gewählt haben als die anderen in Tabelle 5.6 aufgeführten Autoren. Da sie ihr Übermaß nicht mitgeteilt haben, mußte es näherungsweise nach (2.18) aus dem angegebenen Fugendruck von 69 N/mm² berechnet werden. Der mittlere Fugendruck ist daher bei den von Nishioka und Komatsu untersuchten Längspreßverbänden auf jeden Fall erheblich kleiner als bei den in Tabelle 5.7 aufge-

führten Querpreßverbänden. Nach (2.117) ist das schlupflos übertragbare Grenzbiegemoment $M_{b\,grenz}$ proportional dem Haftbeiwert v_{rl} gegen Rutschen in Längsrichtung und dem Fugendruck p. Aus den Tabellen 2.18 und 2.20 folgt, daß der Haftbeiwert v_{rl} bei Längspreßverbänden deutlich kleiner ist als bei Querpreßverbänden. Mit
dem kleineren Fugendruck ergibt sich daher bei den von Nishioka und Komatsu
untersuchten Querpreßverbänden ein wesentlich geringeres, auf den Durchmesser
bezogenes Grenzbiegemoment als bei den in Tabelle 5.6 aufgeführten Querpreßverbänden. Dies vermag zumindestens anschaulich die wesentlich größeren Kerbwirkungszahlen der Längspreßverbände zu deuten. Da Nishioka und Komatsu den
Fugendruck nicht variiert haben, ist eine Trennung der beiden Einflüsse auf die
Gestaltfestigkeit von Längspreßverbänden nicht möglich. Da dem Autor weitere
Untersuchungen über die Gestaltfestigkeit von Längspreßverbänden nicht bekannt
sind, wird empfohlen mit den sicher als konservativ aufzufassenden Kerbwirkungszahlen nach Nishioka und Komatsu zu rechnen.

Von erheblichem praktischen Interesse sind die im zweiten Teil der Tabelle 5.7
aufgeführten Kerbwirkungszahlen für kommerziell erhältliche reibschlüssige Welle-
Nabe-Verbindungen. Nicht selten behaupten die Hersteller dieser Maschinenelemente
in ihren Prospektunterlagen (vgl. hierzu Literatur [2.69] bis [2.86]), daß diese Verbindungen keine Kerbwirkung für die Welle verursachen. Dies steht zu den in
Tabelle 5.7 ausgewiesenen experimentellen Ergebnissen in deutlichem Widerspruch.
Der Sachverhalt ist physikalisch wie folgt begründbar. Die Verminderung der Gestaltfestigkeit der Welle bei einem gewöhnlichen Preßverband wird im wesentlichen
durch die Reibdauerbeanspruchung bewirkt. Bei den kommerziell erhältlichen reibschlüssigen Welle-Nabe-Verbindungen kann selbstverständlich ebenfalls Mikroschlupf zwischen Welle und Maschinenelement auftreten, dessen Größenordnung
vermutlich mit der bei einem nicht optimierten Preßverband durchaus vergleichbar
ist. Dies läßt sich aus den experimentell ermittelten Kerbwirkungszahlen ablesen.
Vergleichsweise günstig hinsichtlich der Gestaltfestigkeit der Welle wirken sich Kegelspannringe und Sternscheiben aus. Im übrigen ist es außerordentlich erwünscht, daß
zu diesen Fragen z. B. von den Herstellern noch weitere systematische Untersuchungen
durchgeführt werden.

In Tabelle 5.7 sind die aus der Literatur ermittelten Kerbwirkungszahlen formschlüssiger Welle-Nabe-Verbindungen zusammengestellt. Zunächst fällt auf, daß nur
für Paßfeder-Verbindungen Kerbwirkungszahlen gegen Biegebeanspruchung experimentell bestimmt wurden. Bei Keil- und Zahnwellen-Verbindungen, die außer
Torsions- auch Biegemomente zu übertragen haben, kann der Nachweis auf Dauerfestigkeit daher nur mit dem in Abschnitt 3.1.2 angegebenen Verfahren von Dietz
geführt werden.

In Tabelle 5.5 werden Kerbwirkungszahlen formschlüssiger Welle-Nabe-Verbindungen nach TGL 19340 angegeben. Sie gehen auf eine Veröffentlichung von
Schuster und Meisel [5.20] zurück. Diese Autoren haben das 1972 über die Gestalt-
festigkeit von Keilwellen vorliegende Schrifttum ausgewertet und umfangreiche
eigene Dauerversuche durchgeführt. Dabei gewannen sie die folgenden Erkenntnisse.
Das bei Wechseltorsion übertragbare Drehmoment ist bei konstantem Innendurchmesser unabhängig von der Keilwellenbaureihe, d. h. von der Anzahl der Mitnehmer.
Für die Übertragung sehr großer Drehmomente empfehlen sie einsatzgehärtete
Stähle, da diese eine günstigere Werkstoffausnutzung zulassen als Vergütungsstähle.
Ferner stellen sie fest, daß die konstruktive Gestaltung der Nabe auf die Torsions-
dauerfestigkeit zumindest bei Baustählen nur einen geringen Einfluß ausübt.

Schließlich schlagen Schuster und Meisel einen Rechengang für den Dauerfestigkeitsnachweis torsionsbeanspruchter Keilwellen-Verbindungen vor, der ebenfalls

in TGL 19 340/04 übernommen wurde. Das zulässige Wechseltorsionsmoment errechnet sich zu

$$T_{zul} = \frac{T_{WK}}{T_W}\, W_t k \tau_{tW}\,. \tag{5.19}$$

Hierin wird das Torsionswiderstandsmoment nach (5.4) mit D_a = Innendurchmesser des Keilprofils und $D_i = 0$ berechnet. τ_{tW} ist die Torsions-Dauerwechselfestigkeit des genormten Probestabes von etwa 10 mm Durchmesser. k ist der nach Tabelle 5.3 und den Bildern 5.5 bis 5.8 zu bestimmende Größeneinflußfaktor. Das Verhältnis T_{WK}/T_W ist aus Bild 5.12 zu entnehmen. Da nicht von vornherein angegeben werden kann, ob das Verfahren nach (5.19) oder das von Dietz (vgl. Abschnitt 3.1.2, insbesondere Bild 3.19) zu ungünstigeren Beanspruchungen führt, wird empfohlen, bei hochbeanspruchten Keilwellen-Verbindungen eine Berechnung nach beiden Verfahren durchzuführen.

In Tabelle 5.8 werden einige Kerbwirkungszahlen für geschweißte und gelötete Verbindungen zusammengestellt. Wegen der verhältnismäßig geringen praktischen Bedeutung der stoffschlüssigen Welle-Nabe-Verbindungen liegen nur wenige experimentelle Untersuchungen zur Ermittlung der Kerbwirkungszahl vor. Die Arbeit von Marlinghaus [5.12] enthält noch weitere Werte für die Kerbwirkungszahl bei wechselnder Torsion für z. B. andere Werte der Spaltweite s und der bezogenen Fugenlänge l/D_F. Da jedoch diese Kerbwirkungszahlen nur geringfügig schwanken, wurden weitere Zahlenangaben in die Tabelle 5.8 nicht aufgenommen.

Bei der Durchsicht der Tabellen 5.5 bis 5.9 ist zu erkennen, daß experimentell abgesicherte Kerbwirkungszahlen nur für eine verhältnismäßig kleine Anzahl von üblichen Werkstoffen des Maschinenbaus vorliegen. Dies ist insofern nicht verwunderlich, als die experimentelle Bestimmung der Kerbwirkungszahl durch statistisch abgesicherte Wöhler-Versuche sehr aufwendig ist. In der Praxis müssen jedoch häufig Werkstoffe eingesetzt werden, für die keine experimentell abgesicherten Kerb-

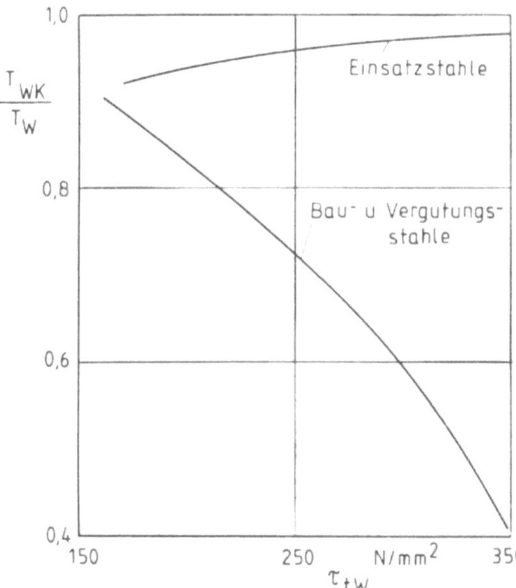

Bild 5.12. Verhältnis T_{WK}/T_W (nach Schuster und Meisel)

wirkungszahlen vorliegen. Daher wird im folgenden ein Näherungsverfahren angegeben, mit dessen Hilfe experimentell bestimmte Kerbwirkungszahlen von einem Werkstoff auf einen anderen umgerechnet werden können. Bei der Anwendung dieses Näherungsverfahrens ist zu berücksichtigen, daß durch eine Umrechnung von Kerbwirkungszahlen zusätzliche Unsicherheiten in die Festigkeitsberechnung eingeführt werden, die durch entsprechende Zuschläge bei der Festlegung der Soll-Sicherheit berücksichtigt werden müssen.

Das Umrechnungsverfahren gilt für den Fall, daß für einen Werkstoff 1 experimentell bestimmte Werte der Kerbwirkungszahlen β_{k1} vorliegen. Sie sollen auf einen Werkstoff 2 umgerechnet werden, dessen statische Bruchfestigkeit größer als die von Werkstoff 1 ist ($R_{m2} > R_{m1}$).

Ausgangspunkt des Näherungsverfahrens ist (5.18). Da die Formzahl α_k unabhängig vom Werkstoff ist, folgt aus (5.18).

$$n_{\chi 1}\beta_{k1} = n_{\chi 2}\beta_{k2} \,. \tag{5.20}$$

Durch formales Auflösen ergibt sich

$$\beta_{k2} = \frac{n_{\chi 1}}{n_{\chi 2}}\,\beta_{k1} \,. \tag{5.21}$$

Die dynamische Stützziffer n_χ hängt gemäß (5.14) von der werkstoffspezifischen Strukturlänge ϱ^* und dem bezogenen Spannungsgefälle χ ab. Die Rechnung mit den experimentell bestimmten Kerbwirkungszahlen wurden für Welle-Nabe-Verbindungen deswegen eingeführt, weil bei ihnen das bezogene Spannungsgefälle χ rechnerisch nicht ermittelt werden kann. Insofern scheint (5.21) keine Hilfe bei der Umrechnung von Kerbwirkungszahlen zu bieten. Es ist jedoch möglich, das Verhältnis $n_{\chi 1}/n_{\chi 2}$ wie folgt abzuschätzen. In Bild 5.11 ist die dynamische Stützziffer n_χ in Abhängigkeit vom bezogenen Spannungsgefälle sowie der Streckgrenze R_e bzw. der 0,2 %-Dehngrenze $R_{p0,2}$ als Parameter dargestellt. Das größte bezogene Spannungsgefälle χ in Bild 5.11 beträgt 10 mm^{-1}. Bei Kerben des allgemeinen Maschinenbaus erreicht das bezogene Spannungsgefälle χ diesen Wert nie. Die Umrechnung der Kerbwirkungszahlen wird daher mit den Werten aus Bild 5.11 für $\chi = 10$ mm^{-1} vorgenommen. Aus Bild 5.11 werden die Stützziffern $n_{\chi 1}$ und $n_{\chi 2}$ zu den entsprechenden Festigkeitswerten der Werkstoffe 1 und 2 entnommen. Die Umrechnung erfolgt dann nach (5.21). Dieser Rechengang ist konservativ, da aufgrund des großen Wertes $n_{\chi 2} = 10$ mm^{-1} die Kerbwirkungszahl für den Werkstoff 2 mit der größeren statischen Festigkeit überschätzt wird. Das Näherungsverfahren darf nur dann angewendet werden, wenn der Werkstoff 2 für den extrapoliert werden soll, eine größere statische Festigkeit aufweist als der Werkstoff 1, für den experimentell bestimmte Kerbwirkungszahlen vorliegen. Schließlich darf es sich nicht um Werkstoffe mit Verfestigung oberflächennaher Schichten oder mit technologisch beabsichtigten Eigenspannungssystemen (z. B. durch Nitrieren oder Einsatzhärten) handeln.

In Bild 5.13 ist ein Flußdiagramm für den Nachweis der Dauerfestigkeit angegeben. Nach den oben getroffenen Ausführungen wird empfohlen, mit den in Tabelle 5.4 und 5.5 enthaltenen Kerbwirkungszahlen β_k' zu rechnen. Sie gelten für die in den Tabellen 5.4 und 5.5 angegebenen Durchmesser D_F'. Für den Fall, daß der Durchmesser D_F der wirklichen Ausführung vom Tabellenwert D_F' abweicht, muß eine Umrechnung mit Hilfe des Größeneinflußfaktors k erfolgen. Der hierfür durchzuführende Rechengang ist in Bild 5.13 angegeben. Die in den Größeneinflußfaktor k eingehenden Einzelfaktoren k_1 bis k_4 können aus den Bildern 5.5 bis 5.8 entnommen werden. Ferner ist nach TGL 19340/04 bei Verwendung der Kerb-

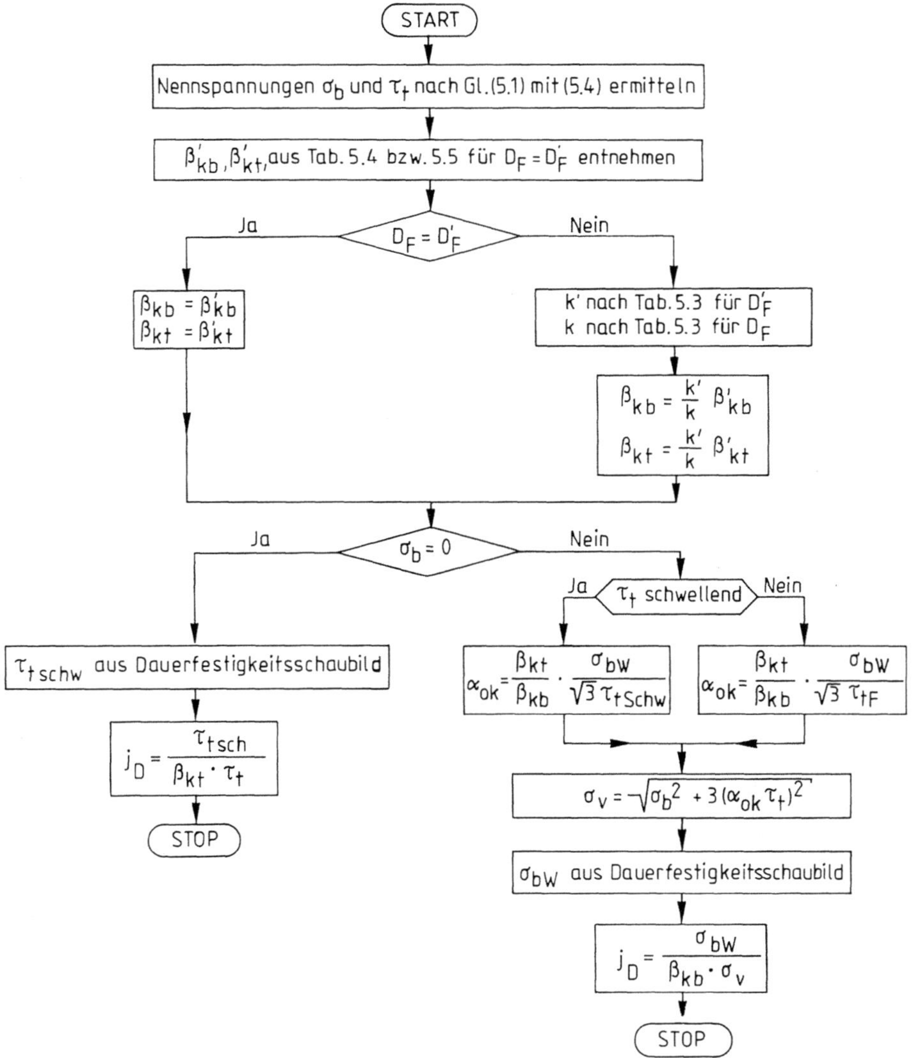

Bild 5.13. Flußdiagramm für Nachweis der Dauerfestigkeit

wirkungszahlen aus den Tabellen 5.4 und 5.5 der Oberflächenfaktor $o_{FK} = 1$ zu setzen, weil der Einfluß der Rauhigkeit bereits in den Kerbwirkungszahlen berücksichtigt ist. Der weitere Ablauf der durchzuführenden Berechnungen folgt unmittelbar aus Bild 5.13.

Tabelle 5.11. Soll-Sicherheiten S_D gegen Dauerbruch

Quelle	Müller [5.13]	Niemann [5.15]	Wellinger [5.24]	DIN 15017	VDI 2226
S_D	1,2 … 3,5	1,5 … 3,0	2,0 … 3,0	1,1 … 1,5	2,0 … 3,0

Von erheblicher praktischer Bedeutung ist die Wahl der Soll-Sicherheit S_D gegen Dauerbruch. Bei ihrer Festlegung sind die in Abschnitt 1 aufgeführten Gesichtspunkte sorgfältig zu berücksichtigen. Aus der Literatur entnommene Empfehlungen für die Wahl der Soll-Sicherheit S_D gegen Dauerbruch finden sich in Tabelle 5.11. In Anbetracht der komplexen, durch die Festigkeitsberechnung nur schwer zu erfassenden Einflüsse auf das Dauerbruchverhalten technischer Bauteile wird empfohlen, nur in Ausnahmefällen Soll-Sicherheiten unter 1,5 zu wählen.

5.1 Schrifttum

ISO-Normen

ISO 82	Stahl; Zugversuch.
ISO/R 190	Zugversuch an Leichtmetallen und ihren Legierungen.

DIN-Normen

DIN 15019	Krane; Grundsätze für Stahltragwerke; Berechnung.
DIN 50100	Werkstoffprüfung; Dauerschwingversuch; Begriffe, Zeichen, Durchführung, Auswertung.
DIN 50113	Prüfung metallischer Werkstoffe; Umlaufbiegeversuch.
DIN 50125	Prüfung metallischer Werkstoffe; Zugproben; Richtlinien für die Herstellung.
DIN 50145	Prüfung metallischer Werkstoffe; Zugversuch.
DIN 51220	Werkstoffprüfmaschinen; Allgemeine Richtlinien.
DIN 51221	Werkstoffprüfmaschinen; Zugprüfmaschinen.
DIN 51228	Werkstoffprüfmaschinen; Begriffe, Allgemeine Anforderungen.

TGL-Normen

TGL 19326	Statik und Festigkeitslehre; Formelzeichen, Einheiten.
TGL 19330	Prüfung metallischer Werkstoffe; Schwingversuche.
TGL 19340 T1	Maschinenbauteile; Dauerschwingfestigkeit; Allgemeine Forderungen.
TGL 19340 T2	Maschinenbauteile; Dauerschwingfestigkeit; Kennwerte und Schaubilder für Stahl.
TGL 19340 T3	Maschinenbauteile; Dauerschwingfestigkeit; Berechnung, Einflüsse.
TGL 19340 T4	Maschinenbauteile; Dauerschwingfestigkeit; Kerbwirkungszahlen β_k für Achsen und Wellen.

Bücher und Aufsätze

5.1 Beitz, W.; Galle, G.: Tragfähigkeit von Querpreßverbänden bei statischer und dynamischer Belastung. Konstr. 34 (1982) 429–435.

5.2 Beitz, W.; Küttner, K.-H. (Hrsg.): Dubbel — Taschenbuch für den Maschinenbau, 14. Aufl. Berlin, Heidelberg, New York: Springer 1981.

5.3 Contag, D.: Festigkeitsminderung von Wellen unter dem Einfluß von Wellen-Naben-Verbindungen durch Lötung, Nut und Paßfeder, Kerbverzahnungen und Keilwellen bei wechselnder Drehung. Diss. TU Berlin 1962.

5.4 Cornelius, E.-A.: Die Dauerwechselfestigkeit von Wellen unter dem Einfluß von Preßsitzen. Konstr. 9 (1957) 299–303.

5.5 Dahl, W. (Hrsg.): Verhalten von Stahl bei schwingender Beanspruchung. Düsseldorf: Verlag Stahleisen 1978.

5.6 Galle, G.: Tragfähigkeit von Querpreßverbänden. Schriftenreihe Konstruktionstechnik (Hrsg. Beitz, W.), Heft 4, TU Berlin 1981.

5.7 Geuckler, K.: Die Tragfähigkeit von Wellen und Wellen-Naben-Verbindungen bei gleichzeitiger Beanspruchung durch statische Torsion und umlaufende Biegung. Diss. TU Berlin 1967.

5.8 Hänchen, R.; Decker, K.-H.: Neue Festigkeitsberechnung für den Maschinenbau. München: Hanser 1967.

5.9 Häberer, J.: Untersuchungen für den Größeneinfluß bei wechselnder Verdrehung. Diss. TU Berlin 1965.

5.10 Heinrich, B.: Kritik an den Richtlinien zur Berechnung des Größeneinflusses bei Dauerschwingbeanspruchung. IfL-Mitt. 9 (1970) 305–311.

5.11 Kedig, H.: Neue Berechnungsunterlagen für die Dauer- und Zeitfestigkeit von Maschinenbauteilen unter besonderer Berücksichtigung der Formzahl und Oberflächengüte. IfL-Mitt. 16 (1977) 158–161.

5.12 Marlinghaus, J.: Die Tragfähigkeit von hartgelöteten Verbindungen bei statischen und dynamischen Beanspruchungen und ihre elastischen Eigenschaften. Diss. TU Berlin 1966.

5.13 Müller, H. W.: Kompendium Maschinenelemente. Darmstadt: Selbstverlag 1980

5.14 Neuber, H.: Kerbspannungslehre, 2. Aufl. Berlin, Göttingen, Heidelberg: Springer 1958.

5.15 Niemann, G.: Maschinenelemente, Bd. I, 2. Aufl. Berlin, Heidelberg, New York: Springer 1981.

5.16 Nishioka, K.; Komatsu, H.: Researches on increasing the fatigue strength of press-fitted shaft assembly. Bull. Jap. Soc. Mech. Eng. 10 (1967) 880–889.

5.17 Peterson, R. E.: Stress concentration factors. New York London, Sydney, Toronto: Wiley 1974.

5.18 Schlottmann, D. (Hrsg.): Maschinenelemente-Grundlagen. Berlin: VEB-Verlag Technik 1973.

5.19 Schmidt, P.: Der Einfluß der Ringfederspannelemente auf die Verformung und die Dauerwechselfestigkeit von Wellen. Diss. TU Berlin 1961.

5.20 Schuster, C.; Meisel, D.: Experimentelle Ermittlung der Gestaltfestigkeit von Keilwellen. IfL-Mitt. 11 (1972) 267–280.

5.21 Schuster, C.; Wirthgen, G.: Aufbau und Anwendung des DDR-Standards TGL 19340 (Neufassung) „Maschinenbauteile, Dauerschwingfestigkeit". IfL-Mitt. 14 (1975) 3–29

5.22 Seefluth, R.: Dauerfestigkeitsuntersuchungen an Wellen-Naben-Verbindungen. Diss. TU Berlin 1970.

5.23 Verein deutscher Eisenhüttenleute (Hrsg.): Leitfaden für die Betriebsfestigkeitsrechnung. Düsseldorf 1975.

5.24 Wellinger, K.; Dietmann, H.: Festigkeitsberechnung, 3. Aufl. Stuttgart: Kröner 1976.

6 Auswahl von Welle-Nabe-Verbindungen

Die Auswahl von Welle-Nabe-Verbindungen stellt eine wichtige, sehr häufig vorkommende Teilaufgabe bei der Konstruktion technischer Gebilde dar. Um die dabei durchzuführenden Arbeitsschritte und zu berücksichtigenden Gesichtspunkte zu klären, wird von dem systematischen Ablauf des Konstruktionsprozesses im Sinne der modernen Konstruktionslehre ausgegangen. Allen bisher vorgeschlagenen Konstruktionsmethoden ([6.4, 6.6–6.8]) gemeinsam ist, daß der Konstruktionsprozeß in einer Folge systematisch abzuarbeitender Tätigkeiten gegliedert wird. Dabei betonen die einzelnen Autoren jeweils besondere Merkmale des Konstruktionsprozesses. Die folgenden Ausführungen bauen auf dem von Pahl und Besitz [6.6] angegebenen Ablaufschema auf.

Bild 6.1 zeigt die Arbeitsschritte beim Konstruieren. Die Auswahl von Welle-Nabe-Verbindungen sowie deren Dimensionierung erfolgt in aller Regel erst in der gestaltenden Phase. Hierbei kann es zweckmäßig sein, bei der Grobgestaltung zunächst eine Vorauswahl zu treffen, der sich häufig beim Feingestalten der ausgewählten Entwürfe eine systematische Bewertung von Welle-Nabe-Verbindungen anzuschließen hat. Diesem differenzierten Vorgehen entsprechend werden im folgenden verschiedene Hilfsmittel zur Auswahl von Welle-Nabe-Verbindungen vorgestellt.

Ein für die Vorauswahl besonders geeignetes Hilfsmittel stellen Konstruktionskataloge dar. Nach Roth [6.8] besteht ein eindimensionaler Konstruktionskatalog aus drei wesentlichen Teilen. Der Hauptteil enthält diejenigen Objekte, über die im anschließenden Zugriffsteil dem Anwender die benötigten Informationen zur Verfügung gestellt werden. Dem Hauptteil voran geht der Gliederungsteil, der eine systematische, widerspruchsfreie Anordnung der im Hauptteil zusammengefaßten Objekte ermöglicht. Ausführliche Regeln für das Aufstellen von sowie das Arbeiten mit Konstruktionskatalogen enthält [6.8]. In den Abschnitten 2 bis 4 des vorliegenden Buches werden nur aus Gliederungs- und Hauptteil bestehende Konstruktionskataloge zur systematischen Ordnung der Welle-Nabe-Verbindungen angewendet. In diesem Abschnitt kommt den Zugriffsteilen eine besondere Bedeutung zu. Dagegen sind die Gliederungsteile stark eingeschränkt, um Wiederholungen mit den Tabellen 2.1, 3.1 und 4.1 zu vermeiden.

In den Tabellen 6.1 bis 6.3 werden drei Konstruktionskataloge für reibschlüssige, formschlüssige und stoffschlüssige Welle-Nabe-Verbindungen angeboten. Der Zugriffsteil ist für alle drei Kataloge gleich und enthält insgesamt 16 Merkmale. Diese Merkmale sind nach konstruktiven und fertigungsorientierten Gesichtspunkten angeordnet. Die wichtigste Funktion einer Welle-Nabe-Verbindung besteht darin, Drehmoment bzw. Umfangskräfte zu übertragen. Bei reib- und stoffschlüssigen Welle-Nabe-Verbindungen können auch zusätzlich oder allein Axialkräfte von der Welle zur Nabe oder umgekehrt geleitet werden. Aus (2.1) und (2.2) folgt bei einem

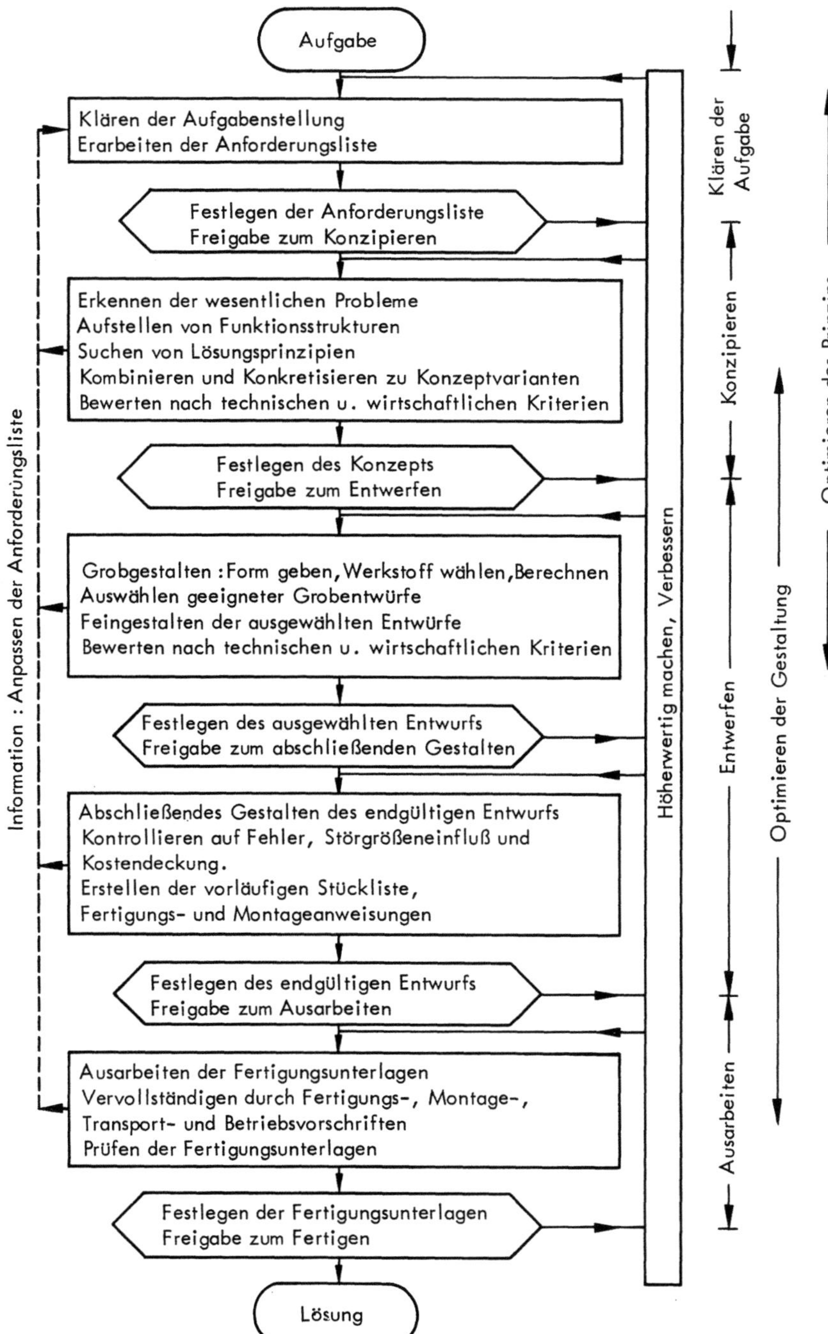

Bild 6.1. Arbeitsschritte beim Konstruieren (nach Pahl und Beitz)

Tabelle 6.1. Konstruktionskatalog reibschlüssige Welle-Nabe-Verbindungen

| Gliederungsteil | Hauptteil | | | Zugriffsteil | | | | | | |
Art des Formschlusses	Bezeichnung	Skizze	Nr.	Übertragbares Drehmoment $D_F=50$ mm für Ck 35 in Nm	Kerbwirkungszahlen Ck 35 β_{kt}	Kerbwirkungszahlen Ck 35 β_{kb}	Eignung für wechselndes oder stoßendes Drehmoment	Einfluß Drehzahl auf Drehmoment	Einfluß Temperatur auf Drehmoment	Folgen statischer Überbelastung
Unmittelbar	Querpreßverband		1	1697[1]	1,30[2]	1,95[2]	Ja	Nabe durch Fliehkraft	bei ungleichen Werkstoffen Kontrolle	Durchrutschen
	Längspreßverband		2	1333[1]						
	Kegelpreßverband		3	1500			Ja			
	Wellspannhülse		4	380			—			
	Keilverbindung		5	674			Tangentkeile			
	Klemmverbindung		6	982			Ja	Zusätzl. Unwucht	Schrauben gefährdet	
	Doppelkegelspannsatz		7	2000			Ja	siehe linke Tabelle	siehe linke Tabelle	

Nr.	Bezeichnung	Durchmesserbereich D_F in mm	Selbstzentrierend	Axial verschiebbar unter Last	Am Umfang versetzbar	Verbindung nachstellbar	Fertigungsaufwand	Montageaufwand	Fertigungstoleranzen	Wiederverwendbarkeit	Bemerkung zu übertragbarem Drehmoment
1	Querpreßverband	10–2000	Ja	Nicht möglich	Kontinuierlich	Nein	Klein	Groß	Fein	Eingeschränkt	Elast. Auslg. Passung 50 $\frac{H7}{h6}$
2	Längspreßverband										
3	Kegelpreßverband					Ja	Mittel	Klein		Uneingeschränkt möglich	
4	Wellspannhülse	5–360	Nein			Klein	Klein	Klein	Grob		
5	Keilverbindung	10–630	Unsym. Vervorm.		Nein	Möglich	Mittel	Mittel	Mittel		
6	Klemmverbindung	20–500	Nein		Kontinuierlich		Mittel	Mittel	Mittel		
7	Doppelkegelspannsatz	19–760	—				Mittel	Klein	Mittel		

[1] $D_F=50$ mm für Ck 35 in Nm
[2] Ck 35

Gliederungsteil	Hauptteil			Zugriffsteil																
Art des Formschlusses	Bezeichnung	Skizze	Nr.	Übertragbares Drehmoment $D_F = 50$ mm für Ck 35 in Nm	Kerbwirkungszahlen Ck 35 β_{kt}	Kerbwirkungszahlen Ck 35 β_{kb}	Eignung für wechselndes oder stoßendes Drehmoment	Einfluß Drehzahl auf Drehmoment	Einfluß Temperatur auf Drehmoment	Folgen statischer Überbelastung	Durchmesserbereich D_F in mm	Selbstzentrierend	Axial verschiebbar unter Last	Am Umfang versetzbar	Verbindung nachstellbar	Fertigungsaufwand	Montageaufwand	Fertigungstoleranzen	Wiederverwendbarkeit	Bemerkung zu übertragbarem Drehmoment
Mittelbar	Kegelspannring	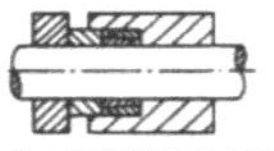	8	1040	1,49	1,70	Ja	Abnahme des Fugendruckes wegen Aufweitung der	Bei gleichen Werkstoffen von AT und IT kein Einfluß,	Durchrutschen	6 - 500	Nein	Nicht möglich	Kontinuierlich	Möglich	Mittel	Klein	Mittel	Uneingeschränkt möglich	2 Stück
	Kegelspannsatz	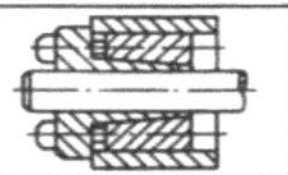	9	2070	2,00	1,62	Ja				20 - 400	Ja				Klein	Klein	Mittel		
	Konischer Spannsatz	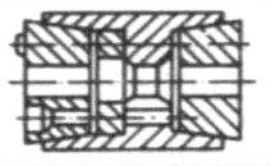	10	3370	1,62	1,91	Ja				50 - 600	Ja				Klein	Klein	Mittel		T begrenzt durch Welle
	Vierfach-kegelspannsatz	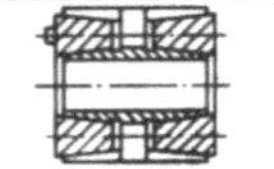	11	—			Ja				100 - 600	Ja				Klein	Klein	Grob		
	Sternscheiben	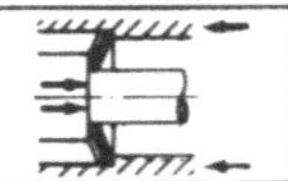	12	533	1,47	1,72	Ja				7 - 170	Nein				Klein	Klein	Mittel		25 Stern-scheibe
	Wellspannsatz	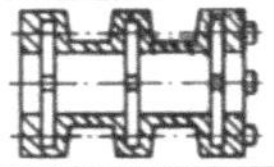	13	2600	1,36	2,00	Ja				8 - 150	Ja				Klein	Klein	Fein		
	Hydraulische Hohlmantel-spannbuchse	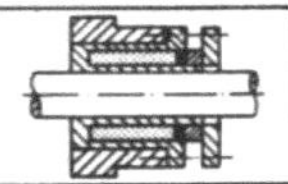	14	1620			Ja		Nimmt mit ϑ zu		15 - 100	Ja				Klein	Klein	Mittel		

[1] Bei elastisch-plastischer Auslegung ist das zulässige Drehmoment der Welle von 3370 Nm übertragbar

[2] Geometrisch nicht optimierte Preßverbände

Tabelle 6.2. Konstruktionskatalog formschlüssige Welle-Nabe-Verbindungen

Gliederungsteil-Zuordnung: *Hauptteil* umfaßt die Zeilen Art des Formschlusses, Bezeichnung, Skizze und Nr.; *Zugriffsteil* umfaßt die übrigen Zeilen.

	1	2	3	4	5	6	7
Art des Formschlusses	Unmittelbar				Mittelbar		
Bezeichnung	Keilwelle	Kerbzahnwelle	Evolventen-profilwelle	Poligonprofil	Paßfeder	Längsstift	Querstift
Skizze							
Nr.	1	2	3	4	5	6	7
Übertragbares Drehmoment $D_F = 50$ mm für Ck 35 in Nm	1452	1818	1405	2310	780	1238	645
Kerbwirkungszahlen Ck 35 β_{kt}	1,90	1,63	–	–	1,93	–	–
Kerbwirkungszahlen Ck 35 β_{kb}	–	–	–	–	2,69	–	–
Eignung für wechselndes oder stoßendes Drehmoment	Möglich			Gut	Ungeeignet		
Einfluß Drehzahl auf Drehmoment	Kein Einfluß				Kein Einfluß aber Unwucht		
Einfluß Temperatur auf Drehmoment	Kein Einfluß						
Folgen statischer Überbelastung	Bleibende Verformungen und dann Bruch der Mitnehmer						
Durchmesserbereich D_F in mm	14 – 125	8 – 125	6 – 500	14 – 100	6 – 500	20 – 150	20 – 150
Selbstzentrierend	Ja						
Axial verschiebbar unter Last	Gut	Bedingt	Gut	Bedingt	Gut	Nicht möglich	
Am Umfang versetzbar	Um Teilung möglich				Nicht möglich		
Verbindung nachstellbar	Nein			Bei Kegel	Nein	Bei Kegel	Nein
Fertigungsaufwand	Groß				Mittel		
Montageaufwand	Klein				Mittel	Klein	
Fertigungstoleranzen	Mittel					Grob	
Wiederverwendbarkeit	Ja					Bedingt	
Bemerkung zu übertragbarem Drehmoment	10×42×52 DIN 5464	45×50 DIN 5481	48×0,6×78 DIN 5480	AP3G56 DIN 32711	2 Paß-federn	$d_S = 12$ mm	

Tabelle 6.3. Konstruktionskatalog stoffschlüssige Welle-Nabe-Verbindungen

Gliederungsteil	Hauptteil	Nr.	Übertragbares Drehmoment D = 50 mm für Ck 35 in Nm	Kerbwirkungs- zahlen Ck 35 β_{kt}	D_F = 50 mm β_{kb}	Eignung für wechseln- des oder stoßhaftes Drehmoment	Einfluß Drehzahl auf Drehmoment	Einfluß Temperatur auf Drehmoment	Folgen statischer Überbelastung	Durchmesserbereich in mm	Axial verschiebbar unter Last	Am Umfang versetzbar	Verbindung nachstellbar	Fertigungsaufwand	Montageaufwand	Fertigungstoleranzen	Wiederverwendbarkeit	Bemerkungen zum über- tragbaren Drehmoment
Schmelzfluß	Schweißverbindung	1	3680	2,94	3,09	Ja	Nein	Nein	Bruch	20 - 1000	Nein	Nein	Nein	Mittel	Mittel	Grob	Nein	T begrenzt durch Welle
Schmelzfluß	Lötverbindung	2	3680	2,73	1,47	Ja	Nein	Schmelz- temp. Lot	Bruch	5 - 500	Nein	Nein	Nein	Klein	Mittel	Mittel	Erwärmen und Nacharbeit	T begrenzt durch Welle
Adhäsion	Klebeverbindung	3	92.6	–	–	Bedingt	Nein	Erheblich	Bruch	5 - 500	Nein	Nein	Nein	Klein	Mittel	Mittel	Erwärmen und Nacharbeit	T begrenzt durch Welle

Preßverband das Verhältnis des übertragbaren Drehmoments zur übertragbaren Axialkraft

$$\frac{T}{F_{ax}} = \frac{D_F}{2}\,\frac{v_{ru}}{v_{rl}}\,. \tag{6.1}$$

Für die weiteren reib- sowie für die stoffschlüssigen Verbindungen lassen sich ähnliche Beziehungen angeben. Da eine einfache Umrechnung gemäß (6.1) möglich ist, wird in den Konstruktionskatalogen nur dasjenige statisch übertragbare Drehmoment angegeben, das eine Verbindung mit einem maßgebenden Durchmesser von 50 mm übertragen kann, deren Innen- und Außenteil aus dem Werkstoff Ck35 bestehen. Die axiale Länge der an der Übertragung des Drehmoments beteiligten Wirkflächenpaare beträgt ebenfalls 50 mm. Für die reibschlüssigen Verbindungen wird ein Durchmesserverhältnis des Außenteils von $Q_A = 0{,}4$ zugrunde gelegt.

Die übertragbaren Drehmomente wurden mit den in den Abschnitten 2 bis 4 dieses Buches angegebenen Rechengängen ermittelt. Bei den kommerziell erhältlichen, reibschlüssigen Welle-Nabe-Verbindungen wurden sie den Katalogen der Hersteller entnommen. Bei den Kerbverzahnungen (vgl. Abschnitt 3.2) führt die einfache Dimensionierungsgleichung (3.2) zu einem übertragbaren Drehmoment, das wesentlich über demjenigen Torsionsmoment liegt, bei dem plastische Verformungen einer ungekerbten Welle von 50 mm Außendurchmesser einsetzen. Bei den Keil- und Evolventenprofilwellen wird das übertragbare Drehmoment durch die Kerbgrundspannungen im freien Teil der Welle begrenzt. Bei der Evolventenprofil- und der Keilwelle kann die Formzahl gegen Torsion nach Nakazawa (vgl. (3.3)) berechnet werden. Für Kerbzahnwellen wurde die Formzahl aus den in TGL 19340 angegebenen Kerbwirkungszahlen geschätzt (vgl. Abschnitt 3.2).

Zur Beurteilung der dynamischen Tragfähigkeit der einzelnen Welle-Nabe-Verbindungen dient die Angabe der Kerbwirkungszahlen gegen Biegung und Torsion. Sie werden ebenfalls — soweit in der Literatur entsprechende Angaben vorliegen — für einen Wellendurchmesser von 50 mm und den Werkstoff Ck35 angegeben. Dabei wurden die in Abschnitt 5 aufgeführten Kerbwirkungszahlen gegebenenfalls mit Hilfe der aus TGL 19340 zu entnehmenden k-Faktoren auf andere Durchmesser umgerechnet. Die betreffende Spalte der Konstruktionskataloge zeigt, wie vergleichsweise gering die Kenntnis der von Welle-Nabe-Verbindungen auf die Welle ausgeübten Kerbwirkung ist.

Bei der Aufstellung der weiteren Merkmale des Zugriffsteils leistete ein von Roth [6.8] angegebener Konstruktionskatalog „Welle-Nabe-Verbindungen" sowie eine von Beitz [6.1] mitgeteilte Zielwert-Matrix gute Dienste. Die in der Spalte Durchmesserbereich D_F (der Welle) angegebenen Werte entstammen den DIN-Normen und bei den kommerziellen, reibschlüssigen Welle-Nabe-Verbindungen den Herstellerkatalogen. Soweit keine derartigen Angaben vorliegen, werden die zulässigen Durchmesser geschätzt. Dabei wird ein maximaler Durchmesser von 1 m in allen Fällen nicht überschritten.

Neben rein technischen Gesichtspunkten besitzen wirtschaftliche eine entscheidende Bedeutung für die Auswahl von Welle-Nabe-Verbindungen. Aufgrund der vielen und zum Teil komplexen Einflußgrößen, welche die Fertigungskosten technischer Gebilde bestimmen, ist es derzeit nicht möglich, allgemeine Aussagen über die Relativkosten von Welle-Nabe-Verbindungen zu treffen. Eine Untersuchung von Ehrlenspiel [6.3] zeigt, daß bei den von zwei verschiedenen Industrieunternehmen ermittelten Relativkosten gleicher Welle-Nabe-Verbindungen die Abweichungen mehr als 1:3 betragen. Da keine allgemein gültigen, abgesicherten Informationen über Relativkosten von Welle-Nabe-Verbindungen zur Verfügung stehen, können in die betreffenden Spalten der Konstruktionskataloge nur qualitative Aussagen aufgenommen werden.

Zu den einzelnen Konstruktionskatalogen werden die folgenden Kommentare gegeben. In Tabelle 6.1 beruhen die unterschiedlichen übertragenen Drehmomente des Quer- und Längspreßverbandes bei gleicher Passung auf den unterschiedlichen Haftbeiwerten (vgl. Tabellen 2.18 und 2.23). Durch elastisch-plastische Auslegung kann das übertragbare Drehmoment auf das für die Welle zulässige gesteigert werden. Eine günstige Übertragungsfähigkeit bei rein elastischer Auslegung weisen diejenigen kommerziellen, reibschlüssigen Welle-Nabe-Verbindungen auf, bei denen die Wirkflächenpaare zwischen Welle einerseits und Nabe andererseits mit verhältnismäßig großen Durchmesserdifferenzen ausgeführt werden (z. B. Doppelkegelspannsatz Nr. 7, Kegelspannsatz Nr. 9, konischer Spannsatz Nr. 10 und Wellspannsatz Nr. 13). Bei diesen Elementen wird durch geschickte konstruktive Gestaltung am äußeren Wirkflächenpaar ein deutlich kleinerer Fugendruck erzielt als am inneren. Dies kommt der Ausnutzung der Festigkeit beider Teile zugute, da bei den in der Praxis meistens vorliegenden vollen Innenteilen stets ein wesentlich höherer Fugendruck zugelassen werden kann als am Außenteil. Für den Vierfachkegelspannsatz Nr. 11 kann kein übertragbares Drehmoment für den Wellendurchmesser von 50 mm angegeben werden, da dieses Element erst ab einem Mindestdurchmesser von 100 mm zur Verfügung steht. Bei der Beurteilung der Kerbwirkungszahlen ist zu beachten, daß die für Preßverbände angegebenen Werte für Geometrien gelten, die nicht auf günstigste Gestaltfestigkeit optimiert wurden (vgl. Abschnitt 2.1.5, insbesondere (2.119)). Bei optimierten Preßverbänden ist nach Galle [2.15] (vgl. auch Tabelle 5.6) lediglich die Kerbwirkung des Wellenabsatzes zu berücksichtigen.

Bei Längspreßverbänden ist der maximale Durchmesser des Innenteils durch die Restriktion der Fügbarkeit begrenzt. Mit der maximalen Preßkraft F_p, die von der vorhandenen maschinellen Einrichtung abhängt, folgt aus (2.2)

$$D_\mathrm{F} \leqq \frac{F_\mathrm{p}}{\pi l v_e p_{\max}} . \tag{6.2}$$

$p_{\max}$ ist der bei maximalem Übermaß der gewählten Passung wirkende Fugendruck (Berechnung nach Abschnitt 2.1.1 oder 2.1.2). Der Haftbeiwert v_e beim Einpressen ist Tabelle 2.18 zu entnehmen.

Werden in Tabelle 6.2 die übertragbaren Drehmomente innerhalb der Verbindung mit der elementaren Auslegungsgleichung (3.2) berechnet, so ergeben sich Werte, die wesentlich größer sind als die zulässigen Drehmomente einer glatten Welle mit 50 mm Außendurchmesser. Verfeinerte Untersuchungen zeigen, daß bei statischer Belastung die Tragfähigkeit der Profilwellen durch die in ihrem freien Teil auftretende maximale Torsionsspannung im Kerbgrund begrenzt wird.

Um eine optimale Festigkeit der geschweißten Welle-Nabe-Verbindung in Tabelle 6.3 zu erreichen, wurde eine DHV-Naht gemäß Bild 6.2 zugrunde gelegt. Das übertragbare Drehmoment ergibt sich aus

$$T_{\mathrm{zul}} = W_t \tau_{\mathrm{zul}} . \tag{6.3}$$

Das Widerstandsmoment gegen Torsion wurde für den Wellendurchmesser D_F = 50 mm berechnet. Die zulässige Schubspannung der Schweißnaht kann bei statischer Beanspruchung[1] gleich der des Grundwerkstoffs gesetzt und mit Hilfe der Gestaltänderungsenergiehypothese aus der 0,2 %-Dehngrenze berechnet werden.

---

1 Gemäß mündlicher Mitteilung von Herrn Prof. Ruge (TU Braunschweig)

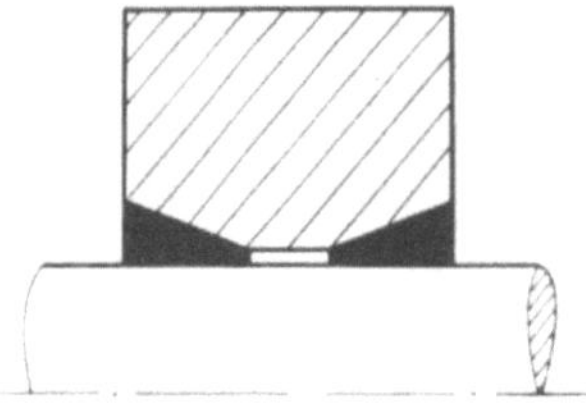

Bild 6.2. Geschweißte Welle-Nabe-Verbindung mit DHV-Naht

Für Ck35 folgt damit $\tau_{t\,zul} = 150$ N/mm^2. Das übertragbare Drehmoment der Lötverbindung wird nicht durch die Scherfestigkeit der Lötschicht ($\tau_S = 300$ N/mm^2 für Silberlot) sondern durch die zulässige Beanspruchung der freien Welle bestimmt.

Die in den Tabellen 6.1 bis 6.3 aufgeführten statisch übertragbaren Drehmomente geben keine Informationen über den Einfluß der Bauteilgrößen auf das übertragbare Drehmoment. Diese Abhängigkeit läßt sich gut durch einen Volumen-Nutzwert kennzeichnen, wie er in ähnlicher Weise für die Auswahl von elastischen Federn eingebürgert ist (vgl. [6.5]).

$$\eta_T = \frac{T_{zul}}{V_F}. \tag{6.4}$$

Als Bezugsvolumen V_F wird das Volumen einer Welle-Nabe-Verbindung gewählt, deren axiale Länge gleich dem Fügedurchmesser D_F ist. Damit gilt für den Volumen-Nutzwert

$$\eta_T = \frac{4T_{zul}}{\pi D_F^3}. \tag{6.5}$$

Die Anwendung von (6.5) soll für das Beispiel des Querpreßverbandes besprochen werden. Wird für die Vergleichsrechnungen die Soll-Sicherheit gegen Durchrutschen $S_R = 1$ gesetzt, so folgt aus (2.1) und (6.5)

$$\eta_T = 2\nu_{ru}p_{zul}. \tag{6.6}$$

Bei der Auswertung von (6.6) ist folgendes zu beachten. Der maßgebliche Fügedurchmesser D_F tritt in ihr explizit nicht auf. Die Annahme, daß der Volumen-Nutzwert η_T unabhängig vom Durchmesser D_F ist, stellt jedoch einen Fehlschluß dar. Der zulässige Fugendruck p_{zul} hängt nämlich sowohl bei statischer als bei dynamischer Belastung von der Bauteilgröße ab. In den Bildern 6.4 bis 6.9 wird die Abhängigkeit des Volumen-Nutzwertes vom Durchmesser für einige charakteristische Welle-Nabe-Verbindungen angegeben. Um insbesondere die Übertragungsfähigkeit der kommerziell erhältlichen, reibschlüssigen Welle-Nabe-Verbindungen voll ausnutzen zu können, wird von dem Vergütungsstahl 42CrMo4 ausgegangen. Der Abfall der 0,2%-Dehngrenze mit dem Durchmesser wurde gemäß DIN 17200 berücksichtigt. Der Wert für $D_F > 250$ mm mußte extrapoliert werden (vgl. Bild 6.3).

Die den Berechnungen zugrunde gelegten zulässigen Flächenpressungen für Innen- und Außenteil sind Tabelle 6.4 zu entnehmen. Es wird mit einer Soll-Sicherheit gegen unzulässige Verformungen von $S_F = 1,25$ (gilt auch für alle anderen Welle-Nabe-Verbindungen) gerechnet. Für den Grenzfugendruck p_{TI} bei zulässiger Torsionsbeanspruchung folgt zunächst aus (2.1) mit $S_R = 1$

$$p_{TI} = \frac{2T_{zul}}{\pi D_F^3 \nu_{ru}}.$$

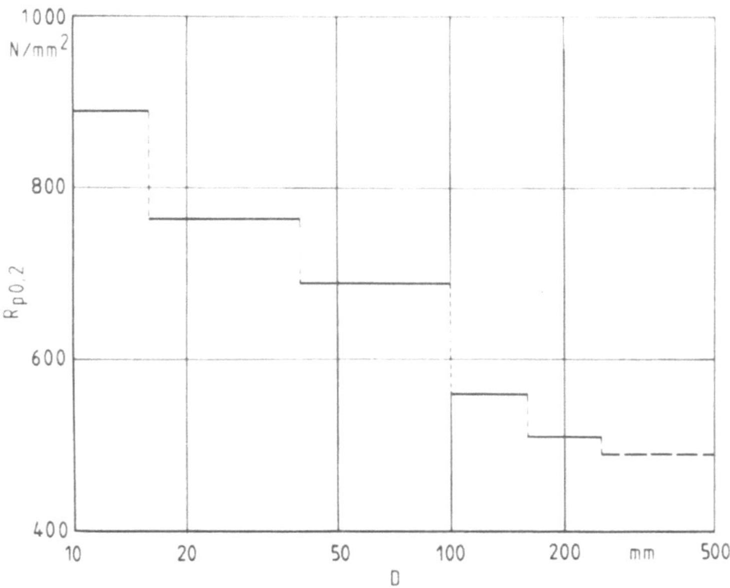

Bild 6.3. Abhängigkeit der 0,2%-Dehngrenze vom Durchmesser für Werkstoff 42CrMo4 (nach DIN 17200)

Tabelle 6.4. Festigkeitskennwerte bei der Auslegung von Querpreßverbänden ($Q_A = 0{,}4$, $Q_I = 0$) für Werkstoff 42CrMo4

Durchmesser	$R_{p0,2}$	p_{FA}	p_{PA}	p_{TI}	p_{PI}
mm	N/mm²	N/mm²	N/mm²	N/mm²	N/mm²
$D \leq 16$	883	343	747	334	707
$16 < D \leq 40$	765	297	648	290	612
$40 < D \leq 100$	638	248	539	242	510
$100 < D \leq 160$	559	217	474	212	447
$160 < D \leq 250$	510	198	432	193	408
$250 < D \leq 490$	490	191	416	186	392

p_{FA}	Grenzfugendruck für rein elastische Beanspruchung AT, vgl. (2.44)
p_{PA}	Grenzfugendruck für vollplastische Beanspruchung AT, vgl. (2.47)
p_{TI}	Grenzfugendruck bei zulässiger Torsionsbeanspruchung IT, vgl. (6.7) mit $\alpha_{kt} = 1{,}09$
p_{PI}	Grenzfugendruck für vollplastische Beanspruchung IT, vgl. (2.41)

Das zulässige Torsionsmoment ergibt sich unter Berücksichtigung der Formzahl α_{kt} der im Preßverband durchrutschenden Welle (vgl. (2.100)) nach der Gestaltänderungsenergiehypothese zu

$$T_{zul} = \frac{\pi D_F^3}{16} \frac{R_{p0,2}}{\sqrt{3} S_F \alpha_{kt}} \, . \tag{6.7}$$

---

2 Für $l/D = 1$ folgt aus (2.100) $\alpha_{kt} = 1{,}09$. In Anbetracht dieser kleinen Formzahl wird die statische Stützwirkung vernachlässigt und T_{zul} nach (6.7) mit $R_{p0,2}$ berechnet.

Damit folgt schließlich

$$p_{\mathrm{TI}} = \frac{R_{\mathrm{p}\,0,2}}{8\sqrt{3}\,S_{\mathrm{F}}\alpha_{\mathrm{kt}}} \,. \tag{6.8}$$

Bei der Berechnung des Volumen-Nutzwertes sind abhängig vom Typ der Welle-Nabe-Verbindung verschiedene Restriktionen zu beachten. Dies soll am Beispiel elastisch-plastisch ausgelegter Querpreßverbände erörtert werden. Einmal muß der Verband bei dem größten Übermaß U_{g} der gewählten Passung gefügt werden können, ohne daß die zulässige Temperatur $\vartheta_{\mathrm{A\,zul}}$ des Außenteils überschritten wird. Das nach (2.124) berechnete fügbare Übermaß ist in Tabelle 6.5 angegeben.

Eine weitere Restriktion ergibt sich daraus, ob bei der Auslegung rein elastische Beanspruchungen gefordert oder elastisch-plastische Beanspruchungszustände zugelassen werden. Schließlich ist noch zu beachten, ob der Konstrukteur an die Toleranzfelder nach DIN 7152 gebunden ist oder die Toleranzen freier wählen kann. Dieser Einfluß zeigt sich in Bild 6.4. In allen Fällen wird davon ausgegangen, daß für die Bohrung des Außenteils das Toleranzfeld H7 vorgeschrieben wird. Für den Außendurchmesser des Innenteils wird einmal verlangt, daß ebenfalls ein genormtes Toleranzfeld nach DIN 7152 vorgeschrieben wird. Im anderen Fall ist der Konstrukteur in der Wahl des Toleranzfeldes frei, wobei allerdings die Differenz zwischen oberem und unterem Abmaß der ISO-Toleranzreihe 6 nach DIN 7151 entsprechen soll.

Bild 6.4 zeigt die Abhängigkeit der Volumen-Nutzwerte vom Fugendurchmesser D_{F} (logarithmische Teilung der Abszisse!). Alle in Bild 6.4 aufgetragenen Graphen wurden jeweils mit dem kleinsten Übermaß der betreffenden Passungen berechnet. Obwohl die 0,2%-Dehngrenze (vgl. Bild 6.3) und die Festigkeitskennwerte (vgl. Tabelle 6.4) mit dem Fugendurchmesser abnehmen, steigen die Volumen-Nutzwerte bei rein elastischer Auslegung im Mittel kontinuierlich an. Dies beruht darauf, daß die ISO-Toleranzen mit größerem Durchmesser relativ feiner werden. Insbesondere bei kleinen Durchmessern gestatten die großen Differenzen zwischen größtem und kleinstem Übermaß nur eine sehr unzulängliche Ausnützung der Festigkeit des Werkstoffs. Der zunächst zu beobachtende Anstieg des Volumen-Nutzwertes für elastisch-plastisch ausgelegte Querpreßverbände läßt sich ebenfalls mit der zunehmenden Feinheit der auf den Durchmesser bezogenen Toleranzen deuten. Der über 100 mm zu beobachtende Abfall beruht auf der Verminderung der Festigkeit des Werkstoffs. In diesem Bereich wird der Volumen-Nutzwert durch die Torsionsfestigkeit des Innenteils (vgl. (6.7)) begrenzt.

Bei Längspreßverbänden lassen sich bei kleineren Durchmessern als 15 mm elastisch-plastische Auslegungen erreichen. Dies liegt daran, daß hier die Fügbarkeit

Tabelle 6.5. Fügbare, bezogene Übermaße für Querpreßverbände
(zulässige Temperatur des Außenteils $\vartheta_{\mathrm{A\,zul}} = 300\ ^{\circ}\mathrm{C}$)

Temperatur des Innnenteils beim Fügen °C	Medium für Unterkühlen des Innenteils	$U_{\mathrm{g}}/D_{\mathrm{F}}$
−195	flüssiger Stickstoff	$3{,}908 \cdot 10^{-3}$
− 78	CO_2-Eis	$2{,}913 \cdot 10^{-3}$
+ 20	−	$2{,}080 \cdot 10^{-3}$

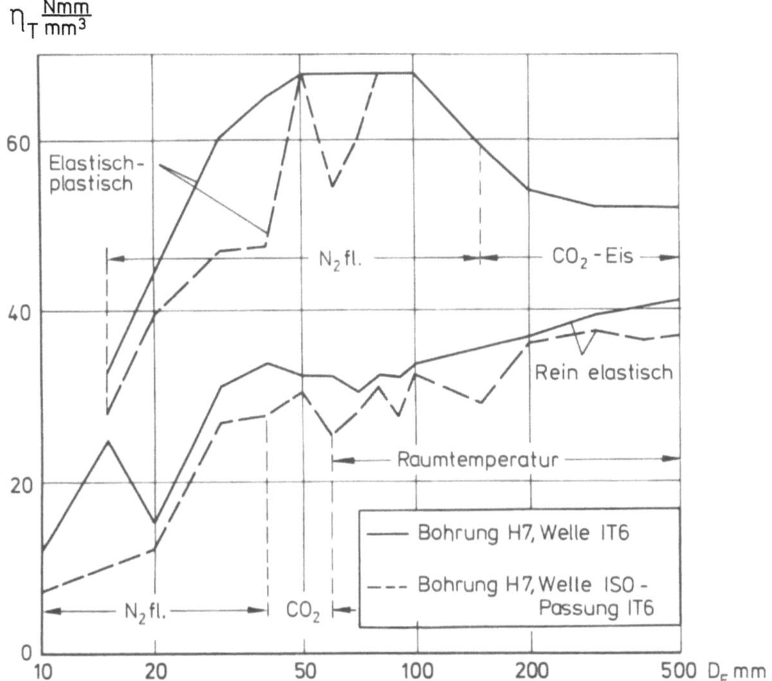

Bild 6.4. Volumen-Nutzwerte von Querpreßverbänden (Werkstoff 42CrMo4; $Q = 0,4$; $\vartheta_{A\,zul} = 300\ °C$)

nicht durch die Temperatur des Außenteils beim Erwärmen und die des Innenteils beim Unterkühlen begrenzt wird. Dadurch lassen sich im Bereich $15 \leqq D_F \leqq 50$ mm Volumen-Nutzwerte erzielen, die durch die zulässige Torsionsfestigkeit des Innenteils begrenzt werden und deutlich über denen von Querpreßverbänden mit gleicher Abmessung liegen. Bei Innenteilen größerer axialer Länge ist auf Sicherheit gegen Knicken beim Einpressen nachzurechnen.

In Bild 6.5 sind die Volumen-Nutzwerte für vier verschiedene reibschlüssige Welle-Nabe-Verbindungen dargestellt. Bei den rein elastisch beanspruchten Preßverbänden wurde die zusätzliche Restriktion aufgenommen, daß das Innenteil beim Fügen auf Raumtemperatur gehalten werden kann. Die Wahl der Toleranzen erfolgte wie für die durchgezogenen Graphen in Bild 6.4. Im Bereich unter 20 mm Fugendurchmesser führt die Glättung nach DIN 7190 (vgl. (2.5)) dazu, daß bei kleinstem nominellen Übermaß der Passung kein Haftmaß mehr vorhanden ist und somit auch kein Fugendruck aufgebaut werden kann. Die Wellspannhülsen (vgl. Abschnitt 2.3) zeigen einen über den Durchmesser sehr gleichmäßigen Verlauf des Volumen-Nutzwertes. Dies beruht darauf, daß das übertragbare Drehmoment nicht durch die Festigkeit der Anschlußteile sondern durch die des Elements selbst begrenzt wird. Bei den Kegelspannringen (vgl. Abschnitt 2.6.1) entspricht der Abfall des Volumen-Nutzwertes in etwa dem der Festigkeit des Werkstoffs. Bei dem Spannsatz mit zwei konischen Wirkflächen (vgl. Abschnitt 2.6.2) spiegelt sich ebenfalls wieder der Abfall der Festigkeit der Anschlußteile im Verlauf des Graphen für den Volumen-Nutzwert. Der Anstieg zwischen 200 und 260 mm beruht darauf, daß die Anzahl

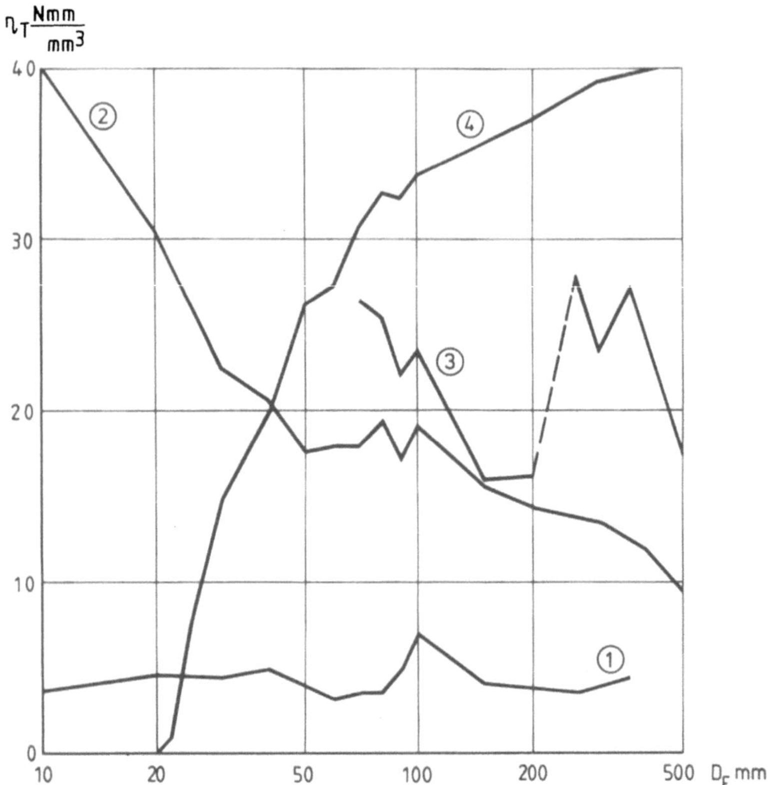

Bild 6.5. Volumen-Nutzwerte für verschiedene reibschlüssige Welle-Nabe-Verbindungen (Werkstoff 42CrMo4).
1 Wellspannhülsen, 2 Kegelspannringe, 3 Spannsatz mit zwei konischen Wirkflächen, 4 elastischer Querpreßverband

der im vorgegebenen Bauraum unterbringbaren Elemente von einer auf zwei gesteigert werden kann.

Aus den Bildern 6.4 und 6.5 lassen sich folgende Schlüsse ziehen. Ab Fügedurchmessern von 15 mm ergeben sich mit elastisch-plastisch ausgelegten Preßverbänden die größten Volumen-Nutzwerte. Kegelspannringe weisen bei Durchmessern bis zu 40 mm größere Volumen-Nutzwerte auf als rein elastisch ausgelegte Querpreßverbände (Innenteil bei Raumtemperatur fügbar). Bei Durchmessern über 40 mm sind die rein elastisch ausgelegten Querpreßverbände denen der drei in Bild 6.5 enthaltenen kommerziellen reibschlüssigen Welle-Nabe-Verbindungen überlegen.

Bild 6.6 zeigt die Abhängigkeit des Volumen-Nutzwertes vom Außendurchmesser für Keilprofilwellen nach DIN 4562 bis 4564. Die Berechnung des Volumen-Nutzwertes wurde für jedes Profil sowohl nach der elementaren Dimensionierungsgleichung (3.2) wie auf zulässiges Torsionsmoment der freien Profilwelle nach (6.7) durchgeführt. In allen Fällen zeigt es sich, daß die Kerbgrundspannung im freien Profil der Welle [vgl. (6.7)] für die Übertragungsfähigkeit der Verbindung maßgebend ist. Die Formzahl gegen Torsion wurde mittels (3.3) bestimmt (vgl. auch Bild 3.5). Der im Mittel festzustellende Abfall des Volumen-Nutzwertes mit zunehmendem

$$\eta_T \; \frac{\mathrm{Nmm}}{\mathrm{mm^3}}$$

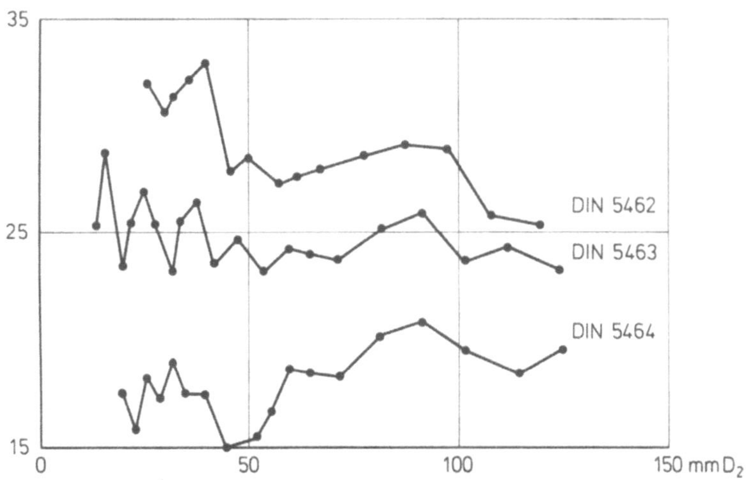

Bild 6.6. Volumen-Nutzwerte für Keilwellen-Verbindungen (Werkstoff 42CrMo4)

Durchmesser erklärt sich wieder mit der Abnahme der Festigkeit des Werkstoffs (vgl. Bild 6.3). Die Schwankungen entsprechen den Schwankungen der Formzahlen (vgl. Bild 3.5). Es sei noch darauf hingewiesen, daß das aufgrund der Kerbgrundspannung im freien Profil übertragbare Drehmoment bei gleichem Außendurchmesser mit der Entfeinerung der Profilgeometrie abnimmt. Dies erklärt sich aus der Zunahme der Formzahlen gegen Torsion mit gröber werdenden Profilen (vgl. Bild 3.5).

Bild 6.7 zeigt die Abhängigkeit des Volumen-Nutzwertes für Zahnwellen nach DIN 5480. Wegen der starken Abhängigkeit der Flächenpressung von der Qualität der Verzahnung (vgl. Abschnitt 3.1.2, insbesondere Bild 3.17) wurde das zulässige Drehmoment ausschließlich nach (6.7) berechnet, wobei das Grenzlastkriterium die zulässige Torsionsbeanspruchung der freien Profilwelle ist. Es wurde die gleiche Profilgeometrie zugrunde gelegt wie bei der Berechnung der Formzahlen gegen Torsion (vgl. S. 137). Der Volumen-Nutzwert wird in Analogie zu Bild 3.6 in Abhängigkeit vom Bezugsdurchmesser D_B des Profils angegeben. Der Anstieg des Volumen-Nutzwertes mit D_B erklärt sich aus dem entsprechenden Abfall der Formzahl α_{kt} (vgl. Bild 3.6). Die abfallenden Sprünge sind mit dem Abfall der 0,2 %-Dehngrenze mit zunehmendem Durchmesser zu erklären (vgl. Bild 6.3). Durch die Abnahme der Formzahl mit zunehmendem Bezugsdurchmesser kann der Abfall der Festigkeit mit zunehmender Baugröße teilweise kompensiert werden. Durch Vergleich von Bild 6.7 mit 6.8 ist zu erkennen, daß für $D_F \geq 50$ mm Profilwellen nach DIN 5180 Paßfeder-Verbindungen nach DIN 6885 hinsichtlich des übertragbaren Drehmoments überlegen sind. Dies ist nicht überraschend, da Profilwellen die höherwertige Verbindung darstellen. Dagegen sind die Polygon-Profile stärker belastbar als Zahnwellen.

Bild 6.8 zeigt die Volumen-Nutzwerte für Paßfeder-Verbindungen und für Polygon-Profile. Bei der Paßfeder-Verbindung wurde von einer tragenden Länge der Paßfeder von $l = D_F$ ausgegangen. Da die Paßfeder an den abgerundeten Enden

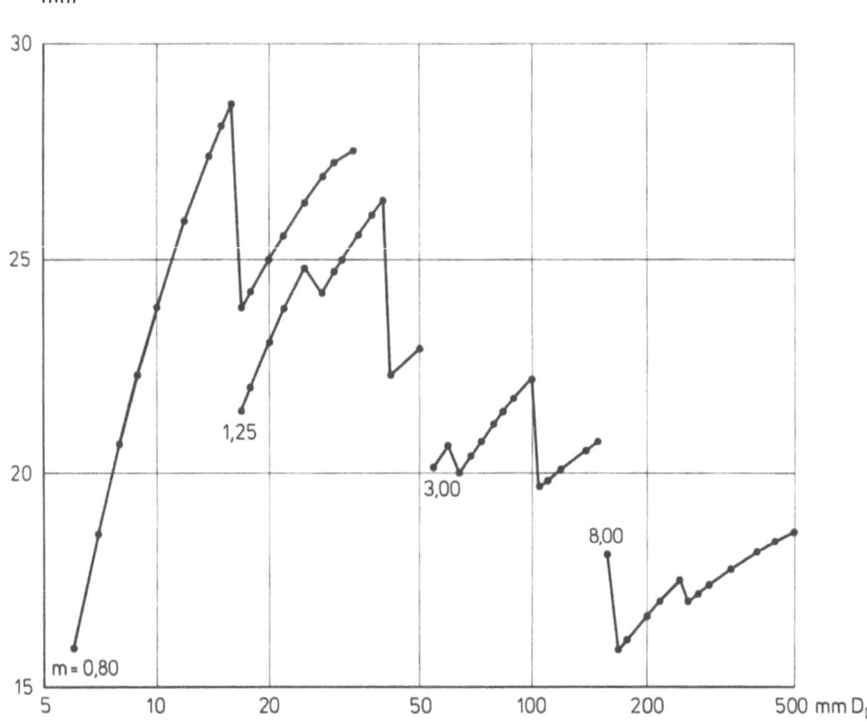

Bild 6.7. Volumen-Nutzwerte für Zahnwellen-Verbindungen nach DIN 5480 (Werkstoff 42CrMo4)

in der Nabe nicht trägt und andererseits über die Nabe nicht überstehen soll, wurde ferner vorausgesetzt, daß die Länge der Nabe um die Breite b größer ist als der Fugendurchmesser D_F. Dies wurde bei der Berechnung des Bezugsvolumens V_F berücksichtigt. Ferner wurde abweichend von DIN 6885 unterstellt, daß auch die Paßfeder aus dem gleichen Werkstoff 42CrMo4 wie Innen- und Außenteil besteht. Üblicherweise werden derartig hochwertige Vergütungstähle nicht für die Fertigung von Paßfedern eingesetzt. Die beschriebene Abweichung war jedoch erforderlich, um Volumen-Nutzwerte zu erhalten, die mit den für andere Welle-Nabe-Verbindungen berechneten vergleichbar sind.

In Bild 6.9 sind die Volumen-Nutzwerte einer Schweiß- und einer Klebeverbindung dargestellt. Bei der Schweißverbindung wird eine DHV-Naht zugrunde gelegt. Es muß darauf hingewiesen werden, daß bei dem legierten Vergütungsstahl 42CrMo4 entsprechende Wärmebehandlungen vor und nach dem Schweißen (vgl. z. B. [4.7]) durchzuführen sind, um Schweißrisse zu vermeiden. Das übertragbare Drehmoment ergibt sich aus (6.3), wobei die zulässige Spannung bei statischer Beanspruchung gleich der des Grundwerkstoffs gesetzt werden darf. Es läßt sich leicht zeigen, daß sich der Volumen-Nutzwert gemäß

$$\eta_T = \frac{R_{p\,0,2}}{4\sqrt{3}\,S_F} \tag{6.9}$$

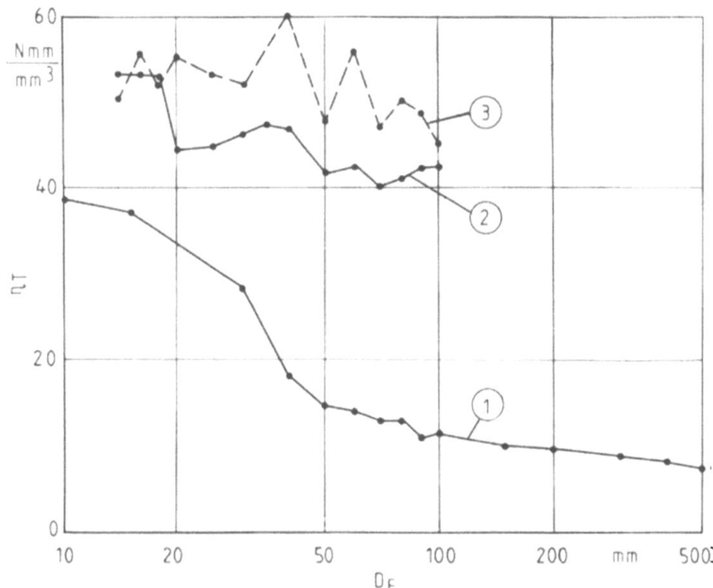

Bild 6.8. Volumen-Nutzwerte für formschlüssige Welle-Nabe-Verbindungen (Werkstoff 42CrMo4)
1 Paßfeder-Verbindung, 2 Polygon-Profil P3G DIN 32710, 3 Polygon-Profil P4C DIN 32711

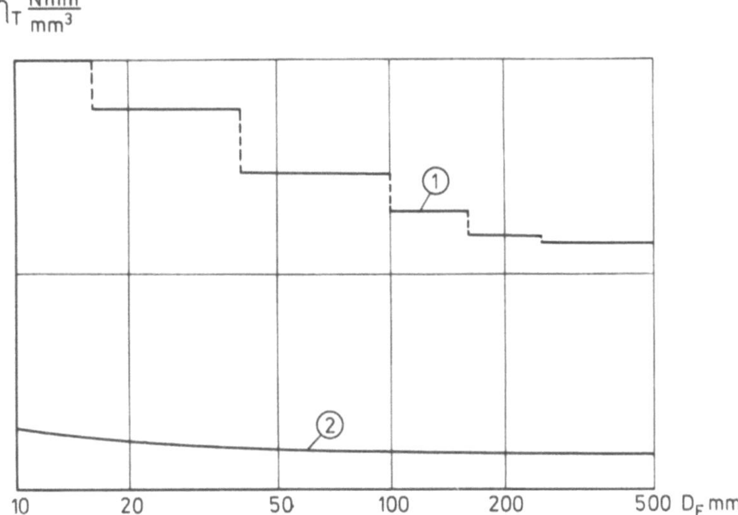

Bild 6.9. Volumen-Nutzwerte stoffschlüssiger Verbindungen (Werkstoff 42CrMo4). 1 Schweiß-verbindung mit DHV-Naht, 2 Klebeverbindung

berechnen läßt. Der Volumen-Nutzwert der Schweißverbindung ändert sich nur, wenn sich gemäß DIN 17200 die 0,2%-Dehngrenze des Werkstoffs ändert (vgl. Bild 6.3). Er ist bei Durchmessern unter 100 mm größer als der aller anderen untersuchten Welle-Nabe-Verbindungen. Im Durchmesserbereich zwischen 100 und 500 mm erreichen nur noch elastisch-plastisch ausgelegte Preßverbände gleich große Volumen-Nutzwerte (vgl. Bild 6.4).

Für den Volumen-Nutzwert der Klebeverbindung gilt

$$\eta_\mathrm{T} = \frac{2}{k} \cdot \tau_\mathrm{K\,zul} \,. \qquad\qquad (6.10)$$

Der Parameter k wird nach (4.1) berechnet. Da die zulässige Scherfestigkeit $\tau_\mathrm{K\,zul}$ stets bedeutend kleiner ist als die Festigkeit der metallischen Anschlußbauteile, ist der Volumen-Nutzwert einer Klebeverbindung unabhängig von den Festigkeiten von Welle und Nabe. Jedoch hängt nach (4.1) der Parameter k von den Schubmoduln ab. Bei der Berechnung des Volumen-Nutzwertes wurde die Dicke der Klebeschicht $s = 50\ \mu\mathrm{m}$ konstant gehalten, um einen Abfall der Scherfestigkeit der Klebeschicht zu vermeiden (vgl. Bild 4.1). Dadurch nimmt die bezogene Wandstärke δ nach (4.2) mit zunehmendem Fugendurchmesser D_F ab, was zu einem Anwachsen des Parameters k führt. Darauf beruht der in Bild 6.9 zu erkennende schwache Abfall des Volumen-Nutzwertes der Klebeverbindung mit zunehmendem Durchmesser.

In Bild 6.10 ist schließlich der Volumen-Nutzwert einer Klebeverbindung für sehr kleine Fugendurchmesser aufgetragen. Hier zeigt sich der große Vorteil der Klebeverbindungen für sehr kleine Fugendurchmesser. Die Verbindung ist einfach herstellbar und ist hier in der Übertragungsfähigkeit den meisten Verbindungen überlegen. Dies gilt insbesondere auch für Querpreßverbände.

Abschließend soll zu den hier angeführten Volumen-Nutzwerten (Bilder 6.4 bis 6.10) noch ein wichtiger Hinweis gegeben werden. Sie werden hier vorgestellt, um die Übertragungsfähigkeit der verschiedenen Welle-Nabe-Verbindungen für statische Drehmomente in Abhängigkeit vom Fugendurchmesser zu kennzeichnen. Sie sollen jedoch nicht direkt zur Auslegung von Welle-Nabe-Verbindungen herangezogen

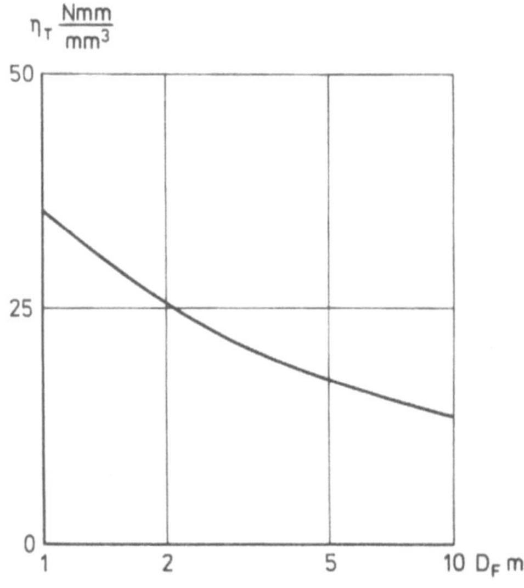

Bild 6.10. Volumen-Nutzwerte einer Klebeverbindung bei kleinem Fugendurchmesser

werden. Hierfür sind die in den Abschnitten 2 bis 4 angegebenen spezifischen Rechengänge heranzuziehen. Bei dynamischen Belastungen ist außerdem ein Gestaltfestigkeitsnachweis zu führen (Abschnitt 5).

Für die Feingestaltung von Welle-Nabe-Verbindungen kann ein rechnergestütztes Auswahlverfahren für Welle-Nabe-Verbindungen [6.1, 6.2] herangezogen werden. Beitz und Mitarbeiter haben für 19 verschiedene reib-, form- und stoffschlüssige Welle-Nabe-Verbindungen im allgemeinen verhältnismäßig elementare Auslegungsgleichungen[3] in das von ihnen entwickelte Programmsystem zur Auswahl von Welle-Nabe-Verbindungen implementiert. In einem ersten Arbeitsschritt ermittelt das Programm diejenigen Welle-Nabe-Verbindungen, die unter gegebenen Randbedingungen (z. B. Restriktionen des Einbauraums) ein vorgegebenes Drehmoment und/oder eine vorgegebene Axialkraft übertragen können. In einem zweiten Arbeitsschritt werden durch Anwendung der Nutzwertanalyse [6.6] dem Konstrukteur weitere Informationen über den technisch-wirtschaftlichen Nutzwert der ausgewählten Welle-Nabe-Verbindungen gegeben. Hierzu dient eine von Beitz und Mitarbeiter entwickelte Zielwert-Matrix [6.2], die insgesamt 18 technische sowie wirtschaftliche Unterziele enthält. Jedem dieser 18 Unterziele sind für jede Welle-Nabe-Verbindung zwischen 0 und 10 liegende Zielwerte zugeordnet. Ferner ist es möglich, die einzelnen Unterziele zu wichten. Diese Wichtung hat der Anwender des Programmsystems in Abstimmung auf seine Anforderungsliste bei jedem Programmlauf selbst vorzunehmen.

Das Programm ermittelt für jede technisch den Grundanforderungen entsprechende Welle-Nabe-Verbindung zu jedem Unterziel der Zielwert-Matrix den zugeordneten (gewichteten) Teilwert. Durch Aufaddieren der Teilwerte ergibt sich der Nutzwert einer jeden untersuchten Welle-Nabe-Verbindung. Die Programmausgabe erfolgt nach abfallenden Nutzwerten. Das Programmsystem stellt ein wertvolles Werkzeug für solche Konstruktionsbüros dar, bei denen im größeren Umfang rechnergestützt konstruiert wird. Als Insellösung allein für die Auswahl von Welle-Nabe-Verbindungen ist es weniger geeignet, da für seine Anwendung eine Reihe von Dateien erstellt und implementiert werden muß.

6.1 Schrifttum

Richtlinien

VDI-Richtlinie 2225 Technisch-wirtschaftliches Konstruieren.

Bücher und Aufsätze

6.1 Beitz, W.; Haug, J.: Rechnerunterstützte Berechnung und Auswahl von Wellen-Naben-Verbindungen. Konstr. 26 (1974) 407–411.
6.2 Beitz, W.; Klippel, E.; Praß, P.: Auswahl und Berechnung von Wellen-Naben-Verbindungen — Benutzeranleitung — WENAH. TU Berlin 1979.
6.3 Ehrlenspiel, K.: Genauigkeit, Gültigkeitsgrenzen, Aktualisierung der Erkenntnisse und Hilfsmittel zum kostengünstigen Konstruieren, Konstr. 32 (1980) 487–492.
6.4 Koller, R.: Konstruktionsmethode für den Maschinen-, Geräte- und Apparatebau. Berlin, Heidelberg, New York: Springer 1979.

---

3 Die Auslegung elastisch-plastischer Preßverbände erfolgt nach dem Verfahren von Lundberg (vgl. Schrifttum [2.37]).

Sachverzeichnis